四川省2011年度重点图书项目
太阳能光伏与照明应用技术系列教材

太阳能电池材料及其应用

taiyangneng dianchi cailiao jiqi yingyon

李 伟 主 编
顾得恩 龙剑平 副主编

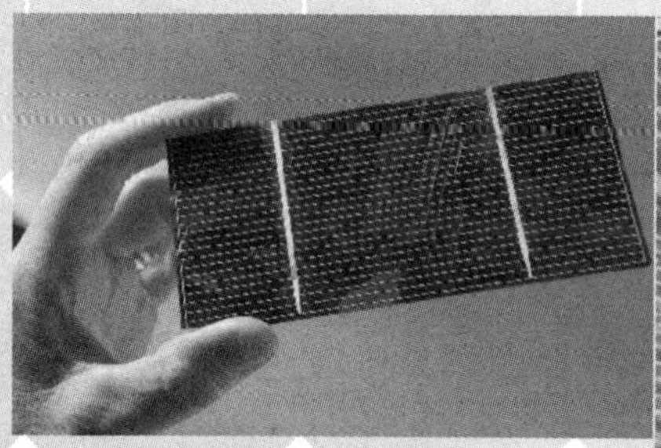

电子科技大学出版社
University of Electronic Science and Technology of China Press
成 都

图书在版编目（CIP）数据

太阳能电池材料及其应用 / 李伟主编. —成都：
电子科技大学出版社，2012.11(2020.4 重印)
太阳能光伏与照明应用技术系列教材
ISBN 978-7-5647-1339-3

Ⅰ. ①太… Ⅱ. ①李… Ⅲ. ①太阳能电池—教材
Ⅳ. ①TM914.4

中国版本图书馆 CIP 数据核字（2012）第 281636 号

四川省 2011 年度重点图书项目
太阳能光伏与照明应用技术系列教材

太阳能电池材料及其应用

李　伟　主编

顾德恩　龙剑平　副主编

出　　版：电子科技大学出版社（成都市一环路东一段 159 号电子信息产业大厦　邮编：610051）
策划编辑：郭蜀燕　辜守义
责任编辑：辜守义
主　　页：www.uestcp.com.cn
电子邮件：uestcp@uestcp.com.cn
发　　行：新华书店经销
印　　刷：成都金龙印务有限责任公司
成品尺寸：185mm×260mm　印张 17.25　　字数 410 千字
版　　次：2014 年 1 月第一版
印　　次：2020 年 4 月第三次印刷
书　　号：ISBN 978-7-5647-1339-3
定　　价：62.00 元

四川省2011年度重点图书项目
太阳能光伏与照明应用技术系列教材

丛书编委会人员名单

主　审：吴援明　刘　爽

主　编：于军胜　饶海波　李　伟　李绍荣　祁康成　严高师

参编人员（按姓名笔画排序）：

丁　坤　于军胜　万远涛　万贤龙　王文丽
王　军　王　玮　龙剑平　祁康成　杨昕梅
李　伟　李绍荣　宋继荣　林　慧　周琳淞
钟　建　胡　玥　饶海波　顾德恩　唐普英
高　原　高寒松　黄宇红　曹贵川　曾红娟
谢立坤　廖骏源

序

人类社会发展到现阶段，自然资源与生存环境面临着非常严峻的挑战。当前世界各国致力于资源节约型与环境友好型社会的建设，因此，作为“开源节流”型的太阳能光伏技术和高效固态照明技术，符合社会发展的历史潮流和国家节能减排的大政方针。但是，当前我国在太阳能光伏和新型照明领域的人才非常缺乏，相关的教材和图书配套很不完善，本系列教材所涉及的八本系列性的图书正是在这个背景下规划、出版的，可以满足理工科院校的新专业的需求、高校院所人才培养和科学研究的要求。编委会由多名教授、博导以及博士青年教师组成，在材料的制备、表征、性能优化、器件工艺及应用技术等方面，具备丰富的教学与科研经验。我们相信，该系列教材可以为国家“卓越工程师计划”在相关光电材料与器件领域提供参考与帮助。

吴援明

2011 年 8 月

前　言

能源是实现一个国家或地区国民经济持续发展和社会进步所必须的保障。在未来数十年内，全世界对能源的需求将快速增长。传统的石油、煤炭以及天然气等非再生能源储量有限，这使各国将包括太阳能、风能等在内的可再生能源开发作为未来发展的重要战略方向之一。由于具有广泛性、清洁性和永久性等优点，太阳能在可再生能源中占有非常重要的地位。太阳能光伏发电以太阳能电池为载体，是近年来最主要、最具有发展潜力的太阳能利用途径之一，具有易于规模化、运行无污染、易于自动化等优点。太阳能电池材料既是决定光伏电池光电转换效率、经济成本和环境成本的关键因素，也是新型、高效太阳能电池的研发基础。本书从太阳能电池的物理基础出发，围绕几种典型太阳能电池材料的性质、制备工艺及其与器件性能的关系进行详细阐述，以期帮助读者建立与太阳能电池相关的材料科学和材料工程基础。

全书共分 6 章。第 1 章介绍与太阳能及利用方式相关的基础知识，包括太阳能特点、太阳光谱以及太阳辐射能计算、太阳能的主要利用方式等内容。第 2 章讲述太阳能电池的物理基础，并对太阳能电池性能参数的定义及其测试进行介绍，最后对决定太阳能电池性能参数的关键因素——太阳能电池材料进行概述。第 3 章重点介绍太阳能电池用硅材料（单晶硅、多晶硅及薄膜、非晶硅薄膜）的基本性质和制备技术，尤其对非晶硅薄膜材料中的制备技术、缺陷控制、光致衰变、合金化以及晶化等内容进行详细阐述，最后对太阳能电池用硅基薄膜面临的挑战和发展方向进行简要介绍。第 4 章讲述化合物半导体太阳能电池材料，重点介绍常用 GaAs、CdTe 等 III-V 化合物半导体以及 CIS 系和 CIGS 系多元化合物太阳能电池材料的特点、基本性质和制备技术等内容。第 5 章对易于实现柔性器件的有机太阳能电池相关材料进行介绍，并对有机太阳能电池结构与制备工艺流程进行阐述。第 6 章在阐述染料敏化太阳能电池（DSCs）结构与工作原理的基础上，结合国内外最新研究成果，重点对这一新型、低成本太阳能电池用光阳极材料和染料的特点与性质进行介绍。

本书由李伟教授担任主编、顾德恩副教授和龙剑平教授担任副主编，适合从事太阳能电池及其技术学科方向的师生和科研人员参考选用。

博士研究生何剑、徐睿和硕士研究生黄璐、王垠、吕小龙参与了本书的编写，在此向他们在资料搜集、文稿整理和数据查证等过程中付出的辛勤劳动，致以衷心的感谢。

新能源科学与技术发展日新月异，由于编者学识有限，书中谬误在所难免，恳请同行专家和广大读者批评指正。

编　者

2014 年 1 月于成都

目　录

第 1 章　绪　　论

1.1　能源危机

1.1.1　概述

人类社会的一切活动都离不开能源。随着科学技术的不断发展和工业化程度的提高，对能源的消耗和依赖程度也逐渐增强。人类文明的进步与能源的形态和变迁有很大的关系，图 1-1 描述了自 18 世纪中叶工业革命以来，能源形态变迁以及相应的工业制品。自 1769 年詹姆斯·瓦特改良蒸汽机后，煤炭逐渐被用做蒸汽机的燃料而广泛使用，这大大促进了工业文明的早期发展。此后，石油、天然气、电力等新能源形态的发现和逐渐普及，一定程度上奠定了现代文明的基础。

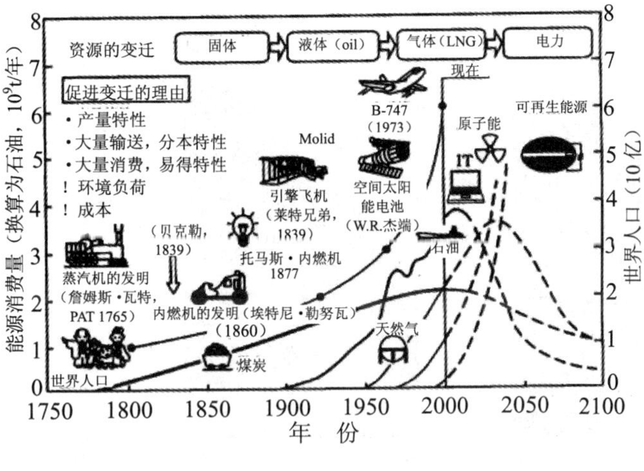

图 1-1　能源形态及其相应的工业文明

能源是一个国家经济增长和社会发展的重要物质基础，而能源安全则是实现一个国家或地区国民经济持续发展和社会进步所必须的保障。近年来，能源安全也逐渐发展成为国家安全战略的重要部分。

1.1.2　能源危机

根据国际能源署（International Energy Agency，IEA）在 2009 年 6 月的预测，世界人口将从 2009 年的 60 多亿增加到 2050 年的约 90 亿。同时，人均能源消耗也逐渐增加。这意味着在未来的数十年内，全世界对能源的需求将快速增长。根据埃克森美孚公司（Exxon Mobil Corporation）“2030 年能源展望”报告（Energy Outlook 2030），由于受人口增长和经济增长的驱动，预计全世界能源需求在 2000～2030 年间将增长近 60%。

能源的种类非常多，根据其是否可再生性，可以分为非再生能源和可再生能源。大自然中经过长期的物理化学过程形成的、而短期内又无法恢复的能源，为非再生能源，包括煤炭、石油以及天然气等化石能源和核燃料等。可再生能源是指在自然界中可不断再生、可持续利用的资源，它对环境友好或危害极小且资源分布广泛，主要包括太阳能、水力、风能、生物质能、潮汐能等非石化能源。按照能源的发展和普及历史来分，可以分为常规能源和新能源。常规能源即人类长期利用且在当前应用广泛的主要能源，包括煤炭、石油、天然气、水力等。新能源一般是指近半个世纪以来，人们开始开发并有良好前途但目前因相关技术和成本限制而没有获得广泛应用的能源，如太阳能、地热能、潮汐能、风能等。

在众多种类的能源中，化石能源仍然是人类目前和未来相当长时间内所使用最广泛的能源。图 1-2 为埃克森美孚公司对全球能源需求的预测。到 2030 年，化石能源（石油、天然气和煤炭）预计仍是主要的能源，将占能源总需求的 80%。生物质能、风能和太阳能将快速增长，到 2030 年将约占总能量供应量的 2%。但要使新能源在总能源供应结构中占据更大的份额，则必须解决相应的技术和成本难题。

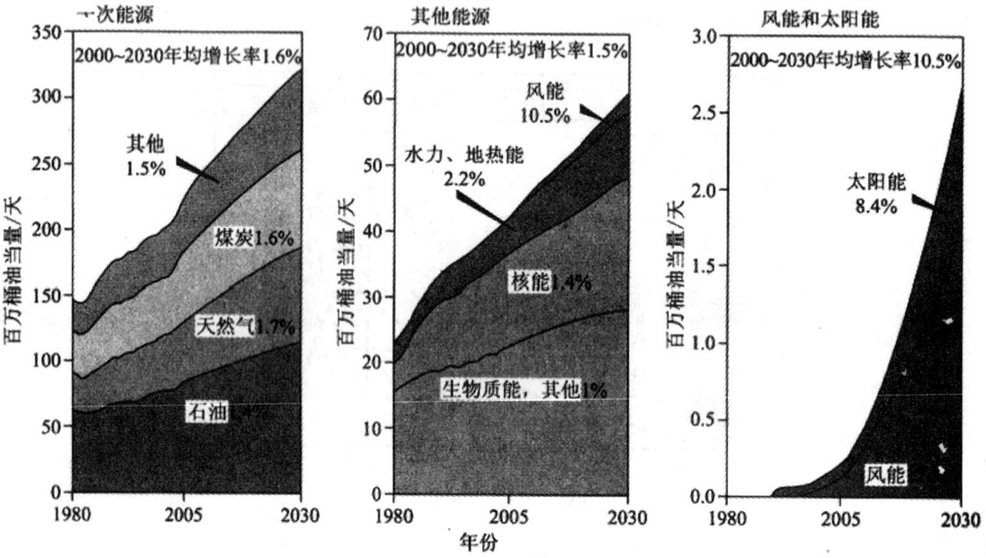

图 1-2　全球能源需求预测

作为主要能源的化石能源，由于其在自然界中的储备有限以及人类对化石能源的快速开发和利用，导致全球化石能源日益枯竭，由此引起了严重的能源危机。图 1-3 所示为几种主要的化石能源的储量和可开采年限。从中可以看出，除了煤炭以外，其余化石能源将在本世纪中叶枯竭。

此外，在能源利用过程中，一个不得不考虑的因素是对环境的可能影响。化石能源的大量使用，带来了二氧化碳的大量排放。将全球消耗能源全部折算成煤，则每年将消耗约 10^{10} 吨标准煤，相应所产生的 CO_2 排放量约为 2.2×10^{10} 吨。这些 CO_2 中的约一半溶解于海洋，另一半则排放到大气中。目前，大气中含有 0.03%的 CO_2。即使每年的能源消耗不再继续上升，200 年后大气中的 CO_2 含量将是现在的 2 倍。如果全球能源消耗持续以每年 1%的速率增长，则 100 年后大气中的 CO_2 浓度就将达到现在的 2 倍。考虑到未来人口的增长，大气中 CO_2 浓度的增长速率远大于这一估计值。

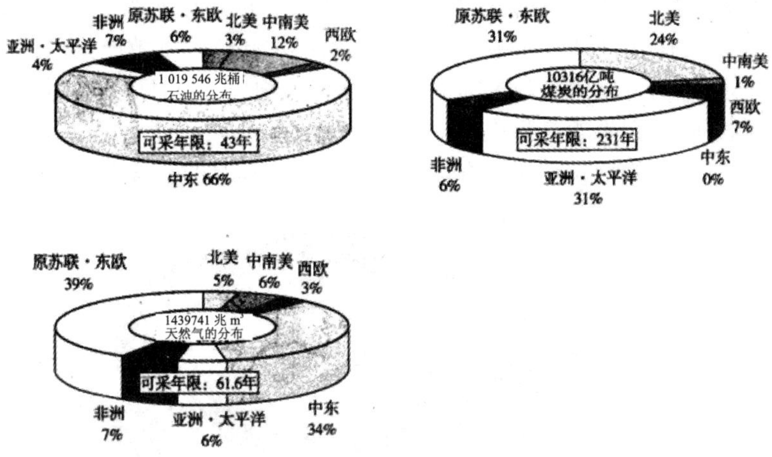

图 1-3　石油、煤炭、天然气的可采储量和可开采年限

大气中 CO_2 浓度不断增加将对气候造成严重的影响，其中最大的影响就是因温室效应带来地球表面温度的逐渐升高。在同一时间段内，如果地球所吸收的太阳光谱能量流与从地球向太空辐射的能量流达到平衡，则地球表面的温度不变。CO_2 所产生的温室效应导致地球表面温度的升高。

大气中增加的红外辐射吸收的一半是由于人类活动所导致的大气中 CO_2 浓度的增加，另一半则是由于大气中甲烷、氟化烃和氮氧化物浓度的增加。虽然大气中 CO_2 浓度的上升导致的地球表面温度不可能升高到金星表面的温度，但地球表面温度升高带来的很多反馈效应却不可忽视。随着海洋温度升高，溶解在海洋中的甲烷将被大量释放，而甲烷是一种比 CO_2 更有效的温室气体。

化石能源的广泛开发和利用长期以来支撑着人类物质文明的不断发展，而人类文明的发展也加速了化石能源的枯竭和对自然环境的破坏。为此，要实现 21 世纪人类文明的可持续发展，如何解决图 1-4 所示的“3E”三重矛盾问题，则成为人类共同面对的一个重要课题。也就是说，在经济（economy）发展的过程中，能源（energy）消耗带来的化石能源日益枯竭，使经济发展的可持续性受到威胁；随着能源的消耗，以化石能源为主体的资源消耗将对地球环境（environment）造成破坏，这也使经济发展付出了极大的成本。解决“3E”矛盾的方法如图 1-4 中虚线所示，这就是积极开发并推广可再生清洁能源，以实现经济、能源与环境之间的良性循环。

非再生能源中，核燃料是另一类重要的能源。核能可以分为三类：(a) 裂变能，重元素（如铀等）的原子核发生分裂时释放出来的能量；(b) 聚变能，由轻元素（氘和氚）原子核发生聚合反应时释放出来的能量；(c) 原子核衰变时发出的放射能。其中，利用核反应堆中核裂变所释放的热能进行发电，是核能的主要利用形式。

地球上有比较丰富的核资源，核燃料有铀、钍、氘等，其中铀的储量约为 417 万吨。地球上可供开发的核燃料资源及其可提供的能量，是矿石燃料的 10 多万倍。核能应用作为缓和世界能源危机的一种经济而有效的措施有许多优点：第一，核燃料能量密度比化石能源高上几百万倍，1000 克铀释放的能量相当于 2400 吨标准煤释放的能量，故核电厂所使用的燃料体积小、运输与储存都很方便；第二，发电成本低，每一磅铀的成本，约为 20 美元，换算成 1 千瓦发电成本是 0.001 美元左右，这和目前的传统发电成本比较，便宜许多；第三，正常运行时释放的污染少，不产生加重地球温室效应的 CO_2 气体。以煤为原料的火电站不断地向大气中排放 SO_2 和 NO_x 等有害物质，同时煤里的少量铀、钛和镭等放射性物质，也会随着烟尘飘落到火电站的周围，污染环境。而核电站设置了层层屏障，基本上不排放污染环境的物质，即使存在放射性污染，也比烧煤电站少得多。

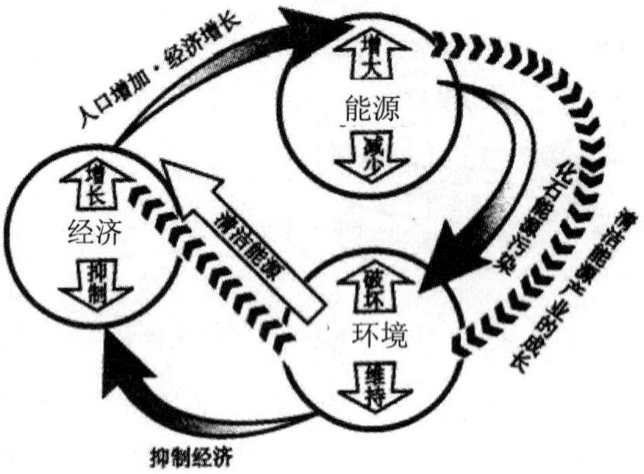

图 1-4　21 世纪人类文明可持续发展面临的“3E”矛盾

由于核能的上述优点，近年来受到了多个国家的高度重视。截至 2008 年 3 月，全世界总计有 439 座核反应堆，另有 35 座正在建造。全世界约有 16%的电能由核反应堆提供，其中，韩国、日本、法国等 9 个国家 40%的能源都来自于核能。

虽然核能发电在正常运行下对环境污染很低，且核反应堆的事故发生率也很小，但一旦发生泄漏事故，所带来的损失却难以估量。1986 年 4 月 26 日当地时间 1 点 24 分，苏联的切尔诺贝利核能发电厂发生严重核泄漏及爆炸事故。事故导致 31 人当场死亡，上万人由于放射性物质的远期影响而致命或身患重病，至今仍有受放射线影响而导致畸形胎儿出生的事件发生。这是有史以来最严重的核事故。此次事故产生的放射性尘降物数量是在广岛投掷的原子弹所释放的 400 倍。外泄的辐射尘随着大气飘散到苏联的西部地区、东欧地区、北欧的斯堪的纳维亚半岛。乌克兰、白俄罗斯、俄罗斯受污染最为严重。由于风向的关系，据估计约有 60%的放射性物质落在白俄罗斯的土地。因事故直接或间接死亡的人数难以估算，且事故后的长期影响到目前为止仍是个未知数。切尔诺贝利核泄漏事故被称之为历史上最严重的核电站灾难，此后人类对核能利用的步伐开始放缓。

日本的福岛核电站是目前世界上最大的核电站，由福岛一站、福岛二站组成，共 10 台机组（一站 6 台，二站 4 台），均为沸水堆。日本经济产业省原子能安全保安院于 2011 年 3 月 12 日宣布，日本受 9 级特大地震影响，福岛第一核电站的放射性物质发生泄漏。2011 年 4 月 11 日 16 点 16 分福岛再次发生 7.1 级地震，日本再次发布海啸预警和核泄漏警报。2011 年 4 月 12 日，日本原子能安全保安院根据国际核事件分级表将福岛核事故定为最高级 7 级。虽然该次事故对环境造成的影响以及带来的经济损失还需要进一步评估，但这种不可控自然因素对核能利用的安全性，再次成为世界各国关注的焦点。这使核能在缓和世界能源危机上的前景蒙上了阴影。

1.2 可再生能源与太阳能

1.2.1 可再生能源

世界能源消耗量的持续增加，使全球范围内的能源危机越来越严重。传统化石能源日趋枯竭也导致其价格持续飙升，严重影响了各国经济发展的可持续性。因此，减少对传统化石能源的依赖，开发可再生能源，实现能源的可持续发展，已经成为世界各国发展的重大战略方向之一。欧盟规定，可再生能源在一次能源消耗中的比例在 2020 年将是 2010 年的 2 倍，到 2050 年，可再生能源比例将高达 50%。美国提出 2025 年可再生能源的生产将达到 2000 年的 2 倍。印度、东南亚、拉美等国家和地区，都相继提出了各自的可再生能源发展规划。

可再生能源主要包括水力、风能、生物能、潮汐能、太阳能等非石化能源。表 1-1 给出了全世界可再生能源资源潜力。由于受相应的技术和成本因素等的影响，可再生能源目前的普及率仍然很低。

表 1-1　世界可再生能源资源潜力（10^{15}J/年）

种类	当前用量	技术潜力	理论潜力
氢能	9	50	147
生物能	50	>276	2900
太阳能	0.1	>1575	3900000
风能	0.12	640	6000

空气流动所形成的动能称为风能。与化石能源不同，风能是一种可再生、清洁、储量很大的能源。风能发电是一种没有环境污染的优质绿色能源。风能储量也非常巨大。据有关气象组织估算，地球上风能资源约为水电资源的 10 倍，高达每年 53 千亿瓦时，理论上仅仅 1%的风能就可以满足人类现代能源的需要。风力发电的原理是，利用风力带动风车叶片旋转，再通过增速机将旋转的速度提升，以达到快速推动发电机转子运转进而发电的目的。由于风速和风向的随机性、风能分布的分散性、能量密度低等特点，风能发电看似原理简单但工程应用必须解决一系列的关键技术。风能发电技术是一种涉及气象学、空气动力学、结构动力学、控制技术、材料科学、机电和电气工程等多个学科领域的高新技术，其中的关键技术仅有丹麦、德国、美国等几个国家掌握。风能发电技术的高度复杂性，也使目前风能发电仅仅在德国、美国、丹麦等少数国家具有较高的普及率。能源危机和日益突出的环境问题，也促使越来越多的国家加入到风能开发的行列，风电装机容量也越来越大。表 1-2 所示为 2006 年末几个主要国家的风电装机容量。我国在风能发电技术中处于相对落后的水平，缺乏自主知识产权的核心技术，在很大程度上依赖于国外引进技术，这在一定程度上限制了我国风能发电的普及率。

表 1-2　2006 年末各国风电装机容量

国家	装机容量（MW）	国家	装机容量（MW）
德国	20622	意大利	2123
西班牙	11625	英国	1963
美国	11603	加拿大	1459
印度	6270	荷兰	1560
丹麦	3136		

生物质能（biomass energy）是指存储在以光合作用生成的有机物中的能量，即以生物质为载体的能量。它直接或间接地来源于绿色植物的光合作用，可转化为常规的固态、液态和气态燃料，取之不尽、用之不竭，是一种可再生能源，同时也是唯一一种可再生的碳源。目前世界上生物质总量高达 6.9×10^{17} 千卡/年，但利用率仅为 3%。在美国，生物质能利用占一次能源消耗总量的 4%。在巴西，生物质能利用量约占 25%。

生物质能的利用方式主要包括直接燃烧和发电、燃料乙醇、生物柴油、沼气等。美国在生物质能发电方面处于领先地位，是美国仅次于水力发电的第二大可再生能源产业，相关发电装置装机容量达 750 千瓦。其中，加利福尼亚州 40%的电力供应来自于生物质发电。此外，瑞典和芬兰等北欧国家利用废木材发电的产业也很发达。瑞典的生物质能发电在 2000 年已达到其总发电量的 19%。

采用含糖和淀粉的农作物（如甘蔗、玉米、小麦等）通过发酵生产乙醇然后用作汽车燃料，也是生物质能的一种重要利用方式，其所涉及的技术已经成熟并逐渐得到大规模应用。

生物柴油（biodiesel fuel）是指以油料作物、野生油料植物和工程微藻等水生植物油脂以及动物油脂、餐饮垃圾油等为原料，在 230～250℃下进行酯化反应，制成以脂肪酸甲脂或乙酯为主要成分、可代替石化柴油的再生性柴油燃料。生物柴油具有良好的环保性（含硫量低）、较好的发动机低温启动性（无添加剂使冷凝点达-20℃）、较好的安全性（闪点高于化石柴油）、良好的燃料性能（生物柴油的十六烷值高于化石柴油，燃烧性能优于普通柴油）。基于上述优点，生物柴油具有广阔的发展前景。目前，生物柴油使用最多的是欧洲，已占其成品油市场的 5%。

虽然生物质能作为一种可再生能源具有诸多优点，但以目前的技术水平而言，仍然存在几个明显的缺点。首先，以高糖高淀粉农作物、植物油脂为主要原料的燃料乙醇和生物柴油的成本，仍然高于传统的化石能源。表 1-3 给出了燃料乙醇和生物柴油几种典型原料及生产成本，总体而言，燃料乙醇和生物柴油的总成本相比于化石能源没有明显的优势。

其次，燃料乙醇和生物柴油的大量普及，可能危害全球粮食安全。目前，世界主要国家投入商业化生产的生物燃料原料主要是玉米、棕榈、柳枝稷等这样的“高投入低生物多样性（high-input and low-diversity，HILD）”系统，需要大面积种植能源作物，而可用于能源作物种植的土地面积是有限的，因此势必会造成农用土地竞争加剧，产生与粮食生产和牲畜饲料争夺空间和资源的现象，即与粮争地、与人争地，影响到许多国家的粮食安全，尤其是对于中国、印度这些人多地少的国家，更是一种较大的威胁。美国近年来生物燃料发展迅猛，但由此也造成 2007 年玉米的市场价格达到历史最高纪录，比 2006 年的价格翻了一番。可见，生物燃料发展给粮食安全系统带来了重大冲击。

表 1-3 不同原料的燃料乙醇和生物柴油成本比较

原料	产品种类	总成本（美元/升）	原料成本（美元/升）	生产成本（美元/升）
玉米（美国）	燃料乙醇	0.56	0.23	0.33
小麦（欧洲）	燃料乙醇	0.75～1.27	0.22～0.34	0.53～0.93
甜菜（欧洲）	燃料乙醇	0.83～1.22	0.20～0.32	0.63～0.90
甘蔗（巴西）	燃料乙醇	0.467	0.127	0.34
柳枝稷（美国）	燃料乙醇	0.517～0.627	0.087～0.097	0.43～0.53
大豆油（美国）	生物柴油	0.86～1.28	0.38～0.55	0.48～0.73
菜籽油（欧洲）	生物柴油	0.65～1.40	0.30～0.60	0.35～0.80
麻风树（印度）	生物柴油	～0.94	～0.39	～0.55

最后，生物质能的发展可能危及生物多样性和生态安全问题。以高投入低生物多样性的作物作为生物质能原料，为了获得高产量，往往需要耕地、灌溉、施肥、灭虫、除草等，而这些精耕细作措施可能会导致土地退化，大面积的灌溉也会加剧水资源的短缺，缩短河流生命，并进一步引发一系列的水土流失、生态系统退化等其他环境问题。此外，这种单作制的方式还会直接降低区域的生物多样性，而盲目大量种植生产生物燃料所需的生物质能源作物，还可能会导致一系列生物入侵问题。

水，作为一种丰富的自然资源，既可以为人类直接使用（如灌溉），也是重要的能量资源（即水能）。广义的水能资源包括潮汐能、河流水能等。水能作为可再生能源，主要用于水力发电，具有价廉、清洁的优点，是目前可再生能源中应用历史最长、技术最成熟、应用最广泛的能源。虽然水电工程具有很好的防洪、航运、发电和环境效益，但是水电建设尤其是大型水电工程也会带来一些负面影响，如土地淹没、搬迁移民、影响生物多样性等。随着环境保护意识的增强，环境制约是当前水电发展的主要障碍。

1.2.2 太阳能

太阳作为距离地球最近的恒星，是一个由炽热气体构成的巨大球体，中心温度约10^7 K，表面温度也接近 5800K。太阳内部处于高温高压状态，不停地进行着热核反应：由氢聚变为氦。据估算，每秒钟约有6×10^{11}kg 的氢转变为氦，由此释放出的巨大能量不断从太阳向宇宙辐射，辐射功率高达3.6×10^{20} MW / s，其中约 22 亿分之一辐射到地球上。尽管太阳能中只有很少一部分辐射到地球表面，但其数量仍然巨大，每年辐射到地球表面的太阳能能量约为1.8×10^{18}kW·h，这是地球人类年消耗能量的几万倍。

地球上绝大部分能源都源于太阳辐射。风能是由于受到太阳辐射强弱程度不同使大气形成温差和压差，从而造成气流的流动所致。水能的来源也与太阳辐射有关，太阳辐射将地球表面（包括海洋等水域）的水分加热蒸发，形成雨云然后降雨形成水资源。化石能源和生物质能都与地球上植物所吸收的太阳辐射有关。图 1-5 为地球接受的太阳辐射能量及其分配示意图。

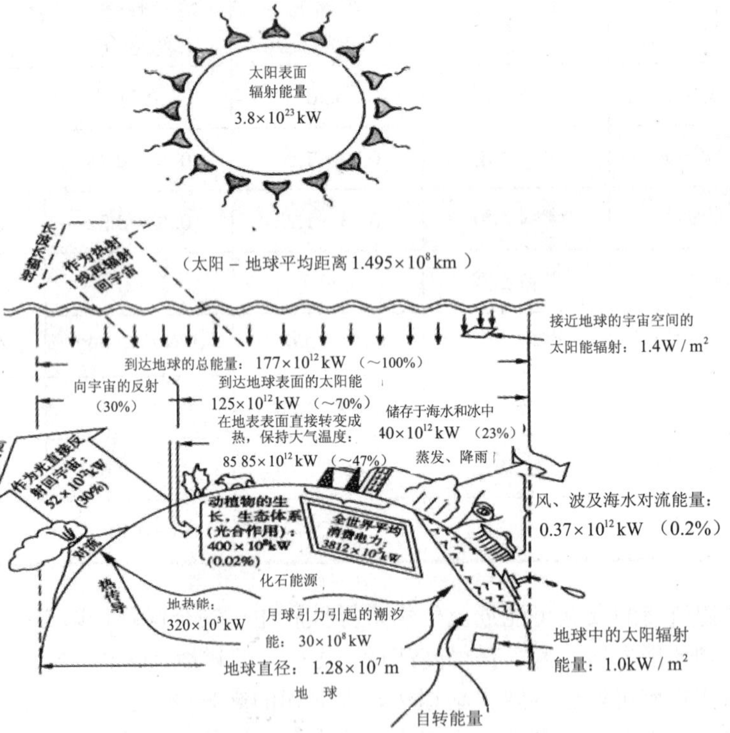

图 1-5　地球表面接受的太阳辐射能量及其分配示意图

与常规能源和核能相比，太阳能具有以下优点：

（1）广泛性。到达地球表面的太阳辐射分布极为广泛，无需运输或输送，就地可用。

（2）清洁性。太阳辐射作为能量资源，既不会释放任何有害气体，也没有任何污染环境或人类健康的废料，是真正的清洁能源。

（3）永久性。太阳辐射至今已经持续了几十亿年，按照目前太阳质量的损耗速率，太阳的热核反应可进行6×10^{10}年，对人类的历史而言，太阳能显然是“取之不尽、用之不竭”的可再生清洁能源。

由于具有上述优点，使太阳能在可再生能源中占有非常重要的地位，图 1-6 为 1990～2008 年，全球一次能源供应量（TPES）以及几种主要的可再生能源的年均增长率。图 1-6 表明：全球 TPES 和可再生能源的增长速率相同，而其中太阳能（光伏和光热）的增长速率最快。太阳能在未来能源结构中也具有非常重要的地位。世界自然基金会在 2010 年底提出了“到 2050 年全部使用可再生能源”的设想，并预计到 2050 年，光伏发电将提供 29% 的电力能源，是所有可再生能源中比例最大的组成部分。

到达地球的太阳辐射能量巨大，每个国家都可以接受其中的一部分，但各个国家接受的太阳辐射强度却差距悬殊。辐射到地球表面某一地区的太阳辐射能量的多少，与当地的地理纬度、海拔高度及气候等一系列因素有关。图 1-7 和图 1-8 为全世界各地 6 月份和 10 月份太阳日辐射量的分布概况。图示表明，美国西南部、非洲大部、澳大利亚全部，太阳

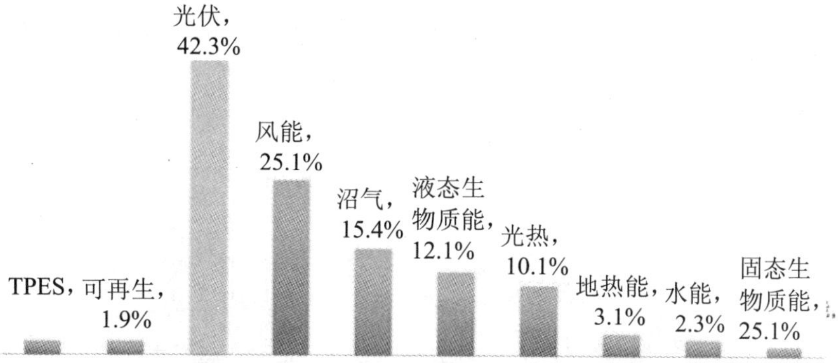

图 1-6　1990～2008 年世界能源供给的年均增长率

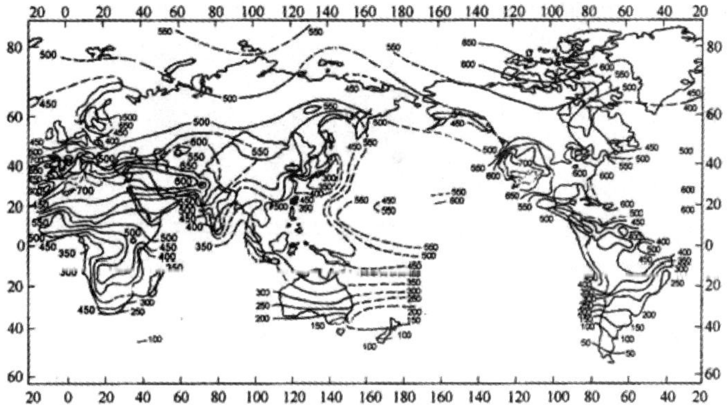

图 1-7　世界各地 6 月份太阳日辐射量的分布（cal/（m²·d））

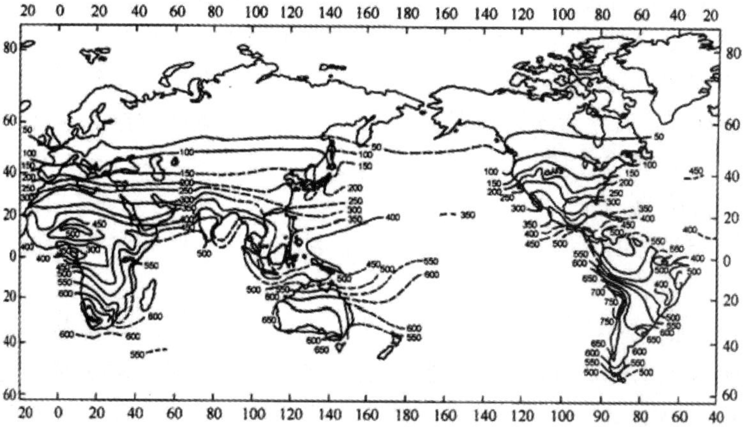

图 1-8　世界各地 10 月份太阳日辐射量的分布（cal/（m²·d））

能资源非常丰富；中美洲、亚太地区、中东地区等赤道附近地区，日照丰富；欧洲特别是北欧等地，并不是太阳能资源丰富的地区，但利用却较好。

我国也属于太阳能资源相当丰富的国家，绝大多数地区年均日辐射量在4kW·h（$m^2\cdot d$）以上。图1-9所示为我国（大陆及台湾、海南岛）太阳辐照分布图，其中西藏、青海、新疆、甘肃、宁夏属于高日照地区，西藏最高达7kW·h（$m^2\cdot d$）；东部、南部及东北属于中等日照区；对高日照的西部地区，充分利用各地的太阳能资源，不但有助于保护当地的自然环境，也有助于促进当地经济的发展。

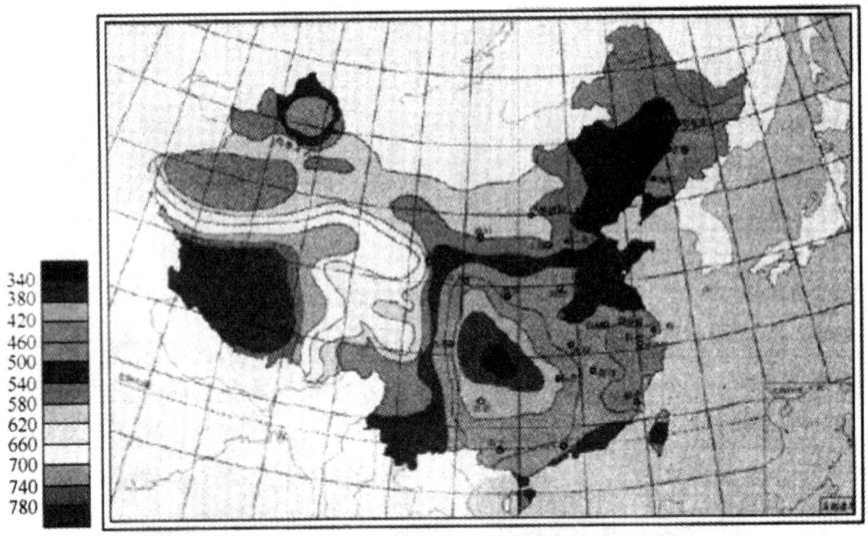

图1-9 我国太阳辐照分布图（未包括南海区域）

1.3 太阳光谱

地球表面所接受的太阳辐射能量大小以及太阳光谱分布是太阳能利用的基础。太阳内部持续发生的核聚变反应，释放出巨大的能量，并以电磁波的形式向宇宙空间持续辐射。由于宇宙空间为真空，是绝热的，因此可以将太阳光谱看成一个绝对黑体的辐射光谱。图1-10中对比了大气层以外的太阳辐射与一个温度为6000K的绝对黑体辐射的光谱曲线，二者非常接近。太阳辐射到达地球表面之间，必须经过大气层。太阳辐射通过大气层时，将被吸收、散射或反射，这导致太阳辐射被衰减。图1-10中也同时给出了经过大气层到达地球表面的太阳辐射光谱的实测曲线，与大气层以外太阳辐射光谱比较，可以反映出大气层对太阳辐射的明显吸收。

大气层对太阳光谱的衰减程度与测试地点的纬度、测试时间和当地的气象特征都有密切关系。为了能反映出大气层对地球表面吸收太阳光的影响程度，一般引入大气质量（air mass，AM）来描述。太阳光穿过大气层时所通过的空气质量，即为大气质量。在地球大气层最外面，垂直于太阳光方向单位面积上的辐射能为一常量，该辐射强度称为太阳常数（solar constant）。由于没有穿过大气层，该处的大气质量为零，此时对应的太阳辐射称为“大气质量为零”（即AM0）的辐射（参见图1-11）。

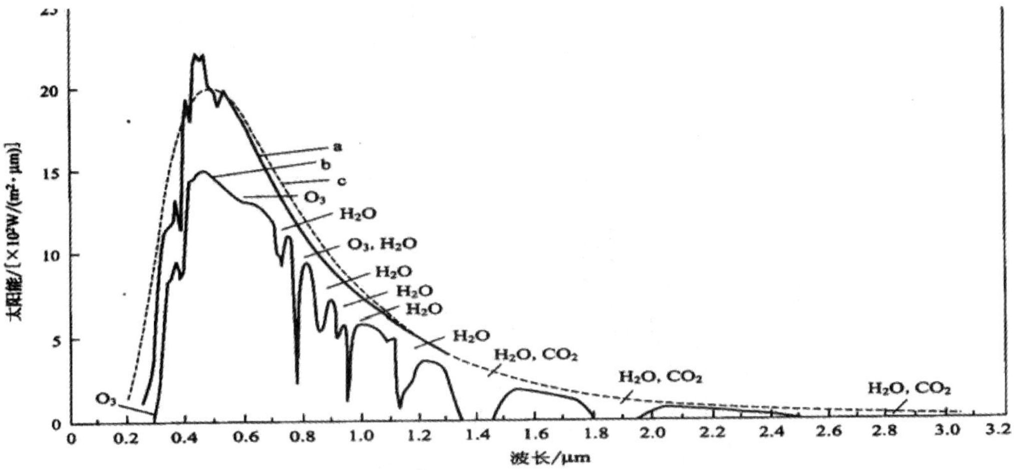

图 1-10 大气层以外 a 和地面 b 太阳辐射以及绝对黑体 c 太阳辐射光谱的比较

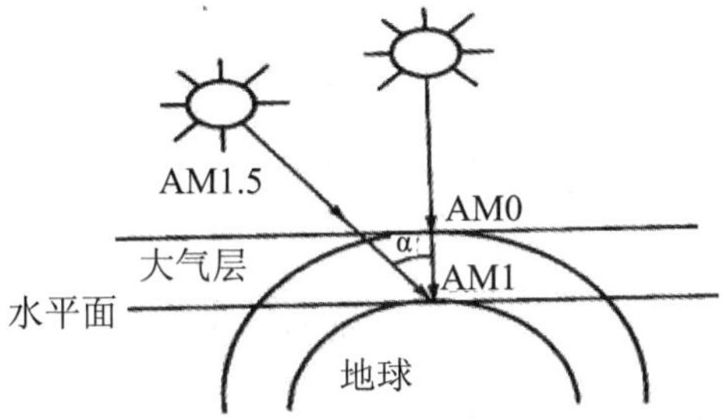

图 1-11 大气质量同照射角度的关系

太阳光穿过大气层后，至少衰减 30%。造成衰减的主要原因有：(a) 瑞利散射或大气分子散射，对所有波长都有衰减，对短波光线衰减最大；(b) 悬浮微粒和灰尘的散射；(c) 大气中不同气体分子（氧气、臭氧、水蒸汽和二氧化碳）的直接吸收。太阳在地球正上方（天顶轴上方）时，光程最短，只通过一个大气层厚度；太阳光线实际路程与该最短路程之比，称为光学大气质量。此最短路程的光学大气质量为 1，此时的太阳辐射也称为大气质量为 1（AM1）的辐射，其辐射功率为 925 W/m^2，相当于晴朗夏天在海平面上所承受的太阳辐射。

当太阳和头顶正上方成 α 角度（参见图 1-11）时，大气质量由以下公式计算得到

$$\mathrm{AM}=\frac{1}{\cos\alpha} \tag{1-1}$$

在实际工程中，可以用一个简单的办法估算大气质量：测量高度为 h 的竖直物体的投影阴影长度为 s，根据上式，大气质量为

$$\mathrm{AM}=\sqrt{1+\left(\frac{s}{h}\right)^2} \tag{1-2}$$

由于地球表面不同地区的太阳光谱强度和光谱成分的不同，为便于对不同地点测试的

太阳能电池性能进行比较，必须确定一个地面的光谱标准。这一光谱标准具有国际通用性，所有的测试都应参照该标准进行。一种典型的光谱标准是大气质量为 1.5 时的太阳光谱，即 AM1.5，这相应于入射角为 48º 时（相对于法线方向）的太阳辐射。图 1-12 所表示的 AM1.5 能量光谱为地球表面上测量太阳能电池效率的标准光谱。

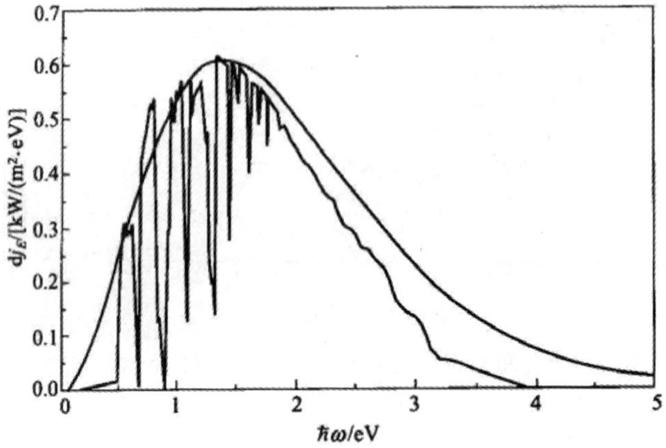

图 1-12　AM1.5 光谱（粗线）与 5800K 温度黑体光谱（细线）的比较

在无云的天空下，对图 1-12 中的 AM1.5 光谱进行积分，相对于太阳法向表面的能量电流密度定义为

$$j_{E,\mathrm{AM1.5}} = 1.0\mathrm{kW} / \mathrm{m}^2 \tag{1-3}$$

光伏系统设计时，安装地的日照情况数据至关重要，其中包括直接辐射和散射辐射数据、环境温度、风速和风向等。影响安装地日照的因素有纬度、高度、气候、主要植被、当地地理特征。日照情况的测量数据将为各地太阳辐射能计算提供基础，数据的获取要使用到各种测量仪表。

辐射能测量仪表主要有：

（a）天空辐射计，又称为太阳表，记录在全天空 2°视场内投射到水平面上的全波段辐射，必须远离高的物体；

（b）散射辐射计，在天空辐射计上用特制圆盘或遮日环挡去太阳直接辐射，可直接测量散射辐射，再用标准天空辐射表减去其读数，结果就是直接辐射；

（c）棒移式总辐射计，标准天空辐射计与影环式辐射计的结合，用棒的阴影每隔几秒经过传感器，遮挡直接辐射，引起记录值下降，可测量直接辐射及散射辐射与时间的关系；

（d）直接辐射计，视场很小为 6°，连续跟踪太阳，测量直接辐射；

（e）日照时数计（日长计），测量太阳辐射延续时间，用透镜聚焦烧穿纸记录日照时间，日照时间可用于太阳辐射能的估算。

测试了日照情况数据后，就需要计算太阳辐射能。计算或估算各地所接受的太阳辐射能的多少将为充分、有效利用太阳能提供基础。计算太阳辐射能的方法很多，这里介绍一种通用性较强、物理意义较明确的方法。该方法借助于计算机，可以快速求出到达任意倾斜面上的太阳辐射量，其计算流程框图如图 1-13 所示。

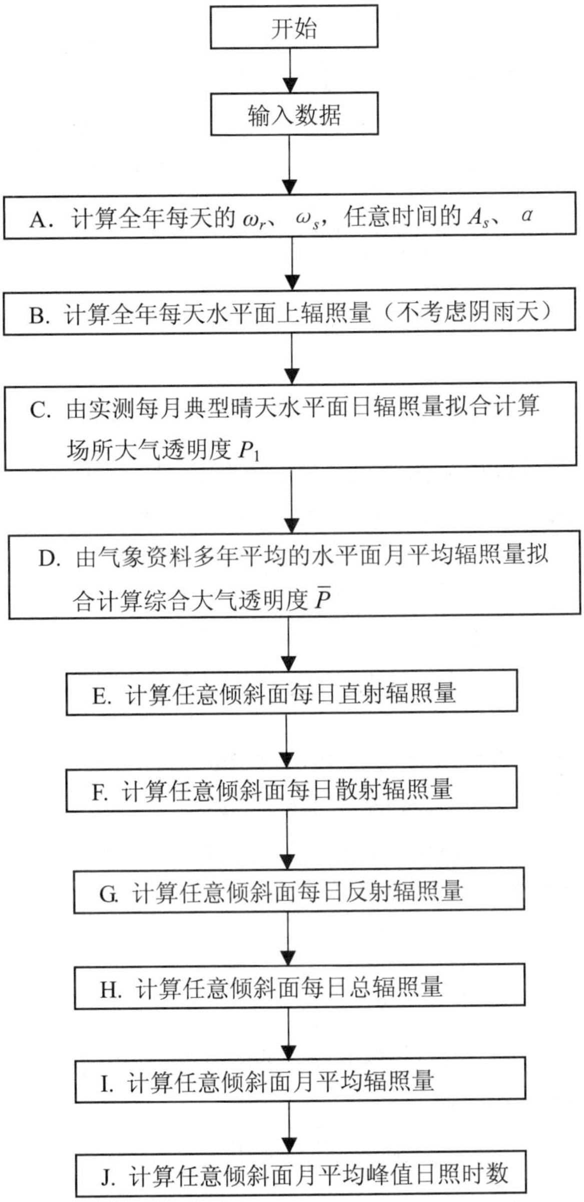

图 1-13　地表太阳辐照量计算流程框图

计算主要包括：

（1）利用球面三角公式求出每天日出日落时间和任意时刻太阳高度角和方位角

太阳高度角（h）的定义：太阳光线与地表水平面之间的夹角（$0° \leqslant h \leqslant 90°$）（参见图 1-14），其数学表达式为

$$\sin h = \sin\phi \sin\delta + \cos\phi \cos\delta \cos\omega \tag{1-4}$$

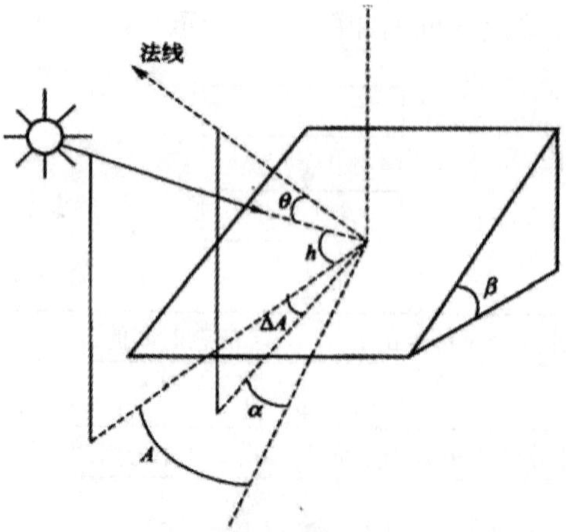

图 1-14 任意倾斜面上太阳的几何关系

式中，ϕ 为观测点纬度，可以根据测算地点位置直接确定；δ 为赤纬角，也称为太阳直射点纬度，即太阳直射光线与赤道平面间的夹角。可以用下面的公式进行近似计算

$$\delta = 23.45\sin\left[\frac{360}{365}(284+n)\right] \quad (1\text{-}5)$$

式中，n 为计算当日自 1 月 1 日算起是一年中的第几天。ω 是时角，即用角度表示的时间，每 15° 为一小时，每 15′ 为一分钟，每 15″ 为一秒钟。其中，正午时刻：$\omega = 0$；上午 $\omega > 0$；下午 $\omega < 0$。

当太阳高度角为零度时，日出时间 ϖ_r 和日落时间 ϖ_s 的计算可以由以下公式进行计算

$$\varpi = \arccos(-\tan\phi \cdot \tan\delta) \quad (1\text{-}6)$$

当 $-1 \le -\tan\phi \cdot \tan\delta \le 1$ 时，则有 $\cos\omega = \cos(-\omega)$，所以有 $\omega_r = \omega$，$\omega_s = -\omega$；其他情况则属于极夜、极昼、极夜前或后一天、极昼前或后一天。

因此，正午时刻的太阳高度角 h 为

$$h_{\text{noon}} = 90^\circ - \phi + \delta \quad (1\text{-}7)$$

太阳方位角（A）的定义：太阳光线在水平面上的投影和当地子午线的夹角（参见图 1-14），其可以由下式进行计算

$$\cos A = \frac{\sin h \sin\phi - \sin\delta}{\cos h \cos\phi} \quad (1\text{-}8)$$

在日出和日落时刻有

$$\cos A = \frac{-\sin\delta}{\cos\phi} \quad (1\text{-}9)$$

（2）水平面上太阳辐射能的计算

将到达水平面上的太阳辐射能分为直接辐射和散射辐射二部分，即

$$H = H_b + H_d \quad (1\text{-}10)$$

（3）到达任意倾斜面上太阳辐射能的计算

任意倾斜面上接受的太阳辐射总量 H_T 由直接辐射量、天空散射量 H_{bt} 及地面反射量

H_{rt} 三部分组成，由 Hay 模型，有

$$H_T = H_{bt} + H_{dt} + H_{rt} \quad (1\text{-}11)$$

代入各项分量，则倾斜面上太阳辐射量的公式为

$$H_T = H_b R_b + H_d \left[\frac{H_b}{H_0} R_b + \frac{1}{2}\left(1 - \frac{H_b}{H_0}\right)(1+\cos\beta) \right] + \frac{1}{2}\rho H(1-\cos\beta) \quad (1\text{-}12)$$

式中，H_0 为大气层外水平面上的太阳辐射量；β 为倾斜面的倾角；ρ 为地面反射率；R_b 为倾斜面上直接辐射量与水平面上直接辐射量的比值，即

$$R_b = \frac{H_{bt}}{H_b} \quad (1\text{-}13)$$

1.4 太阳能利用

太阳能的利用正受到世界各国的广泛重视，除了基于光合作用生长植物再由人类利用这种间接利用太阳能的方式外，人类利用太阳能的方式主要分为三种："光-热转换"、"光-电转换"和"光-化学转换"。

1.4.1 光–热转换

太阳能"光-热转换"是太阳能热利用的基本方式：通过物体将吸收的太阳辐射直接转换为热能，然后将热能传递给流体，再加以利用。这种太阳能利用方式可以广泛应用于采暖、制冷、干燥、温室、烹饪、工农业等各个领域。

太阳能集热器是将太阳辐射转换为热能设备的基本部件，根据其基本结构特征，大致可以分为三种：平板集热器、管式集热器和聚光集热器。

平板集热器的结构如图 1-15 所示，其基本组成包括：(a) 黑色吸收体：将吸收的太阳辐射转换为热能；(b) 透明盖板：透过太阳辐射隔离体辐射带来的热损失；(c) 保温材料：减少集热器背面和侧面的热传导损失；(d) 壳体：起支撑和固定作用。平板集热器的吸收面积与采集太阳辐射的面积相同，能同时吸收太阳辐射中的直射辐射和漫射辐射，不需要跟踪太阳，制作和维护成本相对较低，但其效率较低，一般适用于太阳能热水、采暖和制冷等低温方面（≤100℃）的应用。

管式集热器结构比较典型的是玻璃真空管太阳集热器。玻璃真空管太阳集热器实际上已经有上百年的历史，只是近几十年才得到了快速普及和工业化生产。它与平板集热器的主要区别在于其集热元件为玻璃真空管，其基本构造如图 1-16 所示。它由两根同心圆玻璃管组成，内外圆之间抽成真空。太阳光吸收层则沉积在内管的外表面构成吸热体，内玻璃管内为传热流体。太阳光吸收层吸收太阳光转换为热能，热能再传给内管内流体。这种结构设计使全玻璃真空管太阳集热器的热损失非常低，其热损失系数一般小于 1W/（m/℃），仅仅为平板集热器的 1/4～1/5。这种全玻璃真空管太阳集热器可以在寒冷季节、寒冷地区使用。

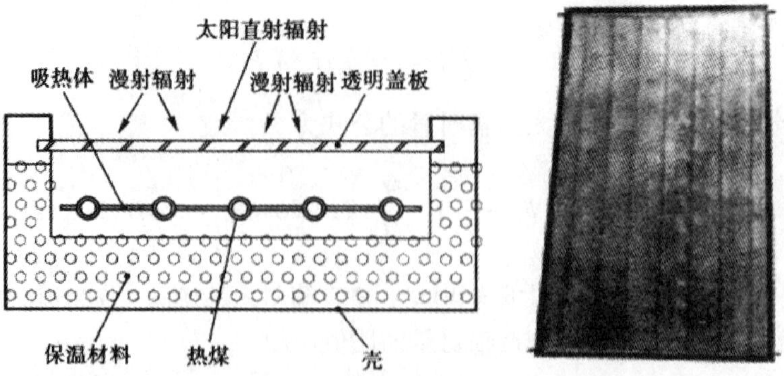

图 1-15　平板集热器的基本构成

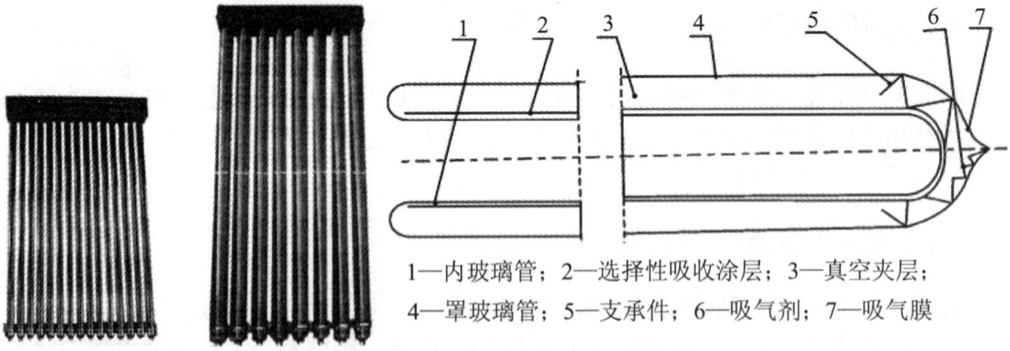

图 1-16　玻璃真空管太阳集热器

平板集热器能提供的温度一般低于 100℃，这使其应用范围有限。热能的利用效率与温度有关，随着温度升高，热能的利用效率也提高。如果将太阳能的热能温度提高到 500℃及以上，则可作为工业热能应用。聚光集热器则可以显著提高热能温度。聚光型集热器利用聚焦原理，即利用光线的反射和折射，采用反射器或折射器使阳光改变方向，把太阳光聚集集中照射在较小面积的吸热体上，增大单位面积的辐射强度，从而使集热器获得更高的温度。

太阳能“光-热转换”效应的应用主要包括：太阳能热水器、太阳能供暖、太阳能制冷、太阳能热力发电等。其中，太阳能热水器已经在我国高、中日照地区得到广泛的应用。太阳能热水器主要由集热器、储水箱、支架、控制部件等构成（如图 1-17 所示），其中所用的集热器主要有平板式太阳能集热器和真空管太阳能集热器。太阳能热水器以集热管吸收太阳辐射并转换为热能，再利用冷热水自然对流的方式将热能传递给水箱中的水，从而实现太阳辐射的热能利用。

在寒冷地区，冬季需要供暖以提供舒适的工作和生活环境。太阳能供暖系统与常规能源供暖系统的主要区别，在于它是以太阳能集热器作为能源，替代或部分替代以煤、石油、天然气、电力等作为能源的锅炉。太阳能集热器获取太阳辐射能而转化的热量，通过散热系统送至室内进行采暖。与常规能源供暖系统相比，太阳能供暖系统主要具有低碳（不消耗其他能源）、环境友好（零排放）等优点，但由于受气候以及日照时间的影响，其连续性、稳定性较差，一般需要与其他辅助热源配合使用，这也在一定程度上制约了太阳能供暖的普及。

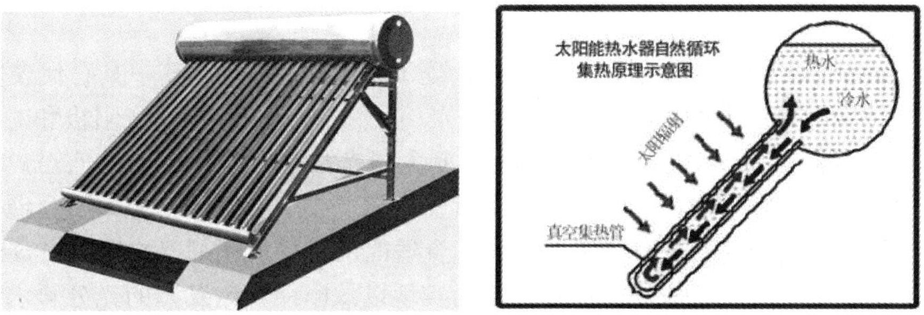

图 1-17　太阳能热水器实物及其工作原理示意图

上述两种基于“光-热转换”的太阳能利用方式，都难以实现对能量的远距离输送和规模化应用，而太阳能热力发电则无此限制。

太阳能热力发电是先将太阳能转变成热能，再通过机械能装置转变成电能而实现发电。一个典型的太阳能热力发电系统如图 1-18 所示，用阵列排布且具有高聚光比的聚光集热器将太阳辐射转换为热能，产生高达 300℃以上的高温，该热能将工作物质导热油加热（如遇天气不好可使用燃气辅助加热），进而加热热罐中的盐。利用高温、高热容量的流体盐，可加热水并使之蒸发。高温高压水蒸汽经过除氧处理后通过管道输送到汽轮发电机进行发电。过热或过剩的热能可输送到储热器把热能储存起来，以备无阳光时使用。根据其聚光器的排列方式，太阳能热力发电技术主要有分布式太阳能热发电技术和塔式太阳能热发电技术，其中后者更容易获得高的光-热-电效率。工作温度是决定太阳能热力发电的关键因素。初期的太阳能热电站由于没有进行太阳光聚焦，工作温度在 100℃左右，效率大约在 1%。后来是抛物型槽式聚光器，聚焦比虽然小于 100，但也可以获得 300～400℃的工作温度，其年平均热电效率在 10%左右。随后发展起来的塔式聚光设计，其聚焦比达到几百倍，工作温度高达 500～700℃，年光-热-电转化效率在 15%左右。目前，全世界已经建成 10 个塔式热发电电站，西班牙的 PS10 电站（10MW）已经实现商业化运行。

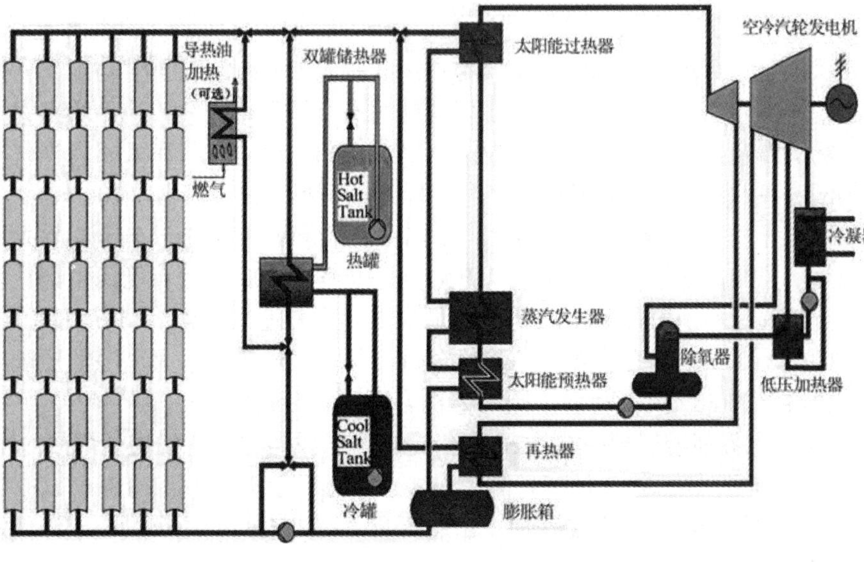

图 1-18　太阳能热力发电系统

1.4.2 光–化学转换

基于“光-化学转换”的太阳能利用目前仍处于研究开发阶段，其中具有代表性的是太阳能制氢。太阳能制氢可采取多种途径实现，如：(a) 光电化学制氢，光阳极和对电极（阴极）组成光电化学池，光阳极上的半导体材料受太阳光激发，产生电子-空穴对，电子通过外电路流向对极，而水中的质子则在对极上接受电子产生氢气；(b) 光助络合催化制氢，即人工模拟光合作用而实现分解制氢，可设计合适的络合物催化剂，并模拟光合作用中的光吸收、电荷转移和氧化还原反应过程，从而实现以太阳能为激发源的光分解水制氢。

总体而言，目前的太阳能制氢技术存在制氢效率低、难以规模化应用的缺点。一旦在制氢效率上得到大幅度提高，则可能促进氢这种零污染排放燃料的真正普及。

1.4.3 光–电转换

基于“光-电转换”的太阳能利用方式将太阳辐射直接转换为电能加以利用，其中最主要、最有发展潜力的实现途径为光伏发电，即基于光伏效应直接将太阳辐射转换为电势差而对外供电。与其他发电方式相比，光伏发电具有如下特点：

① 采用模块化结构，易于实现规模化生产，并获得规模化效益，模块化结构也便于安装。

② 运行时无污染。石化能源发电或使用过程中，一般都有碳排放和有害气体产生，而核能发电则存在放射源泄漏以及核废料处理等问题。光伏发电是无公害的清洁能源。

③ 易于实现自动化和无人化。光伏发电无需水力发电或热电所需的转动机械，也不存在核能的高温高压工作环境，除了要求太阳光辐照外，几乎没有其他运行条件要求，可以在远离人烟、甚至在太空中运行。

④ 这是对太阳能的直接利用。水力发电、化石能源和生物质能本质都来源于太阳辐射，是属于对太阳能的二次利用；而光伏发电则属于对太阳能的直接利用，其转换效率是对太阳能的直接利用效应。

由于光伏发电的上述优点，因此，光伏发电成为近年来发展最快的太阳能利用方式。

鉴于光伏发电在可再生能源中的重要地位，世界各国纷纷制定了太阳能光伏发展计划和相应政策。2004 年开始，德国对可再生能源法案进行了修订，新的补贴法案大大促进了德国光伏市场的爆发，并引发了欧洲其他国家以及美国、日本等国在太阳能光伏产业发展上的政策热潮（各种立法和税收补贴等）和全球光伏市场的高速膨胀。2000 年以来，全球光伏产业连续 6 年以大于 30%的速度增长。图 1-19 所示为 1988 年以来全世界太阳能光伏电池历年产量示意图。根据世界能源署（IEA）对 1990～2008 年世界能源供给年均增长率的统计，太阳能光伏在所有能源中增长速率最快，年均增速高达 42%（参见图 1-6）。

图 1-20 为 2010 年全球光伏发电的装机容量，其中，德国、意大利等欧盟国家占据了全球光伏装机容量的 80%以上，而中国的装机容量则相对较低。

根据 IEA 的世界能源展望报告，2050 年全球光伏发电将占总发电量的 11%，这意味着每年的 CO_2 减排可以达到 23 亿吨。图 1-21 为 IEA 对光伏发电在 2010～2050 年的装机容量以及在总发电量中所占比重的预估。由此可见，在未来的能源市场中，光伏发电仍将保持很高的增长速度。

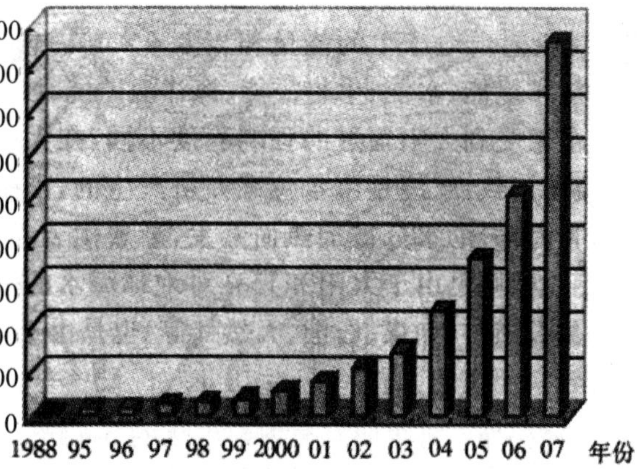

图 1-19　全世界太阳能光伏电池历年产量

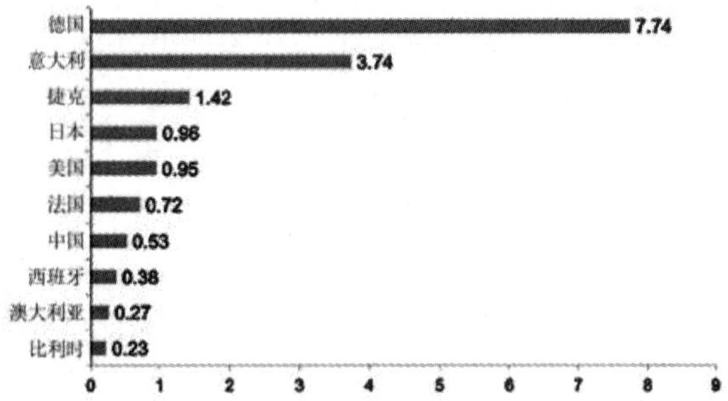

图 1-20　2010 年全球光伏发电装机容量（GW）

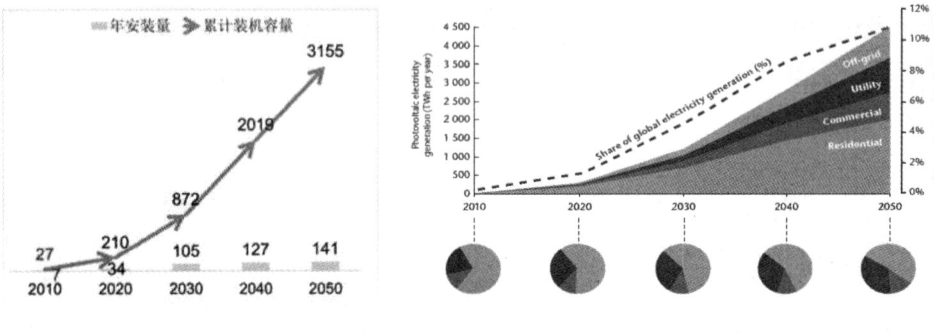

（a）装机容量　　（b）在总发电量中的份额

图 1-21　光伏市场规模预估

思考简答题

1. 简述几种典型的可再生能源及其特点。
2. 面对全球性的能源危机，你有什么解决策略？
3. 什么是大气质量？
4. 简述太阳能的三种主要利用方式。

第 2 章　太阳能电池物理基础

太阳能电池是利用光生伏特效应将太阳能转化成电能的一种典型光电器件，而太阳能电池材料是构成太阳能电池的基础。虽然半导体材料的种类很多，但由于材料物理特性和材料制备工艺等方面的原因，实际应用于太阳能电池的半导体材料并不多。以基于光生伏特效应的太阳能电池用半导体材料为例，在光照等外加能量的作用下，价带中的电子能够吸收能量，跃迁到导带，产生非平衡载流子，在一定时间后复合并产生扩散和漂移。如果将 n 型半导体和 p 型半导体相连，将组成具有内建电场的 p-n 结。在太阳光的作用下，p-n 结及其他类似结构，可以产生电子和空穴。结电场的作用下，p 区的电子漂移到 n 区，n 区空穴漂移到 p 区，形成自 n 区向 p 区的光生电流，构成结构最为简单的太阳能光电池。

在太阳能电池用半导体材料中，除了典型的Ⅳ族元素半导体 Si、Ge 以外，还有以 GaAs 为代表的Ⅲ-Ⅴ族化合物半导体，以 CdS、CdTe 等为代表的Ⅱ-Ⅵ族化合物半导体，以 $CuInSe_2$ 为代表的Ⅱ-Ⅲ-Ⅵ族元素组成的多元化合物半导体，以及一些氧化物半导体等，这些都是太阳能电池的基本材料。近期，一些有机和无机材料甚至聚合物材料等，都被应用于太阳能电池的研发。从总体来看，目前的光伏器件主要采用半导体材料，并建立在半导体 p-n 结光电转化或相似或相近的物理基础上。本章首先简述太阳能电池的半导体物理基本知识，简要介绍半导体材料中电子和空穴载流子产生的原理和能带结构，以及杂质和缺陷引起的浅能级、深能级和缺陷能级，分析热平衡条件下本征和杂质半导体的载流子分布以及非平衡少数载流子的产生、复合、扩散和漂移。在此基础上，进一步阐述 p-n 结、金属-半导体接触和金属-绝缘层-半导体（metal-insulator-semiconductor，MIS）结构的制备、能带特点以及电流电压特性，介绍半导体材料的光吸收和伏特效应。最后，给出太阳能电池材料的分类并简要介绍各类材料的基本特性，为后续各章节的分类详细介绍做一个提纲性的引言。

2.1　半导体物理基础

2.1.1　能带结构

能带结构是指晶体中载流子的能量和波矢（或准动量）之间的关系，即 $E-\vec{k}$ 关系。实际晶体的能带结构取决于其晶体结构和组成元素，因此能带结构往往比较复杂。半导体材料的物理性质基本上是由其内部的电子运动状态决定的，而运动状态又是由能带理论描述的。因此，半导体材料的物理性质是建立在能带理论基础上的。

在每个确定的量子态中，其相应的能量也是确定的。为形象化起见，人们常常用电子壳层来描述原子内部电子分布状态，原子中各个电子都处于各自的一定能量状态中，能量越大的电子，离核的平均距离越远。原子中的各电子，按其能量的大小分布在不同距离的电子壳层中。电子的运动轨道可分为 1s、2s、2p、3s、3p、3d……这些运动轨道对应于不同的电子能级。

以氢原子为例（玻尔模型），假设：

① 电子以一固定速度围绕原子核做圆周运动；

② 电子在特定的轨道上运动时，其角动量为 $h/2\pi$（h 为普朗克常数）的整数倍；

③ 电子的总能量等于动能与势能之和。

此时，由假设①可知，电子的库仑作用力和洛伦兹作用力相平衡

$$\frac{1}{4\pi\varepsilon_0}\frac{q^2}{r^2}=\frac{mv^2}{r} \tag{2-1}$$

式中，m 为电子质量，q 为电子电荷量，v 为电子做圆周运动的速度，r 为电子的圆周运动半径，ε_0 为材料的真空介电常数。

由假设②可知

$$mvr=n\frac{h}{2\pi} \tag{2-2}$$

式中，n 为量子数，取正整数（1, 2, 3, 4, …）。而电子的总能量为

$$E_m=\frac{1}{2}mv^2+\left(-\frac{q^2}{4\pi\varepsilon_0 r}\right) \tag{2-3}$$

将式（2-1）和式（2-2）代入可得

$$E_m=-\frac{mq^4}{8\varepsilon_0^2h^2n^2}=-\frac{13.6}{n^2}(\text{eV}) \tag{2-4}$$

当电子处于基态时，$n=1$，$E_1=-13.6\text{eV}$；当电子处于第二激发态时，$n=2$，$E_2=-3.4\text{eV}$，以此类推。

电子处于一系列特定的运动状态，称为量子态。每个量子态中，电子的能量是固定的，称为能级。靠近原子核的能级，电子受的束缚强，能级就低；远离原子核的能级，受的束缚弱，能级就高。单个原子的能级示意图如图 2-1 所示。原子中，电子只能在这些分裂的能级间跃迁，而且，每个能级上只能容纳两个自旋方向相反的电子。

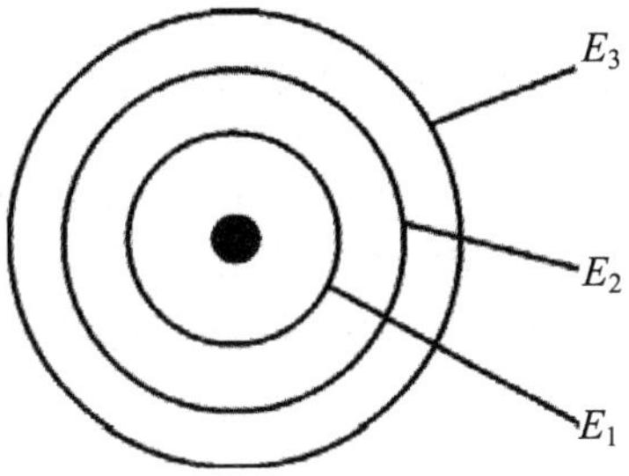

图 2-1 原子能级示意图

当多个原子相互接近并规则排列形成晶体时，原子核周围的电子会发生相互作用，相邻原子间的相同电子能级发生了重叠，如 2p 能级和相邻原子的 2p 能级重叠、3s 能级和相

邻原子的 3s 能级重叠。图 2-2 所示为原子组成晶体时电子的运动情况，其中，最外层的电子重叠较多，内壳层的电子重叠较少。这意味着，晶体中原子的内壳层电子，由于基本没有发生重叠，依然围绕原子核运动；而外壳层电子，由于发生能级重叠，电子不再局限于一个原子，而是可以很容易地从一个原子转移到相邻原子上去，可以在整个晶体中运动，这称为电子的共有化运动。

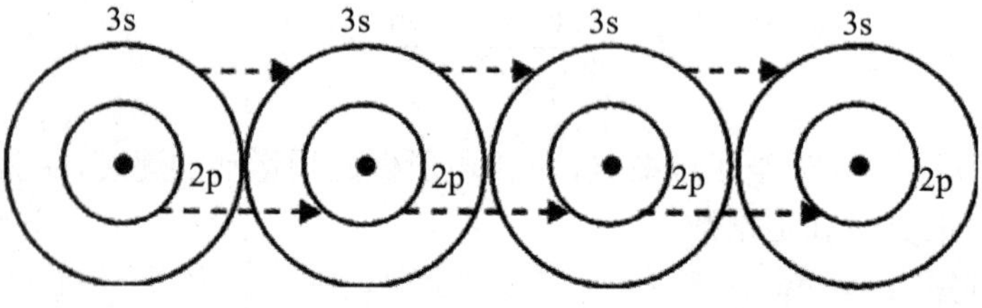

图 2-2　原子组成晶体时电子共有化运动情况示意

由于存在电子的共有化运动，当两个相距很远的独立原子逐渐接近时，每个原子中的电子除了受到自身原子的势场作用外，还受到另一个原子势场的作用，其结果是根据电子能级的简并情况，原有的单一能级会分裂成 m 个相近的能级（m 是能级的简并度）。如果 N 个原子组成晶体时，每个原子的能级都会分裂成 m 个相近的能级，该 mN 个能级将组成一个能量相近的能带（如图 2-3 所示）。这些分裂能级的总数量很大，因此，此能带中的能级可视为是连续的。这时，共有化的电子不是在一个能级内运动，而是在一个晶体的能带内运动，此能带称为允带。允带之间被称为禁带，禁带内是没有电子存在的。

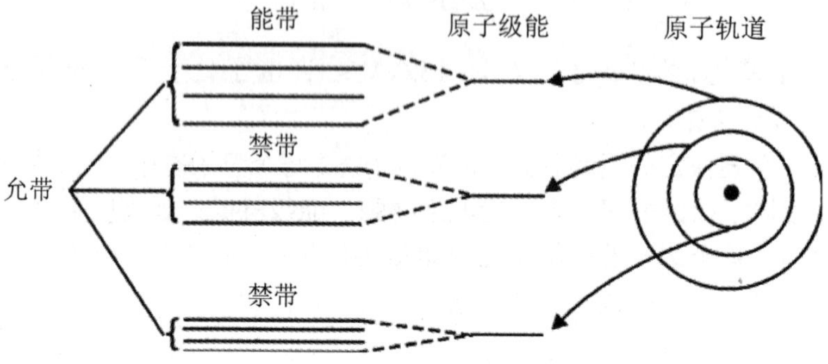

图 2-3　原子能级分裂成能带的示意图

内壳层的电子能级低，简并程度低，共有化程度也低，因此其能级分裂较小，能带很窄；而外壳层电子（特别是价电子）能级高，简并程度也高，共有化运动很显著，因此能级分裂得较厉害，能带也很宽。此时的外层电子如自由运动的电子，常称为“准自由电子”。

对于常见的太阳能材料——半导体硅 Si，其原子的最外层有 4 个价电子，即 2 个 3s 电子和 2 个 3p 电子。当 N 个硅原子相互接近组成硅晶体时（N 约为 10^{22} 个原子/cm^3），原来独立硅原子的能级将发生分裂，组成能带（如图 2-4 所示）。当原子间的距离变小时，3s、3p 相应的能级开始分裂，形成能带。由于 3s、3p 的简并度分别为 1 和 3，因此，每个相应的能带中含有 $2N$ 和 $6N$ 个能级，而电子可能占据其中的一个能级（或称电子态）。当原子间距离进一步变小时，一个原子上的 3s、3p 电子开始与相邻的原子共有，发生共有化运动，产生 s-p 轨道杂化，两个能带合并成一个能带。当原子间的距离接近平衡距离时，再次分裂成两个能带，能级重新分配，每个能带具有 $4N$ 个细小能级，分别可以容纳 $4N$ 个电子。

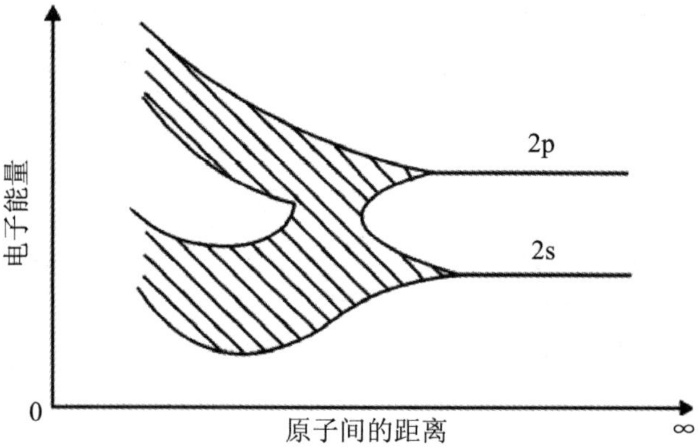

图 2-4　独立硅原子相互接近组成晶体时的能带形成示意图

图 2-5 为半导体晶体材料的能带示意图，图中黑点表示价带中的电子，空心小圆圈表示电子离开后留下的空穴。在基态下，在能量较低的能带中填满了电子，这些能带被称为满带。而能量最高的能带，电子没有填满，处于全空或部分填充状态，该能带被称为导带，导带底能量用 E_c 表示。在导带下的那个满带，称为价带，价带顶能量用 E_v 表示。价带和导带之间的能量区域为电子的禁区，被称为禁带，其宽度一般用 E_g 表示。电子可以在不同的能带中运动，也可以在不同的能带间跃迁，但不能在禁带中运动。

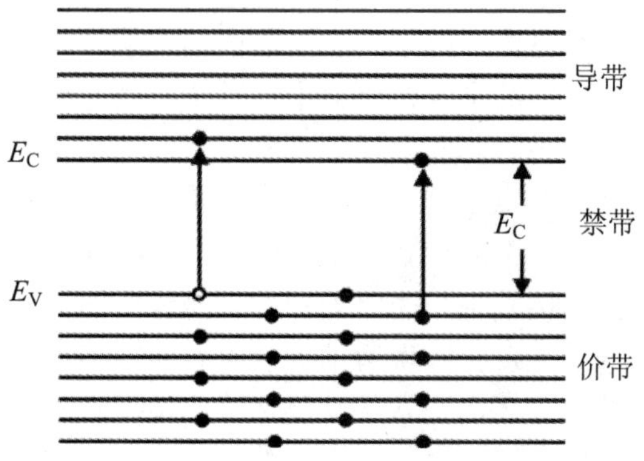

图 2-5　半导体晶体材料的能带示意图

固体按其导电性分为导体、绝缘体和半导体，半导体的电阻率介于导体和绝缘体之间，在室温情况下电阻率数量级大致如下：① 导体 $\rho \leqslant 10^{-5}\ \Omega\cdot cm$；② 绝缘体 $\rho \geqslant 10^{7}\ \Omega\cdot cm$；③ 半导体$10^{-5}\ \Omega\cdot cm \leqslant \rho \leqslant 10^{7}\ \Omega\cdot cm$。固体的导电机理可用能带理论来阐述。金属、绝缘体、半导体间导电性的差异主要取决于其能带结构和导带电子的性质（如图 2-6 所示）。金属导电材料的导带和价带重合，导带中存在大量自由电子，因此，金属的导电率很高。而绝缘体材料的导带中没有自由电子，且禁带宽度很大，价带电子难以跃迁到导带，所以绝缘体材料不导电，其导电率很小。半导体材料的导带中一般没有电子，但是其禁带宽度较小，在一定条件下（如受热、光激发等），价带电子可以跃迁到导带，并在价带中留下空穴，导带电子和价带空穴可以参与导电。所以，禁带宽度 E_g 是决定半导体材料电学和光学性能的一个重要参数。表 2-1 列出了几种常见太阳能半导体材料的禁带宽度值。

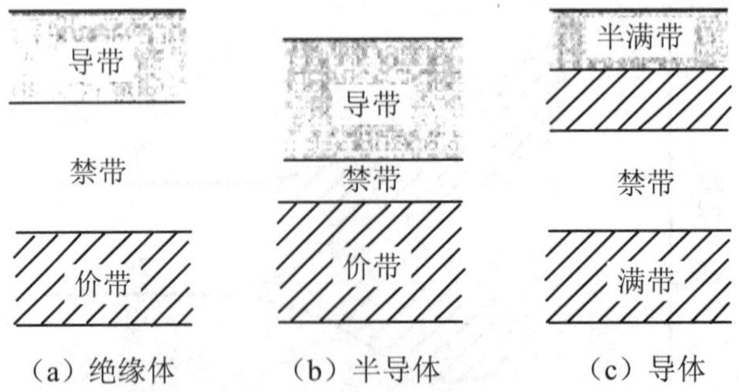

图 2-6　绝缘体、半导体和导体的能带示意图

表 2-1　几种太阳能光电半导体材料的禁带宽度

材料	禁带宽度/eV	材料	禁带宽度/eV
单晶硅	1.12	CdTe	1.45
非晶硅	约 1.75	GaAs	1.42
$CuInSe_2$	1.05	InP	1.34

2.1.2　杂质与缺陷

在完整的半导体周期晶格中，电子只能处于由禁带隔开的各个能带之中，在禁带中不存在电子状态。但在实际应用的半导体材料中，原子排列并不遵守严格的周期性，这使得材料总在不同程度上含有各种缺陷和杂质。首先，在高于绝对零度的常温下，晶体中的原子并不固定在周期性晶格的格点位置上，而是在其平衡位置附近进行振动。其次，半导体材料并不是绝对纯净，而是或多或少含有与组成元素不同的其他化学元素的原子，即杂质。此外，实际的半导体晶格结构并不是完整无缺的。晶体中的周期性势场被破坏，或在材料制备过程中有意无意引入杂质，会出现所谓的缺陷。从缺陷产生来分可分为两类：一类是本征材料中因严格周期性被破坏而引入的缺陷，称为本征缺陷，又叫晶体缺陷，如在格点位置上缺少一个原子的空位缺陷、原子处于周期性格点之间的间隙原子、较大尺寸范围的位错、层错缺陷等；另一类是由于材料中杂质原子替代晶体的基质原子引进的杂质缺陷。杂质缺陷和本征缺陷的存在，意味着在严格的周期势场之上将叠加附加势场。这些附加势场一方面可使载流子在运动过程中遭受散射；另一方面，附加势场还可能使电子或空穴束缚在它们的周围，产生局域化的电子态，而这些局域电子态的能量通常处于禁带之中，称为缺陷态或杂质态。

杂质和缺陷引入的局域电子态可对半导体的电学性质产生重要的影响。在理想的纯净和完整的半导体（本征半导体）中，只能通过把价带电子激发到导带，即通过本征激发，产生导电能力。而当半导体材料中存在杂质和缺陷时，价带中的电子就很容易被激发到禁带中的局域电子态中，从而产生相当数量的空穴，使晶体的导电能力显著增加。例如，在硅晶体中，若在每10^5个硅原子中掺入一个硼原子，则其导电率在室温下将增加10^3倍。

所以，一方面人们希望半导体材料结构的本征缺陷尽量少、纯度高，这可通过制备工艺的改进和完善来实现；另一方面，为了满足器件应用的需要，本征半导体大多被人为地掺入杂质来控制其导电性质。硅是太阳电池的主要材料，以下用硅掺杂为例讨论杂质的作用。Si 中的电子浓度一般可通过掺杂控制在10^{13} / cm^3到10^{20} / cm^3之间。

图 2-7 显示了Ⅴ族杂质如磷 P 原子替代一个硅 Si 原子进入硅晶格的二维结构。当磷原子掺入到晶体硅中，磷原子将占据硅原子的晶格位置，以其 5 个价电子中的 4 个价电子与邻近的 4 个硅原子形成共价键，而多出的那个价电子则被束缚在原子核周围。一旦接受能量激发，这个价电子很容易脱离原子核的束缚，从杂质能级跃迁到导带，成为自由电子；同时，磷原子成为荷正电的离子。因此，硅晶体中掺磷，将形成电子浓度大于空穴浓度的 n 型半导体。电子从杂质束缚态到自由态需要的能量称为杂质激活能 E_d，磷在硅晶体中的激活能为 0.044eV。Ⅴ族杂质在 Ge 和 Si 晶体中，均可提供电子。通常，我们称这类能够向晶体提供多余电子到导带、同时自身成为带正电的离子的杂质或缺陷为施主杂质。当电子被束缚于施主中心时，其能量略低于导带底能量，相应的能级称为施主能级。

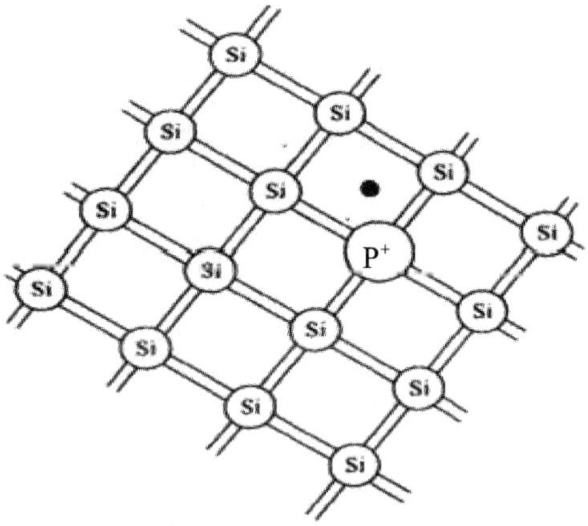

图 2-7　磷原子在硅晶格中替代硅原子的示意图

下面讨论受主杂质，它和施主类似。如果在高纯半导体晶体硅中，加入Ⅲ族元素（如硼等），则使得其中的空穴浓度大于电子浓度。图 2-8 所示为掺硼硅半导体形成的结构示意图。当硼元素掺入到晶体硅中，硼原子替换硅原子占据晶格点阵位置，它的 3 个价电子只能与 4 个邻近的硅原子形成 3 个共价键，在另一个键位上出现了一个电子空位，即空穴，而空穴作为载流子可以在整个晶体中运动。因此，晶体硅掺硼等Ⅲ族元素，将导致空穴浓度大于电子浓度，而成为 p 型半导体。硼在接受一个电子后，也在晶格中引入了一个带负电的中心。在空穴能量较低时，该负电中心将空穴束缚在自己的周围，形成空穴的束缚态，就像施主中心能够束缚导带中一个电子一样。这种能够接受电子，即能够向价带提供空穴并使自身带负电的杂质称为受主杂质。杂质上的空穴从束缚态到价带需要的能量称为受主杂质激活能 E_a。由于空穴能量增加的方向与电子能量方向是相反的，因此受主杂质能级的位置在价带顶以上。

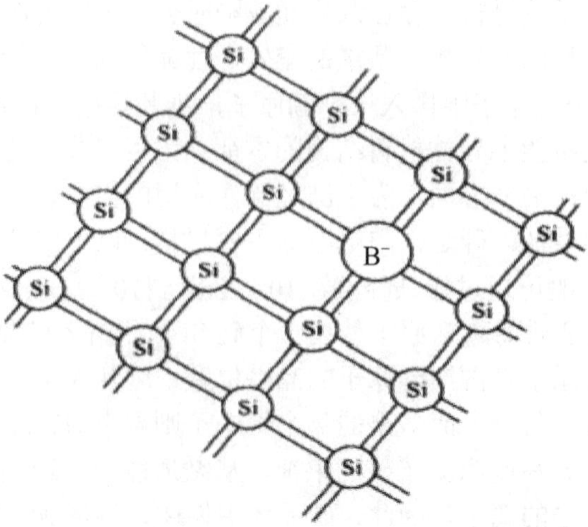

图 2-8　掺硼硅半导体晶体的原子结构示意图

表 2-2 列出了 Ge、Si 晶体中Ⅲ及Ⅴ族杂质的激活能。从表中可看出，锗、硅材料中施主杂质和受主杂质的激活能都远小于禁带宽度，这类杂质被称为浅杂质，所对应的杂质能级也被称为浅能级。在室温下，晶格热振动传递给杂质的原子能量，可使大部分杂质离化，从而显著提高半导体材料的导电性。

表 2-2　Ⅲ及Ⅴ族杂质在 Ge 和 Si 中的激活能（单位：eV）

	P	As	Sb	B	Al	Ga	In
Si	0.044	0.049	0.039	0.045	0.057	0.065	0.16
Ge	0.0126	0.0127	0.0096	0.01	0.01	0.011	0.011

2.1.3　平衡态载流子

1. 载流子

当具有一定带隙 E_g 的半导体材料吸收以可见光为主的太阳能辐射时，将产生"电子-空穴"对，电子和空穴的定向运动使半导体材料实现导电。当温度 $T = 0K$ 时，半导体中所有价电子都束缚在各自原子的原子核周围，不能在晶体中自由运动。因此，处于绝对零度的半导体没有导热性和导电性。当温度升高，部分价电子从晶格热振动中获得足够的动能后，可能跃迁到导带，成为自由电子；同时，在原来电子的位置上留下电子的空位，被称为空穴。价带中的空穴，作为传输电荷的有效方式，增强了半导体的导电性。温度 T 越高，越多的电子跃迁到导带，成为自由电子，越来越多的空穴产生，本征半导体的导电性也越好。

当价电子成为自由电子后，在外电场的作用下，电子沿着与电场相反的方向定向漂移，产生电流。这种以自由电子定向运动产生电流的导电机制，被称为电子导电，而电子被称为载流子。

价带电子跃迁到导带后，在价带上留下了空穴，如果空穴被邻近的电子占据，那么这个临近电子的位置上就形成新的空穴。如果该过程不断进行，总的效果就好像空穴在晶体中进行了运动。在外电场作用下，空穴沿着电场的方向漂移，产生电流。这种空穴运载电流的导电机制，被称为空穴导电，而空穴也被称为载流子。

半导体中的载流子在任何时刻都在做无规则的热运动，材料的导电性能同时取决于电子和空穴的浓度、分布和迁移率。要深入讨论半导体中载流子在各种外场作用下的运动规律及产生的效应，须先知道载流子浓度（即单位半导体体积中载流子的数目）。所以，载流子浓度是半导体材料的一个重要电学性能参数。

在一定温度下，由于吸收热振动能量，本征半导体中"电子-空穴"对不断产生；同时，当电子和空穴相遇时，又发生复合而导致"电子-空穴"对消失。在一定的温度下，本征半导体中载流子（电子和空穴）的产生和消失这两个相反过程之间建立起动态平衡，我们称之为热平衡状态，这时半导体中含有一定的导带电子和价带空穴，我们称之为热平衡态载流子。在热平衡状态，本征半导体的载流子浓度主要取决于温度，温度越高，则载流子浓度越高。本征半导体中电子和空穴的浓度相当，即

$$n = p = n_i(T) \tag{2-5}$$

式中，T 为热力学温度；n_i 为本征载流子浓度。例如，在室温为 300K 时，硅材料的本征载流子浓度为 1.5×10^{10} 个/cm^3。

对于一般的导电材料，其导电率可用式（2-6）来表示

$$\sigma = ne\mu \tag{2-6}$$

式中，n 为载流子浓度，单位为原子数/cm^3；e 为电子的电荷，单位为库仑 C；μ 为载流子的迁移率（单位电场强度下载流子的运动速度），单位为 cm^2/（V·s）。此处载流子为电子。

对于半导体材料，由于电子和空穴同时导电，存在两种载流子，因此式（2-6）可变为

$$\sigma = ne\mu_e + pe\mu_p \tag{2-7}$$

式中，n 为电子浓度；p 为空穴浓度；e 为电子电荷；μ_e 和 μ_p 分别为电子和空穴的迁移率。

2. 费米分布及载流子浓度乘积（$n_0 p_0$）

一定温度下，半导体中载流子（电子、空穴）的产生与复合将达到热平衡状态。处于热平衡状态的载流子可以用一定的统计分布函数进行描述。以电子为例，电子作为费米子，其分布服从费米-狄拉克统计，即在能量为 E 的能级上被电子填充的概率可以用费米分布函数 f（E）来描述

$$f(E) = \frac{1}{\exp\dfrac{E - E_F}{k_B T} + 1} \tag{2-8}$$

式中，E_F 为费米能级，在一定意义上代表电子的平均能量；k_B 为玻尔兹曼常量。对于一定的材料，费米分布函数仅仅是温度的函数（如图 2-9 所示），当 $T = 0K$，电子在能量小于 E_F 能级上的填充概率 $f(E) = 1$；能量大于 E_F，$f(E) = 0$。在 $T > 0K$ 情况下，电子在能量大于 E_F 能级上的填充概率 $f(E) \neq 0$。随温度升高，电子在高能级的填充概率逐渐增加，而在低能级的填充概率减小。

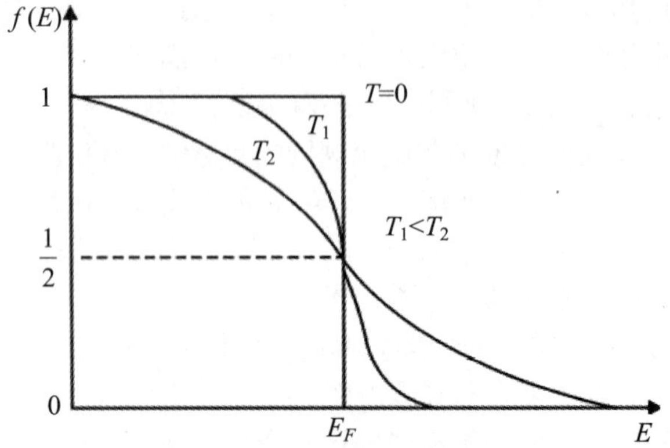

图 2-9　费米函数随温度的变化

在一定能量范围内，通过对状态密度和费米分布函数的积分可分别得到导带中的电子浓度 n_0 和价带中的空穴浓度 p_0 的计算公式

$$n_0 = 2\left(\frac{m_c^* k_B T}{2\pi\hbar^2}\right)^{3/2} \exp\left(-\frac{E_c - E_F}{k_B T}\right) = N_c \exp\left(-\frac{E_c - E_F}{k_B T}\right) \tag{2-9}$$

$$p_0 = 2\left(\frac{m_v^* k_B T}{2\pi\hbar^2}\right)^{3/2} \exp\left(-\frac{E_F - E_v}{k_B T}\right) = N_v \exp\left(-\frac{E_F - E_v}{k_B T}\right) \tag{2-10}$$

式中，m_c^* 为导带底电子的有效质量；m_v^* 为价带顶空穴的有效质量；N_c 为导带底的有效状态密度；N_v 为价带顶的有效状态密度

$$N_c = 2\left(\frac{m_c^* k_B T}{2\pi\hbar^2}\right)^{3/2} \tag{2-11}$$

$$N_v = 2\left(\frac{m_v^* k_B T}{2\pi\hbar^2}\right)^{3/2} \tag{2-12}$$

将式（2-9）和式（2-10）相乘，得到载流子浓度积

$$n_0 p_0 = N_c N_v \exp\left(-\frac{E_c - E_v}{k_0 T}\right) = N_c N_v \exp\left(-\frac{E_g}{k_0 T}\right) \tag{2-13}$$

把 N_c 、N_v 表达式代入上式得

$$n_0 p_0 = 4\left(\frac{2\pi k_0}{h^2}\right)^3 (m_n^* m_p^*)^{3/2} T^3 \exp\left(-\frac{E_g}{k_0 T}\right) \tag{2-14}$$

上式表明：对于给定的半导体材料，其带隙宽度、电子和空穴有效质量一定，半导体材料的载流子浓度积则仅仅与温度有关，而与其掺杂类型和浓度无关。

3．本征半导体的载流子浓度

所谓本征半导体，就是完全没有杂质和缺陷的理想纯净和完整的半导体。当温度 $T=0\text{K}$ 时，电子完全未被激发，价带中的量子态全部被填满，而导带则完全是空的。当温度升高时产生本征激发，产生电子浓度 n_0 与空穴浓度 p_0 相等的“电子-空穴”对。设本征半导体载流子浓度为 n_i，则

$$n_0 p_0 = n_i^2 \tag{2-15}$$

将式（2-13）和式（2-14）代入式（2-15），本征半导体载流子浓度为

$$n_i = \sqrt{N_c N_v}\exp\left(-\frac{E_g}{2\kappa T}\right)$$

$$= 2\left(\frac{2\pi\kappa}{h^2}\right)^{3/2}(m_n^* m_p^*)^{3/4}T^{3/2}\exp\left(\frac{E_g}{2\kappa T}\right) \tag{2-16}$$

上式表明，n_i 是温度 T 的函数。图 2-10 所示为 Si 和 GaAs 的本征载流子浓度 n_i 与温度 T 的关系。在室温（$T=300\text{K}$）下，晶体硅的本征载流子浓度约为 2×10^{10} 个/cm^3，这远小于导电金属中电子的浓度（约为 10^{22} 个/cm^3）。因此，室温下的本征半导体不导电。

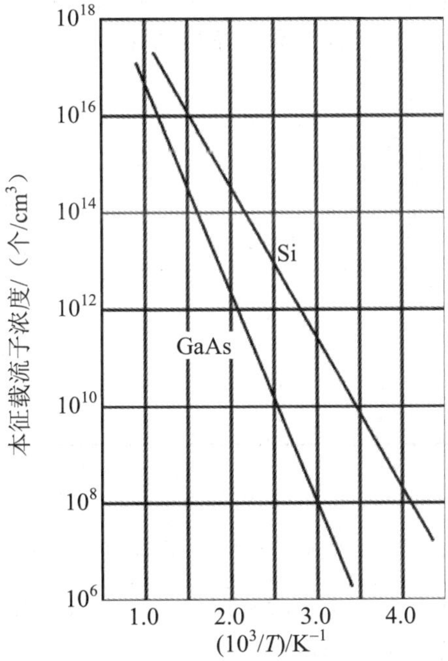

图 2-10　Si 和 GaAs 的本征载流子浓度 n_i 与温度 T 的关系

如图 2-10 所示，随着温度的升高，本征载流子浓度迅速增加。例如在室温附近，纯硅温度每升高 8K 左右，本征载流子浓度就增加约一倍；而纯锗的温度每升高 12K 左右，本征载流子浓度就增加约一倍。当温度足够高时，本征激发占主要地位，器件将不能正常工作。因此，每一种半导体材料制成的器件都有一定的极限工作温度，超过这一温度后，器

件就将失效。如果设定硅半导体材料的本征载流子浓度不超过$5\times10^{14}\text{cm}^{-3}$，由图中查得对应温度为526K，所以硅器件的极限工作温度是520K左右。

4．掺杂半导体的载流子浓度

对于本征半导体，通常需要掺入一定量杂质形成杂质半导体。因为杂质的电离能比禁带宽度小得多，所以杂质的电离和半导体的本征激发发生在不同的温度范围。在极低温时，首先发生的是电子从施主能级激发到导带，或者空穴由受主能级激发到价带的杂质电离。载流子浓度随着温度升高而不断增大，但当温度升高到一定程度后，使载流子浓度接近甚至超过杂质饱和电离产生的载流子浓度时，即所有的杂质都将发生电离。杂质半导体载流子浓度随温度的变化，按半导体中载流子不同的来源方式，主要分为杂质电离区、饱和电离区、过渡区以及本征激发区。应当指出，各温度区之间没有一个明显的温度界限，各温度区的温度范围，要视不同的半导体材料的性质以及掺杂的情况而改变。如图2-11所示，在杂质电离区，本征激发的载流子浓度很低，不影响总的载流子浓度。温度进一步升高，进入非本征区，本征激发的载流子浓度依然较低，由电离的杂质浓度决定的载流子浓度保持基本恒定。当温度继续升高，进入本征区，本征激发的载流子浓度大量增加，载流子浓度由电离杂质浓度和本征载流子浓度共同决定。一般来说，对不同的半导体材料，禁带宽度E_g越大，进入各温度区的相应温度也越高；对相同的半导体，不同的杂质，杂质电离能大的，杂质电离温度范围要增加；随着掺杂浓度的增加，进入各温度区的相应温度都要提高。半导体器件包括太阳能电池，大都工作在本征激发载流子浓度较低的非本征区，此时杂质全部电离，载流子浓度主要由掺杂杂质浓度决定。

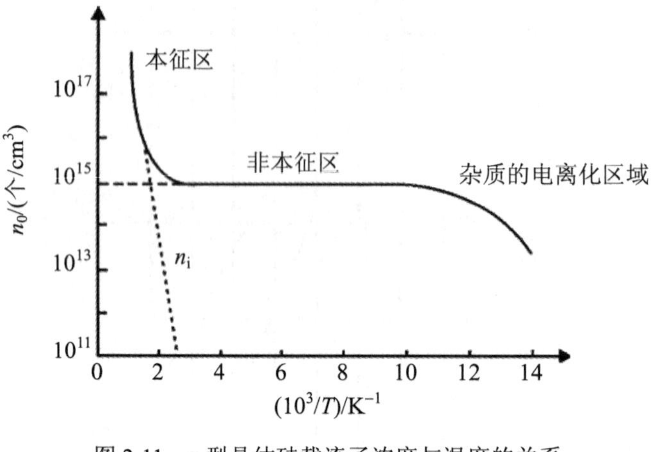

图2-11 n型晶体硅载流子浓度与温度的关系

无论掺入n型或p型掺杂剂，其对应杂质半导体必然是电中性的，即半导体中的正电荷数和负电荷数相等，这称为电中性条件。

对于掺杂半导体，价带空穴密度为p_0，导带电子密度为n_0。如果施主杂质的浓度为N_d，施主能级上电子被束缚的杂质浓度（中性施主的杂质浓度）为n_d，则施主能级对电荷的贡献为$e(N_d-n_d)$。同样地，如果受主杂质的浓度为N_a，受主能级上中性杂质的浓度为p_a，则受主能级对电荷的贡献为$e(N_a-n_a)$。根据电中性条件，则有

$$p_0+(N_d-n_d)=n_0+(N_a-p_a) \tag{2-17}$$

在杂质全部电离即饱和电离的情况下，对于 n 型半导体和 p 型半导体，根据式（2-17）和式（2-18）、式（2-19），可以分别得到各自的载流子浓度

$$n_0 = N_d \tag{2-18}$$

$$p_0 = N_a \tag{2.19}$$

相应地，饱和电离的 n 型半导体的费米能级为

$$E_{\mathrm{F}} = E_c - \kappa T \ln \frac{N_c}{N_d} \tag{2-20}$$

饱和电离的 p 型半导体的费米能级为

$$E_{\mathrm{F}} = E_v + \kappa T \ln \frac{N_v}{N_a} \tag{2-21}$$

可见，掺杂半导体费米能级主要由掺杂浓度和温度而定。以 n 型半导体为例，温度升高或掺杂浓度越高，其费米能级逐渐远离导带底，向禁带中央靠近。

2.1.4 非平衡载流子

1. 非平衡载流子

在热平衡状态下，“电子-空穴”对不断产生，电子和空穴又不停地复合。对于 n 型半导体，电子浓度大于空穴浓度，电子是多数载流子，空穴是少数载流子；对于 p 型半导体，空穴则是多数载流子，电子是少数载流子。

热平衡状态是相对的、有条件的。在外界作用下，如光照射半导体，热平衡条件遭到破坏，使其偏离热平衡状态，即处于非平衡状态。太阳能电池应用时，半导体材料就处于非平衡状态。当光子能量 $h\nu > E_g$ 的光照射在半导体上时，电子吸收能量后可以从价带跃迁到导带，产生额外的“电子-空穴”对，从而引起载流子浓度的增大，比平衡状态多出的载流子就称为非平衡载流子。非平衡载流子具有极其重要的作用，半导体中的许多重要现象，如 p-n 结注入、晶体管放大、光电导、发光和光生伏特效应等，都与非平衡载流子的行为密切相关。

对于 n 型半导体，空穴是少数载流子，如果出现非平衡载流子，则其中的空穴称为非平衡少数载流子；而对于 p 型半导体，非平衡载流子中的电子为非平衡少数载流子。一般情况下，非平衡载流子浓度比掺杂浓度（及多数载流子浓度）小，但它与少数载流子浓度相当，将严重影响少数载流子浓度及相关性质。所以，在非平衡状态下，非平衡少数载流子对半导体至关重要。

2．非平衡载流子的产生、复合及寿命

外界条件（如光照射）下，半导体价带上的电子可以被激发到导带上，产生新的“电子-空穴”对，此过程称为非平衡载流子的产生，从形象来看，好像是从局部区域被注进来一样，因此通常把非平衡载流子的产生叫做“注入”，如图 2-12 所示。

一般来说，有两种方法可以产生非平衡载流子：（1）光注入：利用波长较短的光，照射半导体（$h\nu \geq E_g$），价带电子在吸收了一个光子之后被激发到导带，同时产生一对电子和空穴，引起了载流子浓度的增加；（2）电注入：从实用来说，最简便的办法是在半导体上安置金属探针，在探针和样品之间加一个大小和极性都适当的电压，就可以注入

非平衡载流子。

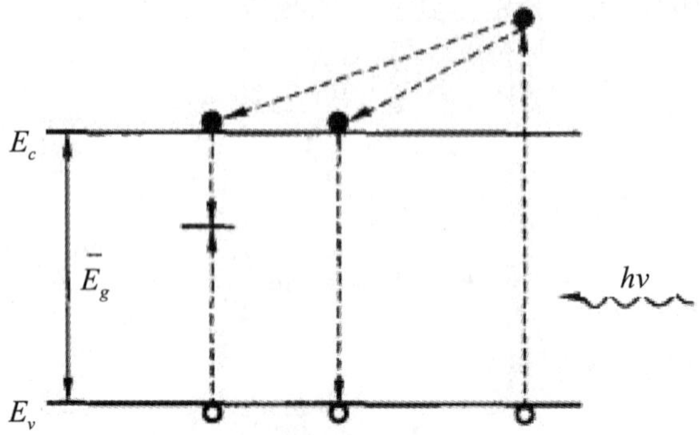

图 2-12　光照下非平衡载流子的产生和复合

光照停止后，由于引起注入的外界因素消失了，因而，在半导体内部，必然发生使非平衡载流子逐渐消失并最终达到平衡，导带中的非平衡电子将逐渐回到价带之中，这个过程称为复合。复合时，电子由导带直接跃迁到价带中的空状态，并将能量传给晶格，这种复合称为直接复合。其逆过程是电子由价带激发到导带，产生“电子-空穴”对。如果禁带中有杂质和缺陷能级，包括体内杂质缺陷引起的能级和表面态引起的能级，它们能够俘获和释放导带电子，也能俘获和释放价带空穴。复合时，从导带底跃迁的电子，首先会跃迁到缺陷能级，然后再跃迁到价带与空穴复合，这种复合称为间接复合，这时杂质或缺陷又称为复合中心。

非平衡载流子复合时，从能量高的能级跃迁到能量低的能级，会放出多余的能量。根据能量释放的方式也就是复合机制，非平衡载流子复合又可分成几种情况：

（1）辐射复合：辐射复合是光吸收的逆过程。电子与空穴复合时的多余能量以发射光子的方式释放，复合过程中能量释放的途径可以是直接的或间接的。

（2）非辐射复合：无论直接或间接复合，多余能量均以发射声子的方式交给晶格，从而产生热能。

（3）俄歇复合：在复合时，将多余能量传给其他载流子，增加它们的能量。

在外界作用下，非平衡载流子不断产生，也不断复合，最终产生的非平衡载流子和复合的非平衡载流子要达到新的平衡。如果外界作用消失，这些产生的非平衡载流子会因复合而很快消失，恢复到平衡状态。非平衡载流子的平均生存时间称为非平衡载流子的寿命，一般用 τ 表示，则（$1/\tau$）就是单位时间内非平衡载流子的复合概率。在非乎衡载流子中，非平衡少数载流子起决定性的主导作用，因此，τ 又称为非平衡少数载流子的寿命。

以 n 型半导体为例，当光照在半导体上，产生非平衡载流子，用 Δn 和 Δp 表示，显然 $\Delta n=\Delta p$；停止光照后，非平衡载流子进行复合。对非平衡少数载流子而言，单位时间内浓度的减少等于复合掉的非平衡少数载流子，即

$$\frac{\mathrm{d}\Delta p(t)}{\mathrm{d}t}=-\frac{\Delta p(t)}{\tau} \tag{2-22}$$

在小注入的情况下，τ 可视为恒量，则上式为

$$\Delta p(t)=(\Delta p)_0\mathrm{e}^{-t/\tau} \tag{2-23}$$

式中，$(\Delta p)_0$ 是复合刚开始时的非平衡少数载流子浓度。由式（2-23）可以看出，非平衡少数载流子浓度随时间呈指数衰减。

对于直接复合而言，“电子-空穴”对的复合概率（这里以 r 表示）表示电子和空穴复合概率的平均值，r 为温度的函数。非平衡载流子的寿命可以表达为

$$\tau = \frac{1}{r[(n_0 + p_0) + \Delta p]} \tag{2-24}$$

在小注入情况下，有 $\Delta p \ll (n_0 + p_0)$，则有

$$\tau = \frac{1}{r(n_0 + p_0)} \tag{2-25}$$

对于 n 型半导体，式（2-24）则进一步简化为

$$\tau = \frac{1}{rn_0} \tag{2-26}$$

上式表明：在小注入条件下，非平衡载流子的寿命与“电子-空穴”对的复合概率成反比。

而在大注入情况下，有 $\Delta p \gg (n_0 + p_0)$，式（2-24）变为

$$\tau = \frac{1}{r\Delta p} \tag{2-27}$$

上面仅讨论了直接复合的情况，而对于间接复合，复合中心将参与载流子的复合过程，非平衡载流子的寿命问题要复杂得多。

2.1.5　载流子输运

1．漂移与迁移率

在半导体中，电子和空穴都表现得像一个自由粒子，分别具有相同的粒子电荷，各自的有效质量分别为 m_n^* 和 m_p^*。它们都存在漂移和扩散的过程。漂移是一个带电粒子对外加电场的响应。外加电场可以由 p-n 结的内建电场或外部应用的偏置电压来建立。当一个电场施加于均匀掺杂半导体时，能带弯曲向上朝着外加电场方向。导带中的电子，朝外加电场的反方向运动；而价带中的空穴，向着外加电场同一方向运动（如图 2-13 所示）。这看起来就像发生了电子的下沉和空穴的上浮，因此，该过程被形象地称为载流子的漂移。如果没有任何阻碍，空穴和电子将在没有束缚的情况下持续加速。然而，半导体晶体充满了能散射载流子的粒子，这包括晶体的原子、掺杂离子、晶体缺陷甚至其他电子和空穴。因此，在实际情况下，载流子漂移时的动作就像一个弹球机中的球，在晶体中跳跃前进，但是，其宏观运动则是沿着外加电场规定的方向移动

$$E = -\nabla\Phi \tag{2-28}$$

此处 Φ 是静电势。也就是说，漂移时，在宏观尺度上载流子以一个恒定的速度（v_d）向前移动，该速度就称为漂移速度。漂移速度与外加电场的场强成正比

$$|\vec{v}_d| = |\mu\vec{E}| = |\mu\nabla\Phi| \tag{2-29}$$

式中，μ 为载流子迁移率。载流子迁移率通常不依赖于电场强度，除非电场非常强大，这种情况一般不会应用到太阳能电池。漂移电流的密度对空穴和电子的关系可以写成

$$\vec{J}_p^{\text{drift}} = qp\vec{v}_{d,p} = q\mu_p p\vec{E} = -q\mu_p p\nabla\Phi \tag{2-30}$$

$$\vec{J}_n^{\text{drift}} = -qn\vec{v}_{d,n} = q\mu_n n\vec{E} = -q\mu_n n\nabla\Phi \tag{2-31}$$

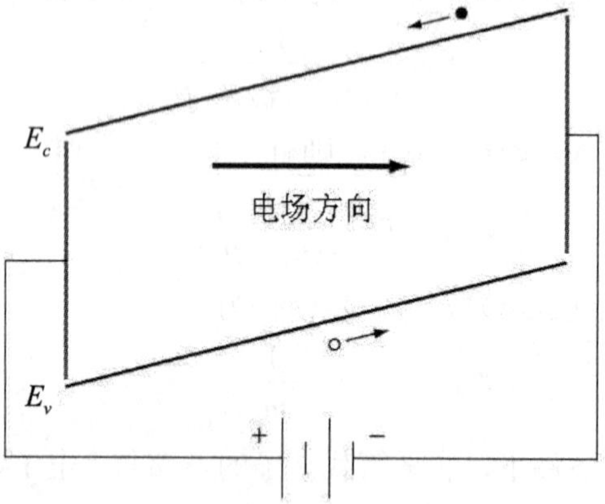

图2-13 半导体中载流子漂移的示意图

在太阳能电池用的半导体材料中，最重要的散射机制是晶格散射（声子）和电离杂质散射。这些机制对迁移率的贡献分别为

$$\mu_{\mathrm{L}} = C_{\mathrm{L}} T^{-3/2} \tag{2-32}$$

$$\mu_{\mathrm{I}} = \frac{C_{\mathrm{I}} T^{3/2}}{N_{\mathrm{D}}^{+} + N_{\mathrm{A}}^{-}} \tag{2-33}$$

根据Mathiessen规则，晶格散射和电离杂质散射存在时，载流子迁移率为

$$\frac{1}{\mu} = \frac{1}{\mu_{\mathrm{L}}} + \frac{1}{\mu_{\mathrm{I}}} \tag{2-34}$$

这是一个忽略了速度依赖性的散射机制的一阶近似。通过它们对温度、掺杂的不同依赖性，这两种类型的迁移率可以在实验上被区分开来。一个更好的近似式是

$$\mu = \mu_{\mathrm{L}}\left\{1 + \left(\frac{6\mu_{\mathrm{L}}}{\mu_{\mathrm{I}}}\right)\left(\mathrm{Ci}\left(\frac{6\mu_{\mathrm{L}}}{\mu_{\mathrm{I}}}\right)\cos\left(\frac{6\mu_{\mathrm{L}}}{\mu_{\mathrm{I}}}\right) + \left[\mathrm{Si}\left(\frac{6\mu_{\mathrm{L}}}{\mu_{\mathrm{I}}}\right) - \frac{\pi}{2}\right]\sin\left(\frac{6\mu_{\mathrm{L}}}{\mu_{I}}\right)\right)\right\} \tag{3-35}$$

式中，Ci和Si（不要混淆为缩写的硅）分别是余弦和正弦积分。

当模拟太阳能电池性能时，使用测量数据或经验公式会更加方便。硅 Si 中的载流子迁移率在 300K 时与下式非常近似

$$\mu_n = 92 + \frac{1268}{1 + \left(\dfrac{N_{\mathrm{D}}^{+} + N_{\mathrm{A}}^{-}}{1.3 \times 10^{17}}\right)^{0.91}} \mathrm{cm}^2/\mathrm{V}\cdot\mathrm{s} \tag{2-36}$$

$$\mu_p = 54.3 + \frac{406.9}{1+\left(\frac{N_D^+ + N_A^-}{2.35\times10^{17}}\right)^{0.88}} \text{cm}^2/\text{V}\cdot\text{s} \qquad (2\text{-}37)$$

将迁移率对杂质浓度作图，可得到图2-14所示的结果。在杂质含量较低时，迁移率是由内在晶格散射决定的，而高杂质浓度时的迁移率是由电离杂质散射控制的。

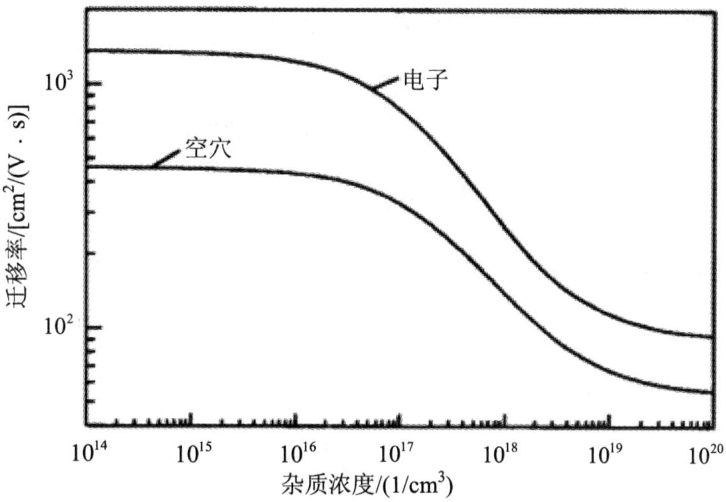

图2-14　300K时硅Si载流子迁移率随杂质浓度的变化

2．扩散

半导体中电子和空穴进行无规则热运动的结果，将导致其从高浓度区域运动到低浓度区域。就像一个气球中的空气被均匀地分布在整个气球体积内，载流子在没有任何外力的情况下，也会倾向于使它们均匀分布。这个过程称为扩散。半导体中载流子的扩散是由载流子的密度梯度驱动的，扩散所形成的电流密度可以表示为

$$\vec{J}_p^{\text{diff}} = -qD_p\nabla p \qquad (2\text{-}38)$$

$$\vec{J}_n^{\text{diff}} = -qD_n\nabla n \qquad (2\text{-}39)$$

式中，D_p、D_n 分别是空穴和电子的扩散系数。

在热平衡状态下，不会有净空穴电流和净电子电流——换句话说，漂移和扩散电流必须完全平衡。在非简并半导体材料中，扩散与漂移的关系可以用爱因斯坦关系式描述：

$$\frac{D}{\mu} = \frac{kT}{q} \qquad (2\text{-}40)$$

扩散系数可以通过载流子迁移率直接计算得到。爱因斯坦关系式的广义形式，对于简并材料有效，其为

$$\frac{D_n}{\mu_n}=\frac{1}{q}n\left[\frac{\mathrm{d}n}{\mathrm{d}E_\mathrm{F}}\right]^{-1} \tag{2-41}$$

$$\frac{D_p}{\mu_p}=\frac{-1}{q}p\left[\frac{\mathrm{d}n}{\mathrm{d}E_\mathrm{F}}\right]^{-1} \tag{2-42}$$

当简并效应发挥作用时，扩散系数实际上将增加。

在半导体材料中，总的空穴电流和电子电流（向量）是漂移电流和扩散电流组成的总和

$$\vec{J}_p=\vec{J}_p^{\mathrm{drift}}+\vec{J}_p^{\mathrm{diff}}=q\mu_p p\vec{E}-qD_p\nabla p=-q\mu_p p\nabla\phi-qD_p\nabla p \tag{2-43}$$

$$\vec{J}_n=\vec{J}_n^{\mathrm{drift}}+\vec{J}_n^{\mathrm{diff}}=q\mu_n n\vec{E}+qD_n\nabla n=-q\mu_n n\nabla\phi+qD_n\nabla n \tag{2-44}$$

因此，再考虑位移电流，总电流为：

$$\vec{J}=\vec{J}_p+\vec{J}_n+\vec{J}_{\mathrm{disp}} \tag{2-45}$$

式中，$\vec{J}_{\mathrm{disp}}$为位移电流，并由下式给出：

$$\vec{J}_{\mathrm{disp}}=\frac{\partial\vec{D}}{\partial t} \tag{2-46}$$

$\vec{D}=\varepsilon\vec{E}$为介电位移场，其中$\varepsilon$为半导体的电介电常数。在太阳能电池中，考虑到半导体材料一般工作在直流状态下，位移电流通常可以被忽视。

3. 载流子扩散方程

大多数半导体器件的运算，包括太阳能电池，都可以被所谓的半导体器件方程来描述。1950年，Van Roosbroeck首先导出了这些方程。这些方程的广义形式由下式给出

$$\nabla\cdot\varepsilon\vec{E}=q(p-n+N) \tag{2-47}$$

这实际上是泊松方程的一种形式，其中N是由于掺杂和其他捕获中心所产生的净电荷。电子和空穴的连续性方程分别为

$$\nabla\cdot\vec{J}_n=q\left(R_n-G+\frac{\partial n}{\partial t}\right) \tag{2-48}$$

$$\nabla\cdot\vec{J}_p=q\left(G-R_p-\frac{\partial p}{\partial t}\right) \tag{2-49}$$

式中，G为“电子-空穴”对在光辐照下的产生率，因晶格热振动的载流子产生率则被包含在R_p和R_n项中。

电子和空穴电流密度分别由下式给出

$$\vec{J}_p=-q\mu_p p\nabla(\phi-\phi_p)-kT\mu_p\nabla p \tag{2-50}$$

$$\vec{J}_n=-q\mu_n n\nabla(\phi+\phi_n)+kT\mu_n\nabla n \tag{2-51}$$

式中，ϕ_n、ϕ_p为涉及简并度、带隙空间变化和电子亲和力的能带参数，通常在非简并同质结的太阳能电池中可以被忽略。

太阳能电池性能参数的完整描述，可以通过求解从式（2-47）到式（2-51）的偏微分方程组来获得。

在一个均匀掺杂半导体中，带隙和电介电常数相互独立。因为掺杂是均匀的，载流子的迁移率和扩散系数也相互独立。考虑到我们主要的兴趣是太阳能电池的稳态运行，半导体方程简化为

$$\frac{\mathrm{d}\vec{E}}{\mathrm{d}x}=\frac{q}{\varepsilon}(p-n+N_d-N_a) \tag{2-52}$$

$$q\mu_p\frac{\mathrm{d}}{\mathrm{d}x}(p\vec{E})-qD_p\frac{\mathrm{d}^2p}{\mathrm{d}x^2}=q(G-R) \tag{2-53}$$

$$q\mu_n\frac{\mathrm{d}}{\mathrm{d}x}(n\vec{E})+qD_n\frac{\mathrm{d}^2n}{\mathrm{d}x^2}=q(R-G) \tag{2-54}$$

在离太阳能电池p-n结足够远的区域中（准中性区域），电场非常小。再考虑少数载流子和小注入（$\Delta p=\Delta n\ll N_d, N_a$）的情况，漂移电流可以忽视，就只有扩散电流部分。在小注入时，在P区和N区，R可分别简化为

$$R=\frac{n_p-np_0}{\tau_n}=\frac{\Delta n_p}{\tau_n} \tag{2-55}$$

$$R=\frac{p_N-pN_0}{\tau_p}=\frac{\Delta p_N}{\iota_p} \tag{2-56}$$

Δp_N和Δn_p是多余的少数载流子浓度（有一部分被复合掉了）。在方程式（2-48）中给出的少数载流子寿命为τ_n和τ_p。为清晰起见，大写的下标“P”和“N”，分别用来表示在P区和N区中的载流子数量，小写的下标“p”和“n”，分别指与少数载流子空穴和少数载流子电子相关的数量。例如，Δn_p表示p型半导体材料中的少数载流子电子的浓度。

进一步简化方程式（2-53）和式（2-54）就可得到少数载流子扩散方程，对n型半导体材料，可以写成

$$D_p\frac{\mathrm{d}^2\Delta p_N}{\mathrm{d}x^2}-\frac{\Delta p_N}{\tau_p}=-G(x) \tag{2-57}$$

对p型半导体材料，则为

$$D_n\frac{\mathrm{d}^2\Delta n_p}{\mathrm{d}x^2}-\frac{\Delta n_p}{\tau_n}=-G(x) \tag{2-58}$$

上述少数载流子扩散方程通常用于半导体器件计算，也适用于太阳能电池的性能计算。

2.1.6 p−n 结基础

在前面内容中，我们详细讨论了 n 型及 p 型半导体中载流子的浓度和运动情况，认识了体内杂质分布均匀的半导体在热平衡状态和非平衡状态下的一些物理性质。如果把掺有受主杂质的 p 型半导体与掺有施主杂质的 n 型半导体（例如 p 型硅和 n 型硅）结合在一起，在两者的交界面处就形成了具有特定功能的结构，即所谓的 p-n 结。p-n 结是构成半导体器件及其应用组件的基本单元，它在半导体各类器件如整流、开关、双极型晶体管、发光、太阳电池以及集成电路中，均起重要的作用。了解 p-n 结的形成、基本特性是理解太阳能电池工作原理的重要基础。

1．p-n 结形成与空间电荷区

太阳电池材料中的 p-n 结可以是由同一种材料且带隙宽度相同但导电类型不同的材料形成，称为同质结。也可以是由带隙宽度不同的材料形成，称为异质结。这两种结都是目前太阳电池的基本结构。p-n 结的性质是与 p 型及 n 型材料的掺杂情况有关。如半导体的掺杂是均匀的，p-n 结形成后在界面两边的杂质空间分布是突变的，称为突变结。工艺上采用离子注入、浅结扩散或早期的合金结来实现突变结的形成。若 p-n 结界面两边杂质的空间分布是逐渐变化的则称为缓变结，例如深扩散结，由于杂质的空间分布是不均匀的，故属于这一类。下面的讨论主要是以突变结为例来展开的。

制结过程是在一块基体材料上生成导电类型不同的扩散层，它是电池制造过程中的关键工序。通常用扩散法和离子注入法来制备太阳电池材料的 p-n 结结构。

（1）扩散法

扩散法是指用加热方法，利用扩散工艺使 V 族杂质掺入 p 型或 III 族杂质掺入 n 型半导体材料中。杂质元素在高温时由于热扩散运动进入基体，它在基体中的分布因杂质元素种类、初始浓度及扩散温度而异。在一部分区域形成与体材料相反类型的 p 型（或 n 型）半导体，从而构成 p-n 结。图 2-15 所示为在 p 型硅（p-Si）半导体单晶材料中扩散磷 P 杂质形成 p-n 结的过程。具体过程为：首先将硅单晶加热至 800～1200℃，然后通入 P_2O_5 气体；P_2O_5 气体在硅表面分解，磷 P 沉积在硅表面并向内扩散，在硅表面形成一层含高浓度磷 P 的 n 型硅，表面的 n 型硅层与 p 型体硅材料的交界处就构成了 p-n 结。扩散法是太阳电池制备工艺中 p-n 结形成的最常用方法。

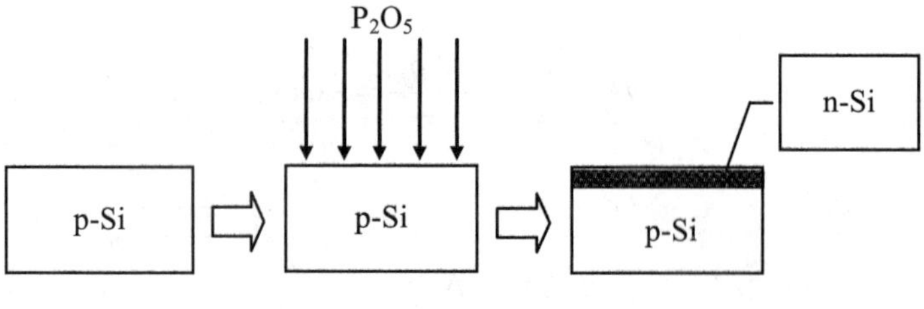

图 2-15　在 p 型硅半导体中扩散磷杂质形成 p-n 结的过程

（2）离子注入法

离子注入法是把用于掺杂的杂质原子电离并用强电场加速，以使该离子束高速打入到作为靶的 p 型半导体（或 n 型半导体）表面区域，从而在表面形成与体内相反的 n 型（或

p 型）半导体，并最终形成 p-n 结。离子注入法可以在室温下进行，并能不沾污背面，保证了注入杂质的纯度。图 2-16 为在 n 型单晶硅中注入硼 B 离子形成 p-n 结的过程示意图。

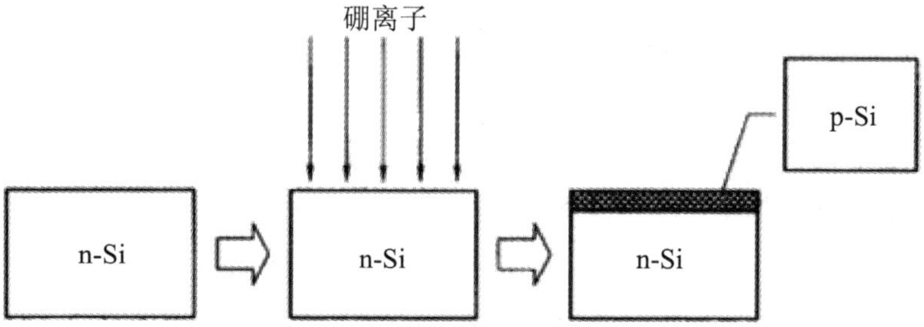

图 2-16　n 型硅半导体中注入硼离子形成 p-n 结

如前所述，p 型和 n 型半导体分别有各自的费米能级。如图 2-17（a）所示，p 型材料有高的空穴浓度，n 型材料有高的电子浓度。当它们紧密接触形成 p-n 结时，在交界面处构成了载流子浓度的差异，这样，电子和空穴都要从浓度高的地方向浓度低的地方扩散。但是，电子和空穴都是带电的，它们扩散的结果就使 P 区和 N 区中原来的电中性条件遭到破坏。N 区的多数载流子（电子）向 P 区扩散，留下正离子并在 N 区一侧形成正电荷区；P 区的多数载流子（空穴）向 N 区扩散，留下负离子并在 P 区一侧形成负电荷区。这些不能移动的带电粒子通常称为空间电荷，它们集中在 P 区和 N 区交界面附近，形成了一个很薄的空间电荷区。在这个区域内，多数载流子已扩散到对方并复合掉了，或者说消耗殆尽了，因此，空间电荷区又称为耗尽层。上述结果使空间电荷区出现一个从正电荷指向负电荷，亦即从 N 区指向 P 区的电场 F，由于这个电场是载流子扩散运动形成的，而不是外加电压形成的，故称为内电场，如图 2-17（b）所示。与此同时，该电场 F 将导致电子及空穴的漂移运动，其运动方向与扩散流方向相反。

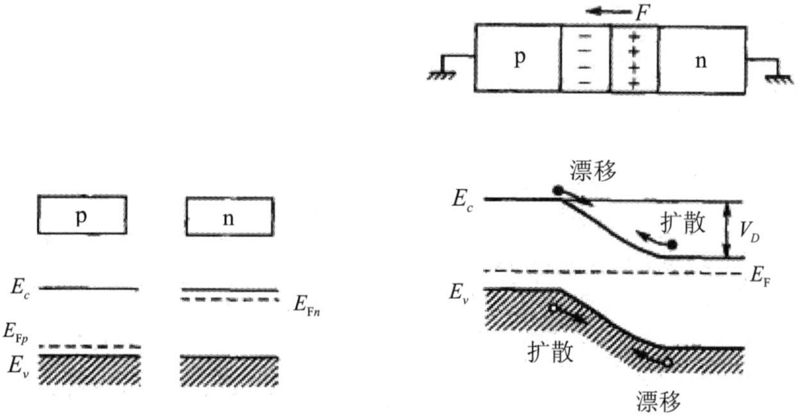

（a）p 型与 n 型半导体的费米能级位置示意图　（b）热平衡态时 p-n 结空间电荷区内电场和能带图

图　2-17

扩散运动使空间电荷区加宽，内电场增强，有利于少子的漂移而不利于多子的扩散；而漂移运动使空间电荷区变窄，内电场减弱，有利于多子的扩散而不利于少子的漂移。当扩散流等于漂移流时，两者达到动态平衡，交界面形成稳定的空间电荷区。

同时，随着内建场的建立（相当于反向偏置），使 E_{Fn} 与 N 区能带一起下移，或使 E_{Fp} 与 P 区能带一起上移。当扩散与漂移运动达到平衡时，p-n 结有统一的费米能级，达到热平衡，对外不呈现电流。

从图 2-17（b）可看到，p-n 结的形成仅改变它们接触面附近的空间电荷区，如 p 区和 n 区足够厚，离开结一定距离的 p 区和 n 区的能带保持不变，近似地认为是没有空间电荷的电中性区，也称为准中性区。因此，p-n 结可看成由三部分组成：① 空间电荷区，区内没有可移动的载流子，载流子耗尽，亦称为耗尽区。该区形成 p-n 结势垒，故又称为势垒区。② 准中性的 p 区。③ 准中性的 n 区。p-n 结的内建场补偿了 E_{Fn} 与 E_{Fp} 的移动，即有

$$qV_D = E_{Fn} - E_{Fp} \tag{2-59}$$

对于突变结，室温下，准中性区电子的热平衡浓度 $n_{0n} = N_d$，空穴的热平衡浓度 $p_{0p} = N_a$，因此，势垒高度是由两边的掺杂程度决定

$$V_D = \frac{E_{Fn} - E_{Fp}}{q} = \frac{k_B T}{q}\left(\ln\frac{N_d N_a}{n_i^2}\right) \tag{2-60}$$

上式表明：半导体（p 型或 n 型）掺杂浓度越高，则接触形成的 p-n 结的势垒高度就越大。

2．p-n 结的电流电压特性

半导体材料中，p-n 结具有许多重要的基本特性，包括电流电压特性、电容效应、开关特性、光生伏特效应等，其中电流电压特性（即 I-V 特性）又称为整流特性或伏-安特性，是 p-n 结最基本的性质，而太阳能电池则主要是利用 p-n 结内建电场产生的光生伏特效应进行工作。

图 2-18 所示为 p-n 结的电流电压特性。如果给 p-n 结加偏压，由于空间电荷区内的多子很少，所以区内的电阻很大，外加电压几乎全部降落在空间电荷区。具体地，给 p-n 结两侧加上外加电压，当 p 型半导体接正电压，n 型半导体接负电压时，外电场方向与内建

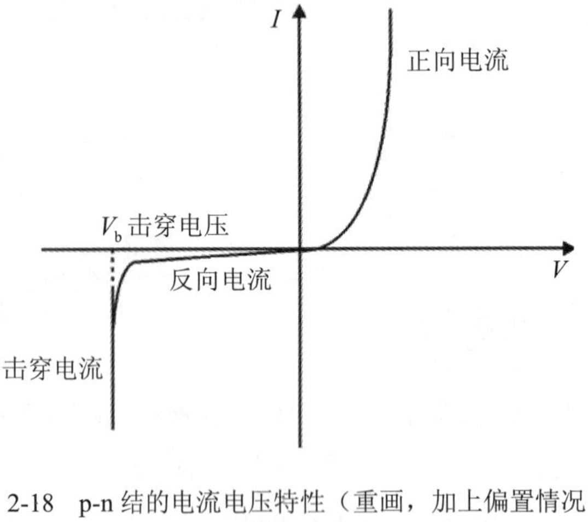

图 2-18　p-n 结的电流电压特性（重画，加上偏置情况）

电场方向相反，这就削弱了区内的电场。这意味着区内空间电荷相应减少，势垒宽度变窄，p-n 结两边的电势差由原来的 V_D 变为（$V_D - V$），势垒高度降低，电流就通过；而当外加

电压方向相反时，电流就基本不通过。由图 2-18 可知，当外加电压为正向偏置（p 区接正极，n 区接负极）时，电流基本随电压呈指数上升，称为正向电流；而当电压反向偏置（n 区接正极，p 区接负极）时，通过的电流很小，称为反向电流，此时电路基本处于阻断状态。当反向电压大于一定阈值时，电流就会快速增大，p-n 结被击穿，此时的反向偏压就称为击穿电压（即图中的 V_b）。

如果对 p-n 结加正向电压（或称为正向偏置），由于空间电荷区内电场被削弱，原来的平衡遭到破坏，削弱了漂移运动，使扩散运动超过漂移运动，这时电子将不断从 n 区扩散到 p 区，成为 p 区的非平衡载流子，p 区的空穴不断扩散向 n 区，成为 n 区的非平衡少子，这就称为 p-n 结的正向注入。在 p-n 结附近电子将出现积累，并逐渐向 p 型半导体扩散，通过与空穴的复合而消失。同样地，对空穴而言，空穴从 p 型半导体扩散到 n 型半导体，并且在 p-n 结附近出现积累。

如果外加的是负向电压（即负向偏置），此时外加电场的方向与内建电场的方向相同，因此势垒电场的增强，破坏了原来漂移和扩散之间的平衡，使载流子漂移流大于扩散流，这时各区中只有少子可以在强电场作用下扫过空间电荷区。如 n 区边界 x_n 处的空穴被势垒区强电场驱向 p 区，p 区 $-x_p$ 处的电子被驱向 n 区，使得 x_n 和 $-x_p$ 处的少子浓度低于体内，

于是体内的少子就向这里扩散，形成了扩散流，当扩散来的少子和被强场拉走的少子数相等时，p-n 结达到稳定。对 p 型半导体而言，电子是少数载流子，电子从 p 型半导体漂移到 n 型半导体，相当于 p 型半导体中少数载流子的抽出。图 2-19 所示为 p-n 结在外加电场下能带的变化情况。

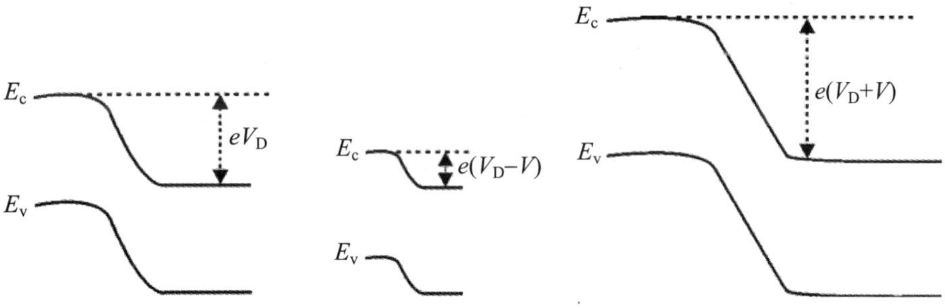

（a）平衡态　　（b）正向电压　　（c）负向电压

图 2-19　p-n 结在外加电场下能带的变化情况

在理想状况下，p-n 结的电流电压关系满足肖克莱方程，即有

$$
\begin{aligned}
I &= Aq\left(\frac{D_n n_p^0}{L_n}+\frac{D_p p_n^0}{L_p}\right)\left(\exp\frac{qV}{\kappa T}-1\right)\\
&= I_0\left(\exp\frac{qV}{\kappa T}-1\right)=I_0\exp\frac{qV}{\kappa T}-I_0
\end{aligned}
\qquad (2\text{-}61)
$$

式中，D_n 和 D_p 分别为电子、空穴的扩散系数；L_n 和 L_p 分别为电子、空穴的扩散长度；n_p^0 和 p_n^0 分别为平衡时 p 型半导体中少数载流子（电子）的浓度和 n 型半导体中少数载流子（空

穴）的浓度；V 为外加电压；A 为 p-n 结的截面积。式（2-61）的第一项 $I_0 \exp\frac{qV}{\kappa T}$ 代表从 p 型半导体流向 n 型半导体的正向电流，随外加电压增大而迅速增加，当外加电场为零时，p-n 结处于平衡状态；第二项 $I = Aq\left(\frac{D_n n_p^0}{L_n} + \frac{D_p p_n^0}{L_p}\right)$ 代表从 n 型半导体指向 p 型半导体方向的反向饱和电流。

2.1.7 金属–半导体接触和 MIS 结构

半导体器件或者集成电路必须与外电路相连接，此时总存在金属与半导体的接触，简称金-半接触（MS 接触）。MS 接触可分为两类：一类是整流接触，也称为肖特基接触，其电流-电压（Ⅰ-Ⅴ）特性呈现非线性关系；另一类是非整流接触，即欧姆接触，其Ⅰ-Ⅴ特性成线性关系或以原点为中心的对称关系。

1. 金属-半导体接触

作为导体的金属，通常没有禁带，自由电子处于导带中，可以自由运动。在绝对零度时，金属中的电子填满费米能级（E_{Fm}）以下的所有能级，而高于 E_{Fm} 的能级则全空。当温度升高时，E_{Fm} 附近的少数电子受到热激发，跃迁到高于 E_{Fm} 的能级上去。但在平衡情况下，电子在金属表面外的真空中的能量比它在金属中的能量大很多，所以大多数电子都被束缚在金属中，不会自动地跑到金属外面去。用 E_0 表示真空中金属表面外静止电子的能量，那么，要使一个电子从金属中逃逸出来跑到表面外的真空中去，至少应给的能量为

$$W_m = E_0 - E_{Fm} \tag{2-62}$$

我们称之为金属的功函数或逸出功。

不同的金属材料有不同的功函数值 W_m，几种材料的功函数值列于表 2-3 中。

表 2-3　几种材料的功函数表

材料	Ag	Al	Au	Cr	Ni	Pb	Sn	Cu	Pt	Cs
功函数 W_m/eV	4.97	4.13	5.06	4.18	4.5	4.2	3.42	3.19	5.36	1.93

对于半导体材料，要使一个电子从导带或价带跃迁到体外，也需要一定的能量。类似于金属，如果 E_0 表示真空中半导体表面外静止电子的能量，那么，半导体的功函数就是 E_0 和费米能级（E_{Fs}）之差，即

$$W_s = E_0 - E_{Fs} \tag{2-63}$$

由于半导体的费米能级与半导体的导电类型和掺杂浓度有关，所以其功函数也与导电类型和杂质浓度有关。不同掺杂浓度的锗、硅及砷化镓的功函数如表 2-4 所示。

当金属与 n 型半导体材料相接触时，两者有相同的真空电子能级。如果接触前金属的功函数 W_m 大于半导体的功函数 W_s，则金属的费米能级 E_{Fm} 就低于半导体的费米能级 E_{Fs}。接触后，虽然金属的电子浓度要大于半导体的电子浓度，但由于金属的费米能级低于半导体的费米能级，导致半导体中的电子流向金属，使得金属表面电子浓度增加，带负电，半

导体表面带等量的正电荷（如图 2-20 所示）。

表 2-4　半导体功函数与杂志浓度的关系

材料 \ W_s/eV \ 杂质浓度	N 型/m^{-3}			P 型/m^{-3}		
	10^{20}	10^{21}	10^{22}	10^{20}	10^{21}	10^{22}
硅（Si）	4.32	4.26	4.20	4.82	4.88	4.994
锗（Ge）	4.32	4.38	4.33	4.51	4.56	4.61
砷化镓（GaAs）	4.44	4.33	4.311	5.14	5.21	5.27

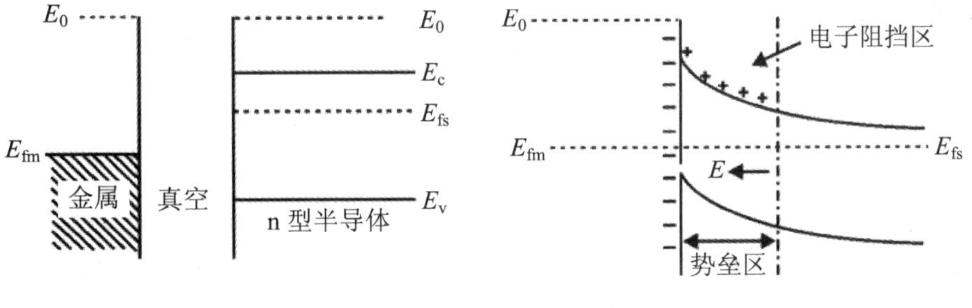

（a）　　　　　　　　　　（b）

图 2-20　金属功函数大于半导体功函数时，金属和 n 型半导体接触前（a）和后（b）的能带

电子从半导体流入金属的结果，在半导体表面层形成一个由带正电不可移动的杂质离子组成的空间电荷区，内建电场的方向是从 n 型半导体指向金属，主要落在半导体的近表面层。与半导体 p-n 结类似，内建电场在界面处半导体的能带发生弯曲，形成一个高势势垒，称为金属-半导体接触的表面势垒，该区域也成为电子阻挡层。由于内建电场的作用，部分电子从金属又流向 n 型半导体。到达平衡时，空间电荷区的净电流为零，金属的费米能级 E_{Fm} 和半导体的费米能级 E_{Fs} 处于相同位置，半导体表面缺少电子而带正电，金属表面则因多余电子而带负电，金属和半导体之间就有接触电势差，其大小等于金属、半导体接触前的费米能级之差或功函数之差，即

$$V_{ms}=\frac{1}{q}(W_m-W_s)=\frac{1}{q}(E_{Fs}-E_{Fm}) \tag{2-64}$$

如果接触前金属的功函数小于半导体的功函数，即金属的费米能级高于半导体的费米能级，则类似地有，金属和半导体接触后，在界面附近的金属一侧形成了很薄的高密度空穴层，半导体一侧形成了一定厚的电子积累区，从而形成了一个具有高电子电导率的空间电荷区，称为电子高电导区，又称为反阻挡层，其接触前后的能带如图 2-21 所示。

同样地，对于金属和 p 型半导体的接触，在界面附近也会存在空间电荷区，视金属与半导体功函数的不同，可以分别形成空穴势垒区（阻挡层）和空穴高电导区（反阻挡层）。

对于金属-半导体接触形成电子阻挡层的情形，如果在金属-半导体之间加上外加电压，将会影响内建电场和表面势垒，表现出金属-半导体接触的整流效应。以金属-n 型半导体形成电子阻挡层为例，当金属接正极而半导体接负极时，即外加电场从金属指向半导体，

与内建电场相反。显然，外加电场将抵消一部分内建电场，导致电子势垒降低，电子阻挡层减薄，使得从 n 型半导体向金属的电子电流增大。相反地，当金属接负极，半导体接正极时，外加电场从半导体指向金属，与内建电场一致，增加了电子势垒，电子阻挡层增厚，使得从 n 型半导体向金属的电子电流几乎为零。此特性与 p-n 结的电流电压特性是一样的，同样具有整流效应。具有整流效应的金属和半导体接触，称为肖特基接触。

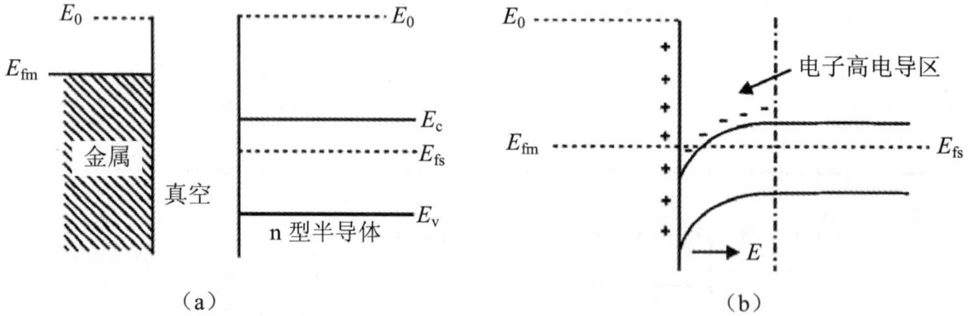

图 2-21　金属的功函数小于半导体的功函数时，
金属和 n 型半导体在接触前（a）和接触后（b）的能带

而对于金属-半导体形成反阻挡层的情形，外加电压将不会形成整流效应，其 I -V 特性成线性关系或以原点为中心的对称关系，这类接触称为欧姆接触。从理论上讲，要形成这样的欧姆接触，金属的功函数必须小于 n 型半导体的功函数，或大于 p 型半导体的功函数。除金属的功函数外，还有半导体表面态等其他因素影响欧姆接触的形成。当半导体具有高表面态密度时，金属功函数的影响甚至不再重要。

由于金属与半导体间固相反应十分复杂，就实际的欧姆接触制备而言，工艺重于理论。每个实验室都有自己的一套方法，包括材料清洗和表面处理、金属或合金系统、电极沉积方法及热处理方式等均有不同。具体的情形可以参阅国内外相关资料。

2．金属-绝缘层-半导体（MIS）结构

在金属-半导体结构中插入一层绝缘层，就形成了 MIS 结构（如图 2-22 所示），这相当于构成了一个电容器结构。MIS 结构是 CMOS 器件的核心单元，新型太阳能光电池也常利用 MIS 结构。

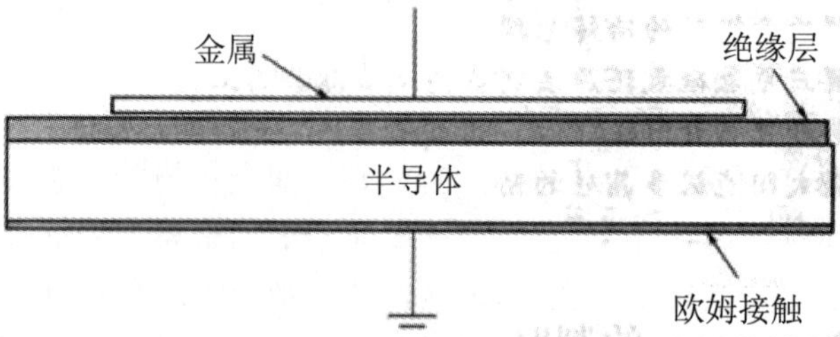

图 2-22　MIS 结构示意图

理想情况下，MIS 结构满足：① 金属与半导体之间功函数差为零，即金属与半导体之间无电压，也就是说不会对绝缘层加压；② 绝缘层内没有电荷存在，完全不导电；③ 绝缘层与半导体之间的界面处不存在任何界面态。如果在两侧的金属和半导体上加上电压，就会在金属的表面一个原子层内堆积高密度的载流子，而在半导体中有相反的电荷产生，并分布在半导体表面一定的宽度范围内，形成空间电荷区。在此空间电荷区内，形成内建电场，从表面到体内逐渐降低为零。由于内建电场的存在，空间电荷区的电势也在变化，导致空间电荷区的两端产生电势差 V_s，这称为表面势，它造成了能带的弯曲。此表面势是指半导体表面相对于半导体体内的电势差。

在理想 MIS 结构加上外加电场后，随着外加电场和空间电荷区的变化，半导体表面会出现三种情况，即多数载流子堆积、多数载流子耗尽和少数载流子反型（如图 2-23 所示）。下面以 p 型半导体为例，说明这三种情况。

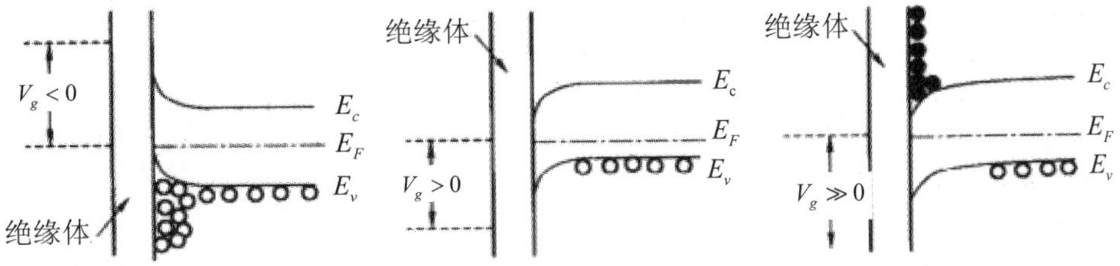

（a）多数载流子堆积极　　（b）多数载流子耗尽　　（c）少数载流子反型

图 2-23　p 型半导体在多数载流子堆积、多数载流子耗尽和少数载流子反型时的能带图

① 当施加一个负电压（$V<0$）于金属平板上时，半导体表面将产生超量的正载流子（空穴），表面势为负，表面能带向上弯曲，在表面处价带顶逐渐移近甚至超过费米能级，如图 2-23（a）所示。能带的弯曲导致在半导体表面多数载流子空穴浓度的增加，导致空穴堆积，此种情况称为多数载流子堆积。

② 当施加一个正电压（$V>0$）于金属板上时，表面电势为正值，导致能带在半导体表面空间电荷区自体内向表面逐渐下降弯曲，在表面处价带顶远离费米能级，如图 2-23（b）所示。这时越接近表面，价带顶离费米能级越远，价带中空穴浓度随之降低。并且，外加正电压越大，能带向下弯曲越深；越接近表面，空穴浓度比体内低得多，表面层的负电荷基本上等于电离受主杂质浓度，这使表面多数载流子空穴浓度大幅度减小，这称为多数载流子的耗尽。

③ 当金属层施加一个更大正电压时，导致能带下降弯曲的程度增加，表面处导带底逐渐接近或达到费米能级，也就是说，费米能级离导带底比离价带顶更近一些，这意味着表面处性质发生根本性变化，如图 2-23（c）所示。此时，半导体表面处的少数载流子电子的浓度要高于空穴的浓度，形成与半导体体内导电类型相反的一层导电层，表面导电类型由空穴型转变成电子型，这种情况称少数载流子反型。

2.2　太阳能电池基础

在前节对 p-n 结基础特性已有初步了解的基础上，下面将主要分析和讨论太阳能电池用半导体材料对照射光的吸收、光照下 p-n 结的光生伏特效应以及光照条件下 p-n 结偏离热平衡的电流-电压特性。

2.2.1　半导体光吸收

当一束单色光照射到物体上时，入射光的一部分在物体表面反射或散射，另一部分则透射到物体中。透射光因其能量将电子由被占有的低能态激发到未被占据的较高能态而被该物体吸收。也就是说，光在媒质中传播时发生衰减，即光的吸收。

随着物体厚度的增加，光的吸收一般按指数规律变化。如果入射光的能量为 I_0，则在离表面距离 x 处，光的能量为

$$I = I_0 e^{-\alpha x} \tag{2-65}$$

式中，α 为物体的吸收系数，表示光在物体中传播 I/α 距离时，能量因吸收而衰减到原来的 1/e。通常，光子能量大于 E_g 的太阳光进入半导体几微米深处时就会被吸收掉。

半导体材料通常能强烈地吸收光能，其吸收系数 α 与半导体材料、入射光波长等因素有关。按照具体的吸收机制的不同，半导体材料的光吸收可以分为本征吸收、激子吸收、自由载流子吸收、杂质吸收、晶格振动吸收等。下面将分别介绍这几种吸收的物理过程。

1．本征吸收

绝对零度时，理想半导体的价带区域是完全被电子占满的，因此价带内的电子相对稳定，不能被激发到更高的能级。但如果吸收足够能量的光子，使电子越过禁带跃迁入空的导带，而在价带中留下一个空穴，形成电子-空穴对。这种由于电子在带与带之间的跃迁所形成的光吸收过程称为本征吸收。图 2-24 为本征吸收的示意图。

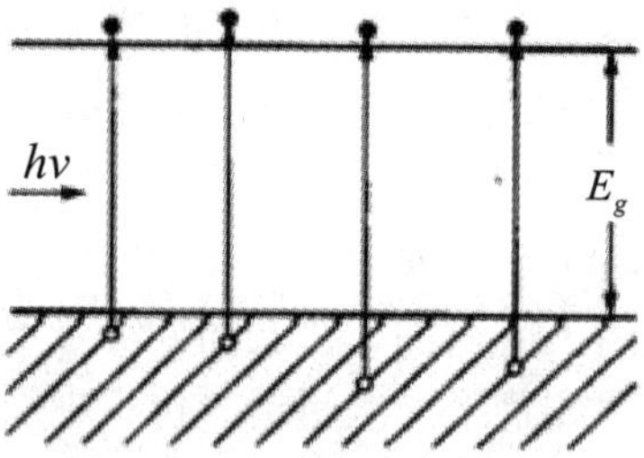

图 2-24　本征吸收示意图

显然，要发生本征吸收，光子能量必须等于或大于禁带宽度 E_g，即

$$\frac{hc}{\lambda} = h\nu \geq \frac{hc}{\lambda_0} = h\nu_0 = E_g \tag{2-66}$$

式中，h 为普朗克常数；ν 为光的频率；λ_0、ν_0 分别为光子能量等于禁带宽度时的波长与频率，它们称为半导体的本征吸收限。当波长小于 λ_0 时，本征吸收才能产生。根据式（2-66），本征吸收限为：

$$\lambda_0 = \frac{1.24}{E_g(\text{eV})} \quad (\mu\text{m}) \tag{2-67}$$

对于晶体硅，禁带宽度为 1.12eV，$\lambda_0 = 1.1\mu\text{m}$；而砷化镓的禁带宽度为 1.12eV，$\lambda_0 = 0.867\mu\text{m}$。

在光照下，本征吸收产生电子-空穴时，除了能量必须守恒外，还必须满足动量守恒，即所谓满足选择定则。晶体电子不是真空中的自由电子，具有波动性，则其状态不能简单地采用坐标和动量来表征，通常采用所谓波矢——晶体动量 k 来表征。由 k 的三个分量（kx、ky、kz）所构成的空间就是所谓 k 空间，该空间与正常空间的量纲是互逆的，故 k 空间是

倒易空间，即正格子空间的倒空间，k 空间中的一个代表点就对应电子的一个状态。如果半导体材料导带底的最小值和价带顶的最大值具有相同的波矢 k，那么在价带中的电子跃迁到导带上时，动量不发生变化，称为直接跃迁。能够发生直接跃迁过程的半导体称为直接带隙半导体，如砷化镓。如果半导体材料导带底的最小值和价带顶的最大值具有不同的波矢 k，此时在价带中的电子跃迁到导带上时，动量要发生变化，除了吸收光子能量电子发生跃迁外，电子还需要与晶格作用，发射或吸收声子，达到动量守恒，这种跃迁称为间接跃迁。这种发生间接跃迁过程的半导体为间接带隙半导体，如硅和锗。因此，间接带隙半导体的本征吸收不但取决于电子和光子的作用，而且要考虑电子和晶格的作用，导致吸收系数大大降低。

吸收系数对于一个给定的光子能量（$h\nu$）正比于 P_{12}，即一个电子从初始能级 E_1 跃迁到最终能级 E_2 的概率。设电子在初始能级时的密度为 $g_v(E_1)$、最终状态的有效密度为 $g_c(E_2)$、$E_2 - E_1 = h\nu$，有

$$\alpha(h\nu) \propto \sum P_{12} g_v(E_1) g_c(E_2) \tag{2-68}$$

假设所有的价带能级是满的和所有的导带能级是空的。当一个自由电子被激发到导带而留下一个空穴在价带时，光子吸收就会导致一个电子空穴对的产生。

对于直接带隙半导体材料如 GaAs、GaInP、CdTe 和 Cu（InGa）Se_2 等，基本光子吸收过程如图 2-25 所示。在跃迁过程中能量和动量都要保持守恒。

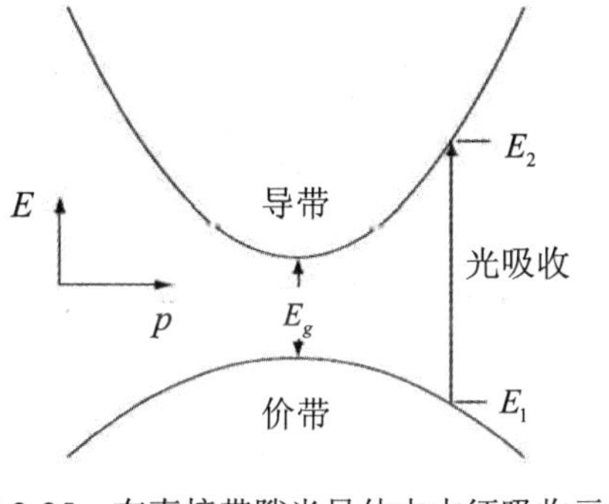

图 2-25　在直接带隙半导体中本征吸收示意图

在价带中，每一个带有能量 E_1 和晶体动量 p_1 的初始电子状态，与导带中具有能量 E_2 和晶体动量 p_2 的最终状态有关。因为电子的动量是守恒的，所以最终状态的晶体动量要与初始状态的动量一致，即 $p_1 \approx p_2 = p$。

能量守恒规定的吸收的光子能量是

$$h\nu = E_2 - E_1 \tag{2-69}$$

按假设的抛物线关系式，有

$$E_V - E_1 = \frac{p^2}{2m_p^*} \tag{2-70}$$

$$E_2 - E_c = \frac{p^2}{2m_n^*} \tag{2-71}$$

合并方程式（2-69）、式（2-70）与式（2-71）后得

$$hv - E_g = \frac{p^2}{2}\left(\frac{1}{m_n^*} + \frac{1}{m_p^*}\right) \tag{2-72}$$

因此，直接跃迁的吸收系数为

$$\alpha(hv) \approx A^*(hv - E_g)^{1/2} \tag{2-73}$$

式中，A^* 是一个常数。在一些半导体材料中，量子选择规则不允许在 $p=0$ 时的跃迁但允许 $p \neq 0$ 时的跃迁，在这种情况下

$$\alpha(hv) \approx \frac{B^*}{hv}(hv - E_g)^{3/2} \tag{2-74}$$

式中，B^* 为常数。

对于间接带隙半导体，例如 Si 和 Ge，它们价带中的晶体动量极大值与导带中的极小值出现在不同的地方，电子动量守恒决定光子吸收过程包含了一个额外的粒子——声子。声子是半导体中晶格振动的粒子形式表现，很是适合这个过程，因为它们是具有相应动量的低能量粒子，具体体现在图 2-29 中。通过声子吸收或声子发射都能够促进光吸收。当有声子吸收时，吸收系数由下式给出

$$\alpha_a(hv) = \frac{A(hv - E_g + E_{ph})^2}{e^{E_{ph}/kT} - 1} \tag{2-75}$$

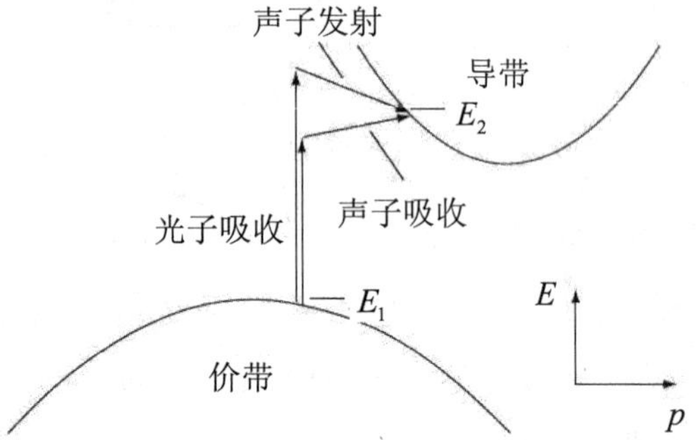

图2-26　在间接带隙半导体本征吸收示意图

而当一个声子被发射时，吸收系数为

$$\alpha_e(hv) = \frac{A(hv - E_g - E_{ph})^2}{1 - e^{-E_{ph}/kT}} \tag{2-76}$$

因为这两个过程都有可能发生，所以，总的吸收系数为

$$\alpha(hv) = \alpha_a(hv) + \alpha_e(hv) \tag{2-77}$$

因为间接带隙半导体的本征吸收需要声子和电子都参与，吸收系数不仅取决于满的初始电子能级的密度和空的最终电子能级的密度，还与带有必要动量的声子（包括发射吸收的）有效性相关。因此，与直接跃迁相比，间接跃迁的吸收系数相对较小。一般而言，间接带隙半导体的吸收系数要比直接带隙半导体的吸收系数低 2～3 个数量级，因此，光线在间接带隙半导体中比在直接带隙半导体中透射得更深。以间接带隙半导体材料 Si 和直接带隙半导体材料 GaAs 为例对此过程说明，如图 2-27 所示。其他半导体的类似光谱可以在其他地方查看。对于间接带隙半导体 Si 而言，需要几百微米以上的厚度，才能完全吸收太阳光中大于其禁带宽度的光波的能量；而对于直接禁带的 GaAs 半导体，仅仅需要几个微米的厚度，就可以完全吸收太阳光中大于其禁带宽度的光波的能量。

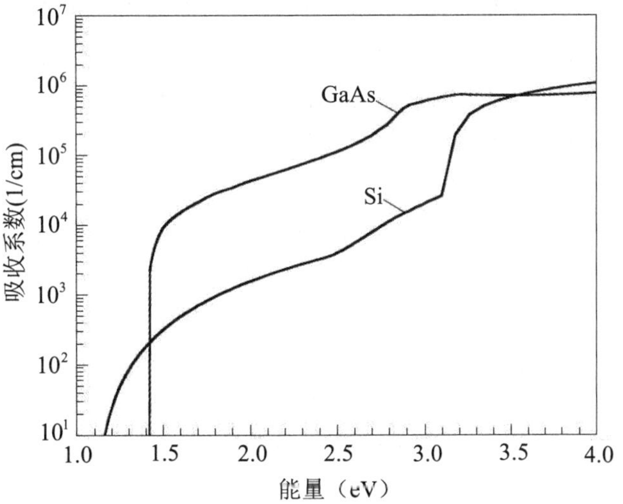

图 2-27　在 300K，Si 和 GaAs 的吸收系数与其光子能量的函数关系图

在直接带隙和间接带隙半导体材料中，尽管上面描述的本征吸收机理占据主导地位，但还是包含了一些其他类型的光子吸收过程。

2．其他吸收

实验证明，对半导体材料而言，即使是波长比本征吸收限 λ_0 长的光波，往往也可以被材料吸收。也就是说，当光子能量小于半导体禁带宽度时，依然有可能存在吸收。这说明，除了半导体的本征吸收外，还存在其他的光吸收过程，主要包括激子吸收、杂质吸收、自由载流子吸收和晶格振动吸收等。研究这些过程，对于了解半导体的性质以及扩大半导体的利用，都有很大的意义。

（1）激子吸收

在本征吸收限处，$h\nu_0 = E_g$，光子的吸收恰好形成一个在导带底的电子和一个在价带顶的空穴。这样形成的电子是完全摆脱了正电中心束缚的“自由”电子，空穴也同样是“自由”空穴。由于本征吸收产生的电子和空穴之间没有相互作用，它们能相互独立地受到外加电场的作用而改变运动状态，因而使电导率增大（即产生光电导）。实验证明，当光子能量 $h\nu \geq E_g$ 时，本征吸收形成连续光谱。但在低温时发现，某些晶体在本征连续吸收光谱出现以前，即 $h\nu_0 < E_g$ 时，就已出现一系列吸收线；并且发现，对应于这些吸收线并未伴

有光电导。可见，这种吸收并不引起价带电子直接激发到导带，而形成所谓“激子吸收”。

如果光子能量 $h\nu$ 小于 E_g ，价带电子受激发后虽然跃出了价带，但还不足以进入导带而成为自由电子，仍然受到空穴的库仑场作用。实际上，受激电子和空穴互相束缚而结合在一起成为一个新的系统，这种系统称为激子，这样的光吸收称为激子吸收。激子在晶体中某一部位产生后，可以在整个晶体中运动；但由于它作为一个整体是电中性的，因此不形成电流。激子在运动过程中可以通过两种途径消失：一种是通过热激发或其他能量的激发使激子分离成为自由电子或空穴；另一种是激子中的电子和空穴通过复合，使激子淬灭而同时放出能量（发射光子或同时发射光子和声子）。

图 2-28 为激子吸收光谱示意图。本征吸收长波限以外的激子吸收峰，相当于价带电子跃迁到相应的激子能级。显然，激子吸收所需光子的能量 $h\nu$ 小于禁带宽度 E_g 。图中第一个吸收峰相当于价带电子跃迁到激子基态（ $n=1$ ），吸收光子的能量是 $h\nu = E_g - |E_{cx}^1|$ ；第二个吸收峰相当于价带电子跃迁到 $n=2$ 的受激态。 $n>2$ 时，因为激子能级已差不多是连续的，所以吸收峰已分辨不出来，并且和本征吸收光谱合到一起。

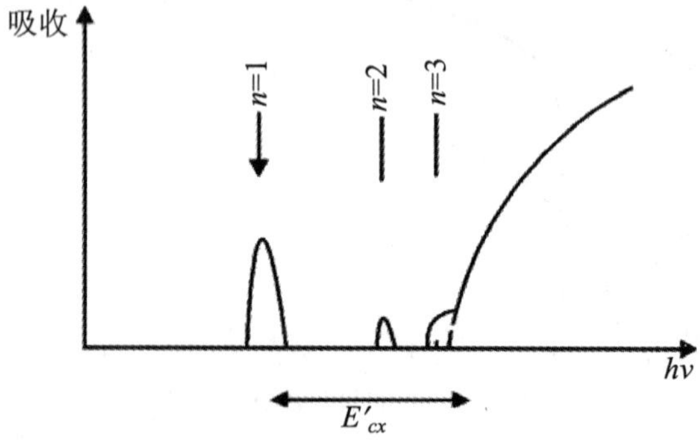

图 2-28　激子吸收光谱图

（2）自由载流子吸收

对于一般半导体材料，当入射光子的频率不够高，不足以引起电子从带到带的跃迁或形成激子时，仍然存在着吸收，而且其强度随波长增大而增加。图 2-29 给出了这种在本征吸收限以外长波方向不断增强的吸收作用。这是自由载流子在同一带内的跃迁所引起的，称为自由载流子吸收。自由载流子吸收时，导带里电子吸收光子的能量，并移动到导带里一个更高的空的能态（空穴相应地留在价带）。

与本征跃迁不同，自由载流子吸收中，电子从低能态到较高能态的跃迁是在同一能带内发生的，如图 2-30 所示。但这种跃迁过程同样必须满足能量守恒和动量守恒关系。与本征吸收的非直接跃迁相似，电子的跃迁也必须伴随着吸收或发射一个声子。因为自由载流子吸收中所吸收的光子能量小于 $h\nu_0$ ，一般是红外吸收。

在串联太阳能电池系统中，必须考虑自由载流子吸收带来的不利影响。串联系统中，宽带隙（ E_{g1} ）的太阳能电池一般被堆叠在较小带隙太阳能电池（ $E_{g2}<E_{g1}$ ）的上面，这样，能量较低的光子不能被顶层的太阳能电池吸收，而是传送到底层太阳能电池中并被吸收（如果 $h\nu > E_{g2}$ ）。只要满足 $E_{g1} > E_{g2} > E_{g3} \cdots$ ，就可以使更多的太阳能电池堆叠在一起。但是，在这样的串联结构中，一旦有自由载流子吸收机制发生，就会引起堆叠中从上一块电池传递到下一块电池的光子数量减少，这相当于损失了一部分太阳能。

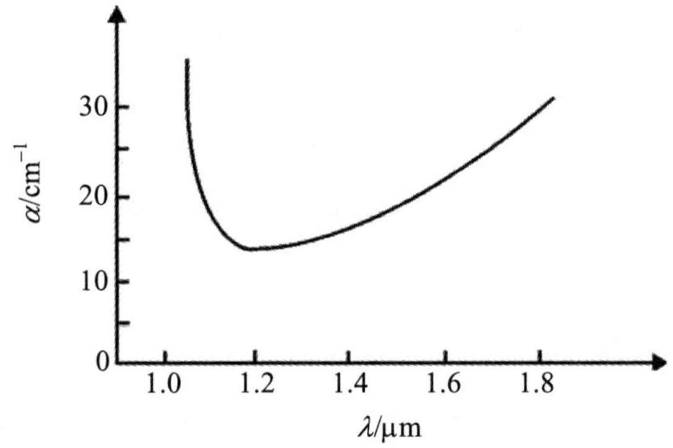

图 2-29　Si 的吸收曲线

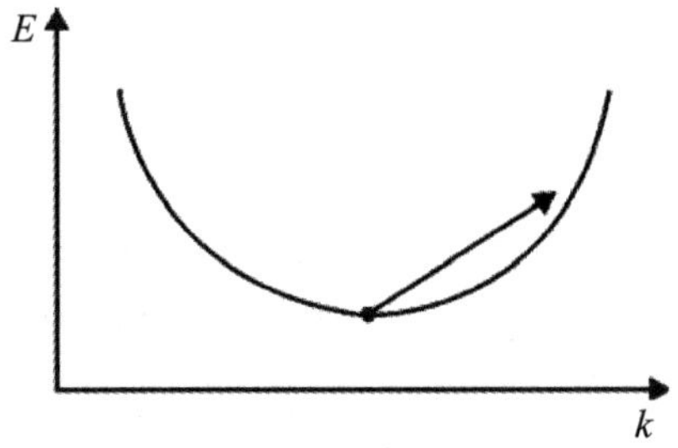

图 2-30　自由载流子吸收

（3）杂质吸收

束缚在杂质能级上的电子或空穴也可以引起光的吸收。电子可以吸收光子跃迁到导带能级；空穴也同样可以吸收光子而跃迁到价带（或者说电子离开价带填补了束缚在杂质能级上的空穴），这种光吸收称为杂质吸收。由于束缚状态并没有一定的准动量，在这样的跃迁过程中，电子（空穴）跃迁后的状态的波矢并不受到限制。这说明，电子（空穴）可以跃迁到任意的导带（价带）能级，因而应当引起连续的吸收光谱。引起杂质吸收的最低的光子能量 $h\nu_0$ 显然等于杂质上电子或空穴的电离能 E_1。因此，杂质吸收光谱也具有长波吸收限 ν_0，而 $h\nu_0 = E_1$。一般而言，电子跃迁到较高的能级，或空穴跃迁到较低的价带能级，其发生概率随光子能量增加而逐渐变得很小，因此，吸收光谱主要集中在吸收限 E_1 的附近。由于 E_1 小于禁带宽度 E_g，杂质吸收一定在本征吸收限以外长波方向形成吸收带，如图 2-31 所示。显然，杂质能级越深，能引起杂质吸收的光子能量也越大，吸收峰比较靠近本征吸收限。对于大多数半导体，多数施主和受主能级很接近于导带和价带，因此相应的杂质吸收出现在远红外区。另外，杂质吸收也可以是电子从电离受主能级跃迁入导带，或空穴从电离施主能级跃迁入价带。这时，杂质吸收光子的能量应满足 $h\nu \geq E_g - E_1$。

由于杂质吸收比较微弱，特别在杂质浓度较低的情况下，观测更加困难。一般来说，对于浅杂质能级，E_1 较小，只能在低温下。只有当大部分杂质中心未被电离时，才能够观测到这种杂质吸收。

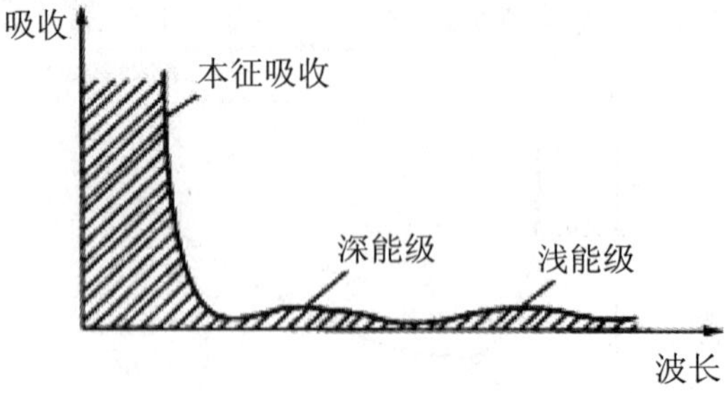

图 2-31　杂质吸收曲线

（4）晶格振动吸收

在晶体吸收光谱的远红外区，有时还发现一定的吸收带，这是晶格振动吸收形成的。在这种吸收中，光子能量直接转换为晶格振动动能。对离子晶体或离子性较强的化合物，存在较强的晶格振动吸收带。在Ⅲ-Ⅴ族化合物如 GaAs 及半导体 Ge、Si 中，也都观察到了这种吸收带。

2.2.2　光生伏特效应

如果光线照射在太阳能电池上并且光在界面层被吸收，具有足够能量的光子将进入 p-n 结区，甚至更深入到半导体内部，就会将电子从价带激发，并在 p-n 结附近将产生“电子-空穴”对。由于内建电场的存在，界面层附近的电子和空穴在复合之前，将通过空间电荷的电场作用被相互分离。电子向带正电的 n 区和空穴向带负电的 p 区运动。通过界面层的电荷分离，将在 p 区和 n 区之间产生一个向外的可测试电压。如果将 p-n 结和外电路相连，则电路中出现电流。该现象称为光生伏特现象或光生伏特效应。光生伏特效应是太阳能电池的基本原理，也是光电探测器等器件的工作原理。在光激发下多数载流子浓度一般改变很小，而少数载流子浓度却变化很大，因此应主要研究光生少数载流子的运动。

图 2-32 所示为 p-n 结光照前后的能带图。光照前，由于 p-n 结势垒区内存在较强的内建场（自 n 区指向 p 区），结两边的少数载流子受该场的作用，各自向相反方向运动。平衡时，由于内建电场的作用，空间电荷区的电势发生变化，使得能带发生弯曲，而空间电

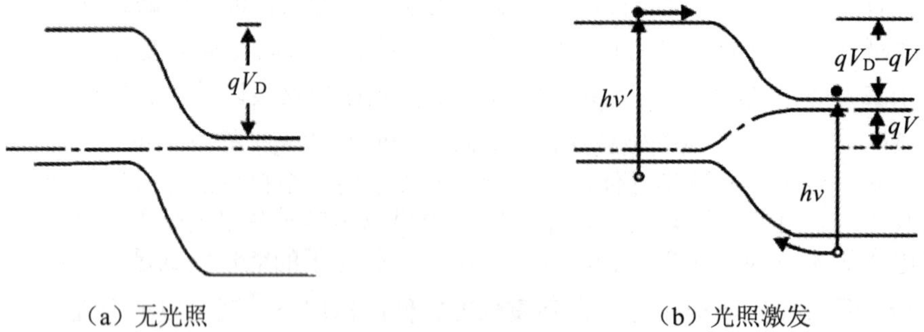

（a）无光照　　（b）光照激发

图 2-32　p-n 结能带图

荷区两端的电势差为 qV_D。当能量大于禁带宽度的光垂直照射在 p-n 结上时，会产生“电子-空穴”对。在内建电场的作用下，p 型半导体中光照产生的电子将流向 n 型半导体，而

n 型半导体中光照产生的空穴将流向 p 型半导体，形成了从 n 型半导体到 p 型半导体的光生电流 I_L，同时产生光生电势和光生电场。由于光照在 p-n 结两端产生光生电动势，相当于在 p-n 结两端加正向电压 V，使势垒降低为 $qV_D - qV$，产生正向电流 I_F。在 p-n 结开路情况下，光生电流和正向电流相等时，p-n 结两端建立起稳定的电势差 V_{oc}（p 区相对于 n 区是正的），这就是光电池的开路电压。如将 p-n 结与外电路接通，只要光照不停止，就会有源源不断的电流通过电路，p-n 结起了电源的作用，外电路的电流为短路电流，理想情况下也就是光电流。这就是光电池的基本工作原理。

2.2.3 太阳能电池的电流–电压特性

光电池工作时共有三部分电流：光生电流 I_L，在光生电压 V 作用下的 p-n 结正向电流 I_F，流经外电路的电流 I。I_L 和 I_F 都流经 p-n 结内部，但方向相反。正是由于光生电流和光生电势的产生，使得 p-n 结可能向外电路提供电流 I 和功率。但是，光生电势降低了空间电荷区的势垒，类似于在 p-n 结上加上正向电场，使得 p-n 结产生了正向电流 I_F 的注入，方向与光生电流 I_L 相反，导致 p-n 结提供给外电路的电流减少。

根据 p-n 结整流方程，光照时流过 p-n 结的正向电流为

$$I_F = I_s(\mathrm{e}^{\frac{qV}{k_0T}} - 1) \tag{2-78}$$

式中，V 是光生电压；I_s 是反向饱和电流。

假设用一定强度的光照射太阳能电池材料，因存在吸收，光强度随着光透入的深度按指数律下降，因而光生载流子产生率也随光照深入而减小，即产生率 Q 是距离 x 的函数。为了简化，用 $\bar{Q}$ 表示在结的扩散长度（$L_p + L_n$）内非平衡载流子的平均产生率，并设扩散长度 L_p 内的空穴和 L_n 内的电子都能扩散到 p-n 结面而进入另一边。这样，光生电流 I_L 应该是

$$I_L = q\bar{Q}A(L_p + L_n) \tag{2-79}$$

式中，A 是 p-n 结面积，q 为电子电量。光生电流 I_L 从 n 区流向 p 区。

如果太阳能电池与负载电阻接成通路，则光照时通过负载的电流为

$$I = I_L - I_F = I_L - I_a(\mathrm{e}^{\frac{qV}{k_0T}} - 1) \tag{2-80}$$

这就是负载电阻上电流与电压的关系，也就是光电池的伏安特性，其曲线如图 2-33 所示。图中曲线 1 和曲线 2 分别为无光照和有光照时光电池的伏安特性。

从式（2-79）可得

$$V = \frac{k_0T}{q}\ln\left(\frac{I_L - I}{I_s} + 1\right) \tag{2-81}$$

在 p-n 结开路情况（$R = \infty$）下，两端的电压即为开路电压 V_{oc}。这时，流经 R 的电流 $I = 0$，即 $I_L = I_F$。将 $I = 0$ 代入式（2-80），得开路电压为

$$V_{oc} = \frac{k_0T}{q}\ln\left(\frac{I_L}{I_s} + 1\right) \tag{2-82}$$

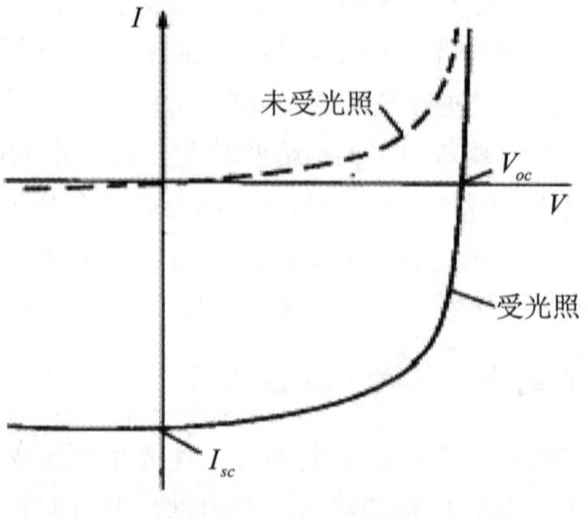

图 2-33　p-n 结未光照与受光照时的伏安特性曲线

如将 p-n 结短路（$V=0$），因而 $I_F=0$，这时所得的电流为短路电流 I_{sc}。从式（2-81）中显然看出，短路电流等于光生电流，即

$$I_{sc}=I_L \tag{2-83}$$

V_{oc} 和 I_{sc} 是太阳能电池的两个重要参数，其数值可由图 2-33 中曲线 2 在 V 和 I 轴上的截距求得。根据式（2-82）和式（2-83），可讨论短路电流 I_{sc} 和开路电压 V_{oc} 随光照强度的变化规律。显然，两者都随光照强度的增强而增大，所不同的是 I_{sc} 随光照强度呈线性上升，而 V_{oc} 则呈对数式增大，如图 2-34 所示。必须指出，V_{oc} 并不随光照强度无限地增大。当光生电压 V_{oc} 增大到 p-n 结势垒消失时，即得到最大光生电压 V_{max}，因此，V_{max} 应等于 p-n 结势垒高度 V_D，与材料掺杂程度有关。实际情况下，V_{max} 与禁带宽度 E_g 相当。

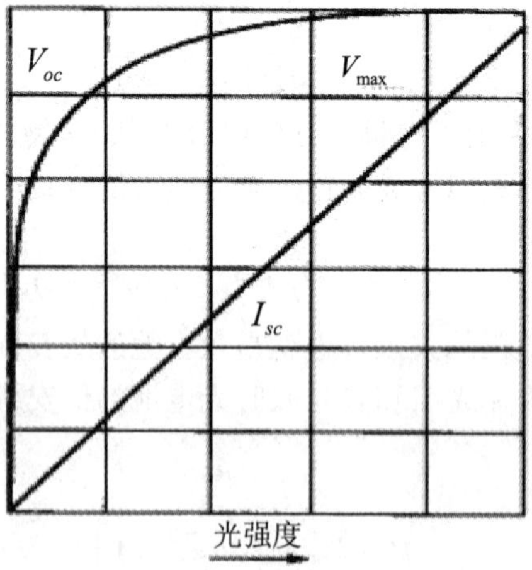

图 2-34　短路电流 I_{sc} 和开路电压 V_{oc} 随光强度的变化

2.3　太阳能电池性能参数

太阳能电池的性能参数主要表现在各项光电性能上。光电性能参数在生产过程中尤其是在实时的生产控制现场进行测试，能非常及时地反映整个生产线上生产工艺尤其是后道

工序的动态变化情况，为我们对工艺控制及生产设备工艺参数的实时调节，起到非常重要的参考作用。

2.3.1　测试条件与测试系统

1．测试条件

太阳能电池性能测试主要包括 *I-V* 曲线测试和光谱响应曲线测试两部分。由于太阳能电池性能受到光照条件、电池温度等因素的影响，因此在进行太阳能电池性能测试时，必须首先统一标准的测试条件。国际上通用的地面太阳能电池标准测试条件为：

（1）光谱分布：AM1.5；

（2）辐照度：$1000W/cm^2$；

（3）温度：25℃。

2．测试系统

一般有两个因素会大大影响 *I-V* 测试系统的设计：一个是被测电池的类型，另一个是光源。例如，如果所有测试电池的尺寸和输出都类似的话，那么可变负载的设计就比较容易，如生产线终端的器件测试。另外，如果要求测试系统能测量多种型号和输出的太阳能电池或单独的太阳能电池，那么所使用的仪器就必须有相应的电压和电流量程。如果要求系统能测多结电池，那么问题就更复杂了，必须在测试系统设计阶段就要加以考虑。

任何光源（如氙灯光源或自然光）都存在空间不均匀性、时间不稳定性、光谱时刻变化和光照时间受限等问题。室外测试在测试平面上通常光照都比较均匀（空间差异小于1%），在几分钟内的稳定性也比较好。长弧氙灯光源也能获得较好的空间均匀性，但是测试时间一般在 1～20ms 范围内。多闪氙灯使用的是连续脉冲光源，每闪一次都能测量 *I-V* 曲线上的一个点。商用连续氙灯光源的测试范围比较广，测试面积可从 $50\,mm^2$ 到 $2\,m^2$ 。一般情况下，氙灯光源的测试时间越长则空间均匀性越差，其误差可从百分之几到 10%或 20%。

考虑到以上制约因素，图 2-35 所示为一个 *I-V* 特性测试设备系统，由其介绍测试系统基本的构成。电压可用商业使用的电压表或高速模数转换卡产生。同时，这些设备也可与 4 线电阻的引线连接用来测量电流。在测量大电流时（如测量电池方阵），使用磁性电流探针比较方便。可变负载的使用就跟可变电阻一样简单，但是可变负载不能工作在 *I-V* 曲线的功率象限以外的部分。相应测试结果如图 2-36 所示。另外，用可编程双极电源可使电池工作在 V_{oc} 和 I_{sc} 以外的部分（即第二象限和第四象限）。

在测量大功率时（如测量大面积器件或方阵），最常用的负载是电容器。先把电容器的已有电荷释放掉，然后与被测电池器件串联起来，这样，器件产生的电量将直接被存储在电容器中。当电池被光照射时，电池两端的电压接近 0。当电容器被充电时，电容器的电压和电池的电压会同时升高，这样就可以扫描到 *I-V* 曲线。达到 V_{oc} 时，电流变为 0，充电结束。尽管电容器不能在电池的功率象限之外工作，但这种技术的优势在于不用消耗大量的电功率，并且能高速扫描曲线。商业用的电容性扫描系统为便携式，可用来扫描方阵或大于 100kW 的大方阵 *I-V* 曲线。

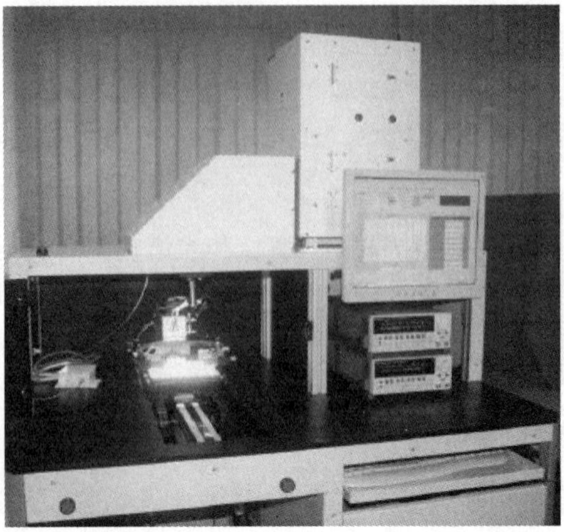

1

图 2-35　*I-V* 特性测试设备图示

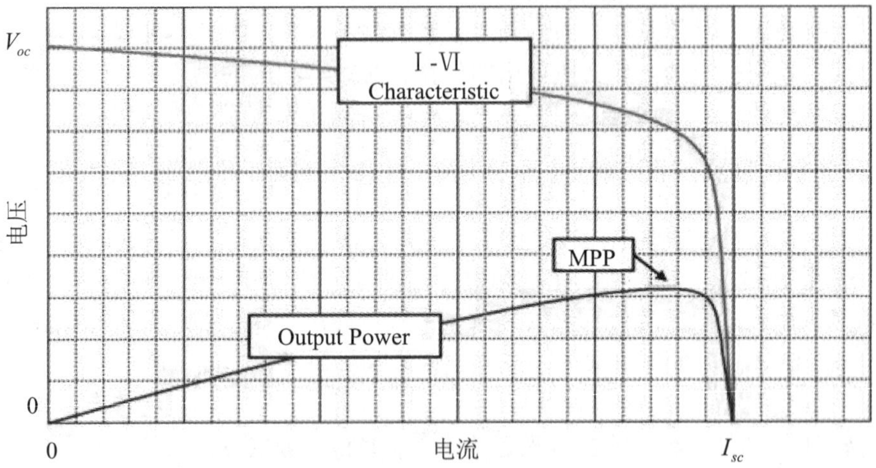

图 2-36　相应的太阳能电池性能测试结果

2.3.2　太阳能电池 *I–V* 曲线的基本特征

由太阳能电池的电流电压特性，可得到相应的 *I-V* 曲线。在该曲线中，包含着一系列相关的电学基本特征参数，主要有短路电流、开路电压、填充因子、转换效率等。

1．短路电流

当将太阳能电池的正负极短路即电池电压 $V = 0$ 时，此时的电流就称为太阳能电池的短路电流，记为 I_{sc}。短路电流的单位是安培（A），短路电流随着光强的变化而变化。短路电流源于光生载流子的产生和收集。对于电阻阻抗最小的理想太阳能电池来说，短路电流就等于光生电流。因此短路电流是电池能输出的最大电流，如图 2-37 所示。

短路电流 I_{sc} 的大小取决于以下几个因素：① 太阳能电池的表面。要消除太阳能电池对表面积的依赖，通常需改变短路电流密度（J_{sc} 单位为 mA/cm^2）而不是短路电流大小。② 光子的数量（即入射光的强度）。电池输出的短路电流 I_{sc} 的大小直接取决于光照强度。

③ 入射光的光谱。测量太阳能电池通常使用标准的 1.5 大气质量光谱。④ 电池的光学特性（吸收和反射）。⑤ 电池的收集概率，主要取决于电池表面钝化和基区的少数载流子寿命。

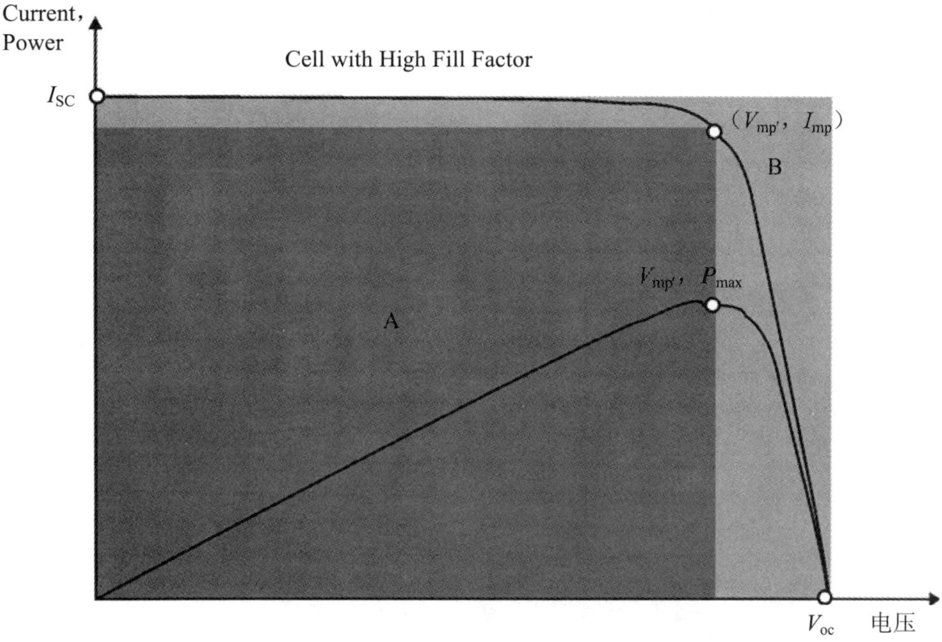

图 2-37　伏安曲线中的短路电流 I_{sc} 、开路电压 V_{oc} 和填充因子 *FF*

在比较相同材料的两块太阳能电池时，最重要的参数是扩散长度和表面钝化。对于表面完全钝化和生成率完全相同的电池来说，短路电流方程近似于

$$I_{sc} = qG(L_n + L_p) \tag{2-84}$$

式中，G 代表生成率；L_n 和 L_p 分别为电子和空穴的扩散长度。尽管此方程是以与多数太阳能电池的实际情况不太相符的假设为前提的，但这并不妨碍我们从中看出，短路电流很大程度上取决于生成率和扩散长度。

在 AM1.5 大气质量光谱下的硅太阳能电池，其可能的最大电流为 $46\,mA/cm^2$，实验室测得的数据已经达到 $42\,mA/cm^2$，而商业用太阳能电池的短路电流在 $28\sim35\,mA/cm^2$ 之间。

2．开路电压

当太阳能电池的正负极不接负载，即 $I=0$ 时，太阳能电池正负极间的电压就叫做开路电压，通常表示为 V_{oc}。开路电压的单位是伏特（V）。单片太阳能电池的开路电压不随电池片面积的增减而变化，一般为 0.5～0.7V。开路电压 V_{oc} 是太阳能电池能输出的最大电压，此时输出电流为零。开路电压的大小相当于光生电流在电池两边加的正向偏压。开路电压如图 2-37 伏安曲线所示。

通过把输出电流设置成零，便可得到太阳能电池的开路电压方程

$$V_{oc} = \frac{nkT}{q}\ln\left(\frac{I_L}{I_0}+1\right) \tag{2-85}$$

上述方程显示了 V_{oc} 取决于太阳能电池的饱和电流 I_0 和光生电流 I_L。由于短路电流的变化很小，而饱和电流的大小可以改变几个数量级，所以主要影响是饱和电流。饱和电流 I_0 主要取决于电池的复合效应。可以通过测量开路电压来算出电池的复合效应。实验室测得的硅太阳能电池在 AM1.5 光谱下的最大开路电压能达到 720mV，而商业用太阳能电池通常为 600mV。

3．填充因子

太阳能电池的另一个重要参数是填充因子（FF），也叫曲线因子，它是指太阳能电池的最大输出功率与开路电压和短路电流乘积的比值，即：

$$FF = P_m / (I_{sc} \times V_{oc}) = \text{面积}\ A/\text{面积}\ B \tag{2-86}$$

式中，面积 A 与 B 见图 2-37 所示。从图形上看，FF 是对伏-安曲线的矩形面积的测量，则电压高的太阳能电池，其 FF 值也可能比较大，因为伏安曲线中剩余部分的面积会更小。FF 就是能够占据 I-V 曲线区域最大的面积。

对电池的功率进行求导，令其值为零，便可找出功率最大时的电压电流值，即

$$\mathrm{d}(IV) / \mathrm{d}V = 0 \tag{2-87}$$

并给出

$$V_{mp} = V_{oc} - \frac{nkT}{q} \ln\left(\frac{qV_{mp}}{nkT} + 1\right) \tag{2-88}$$

上述方程还说明了理想因子（也叫 n 因子）的重要性。理想因子是描述 p-n 结质量和电池的复合类型的量。

电池的开路电压越高，填充因子就越大。然而，材料相同的电池的开路电压，它们的变化也相对较小。填充因子系数一般为 0.5～0.8 间，也可以用百分数表示。例如，在一个 AM1.0 下，实验室硅太阳能电池和典型的商业硅太阳能电池的开路电压之差大约为 120mV，填充因子分别为 0.85 和 0.83。然而，不同材料的电池的填充因子差别则可能非常大。例如，GaAs 太阳能电池的填充因子能达到 0.89。

FF 是衡量太阳能电池输出特性的重要指标，代表太阳能电池在带最佳负载时能输出的最大功率的特性，其值越大表示太阳能电池的输出功率越大。实际上，由于受串联电阻和并联电阻的影响，实际太阳能电池填充因子的值要低于上式所给出的理想值。串、并联电阻对填充因子有较大影响。串联电阻越大，短路电流下降越多，填充因子也随之减少得越多；并联电阻越小，这部分电流就越大，开路电压就下降得越多，填充因子随之也下降得越多。

4．转换效率

太阳能电池的转换效率指在外部回路上连接最佳负载电阻时的最大能量转换效率，等于太阳能电池受光照时的最大输出功率与照射到电池上的太阳能量功率的比值，即

$$\eta = P_{\max} / P_{\text{in}} = (V_{oc} I_{sc} FF) / P_{\text{in}} \tag{2-89}$$

式中，$P_{\max}$ 为电池片的峰值功率；P_{in} 为电池片的入射光功率。

太阳能电池的光电转换效率是衡量电池质量和技术水平的重要参数，它与电池的结构、结特性、材料性质、入射光的光谱和光强、工作温度、放射性粒子辐射损伤和环境变化等有关。所以，在比较两块电池的性能时，必须严格控制其所处的环境。

2.3.3 入射光子–电流转换效率 IPCE

太阳能电池的光谱响应性能通过单色入射光子-电流转换效率（IPCE：Incident Photon-to-current Conversion Efficiency）谱来描述。太阳能电池的 IPCE 是指太阳能电池的光生载流子数目与照射在太阳能电池表面单色光子数目的比率。由于 IPCE 与光的波长或者能量有关，因此 IPCE 谱一般是效率随波长变化的谱线。很显然，IPCE 与太阳能电池对照射在太阳能电池表面的各个波长的单色光的响应有关。对于一定波长的光子，如果太阳能电池完全吸收了所有的光子，且外电路搜集到由此产生的少数载流子，那么太阳能电池在此波长的 IPCE 为 1。理想中的太阳能电池的 IPCE 是一个正方形，也就是说，对于测试的全谱范围内，太阳能电池的 IPCE 是一个常数。而实际情况下，绝大多数太阳能电池的 IPCE 会因为光生载流子复合效应而降低，被复合的载流子不能流到外电路中。

太阳能电池的 IPCE 通过用波长可调的单色光照射太阳能电池，同时测量太阳能电池在不同波长的单色光照射下产生的短路电流，从而得到太阳能电池的 IPCE。通常太阳能电池 IPCE 的测试需要由宽带光源、单色仪、信号放大模块、光强校准装置、数据采集处理模块等硬件条件。实际测量时，根据获得单色光子方法的不同，IPCE 测量方法又可以分为直流法和交流法。在直流法中，将白光通过单色器得到单色光照射到电池上，然后记录其光电流。在直流法中，测得的光电流比全谱光照下的光电流低 2～3 个数量级，这种方法只适用于光电流随光强线性增加的情况，例如染料敏化太阳能电池。在交流法中，以白光照射电池，单色光通过机械斩波的方式得到。光电流测试时，需要使用锁相放大器对不同波长下的光电流进行测试。交流法以白光为光源直接照射电池，这非常接近于电池的实际工作条件。

通过测试得到的 IPCE 谱，可以很方便地得到短路电流

$$J_{sc} = \int \mathrm{IPCE}(\lambda) e\phi_{\mathrm{ph,\,AM1.5G}}(\lambda)\mathrm{d}\lambda \tag{2-90}$$

式中，$\phi_{\mathrm{ph,\,AM1.5G}}$ 为 AM1.5、1000 W / m^2 光照条件下的光子通量。

2.4 太阳能电池材料的分类

制作太阳能电池主要是以半导体材料为基础，其工作原理是利用光电材料吸收光能后发生光电转换效应。因此，一定程度上讲，大多太阳能电池材料是半导体材料基于光伏效应的一种应用，具有半导体材料所有的基本物理性质。但是，由于三方面的原因，并不是所有半导体材料都能用于实际太阳能光电材料。一方面是材料物理性质的限制，如禁带宽度、载流子迁移率和光吸收系数等，使得一些材料制备的太阳能电池的理沦转换效率很低，没有开发和应用价值。另一方面是材料提纯、制备困难，在目前的技术条件下，并不是所有的半导体材料都能够制备成太阳能电池所需的高纯度。再者，对材料和电池制备的成本考虑，如果成本过高，也就失去了开发和应用的意义。

因此，虽然半导体材料的种类很多，真正实际应用于太阳能电池产业的半导体材料并不多。根据所用材料的不同，太阳能电池可分为：① 硅太阳能电池；② 以无机盐如砷化镓 III-V 化合物、硫化镉、铜铟硒等多元化合物为代表的化合物太阳能电池；③ 染料敏化太阳能电池；④ 有机太阳能电池等。图 2-38 给出了太阳能电池材料的分类情况。

1. 硅基太阳能电池

（1）单晶硅太阳能电池

在硅系列太阳能电池中，单晶硅大阳能电池转换效率最高，技术也最为成熟。高性能单晶硅电池是建立在高质量单晶硅材料和成热的材料及器件加工工艺基础上的。

单晶硅太阳能电池转换效率无疑是最高的，在大规模应用和工业生产中仍占主导地位。但是，由于受单晶硅材料价格及相应的繁琐电池工艺的影响，单晶硅太阳电池成本价格居高不下。为了寻找单晶硅电池的替代产品，发展了薄膜太阳能电池，其中多晶硅薄膜太阳能电池和非晶硅薄膜太阳能电池就是典型代表。

（2）多晶硅薄膜太阳能电池

多晶硅薄膜太阳能电池是兼具单晶硅和多晶硅体电池的高转换效率和长寿命以及非晶硅薄膜电池材料制备工艺相对简单等优点的新一代电池。多晶硅薄膜太阳能电池转换效率一般为 12%左右，稍低于单晶硅太阳能电池。多晶硅薄膜电池由于使用的硅材料远较单晶硅少，又无光致衰退问题，并且有可能在廉价衬底材料上制备。用相对薄的晶体硅层作为太阳电池的激活层，不但保持了晶体硅太阳电池的高性能和稳定性，而且材料的用量大幅度下降，使其成本明显地远低于单晶硅电池，而效率高于非晶硅薄膜电池。因此，多晶硅薄膜电池不久将会在太阳能电地市场上占据主导地位。

（3）非晶硅薄膜太阳能电池

开发太阳能电池的两个关键问题是提高转换效率和降低成本。由于非晶硅薄膜太阳能电池的成本低，便于大规模生产，普遍受到人们的重视并得到迅速发展。美国联合太阳能公司（VSSC）制得的单结非晶硅太阳能电池最高转换效率为 9.3%，三带隙三叠层电池最高转换效率可达到 13%。

非晶硅作为太阳能材料尽管是一种很好的电池材料，但由于其光学带隙为 1.7eV，使得材料本身对太阳辐射光谱的长波区域不敏感，这样就限制了非晶硅太阳能电池的转换效率。此外，其光电效率会随着光照时间的延续而衰减，即所谓的光致衰退（S-W）效应，使得电池性能不稳定。这是非晶硅薄膜太阳电池必须面对的关键问题。

（4）硅基叠层薄膜太阳能电池

这种薄膜太阳能电池结合了非晶硅和多晶硅（纳米硅、微晶硅）的特点，利用器件结构的创新和薄膜材料性能的优化等途径来提高电池的综合性能。这是一种正在发展中的新型硅基薄膜太阳能电池，例如：非晶硅/微晶硅薄膜电池、非晶硅/非晶锗硅叠层薄膜电池、非晶硅/纳米硅叠层薄膜电池，等等。

2. 化合物半导体太阳能电池

为了寻找单晶硅电池的替代品，人们除了开发多晶硅、非晶硅薄膜太阳能电池外，还不断研制基于其他材料的太阳能电池，其中包括基于 III-V 族化合物、硫化镉、碲化镉及铜铟镓硒等化合物半导体材料的各类太阳电池。

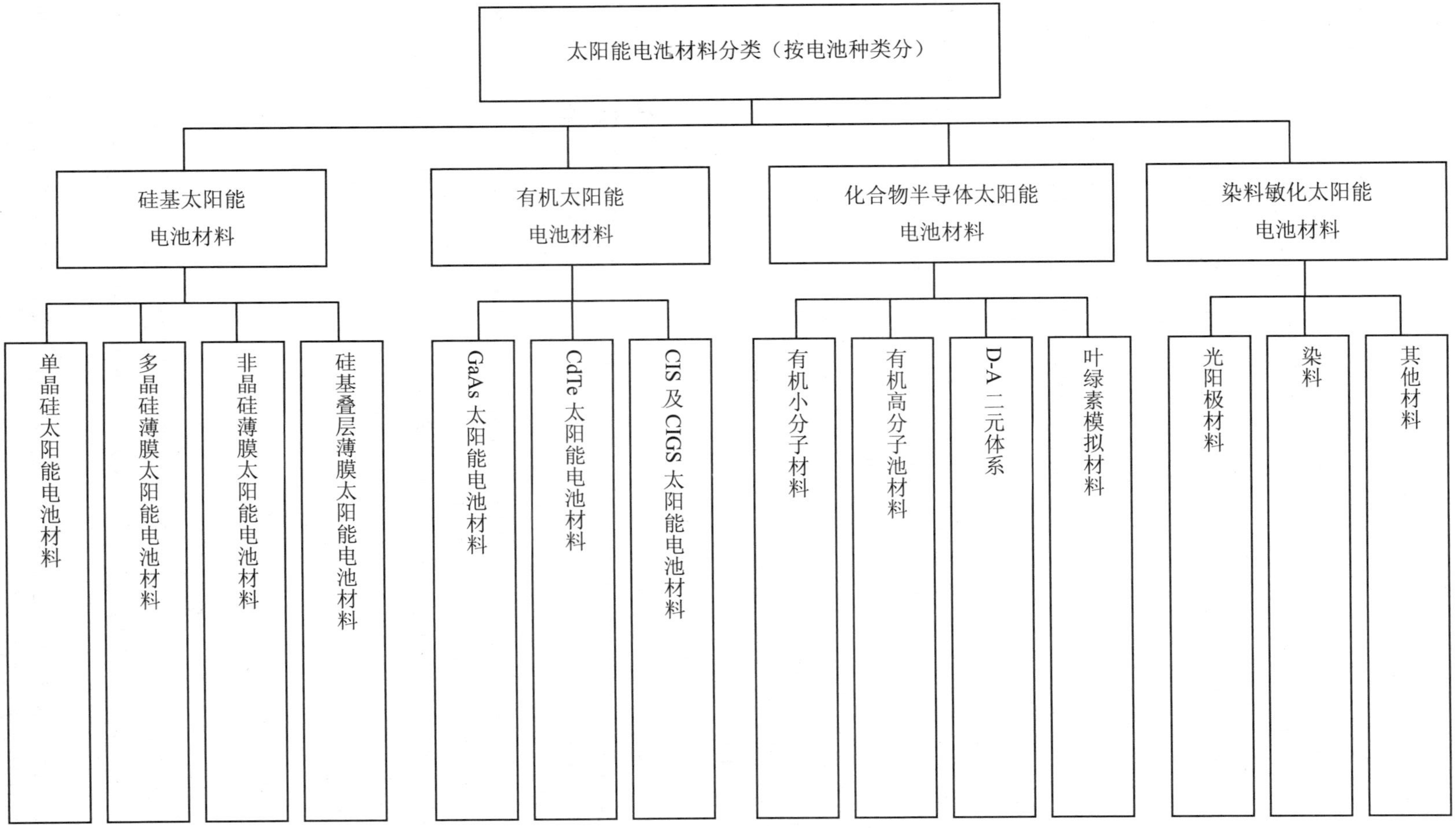

图 2-38　太阳能电池材料的分类

砷化镓Ⅲ-Ⅴ化合物及铜铟镓硒薄膜电池由于具有较高的转换效率受到人们的普遍重视。与硅光电池的比较，砷化镓电池具有如下特点：① 光电转化率高、光谱响应性和空间太阳光谱匹配能力好。目前，硅电池的理论效率大概为23%，单结砷化镓电池理论效率可达到27%，而多结砷化镓电池理论效率可超过50%。② 耐温性好。有实验数据表明，砷化镓电池在250℃的条件下仍可以正常工作，但硅光电池在200℃就已经无法正常运行。

铜铟镓硒（CIGS）薄膜太阳能电池具有成本低、污染小、不衰退、弱光性能好等显著特点，光电转换效率居各种薄膜太阳电池之首，接近于晶体硅太阳电池，而成本只是它的三分之一，被称为下一代非常有前途的新型薄膜太阳能电池，是近年来研究开发的热点。无论是在地面阳光发电还是在空间微小卫星动力电源的应用上，都具有广阔的市场前景。未来几年，CIGS薄膜太阳能电池的销售将会加速增长，到2015年，CIGS将占薄膜太阳能电池市场的43.3%。唯一的问题是材料的来源，由于铟和硒都是比较稀有的元素，因此，这类电池的发展又必然受到资源短缺等限制。

3. 有机太阳能电池

在太阳能电池中，以聚合物代替无机材料是刚刚开始的一个研究方向。由于有机材料具有柔性好、制作容易、材料来源广泛、成本底等优势，为大规模利用太阳能提供了廉价的光伏材料选择，具有重要意义。用有机材料制备太阳能电池的研究近年来引起了国内外的高度关注，实验室研究成果层出不穷，成为目前光伏领域的一大亮点。但是，这类电池无论是使用寿命，还是光电转换效率都不能与基于无机材料特别是硅材料的太阳电池相比，能否发展成为具有实用意义的规模产品，还有待进一步的研究和探索。

4. 染料敏化太阳能电池

染料敏化太阳能电池主要由制备在导电玻璃或透明导电聚酯片上的纳米晶半导体薄膜、敏化剂分子、电解质和对电极组成。其中，制备在导电玻璃或透明导电聚酯片上的纳米晶半导体薄膜构成光阳极。染料敏化太阳电池主要是模仿光合作用原理研制出来的一种新型太阳能电池，其主要优势是：原材料丰富、成本低、工艺技术相对简单，在大面积工业化生产中具有较大的优势，同时所有原材料和生产工艺都是无毒、无污染的，部分材料可以得到充分的回收，对保护人类环境具有重要的意义。该类电池的光电效率稳定在10%以上，制作成本仅为硅太阳能电池的1/5～1/10。

敏化的TiO_2电极是染料敏化太阳能电池的关键部分，可以说其性能直接关系到该类太阳能电池的总效率。

思考简答题

1. 从载流子产生过程和载流子浓度的角度，阐述热平衡载流子与非平衡载流子的区别。

2. 试比较载流子的漂移与扩散过程。

3. 为什么间接带隙半导体的吸收系数一般小于直接带隙半导体的吸收系数？

4. 短路电流是太阳能电池输出的最大电流，简述影响太阳能电池短路电流的主要因素。

5. 太阳能电池转换效率与单色入射光子-电流转换效率是评价太阳能电池性能时的两个重要概念，试比较二者的不同之处。

第 3 章　硅基太阳能电池材料及制备技术

随着能源短缺、环境污染等问题的日益严重，太阳能电池因其清洁环保、可再生的特点赢得了巨大的市场空间。2010 年，全球太阳能电池产量已达 15GW（1GW=1000MW），其中单晶硅电池占 37%，多晶硅电池占 54%。随着全球光伏产业的蓬勃发展，我国太阳能光伏制造业也迅速成长。自 2007 年始，我国开始成为全球太阳能电池组件的最大生产国，迄今已连续四年产量位居世界首位，2010 年的产能已达 20GW，实际产量超过 8000MW，占全球总产量的 50%以上。太阳能电池产业的爆发式发展，极大推动了我国在多晶硅材料制造、铸造多晶硅与直拉单晶硅切割加工硅片等生产领域的迅猛发展。

太阳能电池是通过光电效应直接将太阳辐射能转换为电能的半导体器件，按基板材料可分为单晶硅、多晶硅、非晶硅、碲化镉、铜铟硒、铜铟镓硒、砷化镓、磷化铟及聚合物电池等多种类型。前三种属硅基太阳能电池，目前占全球太阳能电池总量的98%，其中又以晶体硅太阳能电池占总量的80%以上，是当前全球太阳能光伏的应用主流，我国所生产的太阳能电池组件90%以上就是这种晶体硅太阳能电池。

硅基太阳能电池产业链的基本流程如下：多晶硅材料制造→硅锭（棒）/单晶硅片（多晶硅片）生产→单晶硅（多晶硅）太阳能电池片制造→组件封装与测试。在组件基础上，依据光伏发电系统的需要，加上逆变器、控制器、蓄电池等辅助设备，可以构成实用的户用系统或联网系统等多个环节。多晶硅材料制造处于产业链的上游，是直拉单晶硅棒和铸造多晶硅锭的原材料，在此基础上加工得到的单晶硅片或多晶硅片，提供给产业链中游的电池片生产部门，作电池片的基板材料。电池片产品一般以组件形式供应，因而在生产过程中还必须有组件封装和电池性能测试等环节。

3.1　单晶硅太阳能电池材料与制备技术

硅材料是目前世界上最主要的元素半导体材料，在半导体工业中有广泛的应用，它是电子工业的基础材料。其中单晶硅材料是目前世界上人工制备的晶格最完整、体积最大、纯度最高的晶体材料。

3.1.1　硅的基本性质及其应用

1. 硅的晶体结构和基本性质

硅原子的电子结构为 $1s^2 2s^2 2p^6 3s^2 3p^2$。根据杂化轨道理论，当硅原子发生成键反应时，3s 和 3p 轨道杂化简并形成 sp^3 杂化轨道（见图 3-1），从而硅原子的电子结构变为 $1s^2 2s^2 2p^6 3sp^3$。杂化后，硅原子形成 4 个等同的杂化轨道，有 4 个未配对的电子（如图 3-2 所示），各有 1/4s 和 1/4p 成分，每两个杂化轨道的夹角为109°28′，所以杂化轨道的对称轴恰好指向正四面体的顶角。每个硅原子外层的 4 个未配对的电子，分别与相邻的硅原子的一个未配对的自旋方向相反的价电子组成共价键，共价键的键角也是109°28′，其结构如图

3-2 所示。显然，1 个硅原子和 4 个相邻的分别处于一个正四面体的顶点的硅原子结合，有 4 个共价键，组成了外层电子数为 8 的稳定的晶体结构，也就是金刚石结构，如图 3-3 和图 3-4 所示。

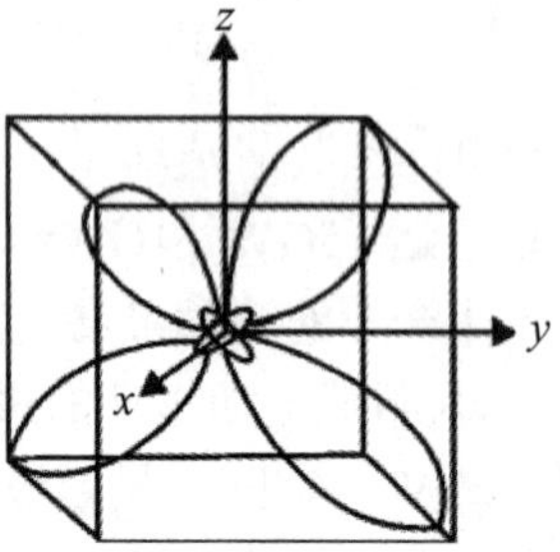

图 3-1 硅原子的 sp^3 杂化轨道示意图

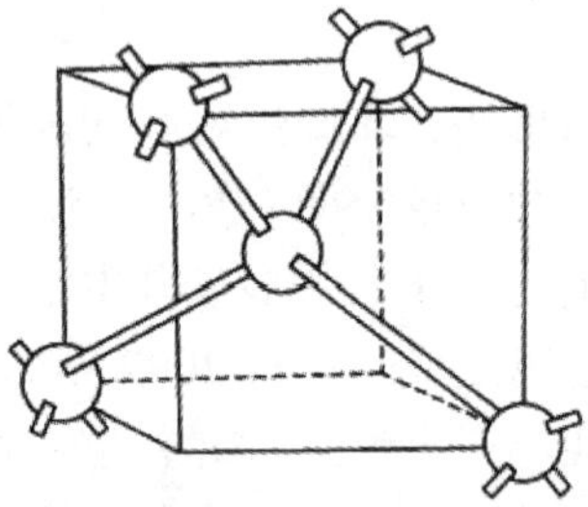

图 3-2 硅原子共价键结构示意图

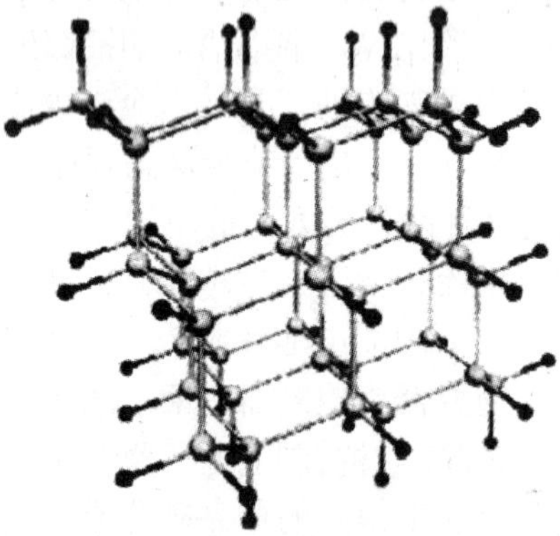

图 3-3 晶体硅的金刚石结构示意图

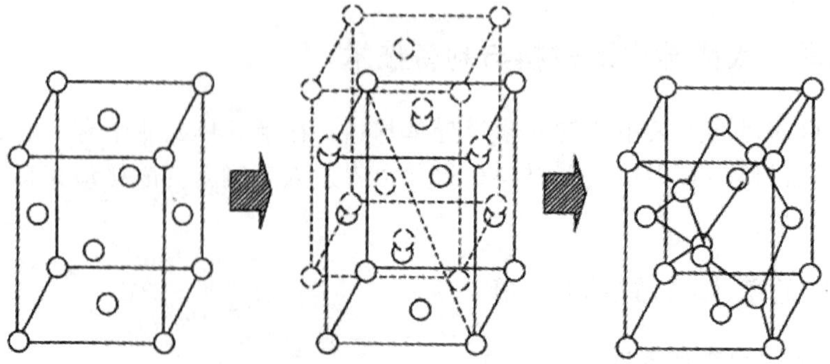

（a）面心立方晶胞 （b）沿 1/4 对角线叠加 （c）金刚石结构

图 3-4 晶体硅金刚石结构组成示意图

金刚石结构可以看作由两套面心立方晶体结构原子沿对角线方向移动 1/4 对角线长度而构成，且两套面心立方晶体结构的原子都是同种元素，如图 3-5 所示。

由图可知，硅晶体是立方晶系，在晶胞的 8 个顶点和 6 个面心上都有硅原子，在晶体的内部另有 4 个硅原子，位于晶胞对角线上离顶点 1/4 距离处，其晶胞中含有的总原子数为 8，硅的晶格常数为 a=5.4395Å，相邻原子的间距为 $\sqrt{3}a/4=2.35$ Å，晶体硅的原子密度

为 $8/(5.4395\ \text{Å})^3 = 5\times10^{22}$ 个/cm^3 。

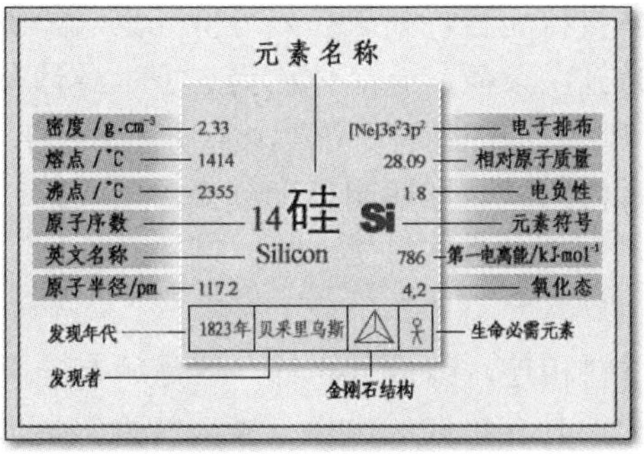

图 3-5　硅的简介

晶体硅最重要的原子面是（111）、（110）和（100），相应的晶向是[111]、[110]和[100]。其中（111）面是原子密排面，[110]为原子密排方向。（111）面的面间距最大，键密度最小；（100）面的面间距最小，键密度最大；（110）面的面间距和键密度居中。所以，晶体硅最易沿（111）面解理，而（110）面则是第二解理面。晶体硅的最易滑移体系是（111）面上沿[110]方向，利用这个原理可以在硅器件工艺中方便地切割硅晶片。由于（111）面是密排面，表面态密度大，所以腐蚀速率小；而（110）面和（100）面是非密排面，表面态密度小，腐蚀速率大。沿（110）面和（100）面生长的晶体硅的晶片容易破碎，在使用中要特别留意。表 3-1 中列出了晶体硅主要晶面的面间距、面密度和键密度。

表 3-1　硅晶体主要晶面的面间距、面密度和键密度

晶面	面间距/Å	面密度/（$1/a^2$）	键密度/（$1/a^2$）
（100）	$a/4=1.36$	2.00	4.00
（110）	$\frac{\sqrt{2}}{4}a=1.92$	2.83	2.83
（111）	$\frac{\sqrt{3}}{4}a=2.35$ $\frac{\sqrt{3}}{12}a=0.78$	2.31	2.31

硅晶体还具有一些特殊的物理化学性能，如熔化时体积缩小，固化时体积增大。硅晶体的硬度高，但脆性大，易破碎。作为脆性材料，硅材料的抗拉强度远远大于其抗剪强度，在室温下没有延展性。但是，当加热硅晶体且温度大于 750℃时，硅晶体由脆性材料转变为塑性材料，在外加应力的作用下，产生滑移位错，形成塑性形变。

硅晶体具有良好的半导体性质，其本征载流子浓度为 1.5×10^{10} 个/cm^3，本征电阻率为 $1.5\times10^{10}\ \Omega\cdot cm$，电子迁移率为 $1350\ cm^2/(V\cdot s)$，空穴迁移率为 $480 cm^2/(V\cdot s)$。作为元素半导体，硅晶体具有典型的半导体材料的电学性质。

（1）电阻率特性

硅材料的电阻率在 $10^{-5}\sim10^{10}\Omega\cdot cm$ 之间，介于导体和绝缘体之间。高纯未掺杂、无缺陷的晶体硅材料称为本征半导体，其电阻率在 $10^6\ \Omega\cdot cm$ 以上。在实际应用中，通过掺入可控制的少量电活性杂质来控制硅晶体材料的电阻率，达到控制硅晶体材料和器件半导体性质的目的。对于四价硅晶体材料而言，如果掺入五价元素（如磷、砷和锑等）杂质，则对硅晶体提供电子，杂质称为施主杂质，硅晶体称为 n 型半导体材料。反之，如果掺入三价元素（如硼、铝和镓等），则对硅晶体提供空穴，杂质称为受主杂质，硅晶体称为 p 型半导体材料。此外，硅晶体材料的导电性还明显受到光、电、磁、热、温度等环境因素的影响。

（2）p-n 结特性

n 型硅材料和 p 型硅材料相连，组成 p-n 结，这是所有硅半导体器件的基本结构，也是硅太阳能电池的基本结构，具有单向导电性、整流特性等性质。

（3）光电特性

与其他半导体材料一样，硅材料组成的 p-n 结在光作用下能产生电流，如太阳能电池、光探测器等。理论上讲，硅材料在电场作用下也能产生光（电致发光），但是，由于硅材料是间接带隙半导体材料，发光效率极其低下，因而一般很少有器件应用。如何提高晶体硅材料的发光效率，是目前光电子技术研究的前沿性课题，如：对硅晶体材料进行元素掺杂实现能带改性；对晶体硅表面进行纳米刻蚀和引入缺陷能级；研究硅晶体表面特殊图形结构及其表面等离子激元效应等。这已经超出本书内容，此处不宜过多展开。

单晶硅材料的禁带宽度为 1.12eV，器件的结漏电流相对较小，基于单晶硅的器件工作温度可达 250℃。但是，单晶硅的电子迁移率较其他半导体材料小，在高频条件下工作时，硅器件的性能不如化合物半导体材料。另外，由于对光的吸收处于可见光和近红外波段，硅材料对 1～7μm 的中远红外光是透明的。

在自然状态下，硅材料表面可以被氧化，生成数纳米至数十纳米的自然氧化层。经氧气氧化，硅表面生成一层致密的绝缘二氧化硅层，可以作为硅器件的保护层和选择扩散层，也可以作为绝缘层。因此，单晶硅材料是超大规模集成电路的基本材料，是“硅时代”以及“硅谷”等术语的最原始出处。

2. 硅在自然界中的存在形式及其提炼技术

硅（silicon）来自 Silex，意为“打火石”，1823 年被发现，为世界上第二丰富的元素——在地壳中占四分之一。图 3-5 给出了硅元素的一些常用物理和化学性质。砂石中含有大量的二氧化硅，同时也是玻璃和水泥的主要原料。纯硅则主要用于电子和光子元件，是现代微电子与光电子器件的基础性材料。

硅在地壳中的丰度为 27.7%，地壳中含量最多的元素氧和硅化合形成的二氧化硅占地壳总质量的 87%。硅以大量的硅酸盐和石英砂的形式存在于自然中。如果说碳是组成生物界的主要元素，那么硅就是构成地球上矿物界的主要元素。

人们脚下的泥土、石头和沙子，使用的砖、瓦、水泥、玻璃和陶瓷等，这些人们在日常生活中经常遇到的物质，都是硅的化合物。

由于硅易于与氧结合，自然界中没有游离态的硅存在。

近代工业提纯和利用硅材料，首先要通过地质勘探寻找符合冶炼要求的硅石或石英，其主要化学成分是二氧化硅（SiO_2）。现代工业火法提纯硅材料进而生产工业硅经历如下几个主要过程：

① 硅石和还原剂等（通常是碳质材料如木炭等）按照一定比例进行配料准备，即炉

料准备；

② 将炉料置入矿热炉，利用电弧加热炉料，使其达到足够高的温度满足硅被碳还原的热力学条件；

③ 通过冶金工艺参数的调控，创造动力学条件，促使硅元素的还原；

④ 采用快冷方式冷却纯硅熔体，得到工业硅（又叫粗硅、金属硅等）。

太阳能电池工业用高纯度多晶硅，是在上述工业硅的基础上进一步提纯而得到的。以工业硅为原料，经氯化合成三氯氢硅液体，再经精馏提纯、氢还原等工艺得到高纯多晶硅，此方法称为改良西门子法。由此可见，高纯多晶硅的生产实际上是一化工过程，而单晶硅的制备技术属于物理学范畴。

此外，硅和其他元素半导体材料一样，其电学性能与内含杂质的关系非常密切，故在从矿物原料到硅材料最终产品的整个生产过程中，对原材料、还原剂和添加物等的质量要求是十分严格的，中间产品也必须符合规定的质量要求。否则，即使是一些细微环节的疏忽，都会对最终产品质量带来不可估量的危害。

由于硅材料具有的一系列良好的光电性能和在自然中丰富的资源储存，自 1953 年作为整流二极管元件问世以来，随着单晶硅材料纯度的不断提高，目前已经发展成为微电子、光电子工业和太阳能产业中应用最为广泛的一种半导体材料。

3. 硅材料的工业及日用利用

除了在微电子、光电子工业和太阳能产业中的大量应用外，硅材料在其他工业与日用领域，还有许多应用。硅也是一种冶金还原剂，可用于镁、稀土金属等的火法还原。硅铁合金的纯度不高，是在矿热炉中通过冶金焦等还原得到的“粗硅”产品之一，是钢铁冶金和机械工业中量大面广的“合金剂”“氧化剂”和“孕育剂”，在传统工业中发挥着积极、重要的作用。

在生产高纯多晶硅的过程中，可以通过一些特殊的化工流程，得到微电子和光电子工业中常用的硅烷等气体原料。

高纯二氧化硅（SiO_2）粉体是在高纯多晶硅的基础上，经过粉碎、氧化、筛分等过程而得到的，是牙膏、化妆品的重要骨料。此外，高品质的石英砂（主要成分为 SiO_2）还是优质玻璃的原料，在各种玻璃制品（建筑玻璃、酒品及化妆品包装、日用装饰用玻璃及器皿等）的工业生产及应用上，自古以来为人类作出了有目共睹的贡献。

3.1.2 太阳能电池用单晶硅材料及其制备

由于硅材料的独特性质，成为现代电子工业和信息社会的基础，其发展历程是 20 世纪材料和电子领域的里程碑，直接促进了 20 世纪和 21 世纪前十年全球科技和工业的高速发展，人类的发展因而被称为进入了“硅时代”。

硅材料按纯度划分，可分为金属硅和半导体（电子级）硅；按结晶形态划分，可分为非晶硅、多晶硅和单晶硅。其中多晶硅又分为高纯多晶硅、薄膜多晶硅、带状多晶硅和铸造多晶硅。单晶硅分为区熔单晶硅和直拉单晶硅。多晶硅和单晶硅又可以统称为晶体硅。金属硅是低纯度硅，是高纯多晶硅的原料，也是有机硅等硅制品的添加剂。高纯多晶硅则是铸造多晶硅、区熔单晶硅和直拉单晶硅的原料，而非晶硅薄膜和薄膜多晶硅主要是由高纯硅烷气体或其他含硅气体在一定条件下分解或反应而得到的。

单晶硅材料可以制成各种器件，在科技、工业和日常生活中应用广泛。它可以制成整流器，为电子器件提供稳定的直流电，或者为大型机电设备提供可控整流、无触点开关和变频功能等。它能制成光探测器，通过光电转化探测各种信号。它能制成各种传感器，如热敏、光敏、磁敏和压力敏等，探测各种微弱信号。它能制成微机械器件（MEMS器件），这些微米和亚微米级的机械在医学和军事领域有广泛的用途。它能制成晶体二极管，用于电气测量仪器、电子通信设备和家用电器等的检波和整流。它能制成晶体三极管，用于电气设备的信号放大和开关控制。它能制成集成电路，将数十亿个电子元器件集成在一个拇指大的芯片上，成为计算机、通讯等设备的核心。此外，单晶硅材料还能制成太阳能电池，将太阳光转化成电能，使太阳能成为具有重要发展前景和可利用的新能源。

单晶硅是最重要的晶体硅材料，根据晶体生长方式的不同，可以分为区熔单晶硅和直拉单晶硅两种。区熔单晶硅是利用悬浮区域熔炼（float zone）的方法制备的，所以又称为FZ硅单晶。直拉单晶硅是利用切氏法（czochralski）制备的，又称为CZ单晶硅。这两种单晶硅具有不同的特性和不同的器件应用领域：区熔单晶硅主要应用于大功率器件方面，只占单晶硅市场很小的一部分，在国际市场上约占10%；而直拉单晶硅主要应用于微电子集成电路和太阳能电池方面，是单晶硅利用的主体。与区熔单晶硅相比，由于直拉单晶硅的制造成本相对较低、机械强度较高、易制备大直径单晶，所以，太阳能电池领域主要应用直拉单晶硅，而不是区熔单晶硅。

应用于太阳能电池工业领域的硅材料包括直拉单晶硅、薄膜非晶硅、铸造多晶硅、带状多晶硅和薄膜多晶硅，它们具有各自的优点和弱点。前四种硅材料已在太阳能光电池工业中大量应用，占据着 98%以上的市场份额。图 3-6 所示为 1998 年各种太阳能电池材料的市场份额。1970 年以前，直拉单晶硅是唯一大规模工业化生产太阳能电池的光电材料，其电池效率高、工艺稳定成熟，但成本相对较高。1980 年后，薄膜非晶硅得到发展和应用，它可以制备在玻璃等衬底上，制作成本较低，但其光电转换效率也低，而且存在“光致衰减”现象，性能稳定性较差。1990 年以后，相对低成本、高效率的铸造多晶硅和带状多晶硅得到快速发展。2001 年，铸造多晶硅已占整个国际太阳能光伏材料市场的 50%以上，成为最主要的太阳电池材料。但是，由于铸造多晶硅具有的高密度位错、微缺陷和晶界等，影响了其光电转换效率的发挥，工业意义上的太阳能光电转换效率总是比直拉单晶硅低2%左右。到目前为止，薄膜多晶硅在工业上还未得到大规模应用，存在的问题主要是太阳能电池的效率仍然较低，与其他硅材料相比，缺乏竞争力。但是，由于薄膜多晶硅潜在的低成本和相对的高效率，一直吸引着研究者的注意力，特别是晶粒尺度在纳米级的薄膜多晶硅，一直是研究的焦点和热点。

1. 硅晶体的结晶学基础

（1）晶体的熔化和凝固

在自然界中构成物质的分子、原子都处于不停的热运动中，其运动的强弱受到环境的影响（如温度、压力等）。温度降低，原子热运动减小；温度上升，原子热运动加剧。当温度升到物质的熔点时，晶体内原子热运动的能量会积累得很高，达到足以使晶体的完整性遭到破坏（原子结合破坏）的程度。但是，由于完整晶体内原子之间固有的结合力较大，温度虽然已达到熔点，但晶体内原子的热运动能量还未能克服所谓“晶格能”的束缚，因此，还必须继续供给晶体热量，使晶体内原子的热运动进一步增加，克服“晶格能”的束缚作用，晶体结构才能被破坏，而由固态变成液态或非晶态。这一过程叫晶体的融化。

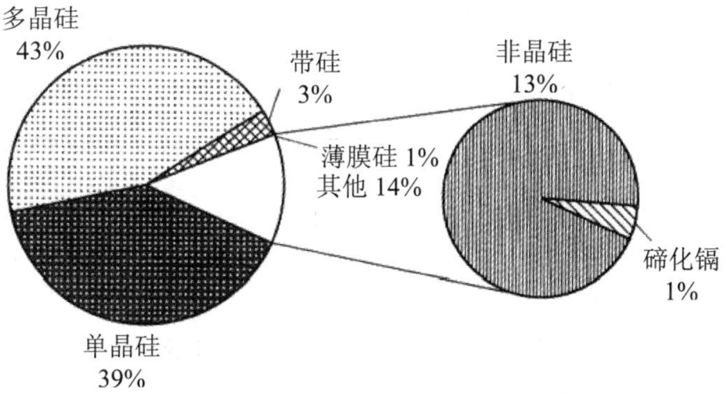

图 3-6 1998 年各种太阳电池材料的市场份额

与熔化相反的过程叫凝固，也叫结晶，即由液态向固态晶体转化。

用热分析方法可以测定晶体的熔化或凝固温度。在极其缓慢的加热或冷却过程中，每隔一定时间测定晶体或液体的温度，然后绘制成温度-时间的关系曲线，如图 3-7 所示。

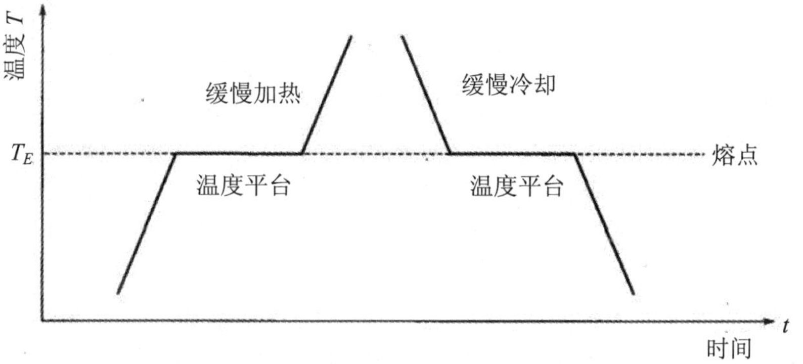

图 3-7 晶体加热或冷却的理想曲线

从图 3-7 中可以看出，加热时有一段时间温度保持不变，即“温度平台”。这一平台相对应的温度就是该晶体的熔点。在理想情况下，凝固也同样有一个平台，两个平台对应的温度是一致的。晶体熔化时吸收的热能叫熔化热（溶解热），结晶时放出的能量叫结晶潜热。

一般说来，晶体的熔点愈高，它的熔化热（或结晶潜热）也愈大。硅的熔点为（1416±4）℃，它的熔化热（或结晶潜热）为 12.1kcal/mol。

（2）结晶过程的宏观特征

理想情况下的熔化和凝固曲线，与实际结晶和熔化的曲线不同。实际冷却速度不可能无限缓慢，冷却曲线会出现如图 3-8 所示的情况。这三条曲线表明：液体必须有一定的过冷度，结晶才能自发进行，即结晶只能在过冷熔体中进行。所谓“过冷度”是指实际结晶温度与其熔点的差值，用 ΔT 表示。冷却条件相同熔体不同，ΔT 不同；同一熔体冷却条件不同，ΔT 也不同。对特定的熔体来说，ΔT 有一个最小值，称为亚稳极限，以 ΔT^* 表示，若过冷度小于这个值，结晶几乎不能进行，或进行得非常缓慢，只有 ΔT 大于 ΔT^* 时，熔体结晶才能以宏观速度进行。

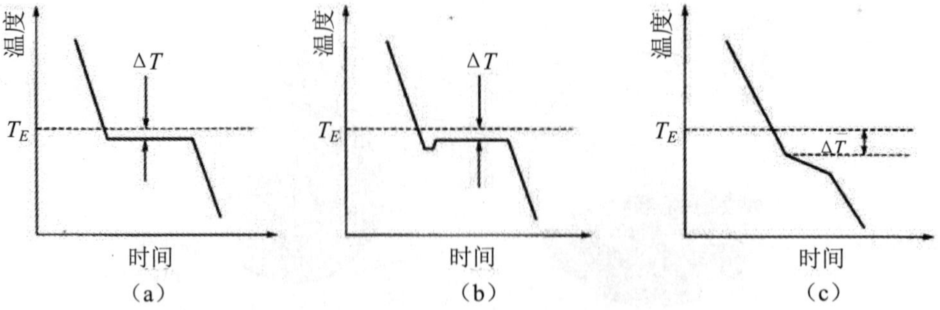

图 3-8　结晶熔体的实际冷却曲线

结晶过程伴随着结晶潜热的释放，在冷却曲线上有明显的反映。释放出的结晶潜热速率小于或等于散发热量的速率时，结晶才能继续进行，一直到熔体完全凝固，或者达到新的平衡。潜热释放速率大于散发的热能，温度升高，一直到结晶停止进行，达到新的平衡。有时局部区域还会发生回熔现象。因此，结晶潜热的释放和逸散是影响结晶过程的重要因素之一。图 3-8（a）（b）（c）分别是纯物质结晶时熔体冷却速度不同的几种冷却曲线示意图，曲线中各转折点表示结晶的开始或终结，其中图 3-8（a）所示为接近于平衡过程的冷却，结晶在一定过冷度下开始、进行和终结。在这种情况下，潜热释放和逸散相等，结晶温度始终保持恒定，完全结晶后温度才下降。图 3-8（b）所示为结晶在较大过冷度下开始，结晶较快，释放的结晶潜热大于热的逸散，温度逐渐回升，一直到二者相等。此后，结晶在恒温下进行，一直到结晶过程结束温度才开始下降。图 3-8（c）所示为结晶在很大的过冷度下开始，潜热的释放始终小于热的逸散，结晶始终在连续降温过程中进行。结晶终结，温度下降更快。图 3-8（c）所示为中的情况只能在体积较小的熔体中或大体积熔体的某些局部区域内才能实现。

在熔点以上的温度时，液体是稳定的，所以固态势必向液态转化即熔化；反之，在熔点以下的温度时，固态是稳定的，液态会自动向固态转变，即结晶；如果处在熔点温度，结晶和熔化速率相等，处于固液共存的平衡态。因此，熔体过冷是自发结晶的必要条件。

（3）结晶的动力

结晶的过程可以近似为等温等压过程。根据热力学系统自由能理论，当系统变化使系统的自由能减小时，过程才能进行下去。当温度大于晶体的熔点 T_m 时，液体自由能 G^L 低于固体自由能 G^S，从液体向固体的变化，自由能增大（$\Delta G>0$），结晶不能进行下去。当温度小于晶体的熔点 T_m 时，液体自由能 G^L 高于固体自由能 G^S，从液体向固体的变化，自由能减小（$\Delta G<0$），结晶就能自发进行下去，称为结晶具备一定的“驱动力”。这一体系固液转变自由能变化情况与结晶驱动力之间的关系如图 3-9 所示。

（4）晶核的形成

晶体材料的结晶是晶体在熔体中从有到无，再由小到大的成长过程。从无到有称为“成核”，由小到大称为“长大”。“成核”的形式有两种：一是由于熔体过冷，自发产生晶核叫做“自发成核”；二是借助于外来固态物质的帮助，如在籽晶、埚壁、熔体中的非溶性杂质等基础上产生晶核，称为“非自发成核”。

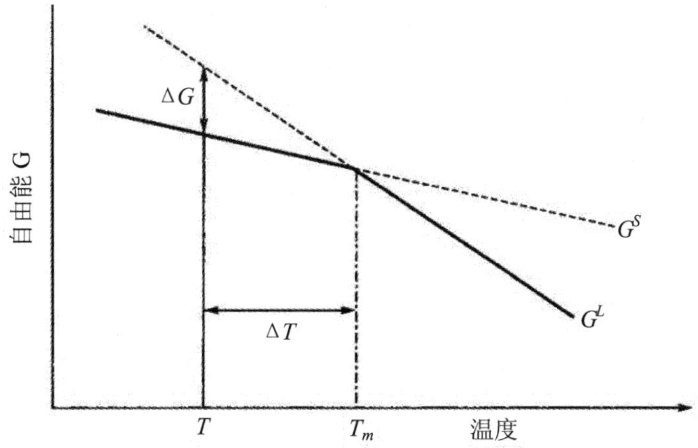

图 3-9 固液相自由能曲线示意图

① 自发成核。晶体熔化成液态（熔体）后，作为宏观的固态结构已被破坏，但在熔体中的近程范围内（几个或几十个原子范围内），依然存在着规则排列的原子团，这些原子团因原子的热运动瞬间聚集而又瞬间散开。这种在极小范围有序集聚的原子被称为“晶胚”。由于“晶胚”的存在，熔体结构与气态相比，熔体更接近固态。

一旦熔体具有一定的过冷度，晶胚就会长大，当晶胚长大到一定的尺寸时，就称为晶核，晶核再继续长大便是结晶的开始。

晶胚的临界半径 r_c 的大小与熔体的过冷度有直接关系。过冷度越大，临界半径就越小，也就是说最容易形成晶核；过冷度越小，临界半径就越大，越不容易产生晶核。所以，有时尽管熔体有过冷度，但因为过冷度太小，晶胚的尺寸未超过临界半径，形成不了晶核，只能处于亚稳定状态，并有可能被熔化进入熔体。此时，没有结晶的可能。

② 非自发成核。非自发成核就容易多了。例如，籽晶插入熔体后，籽晶就起到了结晶核心的作用，熔体中的原子按照一定的运动轨迹向籽晶输运，籽晶成了非自发成核的“外来晶胚”。再如，当熔体温度高于熔点并不太高时，熔体中总是存在非熔性杂质，或者坩埚壁上的某些部位，都可能成为成核的基底而生成非自发晶核。非自发晶核形成时所需要的“形成功”比自发晶核形成时所需的“形成功”小，因而非自发晶核容易形成。

从上面的分析可以得出下面的启示：由于非自发成核较自发成核容易得多，采用插入晶核（籽晶）的办法，就较容易促使晶体成核和长大。只要在生长区以外的其他区域过冷度小于 ΔT^*，就不会有另外的晶核形成，就可以保证晶体的择优生长而形成单晶体。这可以通过在熔区内形成一定的温度梯度和严格控制热流方向来实现。另外，在生长区以外的其他区域也不允许存有其他的非自发核心，如石英、石墨、氧化物（多晶的氧化夹层等）等固体微粒，否则单晶生长就会被破坏。

③ 二维晶核的形。设想有一个晶面，其上既无台阶也无缺陷，是一个理想的平面，当单个孤零零的液相原子扩散到这个晶面上，由于相邻的原子数太少，结合力很小，很难稳定。在这种状态下，可引入二维晶核模型进行结晶过程讨论。

由于熔体系统能量的涨落，某一定数量的液相原子差不多同时落在平滑界面上的邻近区域，形成一个具有单原子厚度 d 并有一定宽度的平面原子集团，称为二维晶核，如图 3-10

所示。根据结晶热力学分析，这个集团大小必须超过某个临界值才能稳定，称为晶核临界半径，如图 3-10 中的 r。二维晶核形成所需要的“形成功”及晶核临界半径 r，都与熔体的过冷度成反比。熔体过冷度越大，临界半径越小，成核越容易；反之，熔体过冷度越小，临界半径越大，成核所需的“形成功”越大，成核越困难。二维晶核形成后，它的周围便形成了台阶，此后熔体中的单原子受台阶的“吸引”发生“沉积”并沿台阶铺展生长，原子铺满整个界面一层，生长面又成为理想平面，又需依靠新的二维晶核形成；否则，晶体就不能继续生长。晶体用这种方式成核和生长，成长速率相当缓慢。这就是“二维成核，平面生长”的理论模型。在硅（111）晶面上的小平面，就是二维晶核。

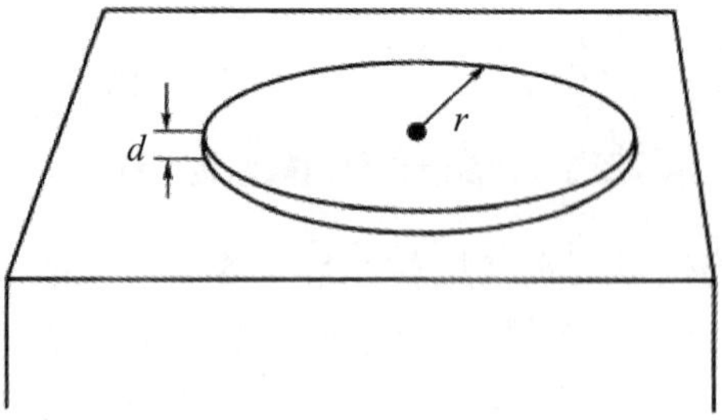

图 3-10　二维晶核结晶示意图

（5）晶体的长大

在单晶的生长过程中，晶核出现后，立即进入长大阶段。从宏观上来看，晶体长大是晶体界面向液相中推移的过程。微观分析表明，晶体长大是液相原子扩散到固相表面，按晶体空间点阵规律，占据适当的位置稳定地和晶体结合起来。为了使晶体不断长大，要求液相必须能连续不断地向结晶界面扩散供应原子，结晶界面不断地牢靠地接纳原子。液相不断供应原子不困难，结晶界面不断接纳原子就有一定条件了。接纳的快慢，取决于晶体长大的方式和长大的线速度，取决于晶体本身的结构（如单斜晶系、三斜晶系、四方晶系等）和晶体生长界面的结构（面密排程度、面间距等），取决于晶体界面的曲率等因素（凸形界面、凹形界面、其他形状的界面等）。在晶体长大的外部条件方面，生长界面附近的温度分布状况、结晶时潜热的释放速度和逸散条件等，对晶体长大方式和生长速率的影响也较大。结晶过程中，固相和液相间宏观界面形貌随结晶条件不同而不同。从微观原子尺度衡量，晶体与熔体的接触界面大致有两类：一类是坎坷不平的、粗糙的，即固相与液相的原子犬牙交错地分布着；另一类界面是平滑的，具有晶体学的特征。在图 3-11 中，界面 C 为平滑界面，这个界面是高指数晶面。由于液体中微观热运动的不平衡，以这样的晶面为结晶界面，必然会出现一些其高度大约相当于一个原子直径的小台阶，如图 3-11 中 A 所示，而 B 所处的位置则相当于一个平滑的密集晶面。显然，由熔体扩散到晶体的原子，占据 A 处较之占据 B 处有较多的晶体原子为邻，易于与晶体牢靠结合起来，占据 A 处原子返回熔体的几率比占据 B 处的原子小得多。在这种情况下，晶体成长主要靠小台阶的侧向推移，依靠原子扩散推动。小台阶总是存在的，晶体可以始终沿着垂直于界面方向一层一层地稳步地向前推进。小台阶愈高，密度愈大，晶体成长的速度也愈快。一般来说，原子密度程度较小的晶面台阶较大，法向生长线速度较快。由此可见，晶体不同晶面的法向生长速率是不同的。法向生长速度较大的原子非密集面易于被法向成长慢的原子密集面制约，不容易沿晶面扩散；反之，法向生长线速度最小的晶面，沿晶面扩散快。这个关系，可以示意性地用图 3-12 来说明。图示中，1 号原子受三个相邻原子的吸引，一个距离近（为

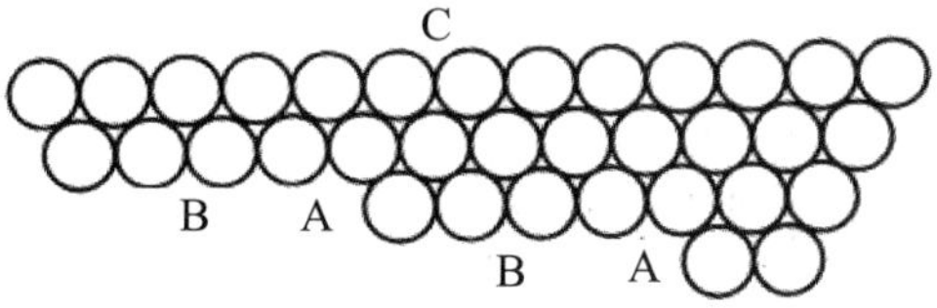

图 3-11　晶体与液体界面模型

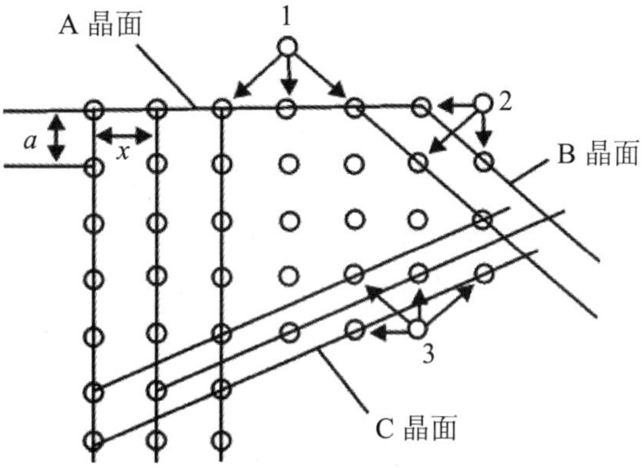

图 3-12　面网密度对质点的吸引力

a）两个距离远（为 $\sqrt{2}a$）；2 号原子也受到三个相邻原子的吸引，但是两个距离近一个距离远，它受到的吸引就比 1 号原子强；3 号原子受到四个相邻原子的吸引，两个距离近，另外两个距离远，它受到的吸引力又比 2 号原子大，因此 3 号原子最容易与晶体结合进入晶格座位，2 号次之，1 号再次之。换句话说，C 晶面的法向生长线速率>B 晶面的法向生长线速率>A 晶面的法向生长线速率。从图 3-12 也可以看出，C 晶面的原子密度最小，B 晶面次之，A 晶面最密。这说明原子密度程度小的晶面，法向生长线速度大。这种不同方向上生长线速度的差异，使得非密集面逐渐缩小而密集面逐渐扩大，若无其他因素干扰，最后晶体将成为以密排面为外表面的规则晶体。如图 3-13 所示，在生长过程中，晶体截面由八角形逐渐变成正方形的过程，最终晶体表面被密集晶面所覆盖。

值得注意的是，除了吸引力大小之外，被接纳的原子首先必须是和晶体的结构相吻合，具备和晶体结构相同的方位，近乎相同的原子间距，才能有更大的可能与接收面相结合。在晶体结晶学上，一般称这种近似性为“共格关系”。

（6）生长界面结构模型

前面讲到晶体长大时，原子是如何被晶面接纳而进入晶格座位的，涉及的也只是单个原子。实际上，从熔体中生长单晶时，一般认为服从科赛尔理论：即在结晶前沿处，只有很薄的一层熔体是低于熔化温度的（过冷度为 1℃左右），其余部分的熔体都是处于过热状态。按照上面的结晶学基础，这层“薄膜晶体”的生长首先在固液界面上形成二维晶核，然后侧向生长，直到铺满一层。

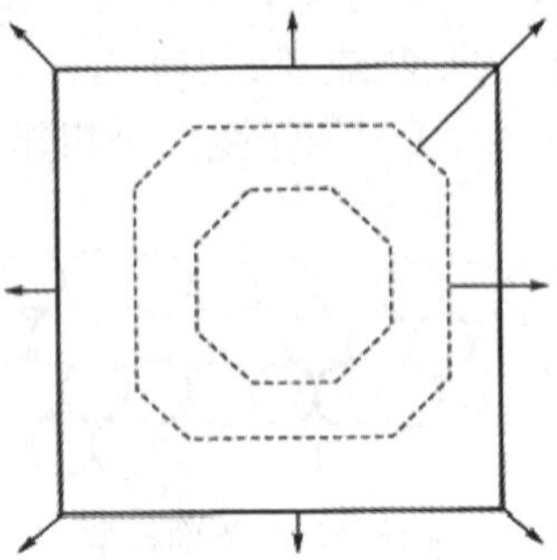

图 3-13　规则晶体长大时，表面逐渐被密排晶面所覆盖

每一个来自晶核周边环境相的新原子进入晶格座位，实现结合最可能的座位应该是能量最低的位置。这意味着，结晶原子结合成键时，最适宜的晶核座位应该是键数目最多、释放能量最多的位置，如图 3-14 中的（3）。这个（3）位置处于三面相邻的位置，可与三个最近邻的原子成键，成键时放出的能量最多。其次，利于结合原子的位置是台阶前沿的原子（2）和（5），它们均和两个最邻近原子成键。晶体在扭折处不断生长延伸，最后覆盖整个生长界面。晶体继续生长，需要在界面上再一次形成二维晶核或产生新的台阶。

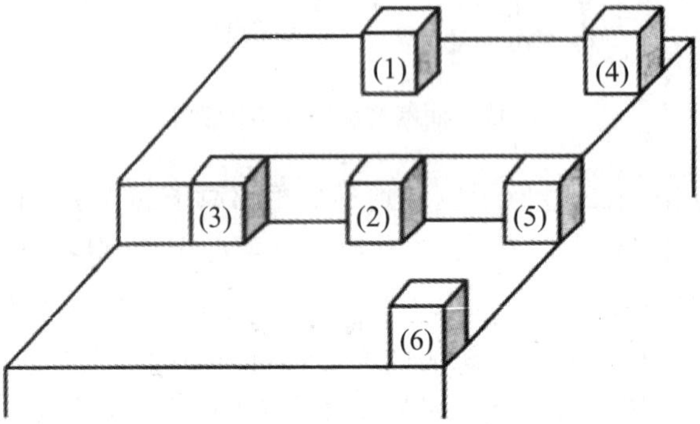

图 3-14　原子在光滑界面上所有可能的不同生长位置

按照这个理论，新的层面开始形成时，单个原子难以在表面固定，晶体生长面仅仅是在生成二维晶核后才能继续生长。这个二维晶核的大小要超过一定的临界值才能长大，所以要求固相、液相具有一定的过冷度。

下面以凸界面为例（直拉单晶硅生长“放肩”时，通常都是凸界面）来进一步说明这种生长模型。如图 3-15（a）所示，一部分是边缘的台阶部分，另一部分是中心的平面部分。微观上看，一个台阶也就是一个或几个原子的高度；宏观上看，就是凸界面。虚线表示等温线。平面部分的法向生长靠二维晶核的形成来实现，它需要较大的过冷度，凸界面的最大过冷部位在界面的中心，所以中心最先形成二维晶核，如图 3-15（b）中的黑点所示。界面上平面部分的侧向生长，由原子进入二维晶核侧面的台阶来实现，直到铺满整个平面部分（与等温面相交），如图 3-15（b）中的“△”和“×”部分，所需过冷度也小，故侧向生长的速率较快。

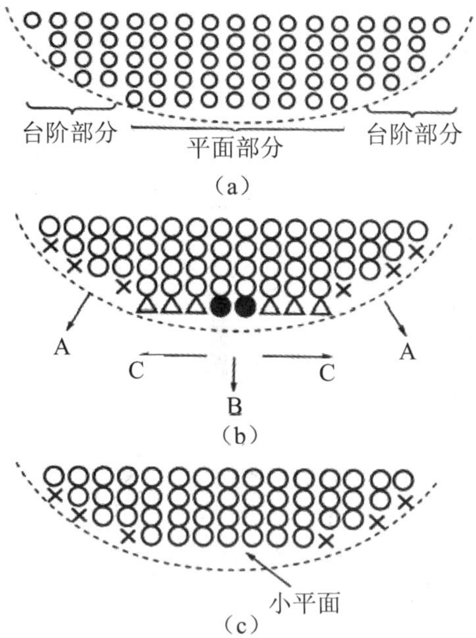

图 3-15　凸界面生长模型示意图

凹界面的生长模型也可以照此分析，只不过凹界面的最大过冷点不在中心，而在边缘部分。

多晶硅是不能直接用来做电子器件和太阳能电池的，必须把多晶硅拉制成单晶硅或制成铸造硅（大颗粒的多晶硅）才能加以利用。目前单晶硅的制备已形成规模生产的方法有两种，即区熔法和直拉法。

2. 区熔和直拉单晶硅的制作工艺

单晶硅棒的生长是采用高纯多晶硅为原料，在直拉单晶炉内将多晶硅熔化，熔融的单质硅在凝固时硅原子以金刚石晶格排列成许多晶核，晶核长成晶面取向相同的晶粒，晶粒平行结合起来便结晶成单晶硅。

单晶硅棒生长技术按晶体生长方法的不同，分为直拉（CZ）和区熔（FZ）两种，获得的单晶硅分别称为直拉单晶硅和区熔单晶硅。直拉单晶硅首先将多晶硅块料装于圆形高纯石英坩锅内，再将坩埚置于专用的直拉单晶炉内进行硅料熔化，最后经籽晶引导生长而成。此法适用于生产中低电阻率且无位错的单晶硅，主要用于制作晶体二极管和集成电路等产品。悬浮区熔法对位错等指标要求较高，是一种无坩埚技术，高温熔体不会被坩埚材料污染，主要用于制作高电阻率的半导体分立器件与探测器等产品。由于直拉法比区熔法更容易生产出大尺寸的单晶硅棒以及基于成本和性能等原因，因此，目前直拉单晶硅材料的应用占85%以上，太阳能电池所用的单晶硅材料一般采用直拉法制备。

（1）区熔单晶硅的制备工艺

利用悬浮区熔方法制备的区熔单晶硅，纯度很高、电学性能均匀，但直径小、机械加工性差。利用区熔单晶硅制备的太阳电池的光电转换效率高，但是生产成本高、价格昂贵。一般情况下，区熔单晶硅不应用于太阳电池的大规模生产上，只在某些需要高光电转换效率的特殊情况下才被使用。

区熔提纯多晶硅生长单晶硅是在 20 世纪 50 年代提出的，主要是利用区熔提纯的原理。其晶体制备的过程如图 3-16 所示。

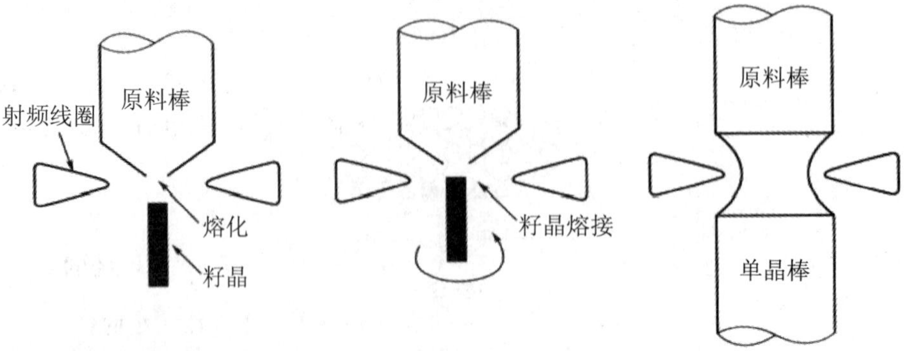

（a）开始熔化　（b）籽晶与熔液熔接　（c）晶体生长

图 3-16　区熔单晶硅的生产示意图

在区熔单晶硅的制备过程中，首先以高纯多晶硅作为原料，制成棒状，并将多晶硅棒垂直固定。在多晶硅棒的下端（一般预制有 V 形锥体）放置具有一定晶向的单晶硅，作为单晶生长的籽晶，其晶向一般为[111]或[100]。然后，在真空或氩气等惰性气体保护下，利用高频感应线圈加热多晶硅棒，使多晶硅棒的 V 型头部区域形成熔区，并依靠熔区的表面张力保持多晶硅棒的平衡和晶体生长的顺利进行。晶体生长首先从多晶硅棒和籽晶的结合处开始，多晶硅棒和籽晶以一定的速度做相反方向的运动，熔区从下端沿着多晶硅棒缓慢向上端移动，使多晶硅逐步转变成单晶硅。

区熔单晶硅的原料是高纯多晶硅棒，由化学气相沉积获得的高纯多晶硅块料加工而成。在单晶硅生长前，用机械滚磨（使用人造金刚石磨料制成的磨具）的方法将直径控制在一定尺寸，然后进行化学腐蚀，去除表面的机械损伤和可能的金属污染，使表面光亮并达到区熔单晶硅所要求的直径。

区熔单晶硅晶体生长的主要关键技术是如何控制好硅熔区。人们主要通过专用感应线圈的设计和辅助线圈的利用，来达到控制熔区形状和温度梯度的目的。但是，由于熔区的表面张力是有限的，区熔单晶硅的直径将会增大，熔区上端的多晶硅棒的重量增加，熔区也会增大，最终熔区的表面张力将不能支撑熔区上端的多晶硅棒，导致多晶硅棒的跌落和晶体生长的失败。针对这个问题，Keller 提出了“针眼（needle-eye）工艺”，即设计多晶硅原料棒的直径比所需的单晶硅的直径要小，并将多晶硅棒的下端做成圆锥形，下截面和籽晶上表面面积相同，感应线圈的直径比多晶硅棒的直径还要小。当晶体生长开始后，熔区始终保持在较小的尺寸范围内，而熔区下端形成的单晶硅的直径可以比上端的多晶硅棒的直径大，保证熔区顺利地通过整个多晶硅棒，生长大直径区熔单晶硅。该技术普遍应用于大直径区熔单晶硅的制备。目前，直径为 200mm 的区熔单晶硅已经在工业上大量生产。

由于区熔单晶硅没有利用石英坩埚，因此它的污染很少，单晶硅可以做得很纯，电阻率达到 100 000Ω·cm，接近硅的理论本征电阻率，它的主要杂质是碳和氧。通过严格的工艺控制，现代区熔单晶硅中的碳和氧的浓度都低于红外光谱的探测极限，分别为

$1\times10^{16}cm^{-3}$ 和 $5\times10^{16}cm^{-3}$ 以下。区熔单晶硅的电学性质是通过掺杂控制的，一般是利用气相掺杂。在晶体生长时，在氩气保护气中掺入稀释的磷化氢或乙硼烷，以达到在单晶硅中掺入磷或硼制备 n 型或 p 型单晶硅的目的。还可以在化学气相沉积制备高纯多晶硅时直接掺入磷或硼，再通过区熔直接制备 n 型或 p 型单晶硅。

区熔单晶硅可以在真空中生长，也可以用氩气作为保护气体。20 世纪六七十年代，为了抑制区熔单晶硅中的微缺陷，在氩气保护气中添加了一定浓度的氢气，但是，在应用中发现会导致与氢相关的新的缺陷的产生。20 世纪 80 年代，研究者发现在保护气体中掺入 3%～10%的氮气，在晶体硅中引入微量氮杂质，可以降低区熔单晶硅的微缺陷密度，同时可以增加区熔单晶硅的机械强度。

由于区熔单晶硅生长时纵向温度梯度大，生长后的晶体内应力也大，而且区熔单晶硅利用无坩埚技术，氧杂质浓度很低，因此区熔单晶硅的机械强度和加工性能都比较差。研究发现，在区熔单晶硅中引入微量的氮原子，可以钉杂位错的移动，导致机械强度的增加。

（2）直拉单晶硅的制备工艺

直拉法生长单晶的技术是由波兰的 J. Czochralski 在 1917 年首先发明的，所以又称为切氏法。1950 年 Teal 等将该技术用于生长半导体锗单晶，然后他又利用这种方法生长直拉单晶硅。在此基础上，Dash 提出了直拉单晶硅生长的“缩颈”技术，G. Ziegler 提出了快速引颈生长细颈的技术，构成了现代制备大直径无位错直拉单晶硅的基本方法。目前，单晶硅的直拉法生长已是单晶硅制备的主要技术，也是太阳能电池用单晶硅的主要制备方法。

1）直拉单晶硅的生长原理和工艺

直拉单晶硅晶体生长示意图如图 3-17 所示。由图可知，直拉单晶炉的最外层是保温层，里面是石墨加热器，在炉体下部有一石墨托（又叫石墨坩埚）固定在支架上，可以上下移

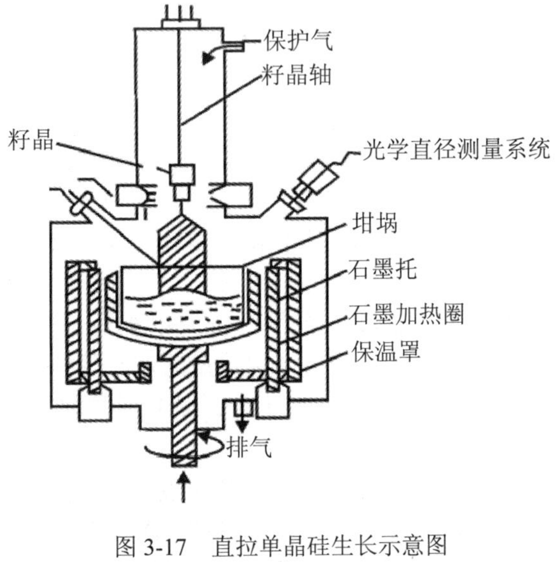

图 3-17　直拉单晶硅生长示意图

动和旋转，在石墨托上放置圆柱形的石墨坩埚，在石墨坩埚中置有石英坩埚，在坩埚的上方，悬空放置籽晶轴，同样可以自由上下移动和旋转。所有的石墨件和石英件都是高纯材

料，以防止对单晶硅的污染。在晶体生长时，通常通入低压的氩气作为保护气，有时也可以用氮气或氮氩的混合气，作为直拉晶体硅生长的保护气。

直拉单晶硅的制备工艺一般包括：多晶硅的装料、熔化、种晶、引晶、缩颈、放肩、等径和收尾等，如图 3-18 所示。下面对其主要步骤进行简要介绍。

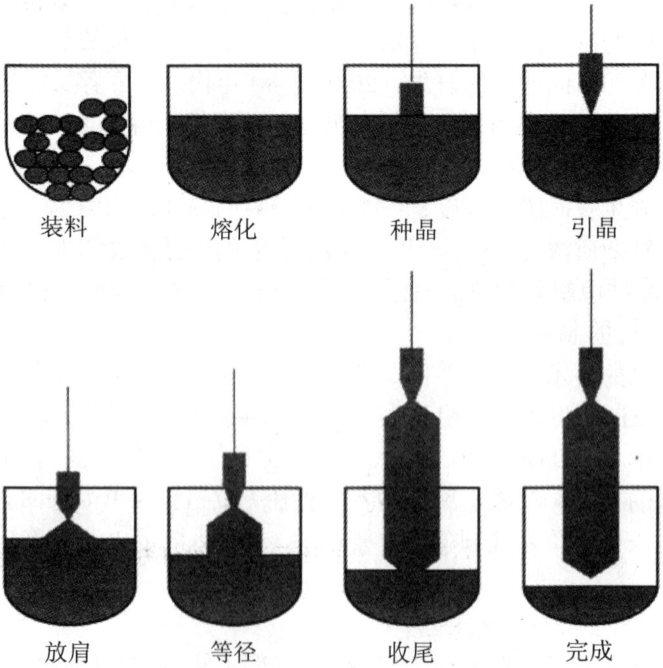

图 3-18　直拉单晶硅生长示意图

① 多晶硅的装料和熔化

首先将高纯多晶硅块料粉碎至适当的大小，并用硝酸和氢氟酸的混合酸液清洗外表面，以除去可能的金属等杂质，干燥后放入高纯的石英坩埚中。对于高档多晶硅原料，可以不用粉碎和清洗而直接应用。在装料时，要注意多晶硅放置的位置，不能使石英坩埚底部有过多的空隙。因为在多晶硅熔化时，底部首先熔化，如果在石英坩埚底部有过多空隙，熔化后熔硅液面将与上部未熔化的多晶硅有一定空间，使得多晶硅跌入熔硅中，造成熔硅外溅。同时，多晶硅不能碰到石英坩埚的上边沿，以免熔化时这部分多晶硅会黏结在上边沿，而不能熔化到熔硅中。

装料完成后，将坩埚放入单晶炉中的石墨坩埚（石墨托）中，然后关闭阀门将单晶炉内抽成一定真空（排除空气）。之后，充入一定流量的保护气体并保持一定的气压。加热炉体升温，使加热温度超过硅材料的熔点（1412℃），使其熔化并达到一定的过热。

② 种晶

多晶硅熔化后，需要保温一段时间，使熔硅的温度和流动达到稳定，然后再进行晶体生长。在硅晶体生长时，首先将单晶籽晶固定在旋转的籽晶轴上，然后将籽晶缓缓下降，距熔体液面数毫米处暂停片刻，使籽晶温度尽量接近熔硅温度，以减少可能的热冲击。接着，将籽晶轻轻浸入熔硅，使头部首先少量溶解，然后和熔硅形成一个固液界面。随后，籽晶逐步上升，与籽晶相连并离开固液界面的熔融硅液体温度降低，形成单晶硅，此阶段称为“种晶”。

籽晶一般是已经精确定向好的单晶，可以是长方形或圆柱形，直径在 5mm 左右。籽晶截面的法线方向就是直拉单晶硅晶体的生长方向，一般为[111]或[100]方向。籽晶制备后，需要化学抛光，去除表面损伤，避免表面损伤层中的位错延伸到生长的直拉单晶硅中，同时，化学抛光可以减少由籽晶带来的可能的金属污染。

③ 缩颈

去除了表面机械损伤的无位错籽晶，虽然本身不会在新生长的晶体硅中引入位错，但是在籽晶刚碰到液面时，由于热振动可能在晶体中产生位错，此位错甚至能够延伸到整个晶体。因此，20 世纪 50 年代 Dash 发明了“缩颈”技术，可以生长出无位错的单晶。

单晶硅为金刚石结构，其滑移系为（111）滑移面的[110]方向。通常单晶硅的生长方向为[111]或[100]，这些方向和滑移面（111）的夹角分别为 36.16°和 19.28°。一旦产生位错，将会沿滑移面向体外滑移，如果此时单晶硅的直径很小，位错很快就滑移出单晶硅表面，而不是继续向晶体体内延伸，以保证直拉单晶硅中的无位错生长。

因此，“种晶”完成后，籽晶应快速向上提升，晶体生长速度加快，新结晶的单晶硅的直径将比籽晶的直径小，可达到 3mm 左右，其长度约为此时晶体直径的 6～10 倍，称为“缩颈”阶段，也叫“引晶”阶段。但是，缩颈时单晶硅的直径和长度会受到所要生长单晶硅的总重量的限制，如果重量很大，缩颈时的单晶硅的直径就不能很细。

随着晶体硅直径的增大，晶体硅的重量也不断增加，如果晶体硅的直径达到 400mm，其重量可达到 410 多千克。在这种情况下，籽晶能否承受晶体重量而不断裂就成为人们关心的问题。尤其是采用“缩颈”技术后，其籽晶半径最小处只有 3mm。最近，有研究者提出利用重掺硼单晶或掺锗的重掺硼单晶作为籽晶，由于重掺硼可以抑制种晶过程中位错的产生和增殖，可以采用“无缩颈”技术，同样可以生长无位错的直拉单晶硅。但这种技术在生产中还未得到证实和应用。

④ 放肩

在“缩颈”完成后，晶体硅的生长速度大大放慢，此时晶体硅的直径急速增大，从籽晶的直径增大到所需的直径，形成一个近 180°的夹角。此阶段称为“放肩”。

⑤ 等径

当“放肩”达到预定晶体直径时，晶体生长速度加快，并保持几乎固定的速度，使晶体保持固定的直径生长。此阶段称为“等径”。

单晶硅“等径”生长时，在保持硅晶体直径不变的同时，要注意保持单晶硅的无位错生长。有两个重要因素可能影响晶体硅的无位错生长：一是晶体硅径向的热应力，二是单晶炉内的细小颗粒。在单晶硅生长时，坩埚的边缘和坩埚的中央存在温度差，有一定的温度梯度，使得生长出的单晶硅的边缘和中央也存在温度差。一般而言，该温度梯度随半径增大而呈指数变化，从而导致晶体硅内部存在热应力。同时，晶体硅离开固液界面后冷却时，晶体硅边缘冷却得快，中心冷却得慢，也加剧了热应力的形成。如果热应力超过了位错形成的临界应力，就能形成新的位错，即热应力诱发位错。另一方面，从晶体硅表面挥发出的 SiO_2 气体，会在炉体的壁上冷却，形成 SiO_2 颗粒。如果这些颗粒不能及时排出炉体，就会掉入硅熔体中，最终进入晶体硅，破坏晶格的周期性生长，导致位错的产生。

在“等径”生长阶段，一旦生成位错就会导致单晶硅棒外形的变化，俗称“断苞”。

通常，单晶硅在生长时，外形上有一定规则的扁平棱线。如果是[111]晶向生长，则有 3 条互成 120°夹角的扁平主棱线；如果是[100]晶向生长，单晶硅棒表面上则有 4 条互成 90°夹角的扁平棱线。在保持单晶硅棒的生长时，这些棱线连续不断，一旦产生位错，棱线将中断。这个现象可在生产中用来判断单晶硅棒是否正在按照无位错方式生长。

⑥ 收尾

在单晶硅棒生长结束时，生长速度再次加快，同时升高硅熔体的温度，使得晶体硅的直径不断缩小，形成一个圆锥形，最终单晶硅棒离开液面，生长完成。最后的这个阶段称为“收尾”。

单晶硅棒生长完成时，如果突然脱离硅熔体液面，其中断处受到很大热应力，超过晶体硅中位错产生的临界应力，导致大量位错在界面处产生，同时位错向上部单晶部分反向延伸，延伸的距离一般能达到一个直径。因此，在单晶硅棒生长结束时，要逐渐缩小晶体硅的直径，直至很小的一点，然后再脱离液面，完成单晶硅生长。

上面简要地叙述了直拉单晶硅的生长过程，图 3-19 所示为直拉单晶硅及其相应部位的示意图。在实际工业生产中，单晶硅棒的生长过程很复杂。除了坩埚的位置、转速和上升速度以及籽晶的转速和上升速度等常规工艺参数外，热场的设计和调整也是至关重要的。

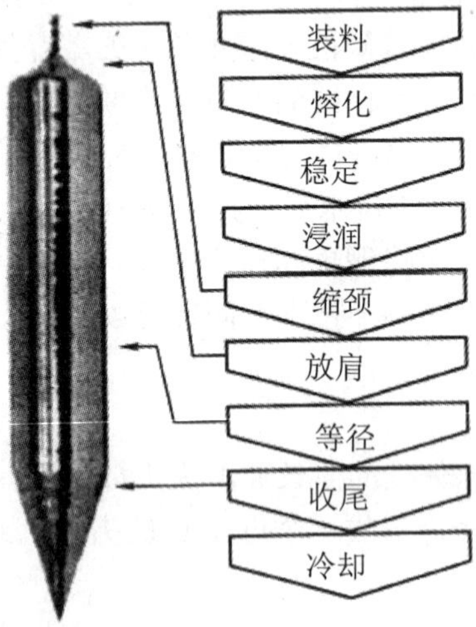

图 3-19　直拉单晶硅生长和相应部位示意图

2）新型直拉单晶硅的生长技术

① 磁控直拉硅单晶生长

在区熔单晶硅生长时，由于热起伏等原因，使得单晶硅中存在生长条纹。为了克服它，Chedzey 和 Hurle 提出了磁控生长技术，即在晶体生长炉上加上电磁场，利用磁场来控制硅熔体的热起伏。后来，该技术被他们和 Witt 等应用于直拉单晶硅的晶体生长方面。1980 年，索尼（Sony）公司的 Hoshi 等在商业化的直拉单晶硅炉上加上了电磁铁，生长磁控单晶硅。

在晶体硅生长时，由于熔体中存在热对流，将导致在晶体硅生长界面处温度的波动和起伏，在晶体硅中形成杂质条纹和缺陷条纹。同时，热对流将加剧熔硅与石英坩埚的化学侵蚀等作用，使得熔硅杂质中的氧浓度增大，最终进入晶体硅中。随着晶体硅直径的增大，热对流也会增强，因此，抑制热对流对单晶硅的质量改善作用很大，特别是可以控制单晶硅中主要杂质氧的浓度。

利用磁场抑制导电流体的热对流，是磁控单晶硅生长的基本原理。通常，在磁场中运动的带电粒子会受到洛伦兹力的作用

$$f = qvH$$

式中，q 为电荷；v 为运动速度；H 为磁场强度。由上式可知，具有导电性的硅熔体在移动时，作为带电粒子，硅熔体会受到与其运动方向相反的作用力，从而使得硅熔体在运动时受到阻碍，最终抑制了坩埚中硅熔体的热对流。

在直拉单晶硅生长炉上外加电磁场抑制热对流时，磁场强度可达 1000～5000Gs，磁场方向对抑制热对流的作用大有不同。在实际工艺中，一般有横向磁场、纵向磁场和非均匀磁场之分。所谓横向磁场，就是在炉体外围水平放置磁极，使得硅熔体中与磁场方向垂直的轴向熔体对流受到抑制，而与磁场平行方向的熔体对流不受影响，即沿坩埚壁上升和沿坩埚的旋转运动被减少了，但径向流动不减少。横向磁场生长获得的磁控单晶硅的氧浓度低，均匀性好，但是磁场设置的成本高。纵向磁场则是在炉体外围设置螺线管，产生中心磁力线垂直于水平面的磁场，此时径向的熔体对流被抑制，而纵向的熔体不受影响，获得的单晶硅的氧浓度高。为了克服上述两种磁场的弱点，多种非均匀性磁场技术被发展，其中，“钩形”磁场应用最为广泛。该磁场是由两组与晶体同轴的平行超导线圈组成，在两组线圈中分别通入相反的电流，从而在单晶硅生长炉中产生“钩形”对称的磁场。

在直拉单晶硅生长时，增加磁场抑制了热对流，改善了晶体质量，但是增加了生产成本。在设计好温度场的情况下，磁场中晶体硅的生长速度可以提高，从而可以相对降低生产成本。有研究表明，磁控单晶硅的生长速度可以达到普通单晶硅的 2 倍。但是，无论如何，磁控单晶硅的生产成本要高于普通单晶硅，主要应用于超大规模集成电路用大直径单晶硅（直径在 200mm 即 8 英寸以上）的生产，在太阳能电池用小直径单晶硅的制备上基本不用。

② 重装料直拉单晶硅生长

通常，直拉单晶硅在收尾后，脱离液面完成晶体生长。但是，晶体需要继续保留在炉内，等到温度降低到室温后才打开炉膛，将单晶硅取出，而留在坩埚内的熔硅，冷却后，由于热胀冷缩，有时会导致石英坩埚的破裂。因此，需要更换破裂的坩埚。同时，需要清扫炉膛，然后重新装料，生长新的晶体硅。在这个过程中需要较长的时间，而且更换高纯石英坩埚也增加了生产成本。所以，重装料直拉单晶硅生长技术得到了发展。

重装料直拉单晶硅生长技术就是在单晶硅收尾后，迅速移去，然后在籽晶轴上装上多晶硅棒，将多晶硅棒缓慢溶入硅熔体，从而达到增加硅熔体的目的。当新加入的多晶硅棒全部溶化后，重新安装籽晶，进行新单晶硅的生长。重装料直拉单晶硅生长示意图如图 3-20 所示。在此过程中，由于省去了单晶硅棒冷却和进、排气的时间，而且石英坩埚可以重复利用，使得生产成本大幅度降低，在太阳能电池单晶硅的生产中得到了广泛应用。

在重装料直拉单晶硅生长时，由于不断加入多晶硅，硅熔体中集聚的杂质量会逐渐增加。同时，随着时间的延长，石英坩埚被熔融硅的腐蚀也会越来越严重，更多的杂质特别是氧杂质会溶入到硅熔体中，最终使硅熔体中的杂质浓度增大，晶体硅的质量变差。因此，重装料直拉单晶硅生长的次数受到了一定限制。

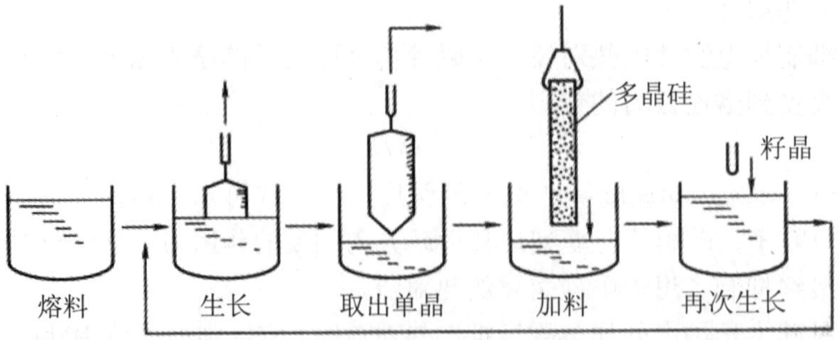

图 3-20 重装料直拉单晶硅生长示意图

③ 连续加料直拉单晶硅生长

在直拉单晶硅生长时，如果在熔硅中不断加入多晶硅和所需的掺杂剂，使得熔硅的液面基本保持不变，晶体硅生长的热场条件也就几乎保持不变，这样晶体硅就可以连续生长。当一根单晶硅棒生长完成后，移出炉外，装上另一根籽晶，可以进行新单晶硅棒的生长。显然，连续加料直拉单晶硅生长可以节省大量的时间，也可以节省高纯坩埚的费用，使得单晶硅棒的生产成本大幅度降低。

通常，有三种连续加料的技术：一是连续固态加料，也就是利用颗粒高纯多晶硅，在晶体生长时直接加入到熔硅中；二是连续液态加料，晶体生长设备分为熔料炉和生长炉两部分，熔料炉专门熔化多晶硅，可以连续加料，生长炉则专门生长晶体，两炉之间有输送管，通过熔料炉和生长炉之间的不同压力来控制熔料炉中的熔硅源源不断地输入到生长炉中，并保持生长炉中熔硅液面高度保持不变。三是双坩埚液态加料，即在外坩埚中放置一个底部有洞的内坩埚，两者保待相通，其中内坩埚专门用于晶体生长，外坩埚则源源不断地加入多晶硅原料，使得内坩埚的液面始终保持不变，以利于单晶硅棒的连续生长。

从晶体生长看，连续加料直拉单晶硅技术可以节约时间、节约坩埚，但是，晶体生长设备的复杂度大大增加，设备投资和维护的成本增加。因此，虽然连续加料生长直拉单晶硅的前景很好，但目前应用并不是很广泛。

（3）太阳能用直拉三晶硅晶体生长

前几年，德国西门子公司发明了一种太阳能电池用直拉三晶晶体硅技术，其优点是产品的机械强度较普通直拉单晶硅高很多，因而在制备太阳能电池的过程中，硅片的厚度可以被加工得很薄，达到 150μm 左右，从而使单晶硅电池片的成本有所降低，图 3-21 所示为直拉三晶晶体硅外形和相关籽晶。

这种晶体与通常应用的[111]或[100]晶向的单晶硅是不同的，它是由三个晶向都是[110]的单晶共同组成的。在三晶硅中存在三个孪晶界，它们都垂直于（110）面，在晶体中心相交，形成三星状，孪晶界之间夹角为 120°，如图 3-22 所示。三晶硅的生长技术与传统的直拉法相比基本相同，但是利用三晶硅做籽晶，而且在晶体生长过程中生长速度较快，可以有效地缩短晶体硅生长的时间。

然而，由于晶体生长方向是[110]晶向，“引晶”过程中在籽晶中形成的位错就不能通过 Dash 缩颈工艺被完全消除。所以，直拉三晶单晶硅不可能是无位错的晶体，而是具有一定的位错密度，这些位错通常成网络状分布在晶体中。在晶体头部，通常位错最大密度为$10^5 cm^{-2}$左右，而在晶体的尾部位错密度可达到$10^7 cm^{-2}$左右。

图 3-21　直拉三晶晶体硅和相关籽晶

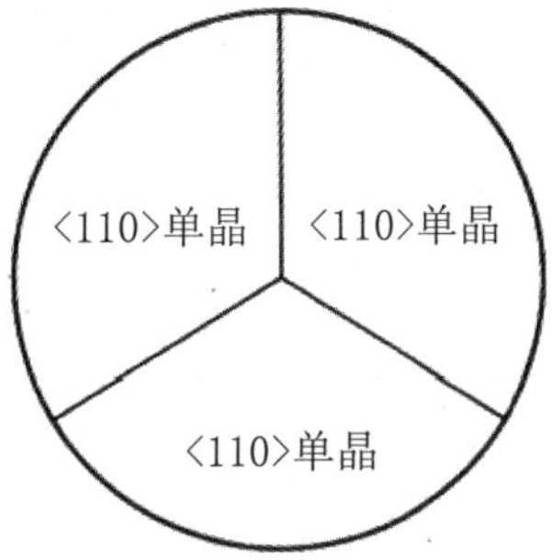

图 3-22　三晶晶体硅的截面示意图

尽管位错不可避免地存在于三晶晶体硅中，但是在晶体生长过程中不会形成多晶。这是因为位错在通常的[111]或[100]晶体硅生成后，将以很快的速度增殖，从而晶体结构很快消失，形成多晶。但对于三晶硅而言，位错在[110]方向增殖的速度很小，不会形成多晶。进一步地，通过腐蚀观察，可以看到位错在孪晶界附近聚集。通常情况下，孪晶界被认为能够有效地阻止自由位错的滑移，所以三晶硅中孪晶界的存在也抑制了多晶的生成。因而，尽管晶体的头部存在密度为$10^5 cm^{-2}$左右的位错，700mm 以上长度的单晶硅棒依旧可以生长，而不会形成多晶结构。

另外，由于三晶硅片的晶向为[110]，与普通太阳能用直拉单晶硅的晶向[100]不同，所以用 KOH 或 NaOH 腐蚀的方法，就不能在三晶硅表面制备金字塔绒面结构。与铸造多晶硅一样，目前三晶硅绒面制备主要是采用酸腐蚀或者用激光蚀刻 V 形槽等技术来实现。有关硅太阳能电池向光面进行“绒面化”处理的内容，在后叙章节中有较多的介绍。

（4）区熔法和直拉法的比较

上面已经详细介绍了在制备单晶硅的过程中所使用的两种不同的工艺：区熔单晶硅是利用悬浮区域熔炼（float zone）的方法制备的，所以又称为 FZ 单晶硅。直拉单晶硅是利用切氏法（czochralski）制备单晶硅，被称为 CZ 单晶硅。这两种单晶硅具有不同的特性和不同的器件应用领域，区熔单晶硅主要应用于大功率器件方面，只占单晶硅市场很小的一部分，在国际市场上约占 10%；而直拉单晶硅主要应用于微电子集成电路和太阳能电池方面，是单晶硅的主体。与区熔单晶硅相比，由于直拉单晶硅的制造成本相对较低，机械强度较高，易制备大直径的单晶。所以，太阳能电池领域主要应用直拉单晶硅，而不是区熔单晶硅。

3.1.3　单晶硅材料中的杂质与缺陷

区熔单晶硅材料虽然晶格完整、纯度高、质量好，但制造成本较高，一般只在特殊情况下才用于制造太阳电池。因此，在单晶硅材料中，直拉单晶硅是真正广泛应用于太阳能电池的纯硅材料。直拉单晶硅的制备工艺成熟、晶格完整、机械强度高，既是集成电路的基础材料，也是太阳能电池的主要材料之一。

太阳能级直拉单晶硅中所含杂质有三类。第一类是金属杂质，如铜 Cu、铁 Fe、镍 Ni 等，这些杂质在晶体中会引起晶格畸变，并在硅晶体中形成多个杂质能级，起到复合中心的作用，降低单晶硅的少数载流子寿命，因此这类金属杂质的危害性很大。第二类对太阳能级直拉单晶硅而言是必需的杂质，也就是当利用原生多晶硅生产单晶硅时，有意加入所需杂质来决定太阳能级直拉单晶硅的导电型号，如：在原生多晶硅中掺入Ⅴ族元素磷 P、砷 As、锑 Sb 可以获得 N 型单晶硅；掺入Ⅲ族元素硼 B、铝 Al、镓 Ga 等可以获得 P 型单晶硅。通过掺杂量的多少还能控制太阳能级直拉单晶硅的电阻率，可以根据不同要求，通过计算掺杂量来获得不同的单晶硅电阻率值。第三类杂质是非金属杂质，如氧 O 和碳 C，这类杂质不但会影响太阳能级直拉单晶硅的电阻率，而且在后期制造太阳能电池的过程中，容易引起沉淀或者和某些金属杂质结合在一起，形成新的施主和电学中心等，使太阳能电池的性能不稳定，影响其光电转换效率。

1. 直拉单晶硅中氧、碳杂质的形成

（1）氧杂质的形成

氧在元素周期表中处于第Ⅵ族，在硅晶格中处于间隙位置，是非金属杂质。在太阳能级直拉单晶硅的制备过程中，硅中氧杂质的来源主要有三个：一是作为原料的多晶硅中的氧原子；二是制备直拉单晶硅所使用的石英（SiO_2）坩埚中的氧原子；三是单晶硅生长过程中使用的保护气体中的氧原子，工业氩气中含有少量的O_2、CO、CO_2和H_2O，也会提供氧原子。由于在直拉单晶硅制备过程中，石英坩埚处于高温环境下会有部分熔解进入硅熔体中，使得熔解的氧经过对流和扩散传输到晶体/熔体界面或自由表面，这是直拉单晶硅中最主要的氧杂质来源。通常太阳能级直拉单晶硅含氧量较高，为$1\times10^{17}\sim2\times10^{18}\ \mathrm{atm\cdot cm^{-3}}$，熔体中多数氧在熔体自由表面蒸发，而余下的氧通过晶体/熔体界面的分凝而掺入晶体内。所以，氧杂质在单晶硅中的存在是不可避免的。

（2）碳杂质的形成

碳在元素周期表中处于第Ⅳ族，在硅晶格中处于置换（或替位）位置，是非金属杂质。在太阳能级直拉单晶硅的制备过程中，硅中碳的来源有五：一是高纯原生多晶硅中的碳原子；二是石墨热系统（高纯石墨）和热场保温系统（碳毡）中石墨部件的粉尘；三是真空系统中的油脂和密封材料中的易挥发碳化物；四是拉晶气氛中的碳氢化合物污染；五是石墨部件与氧、石英坩锅等的反应产物。通常，太阳能级直拉单晶硅碳含量为$1\times10^{16}\sim3\times10^{17}\ \mathrm{atm\cdot cm^{-3}}$，其中碳杂质最主要的来源是多晶硅原料中的碳原子。因为受原生多晶硅生产工艺所限，会使得原生多晶硅本身碳含量较高，一般为$5\times10^{15}\sim3\times10^{17}\ \mathrm{atm\cdot cm^{-3}}$，由此造成直拉单晶硅中碳含量也相对较高。

2. 氧、碳杂质造成的影响

（1）对单晶硅材料的影响

由于太阳能级直拉单晶硅生长过程是顺序凝固（也叫定向凝固或自然凝固），单晶硅圆棒杂质浓度分布是头部杂质浓度低而尾部杂质浓度高，对应的电阻率是头部高而尾部低，如图3-23所示。

氧杂质在硅中的分凝系数是1.27（>1）。根据杂质在硅中的分凝效应，单晶圆棒在固液共存的平衡状态下顺序凝固时，氧在固相中的浓度高于在液相中的浓度，使得单晶圆棒中氧的分布规律是从单晶圆棒头部到尾部含量逐渐减少。此外，在直拉单晶硅的结晶过程中，由于工艺中坩埚旋转的原因，造成直拉单晶硅圆棒中杂质氧含量主要分布在圆棒的中心。

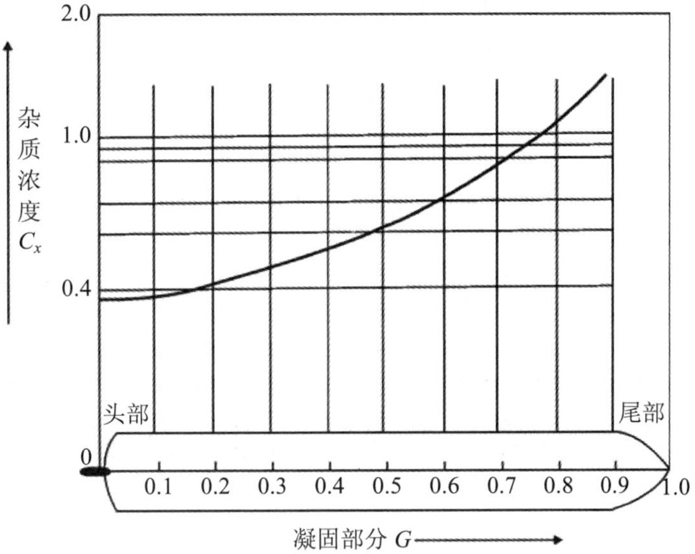

图 3-23　直拉单晶硅圆棒杂质浓度分布曲线图

在硅晶体中，杂质氧属于Ⅵ族元素，其最外层有6个电子，而硅属于Ⅳ族元素，其最外层有4个电子。氧原子最外层中4个电子与周围硅原子形成共价键，多余的2个价电子便成为可以导电的自由电子，因此，氧在晶体硅中是作为施主杂质存在的。氧在硅晶体中的施主效应可以分属两种情况，具有不同的性质。一种是在350～500℃范围生成的，称为热施主；另一种是在550～800℃范围形成的，称为新施主。试验研究发现，对氧含量为 2×10^{18}atm·cm^{-3} 的单晶硅进行450℃和10min的热处理，氧含量降为 6.8×10^{14}atm·cm^{-3}，这部分氧杂质属于氧热施主，而多出的部分可能是更高温度条件下形成的所谓氧新施主。氧热施主会造成单晶硅材料的电阻率失真严重，使电阻率测量数值明显偏高，在实际工作中容易引起错判。

对太阳能级直拉单晶硅头部中心电阻率偏高部分切片后，进行650℃持续退火试验的电阻率测量结果如图3-24所示。可以看出，太阳能级直拉单晶硅在经过650℃持续高温退火后，表皮部分的电阻率变化不大，而中心部分电阻率数值出现明显下降，并逐渐与表皮部分电阻率数值吻合。这是由于氧杂质在650℃左右可以形成新的施主，从而减小了氧的热施主效应对电阻率的影响。

碳杂质在硅中的分凝系数是0.07（<1），单晶硅在固液共存的平衡状态下顺序凝固时，碳在液相中的浓度高于在固相中的浓度，因而碳主要分布在单晶圆棒的尾部，径向分布为边缘浓度高而中心浓度低。由于碳与硅同是Ⅳ族元素，碳在硅中不会产生施主或受主效应，但碳原子因原子半径小，作为置换原子存在容易造成晶格畸变。如果硅晶体中碳杂质过多将会与硅原子发生反应，产生一定数量的碳化硅，碳化硅沉淀导致晶格位错，形成深能级载流子复合中心，从而影响单晶硅的少数载流子寿命。研究发现，碳杂质对于直拉单晶硅电阻率的影响较小，单晶圆棒尾部断面中心和边缘电阻率几乎一致。

总之，太阳能级直拉单晶硅受氧、碳掺入杂质的影响，电阻率的分布是头部高尾部低；受氧热施主效应的影响，头部断面中心电阻率高于同一断面边缘电阻率。单晶硅圆棒的尾部氧含量较低，碳含量较高，但碳杂质含量对单晶圆棒的电学性能影响较小，断面电阻率数值几乎一致，只对少数载流子寿命有影响。此外，太阳能级直拉单晶硅顺序凝固造成尾部各类杂质浓度较高，各类杂质综合因素造成尾部少数载流子与各类杂质的电子和空穴复合太多，也使得单晶硅圆棒尾部少子寿命值偏低。

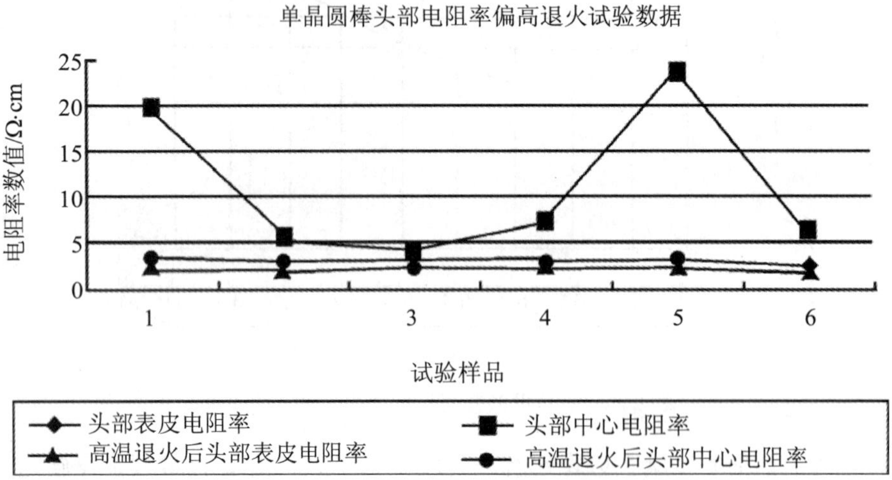

图 3-24　650℃退火对单晶硅头部中心电阻率的影响

（2）对单晶硅后期产品的影响

由于受太阳能级直拉单晶硅生产工艺所限，在晶体生长过程中引入了氧杂质。在后期太阳能电池制造工艺过程中，硅晶片经历了900℃左右的高温扩散和750℃左右的高温烧结的热处理，过饱和的间隙氧会在硅晶体中偏聚和沉淀，形成氧施主、氧沉淀及二次缺陷，对硅材料和器件具有不利和有利的两个方面。在有利方面，由于硅中氧的存在，增加了硅片的机械强度，同时后期硅片经高温热处理后，能形成氧沉淀及缺陷的络合物，可以作为电活性杂质的吸除中心（微电子领域称为吸杂中心），从而减少分散的载流子复合中心，提高硅片的少子寿命，有效提高太阳能电池的光电转换效率。在不利方面，氧沉淀过多会导致硅片的翘曲，还能引入大量的二次缺陷，对硅材料和器件的电学性能有破坏作用。

碳原子因原子半径小，在直拉单晶硅的后期产品中，容易造成晶格畸变。当含量不高时，能促成氧原子在附近偏聚而形成氧沉淀的异质核心，从而对硅材料产生一定的正面影响。但杂质碳过多会与硅原子发生反应，产生一定数量的碳化硅，而碳化硅沉淀导致晶格位错，形成深能级载流子复合中心，进而降低少子寿命，造成太阳能电池的光致衰减（即SW效应）加剧，最终降低太阳能电池的效率。可见，碳杂质所造成的负面影响比其促进氧沉淀带来的正面影响要大得多。

3. 控制氧、碳杂质含量的方法

目前，行业内太阳能级单晶硅中的氧、碳含量都偏高，所以这里重点讨论降低氧、碳含量的方法。

为降低杂质，普遍采用两种方法：一种是在拉晶过程中施加横向磁场，减少熔硅中的热对流，从而降低石英坩埚的溶解速率，这能显著降低单晶硅中的氧含量。但这种方法的缺点是成本较高，存在一定的电磁辐射危害。另一种是针对已经含有较高氧含量的单晶硅棒，在后期电池片加工过程中，对硅片进行二次热处理，使氧在硅片体内沉淀。经过二次热处理的杂质氧形成氧沉淀，可作为电活性杂质的吸除中心，从而减少分散的载流子复合中心，提高硅片的少子寿命。这种方法因其工艺合理、成本较低，在太阳能级单晶硅行业内被广泛采用。

碳含量的控制需要从源头上入手，严格要求原辅材料纯度，以降低碳含量，并建立严格的检测手段。此外，在拉制单晶时，要保持单晶炉的气密性，使用超纯氩气作为保护气体，在装料后执行严格的开炉程序并排除氧和水分，因为氧和水分可以和石墨件反应生成CO溶于硅熔体，不仅对石墨器件损伤较大，还会使得单晶硅中碳含量增加。同时，配合合理的氩气导流系统，碳的引入基本上可以在熔融阶段予以限制。也可将石英坩埚和石墨托隔开或选取适当的气流方式使CO到达熔硅表面，以减少晶体生长过程中的碳污染。

4. 直拉单晶硅中金属杂质的形成及其影响

通常情况下，金属杂质在硅中的分凝系数很小，在原生态硅单晶中含量很低，但在加工及器件工艺中容易引入。

金属杂质在硅中可以是间隙态、替位态、复合体，也可以是沉积物。金属杂质无论以什么形态存在，都可能在硅材料中引入载流子，且能直接引入深能级，影响载流子寿命，从而导致太阳电池性能降低，甚至失效。

金属杂质在硅中的形态，主要取决于其在硅中的固溶度，同时也受热处理温度、降温速度、扩散速度等因素的影响。一般情况下，如果浓度低于固溶度，它们可以间隙或替位态形式存在，但大部分金属杂质处于间隙态。如果浓度大于固浓度，则可能以复合态或沉积物形式存在。

除固溶度外，降温速率和扩散速度也会对金属杂质的存在形态产生影响。高温时，固溶度大，金属杂质主要以间隙态存在。如果高温热处理后快速冷却或扩散速度又相对缓慢，金属杂质原子来不及扩散，将以过饱和的单原子形式存在于晶体中，一般情况下以间隙态形式存在。此时它们是电活性的，形成具有不同电荷的深能级，或施主，或受主，或双施主等，有时也会出现受主和施主状态。实际上，这些原子是不稳定的，在室温下它们仍然具有一定的扩散速率，在移动中与其他杂质形成复合体，低温退火时复合体聚集形成沉淀。

如果高温热处理后冷却速度较慢或冷却虽慢但金属杂质的扩散速度特别快，那么在冷却过程中，硅晶体的晶体缺陷处将形成金属复合体或沉积，如Cu、Zn、Ni等。

金属杂质对寿命的影响可以表示为

$$\tau = \frac{1}{v\sigma N}$$

式中，τ 为少子寿命；v 为载流子的热扩散速度；σ 为少子的俘获截面；N 为金属杂质浓度，单位为 cm^{-3} 。

室温时，P型晶体中电子的热扩散速率为 $2\times10^{7}cm^{2}/s$ ，N型晶体中空穴热的扩散速率为 $1.6\times10^{7}cm^{2}/s$ 。

硅中金属杂质的固溶度随温度下降而迅速降低，如图3-25所示。其中，固浓度最大的是Cu和Ni，可高达 $10^{18}cm^{-3}$ ，但与P、B相比还小2～3个数量级，P最大为 $10^{21}cm^{-3}$ ，而B

最大可以达到$5\times10^{20}\,cm^{-3}$。表3-2中列出了Fe、Cu、Ni在硅中的固溶度及使用温度范围。

表3-2　Fe、Cu、Ni在硅中的固溶度及使用温度范围

金属	固溶度/cm^{-3}	适用温度范围/℃
Fe	$5\times10^{22}\exp[(8.2-2.94)/kT]$	900～1200
Cu	$5\times10^{22}\exp[(2.4-1.49)/kT]$	500～800
Ni	$5\times10^{22}\exp[(3.2-1.68)/kT]$	500～905

从图3-25和表3-2可以看出，随着温度降低，金属杂质在硅中的固溶度迅速减小，如果外推到室温，可知金属杂质在硅中的固溶度是很小的。因而，硅中固溶的金属杂质很容易出现过饱和，高温热处理后如果采用慢冷却方式，由于原子的扩散速率较快，金属杂质将以复合体或沉淀形式析出。

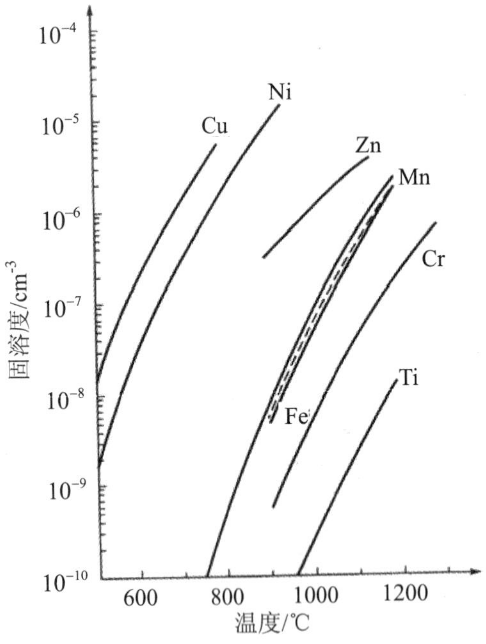

图 3-25　晶体硅中金属杂质的固溶度

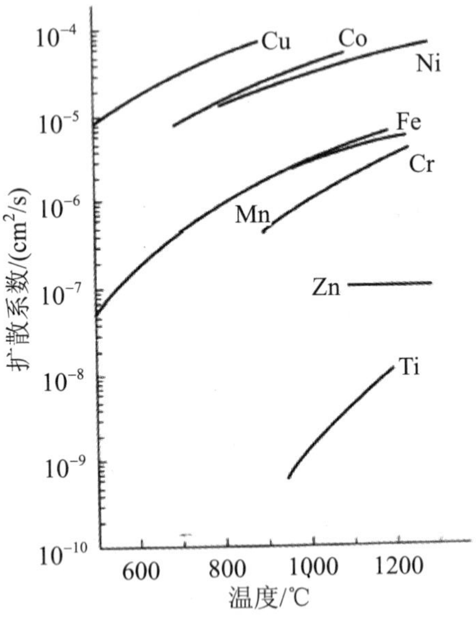

图 3-26　金属在硅中的扩散系数随温度的变化

与P、B或O、C相比，金属在硅中的扩散是很快的。最快的扩散系数可达$10^{-4}\,cm^2/s$。从图3-26和表3-3可以看出，随着温度的增加，扩散系数迅速增大，只有Zn例外。

金属原子在晶体中的扩散一般以间隙和替位扩散两种方式进行，在替位扩散时，有可能“挤出”硅原子而成为自间隙原子。间隙扩散速度相对于替位扩散速度来讲要快得多。

硅中金属杂质的测定，由于总浓度比较低，直接测量比较困难，因此常用的测量方法如下：

① 中子活化法：能测量几乎所有种类的金属杂质，需要有中子辐射源，测量周期长、费用大。

表3-3 Fe、Cu、Ni在硅中的扩散系数及使用温度范围

金属	扩散系数/ (cm^2 / s)	适用温度范围/℃
Fe	$1.3\times10^{-3}\exp(-0.68/kT)$	300～1200
Cu	$4.7\times10^{-3}\exp(-0.43/kT)$	400～900
Ni（间隙）	$2.0\times10^{-3}\exp(-0.47/kT)$	800～1300

② 二次离子质谱法：可测量各种金属杂质，但局限性大，要知道具体的浓度，则需要有相同浓度范围的标样，灵敏度也较低。

③ 原子吸收谱法：将硅材料溶解和稀释，利用原子吸收谱测量金属杂质，但一次只能测一种杂质。

④ 小角度全反射X射线荧光法：当X射线以极小的角度入射抛光硅样品时，可以得到硅样品表面附近的信息，通过衍射峰的位置和高度来决定金属杂质的种类和浓度，探测浓度可达$10^{10}\sim10^{11}cm^{-3}$。这种技术只能探测硅晶体表面的金属杂质，硅片需要抛光，需要在纯净环境下进行。目前大规模集成电路生产企业一般用此法，简称TXRF法。

⑤ 深能级瞬态谱法（DLTS）：它是利用反向电压在空间电荷区形成耗尽区，在硅材料升温和降温过程中，用周期性的脉冲激发样品，由于空间电荷区存在金属杂质的深能级中心，导致空间电荷的电容在两次脉冲期间随时间而变化，在被选择的时间间隙比较电容间的差值和温度的关系，从而形成深能级瞬态谱，峰值温度的位置对应着不同的金属杂质，峰高对应着杂质浓度，如图3-27所示。此法只能测量单晶硅中单个原子状态的金属杂质及简单复合体，对金属沉淀很难测定。为溶解金属沉积，通常要将样品在高温下热处理，并淬火快冷，此法对Co、Cu、Ni等快速扩散金属不适用。对此类金属杂质，可以在1050℃下热处理，让其扩散到表面，再测量表面，即使如此，也只能做定性测量。

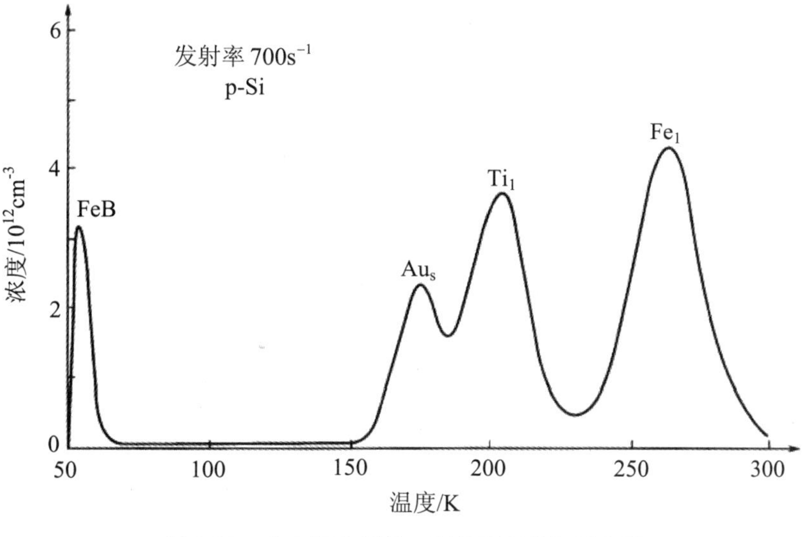

图 3-27 含金属杂质的P型晶体深能级瞬态谱

⑥ 光电衰减法测量硅中少子寿命：单晶硅的少数载流子寿命与金属杂质浓度成反比。此法只能估计金属污染程度，不能确定何种金属，也确定不了具体的浓度。

多种金属可以在硅中形成复合体，如与Fe、Cr、Mn和B、Al、Ga、In分别反应，Fe也能和Au、Zn等金属反应生成复合体。最常见的是铁硼复合体，在高温下，它是间隙铁和替位硼的复合。在硅材料的[111]方向与硼复合，铁为正离子，硼为负离子（$Fe^{+}B^{-}$）。铁硼复合体是电活性的，能级在导带下为0.29eV，起施主作用，所以铁硼复合体既减少了硅中的硼（载流子），又起补偿作用，影响较大。

过渡金属在硅中沉淀结构一般为MSi_2，如Fe、Ni、Co等，但Cu例外，其沉淀结构为Cu_3Si。

单晶硅材料中的金属杂质总的说来是有害的，须在材料的制备过程中进行严格控制。金属杂质的常用控制和去除方法主要有：

① 减少单晶硅加工过程中的污染。工业生产中的器具和试剂等，如硅材料的负电性为1.8，当金属杂质的负电性大于1.8时，便容易造成污染。因而铁、铜、镍等，要避免使用。

② 采用化学腐蚀去除表面金属。在硅片加工中，难免在表面残留金属杂质，一般是在超净环境下采用反复清洗的方法，去除金属污染。

③ 采用吸杂技术。常用“背面吸杂”或“内吸杂”工艺进行金属杂质去除。这有点类似金属材料的“阳极牺牲腐蚀”保护工艺。吸杂后的产物要合理、有效地被去除掉。

3.1.4 光伏产业采用单晶硅材料的困惑

单晶硅材料是现有硅材料中的高纯材料，历史上主要用于微电子、光电子等电子工业。随着光伏产业的发展，特别是在早期的光伏利用中，单晶硅材料扮演了十分重要的角色。在 20 世纪中后期，由于光伏产业的大量使用，使得单晶硅材料的市场需求旺盛、价格异常飙升。

从上面有关硅材料的基础知识容易知道，高纯单晶硅最适宜电子工业的应用（常常称电子级单晶硅），其所谓的“次品”大多是由杂质含量、位错种类与含量、电阻率不合格等而造成。这种电子级单晶硅材料的“次品”，完全可以用于光伏工业。然而，在实际工业活动中，很难从市面上得到大量的这种“次品”单晶硅，这是因为单晶硅材料生产企业已经将其作为“回炉料”加以利用，以降低自身产品的生产成本。

近年来，随着光伏产业规模的不断发展和扩大，对硅材料的需求量逐年激增。在这种背景下，如果仍然单方面依赖单晶硅材料，不仅使硅太阳电池组件的制造成本居高不下，还可能刺激硅材料工业的不健康发展，从另一方面增加能耗，破坏正常的工业生产节奏。

事实上，太阳能光伏产业所需硅材料不一定都采用高纯度的单晶硅材料。在个别基础研究领域，人们针对单晶硅材料，继续在寻求进一步提高光电转换效率的可能途径。但是，这种需求数量是有限的。相对而言，如果我们只是针对工业量级的应用，即使转换效率有所降低，采用多晶硅材料取代价格较贵的单晶硅材料，引起了国内外光伏界的青睐。

3.2 多晶硅太阳能电池材料与制备技术

3.2.1 铸造多晶硅及其制备

1. 铸造多晶硅及其与直拉单晶硅的比较

利用铸造技术制备多晶硅晶体（multicrystalline silicon，mc-Si），称为铸造多晶硅。铸造多晶硅虽然含有大量的晶粒、晶界、位错和杂质，但由于省去了高费用的晶体拉制过程，所以相对成本较低，而且能耗也较低，在国际上得到了广泛应用。1975 年，德国的瓦克（Wacker）公司在国际上首先利用浇铸法制备多晶硅材料（SILSO），用来制造太阳能电池。几乎同时，其他研究小组也提出了不同的铸造工艺来制备多晶硅材料，如美国 Solarex 公司的结晶法、美国晶体系统公司的热交换法、日本电气公司和大阪钛公司的模具释放铸锭法等。

与直拉单晶硅相比，铸造多晶硅的主要优势是材料利用率高、能耗小、制备成本低，而且其晶体生长简便，易于大尺寸生长。但是，铸造多晶硅的缺点是含有晶界、高密度的位错、微缺陷和相对较高的杂质浓度，其晶体的质量明显低于单晶硅，从而降低了太阳能电池的光电转换效率。铸造多晶硅和直拉单晶硅的比较见表 3-4 所示。由表可知，铸造多晶硅太阳能电池的光电转换效率要比直拉单晶硅低 1%～2%。自从铸造多晶硅发明以后，技术不断改进，质量不断提高，应用也不断广泛。在材料制备方面，由于采用了平面固液界面技术和氮化硅涂层等技术，铸造多晶硅的块料尺寸不断加大。在电池应用方面，SiN 减反射层技术、氢钝化技术、吸杂技术的开发和应用，使得铸造多晶硅材料的电学性能有了明显的改善，其太阳能电池的光电转换效率也得到了迅速提高，实验室中的效率从 1976 年的 12.5%提高到本世纪初的 19.8%，如图 3-28 所示，近年来更达到 20.3%以上。在实际工业级应用中，铸造多晶硅太阳电池效率已达到 15%～16%（见表 3-4）。

由于铸造多晶硅的相对优势，世界各发达国家都在努力拓展其工业规模。自 20 世纪 90 年代以来，国际上新建的太阳电池和材料的生产线，大部分是铸造多晶硅生产线，相信在今后会有更多的铸造多晶硅材料和电池生产线投入应用。目前，铸造多晶硅已占太阳电池材料的 53%以上，成为最主要的太阳电池材料。

2. 铸造多晶硅的制备工艺

利用铸造技术制备多晶硅主要有两种工艺。一种是浇铸法，即在一个坩埚内将硅原材料熔化，然后浇铸在另一个经过预热的坩埚内冷却，通过控制冷却速率，采用定向凝固技术制备大晶粒的铸造多晶硅。另一种是直接熔融定向凝固法，简称为直熔法，又称为布里奇曼法，即在坩埚内直接将多晶硅熔化，然后通过坩埚底部的热交换等方式，使熔体冷却，采用定向凝固技术制造多晶硅。所以，也有人称这种方法为热交换法（Heat Exchange Method，HEM）。前一种技术国际上已很少使用，而后一种技术在国际产业界得到了广泛应用。从本质上讲，两种技术没有根本区别，都是铸造法制备多晶硅，只是采用一只或两只坩埚而已。但是，采用后者生长的铸造多晶硅的质量较好，它可以通过控制垂直方向的温度梯度，使固液界面尽量平直，有利于生长取向性较好的柱状多晶硅晶锭。这种技术所需的人工少，晶体生长过程易控制、易自动化，而且晶体生长完成后，一直保持在高温，对多晶硅晶体进行了“原位”热处理，导致体内热应力的降低，最终使晶体内的位错密度得到降低。

表3-4 铸造多晶硅和直拉单晶硅的比较

晶体性质	直拉单晶硅（CZ）	铸造多晶硅（mc）
晶体形态	单晶	多晶
晶体质量	无位错	高密度位错
能耗/（kW·h/kg）	>100	～16
晶体大小	约300mm	>700mm
晶体形状	圆形	方形
电池效率	10%～17%	14%～16%

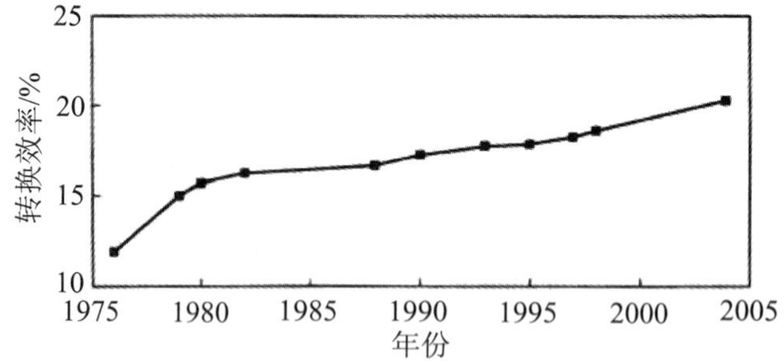

图 3-28 铸造多晶硅太阳电池的光电转换效率

图 3-29 所示为浇铸法制备铸造多晶硅的示意图。图中上部为预熔坩埚，下部为凝固坩埚。在制备铸造多晶硅时，首先将多晶硅的原料在预熔坩埚内熔化，然后硅熔体逐渐流入到下部的凝固坩埚，通过控制凝固坩埚周围的加热装置，使得凝固坩埚的底部温度最低，从而硅熔体在凝固坩埚底部开始逐渐结晶。结晶时始终控制固液界面的温度梯度，保证固液界面自底部向上部逐渐平行上升，最终达到所有的熔体结晶。

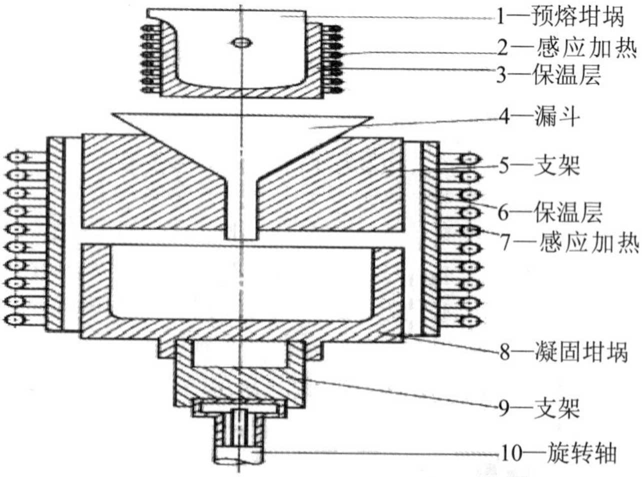

图 3-29 浇铸法制备多晶硅示意图

图 3-30 所示为直熔法制备铸造多晶硅的示意图。由图可知，硅原材料首先在坩埚中熔化，坩埚周围的加热器保持坩埚上部温度的同时，自坩埚的底部开始逐渐降温，从而使坩埚底部的熔体首先结晶。同样，通过保持固液界面在同一水平面上并逐渐上升，使得整个熔体结晶为晶锭。在这种制备方法中，硅原材料的熔化和结晶都在同一个坩埚中进行。图 3-31 所示为直熔法制备铸造多晶硅用晶体生长炉的结构示意图。

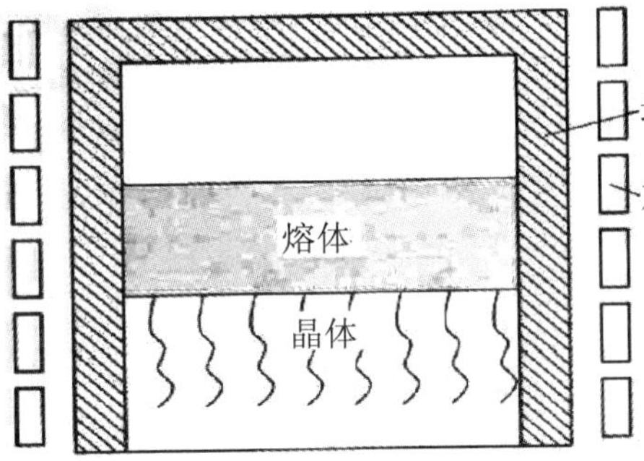

图 3-30　直熔法制备铸造多晶硅示意图

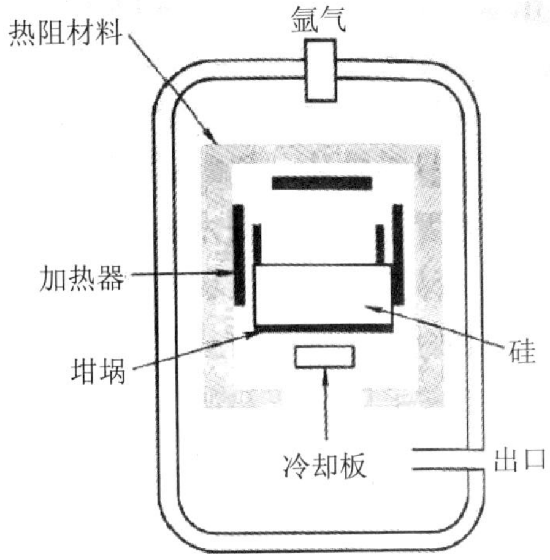

图 3-31　直熔法制备铸造多晶硅用

实际生产时，浇铸法和直熔法的冷却方式稍有不同。在直熔法中，石英坩埚是逐渐向下移动，缓慢脱离加热区。或者隔热装置上升，使得石英坩埚与周围环境进行热交换，同时，冷却板通水，使熔体的温度自底部开始降低，使固液界面始终基本保持在同一水平面上，晶体结晶的速度约为 1cm/h，结晶量约为 10kg/h。在浇铸法中，控制好加热区的加热温度，形成自上部向底部的温度梯度，底部首先低于硅熔点的温度，开始结晶，上部始终保持在硅熔点以上的温度，直到结晶完成。在整个制备过程中，石英坩埚是不动的。在这种结晶工艺中，结晶速度可以稍快些。但是，这种方法不容易控制固液界面的温度梯度，在晶锭的四周和石英坩埚接触部位的温度往往低于晶锭中心的温度。

铸造多晶硅制备完成后是一个方形的铸锭，如图 3-32 所示。目前，铸造多晶硅的重量可以达到 250～300kg，尺寸达到 700mm×700mm×300mm。由于晶体生长时的热量散发问题，多晶硅的高度很难增加，所以，增加多晶硅的体积和重量的主要方法是增加它的边长。但是，边长尺寸的增加也不是无限的，因为在多晶硅晶锭的加工过程中，目前使用的外圆切割机或带锯对大尺寸晶锭进行处理很困难。其次，石墨加热器及其他石墨件需要周期性的更换，晶锭的尺寸越大，更换的成本越高。

通常情况下，高质量的铸造多晶硅应该没有裂纹、孔洞等宏观缺陷，晶锭表面平整。从正面看，铸造多晶硅呈多晶状态，晶界和晶粒清晰可见，其晶粒的大小可以达到 10mm 左右。从侧面看，晶粒呈柱状生长，其主要晶粒自底部向上部几乎垂直于底面生长，如图 3-33 所示。

在晶锭制备完成后，切成面积为 100mm×100mm、150mm×150mm 或 210mm×210mm 不等的方柱体，如图 3-34 所示。最后利用线切割机切成片状，如图 3-35 所示。

图 3-32 铸造多晶硅铸锭及模具实物图

（a）正面　　（b）剖面

图 3-33 铸造多晶硅的正面俯视图和剖面图

图 3-34 铸造多晶硅晶锭的柱体示意图

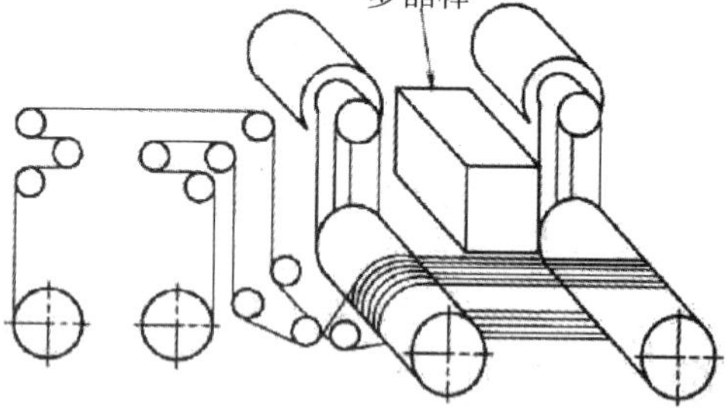

图 3-35 铸造多晶硅晶锭的线切割示意图

利用定向凝固技术生长的铸造多晶硅，生长速度慢，坩埚已消耗，不能重复循环使用，即每一炉多晶硅需要一支坩埚，而且，在晶锭的底部和上部，各有几厘米厚的区域由于质量低而不能应用。为了克服这些缺点，电磁感应冷坩埚连续拉晶法（electromagnetic continuous pulling）已经被开发，简称 EMC 或 EMCP 法。其原理就是利用电磁感应的冷坩埚来熔化硅原料，这种技术熔化和凝固可以在不同部位同时进行，节约生产时间。而且，熔体和坩埚不直接接触，既没有坩埚的消耗，降低了成本，又减少了杂质污染，特别是氧浓度和金属杂质浓度有可能大幅度降低。另外，该技术还可以连续浇铸，速度可达 5mm/min。不仅如此，由于电磁力对硅熔体的作用，使得掺杂剂在硅熔体中的分布可能更均匀。显然，这是一种很有前途的铸造多晶硅技术。图 3-36 所示为电磁感应冷坩埚连续拉晶法制备铸造多晶硅的示意图。

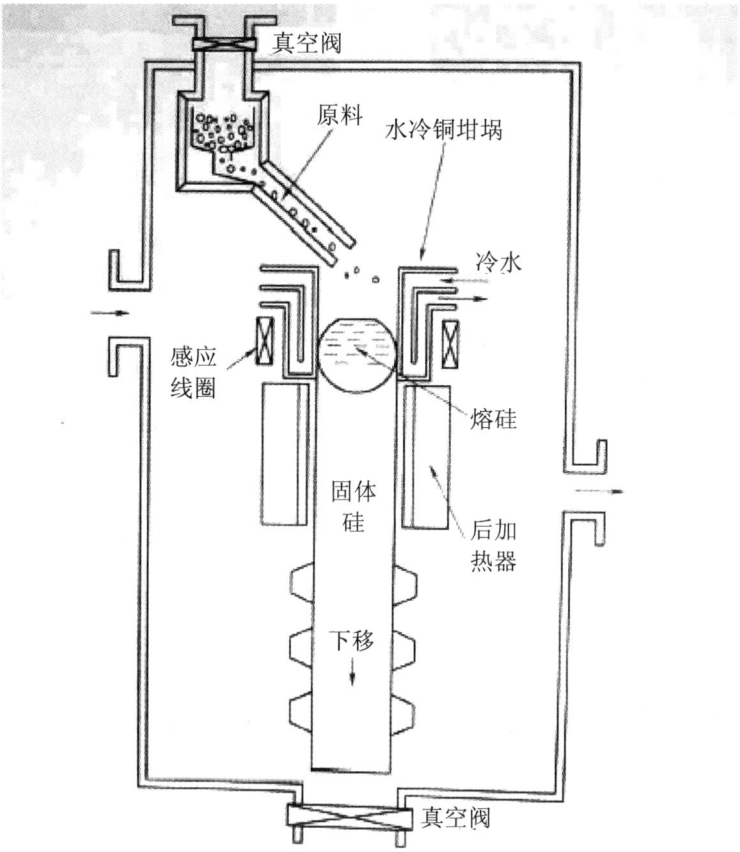

图 3-36　电磁感应冷坩埚连续拉晶法制备铸造多晶硅的示意图

由图可知，硅原料可以从顶部直接下落到拉晶炉的硅熔体之中。实际上，日本 Sumitomo 公司（前身为大阪钛公司）自 2002 年开始，已经利用电磁感应冷坩埚法规模化生产铸造多晶硅。但是，这种技术也有弱点，制备出的铸造多晶硅的晶粒比较细小，为 3～5mm，晶粒大小不太均匀。由图可以看出，该技术的固液界面是严重的凹形，会引入较多的晶体缺陷。因此，这种技术制备的铸造多晶硅的少数载流子寿命较低，所制备的太阳能电池的效率也较低，需要进一步改善晶体制备技术和材料质量，才能使这种技术在业界得到广泛应用。目前，利用该技术制备的铸造多晶硅晶锭可达 350mm×350mm×3000mm，电池效率可以达到 15%～17%。

3.2.2　带硅材料及其制备

1. 带硅材料及其分类与比较

带硅材料又称为硅带材料或带状硅材料，是一种正在发展的新型太阳电池硅材料。它是利用不同的技术，直接在硅熔体中生长出带状的多晶硅材料，由于具有减少硅片加工工艺、节约硅原材料的优点，因而得到了人们的关注，在太阳能电池工业中已经得到初步应用。利用这种技术生长的带硅材料，已经占到太阳能电池材料市场的3%～4%，具有很好的发展潜力。

无论是直拉单晶硅，还是铸造多晶硅，都需要经过切片加工工艺，由此便有大量的材料由于切割而被浪费。对于内圆切割而言，刀片的厚度为250～300μm。也就是说，相对于220～300μm厚度的硅太阳能电池，有60%的硅材料会被浪费。即使对于线宽度为180μm左右的线切割而言，也会有40%多的硅材料由于切割而损失。如果所需的太阳电池硅片更薄，那么材料损失的比例也会更大。因此，人们采用不同的技术，直接连续地生产片状的带硅晶体材料，希望通过简单的分片切割后就能应用于太阳能电池的制备，从而省去传统硅片切割的过程，达到降低成本、节约时间的目的。

20世纪80年代以来，带硅材料的研究和生产吸引了国际光伏界的关注。国际上有十多家研究机构或公司长期致力于生长带硅硅片的研究工作，迄今为止，已经有20余种技术被开发，也有部分技术进入实际生产应用，但大部分技术仍处于研究阶段。对于采用不同技术制备的带硅而言，面对的共同问题是由于生长速率和冷却速率较快，带硅硅片的晶粒细小、缺陷密度较高；同时，金属杂质及其他轻元素杂质的含量相对较高，导致利用这些技术制备的带硅太阳能电池的转换效率普遍偏低，经济成本较高。

带硅生产工艺主要有两类：一类是垂直提拉生长，另一类是水平横向生长。一般而言，垂直提拉生长的速率远远低于水平横向生长的速率，这是因为垂直提拉生长时结晶前沿垂直于表面，因此晶体生长速率为每分钟仅数厘米，平均生长速率为$10 \sim 160\ cm^2/min$。而水平横向生长时，结晶前沿与带硅表面平行，生长速率可达到每分钟数米。目前，带硅的主要生长技术有：边缘限制薄膜带硅生长技术（Edge-defined Film-fed Growth，EFG）、线牵引带硅生长技术（String Ribbon Growth，SRG）、枝网带硅工艺（Dendritic Web Growth，DWG）、衬底上的带硅生长技术（Ribbon Growth on Substrate，RGS）、工艺粉末带硅生长技术（Silicon Sheet of Powder，SSP），等等。在这几种带硅生长技术中，EFG、SRG和DWG相对成熟，都属于垂直生长技术，已经不同程度地进入了商业化生产。SSP技术也属于垂直生长技术，而RGS则属于水平生长技术，仍然处于实验、研究阶段。

2. 带硅材料的几种生长技术介绍

（1）边缘限制薄膜带硅生长技术（EFG）

边缘限制薄膜带硅生长工艺属于垂直提拉生长技术，是由前Mobil Solar（现ASE American）公司在20世纪80年代发展起来的。迄今为止，仍然是该公司的专有技术，仅在该公司内投入商业生产。

利用该技术制备带硅晶体材料时，首先将硅原材料放置在石墨坩埚中，然后将坩埚加热至1420℃以上，使得硅原料融化成熔体。再利用中间缝宽为300μm左右的石墨模具，从模具中间引出厚度为300μm左右的带状晶体硅，然后依靠熔体的毛细管效应，将熔硅不断地输送到固液界面，最终制备成具有一定长度的带硅材料。图3-37所示为EFG带硅晶体材料的生长示意图。

在EFG带硅晶体材料生长过程中，石墨模具被硅熔体润湿的状态和模具的几何形状，将决定弯曲的固液界面和带硅的厚度与形状。

EFG带硅材料生长完成后，也需要切割。由于材料厚度仅为300μm左右，极易破碎，无法采用普通晶体硅采用的内圆切割或线切割技术，需要采用特殊的激光切割技术，实际工艺中通常利用Nd:YAG激光。

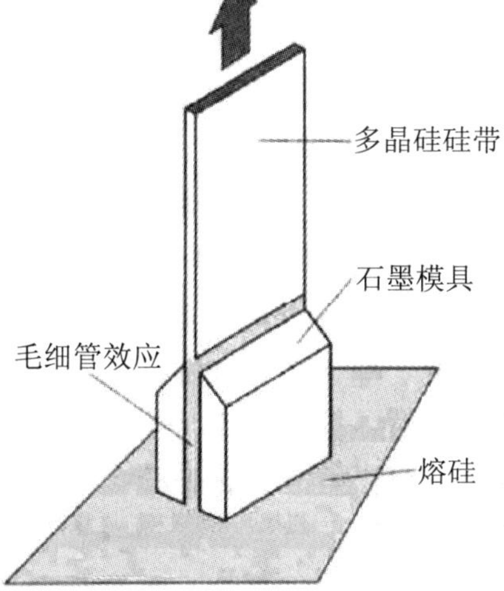

图 3-37 EFG 带硅晶体材料的生长示意图

由于晶体生长技术的制约，EFG带硅晶体材料不可能是单晶材料，只能是多晶材料，晶粒细小，大约100μm左右，晶粒生长趋于[110]晶向，并且表面不平整，微有起伏。带硅内位错密度高，在$10^6/cm^2$数量级左右，且呈不均匀分布。另外，由于利用石墨模具，在晶体生长过程中，部分碳可能会进入带硅，形成SiC沉淀。同样，由于石墨的损耗，使得带硅的宽度和厚度随晶体的生长都会有所增加。目前，EFG带硅材料的性能低于单晶硅材料或铸造多晶硅材料，在实验室中的太阳电池光电转换效率达到14.8%，成品率已超过90%，ASE公司的EFG带硅材料的年产量也已达到15MW以上。

（2）线牵引带硅生长技术（SRG）

线牵引带硅生长技术也属于垂直提拉生长技术，自20世纪90年代中期开始由美国的Evergreen Solar公司首先开发并投人商业生产。

线牵引生长带硅晶体的示意图如图3-38所示。同样，利用石墨坩埚首先将硅原料熔化，然后由两条平行的耐热良好的线从坩埚、熔体中穿出，用于稳定生长时带硅的边缘，直接将一定厚度的带硅从熔硅中拉出。显然，该技术具有工艺简单、可以连续加料、连续生产的优点。而且，晶体材料可以高速生长，生长速度高达25mm/min。

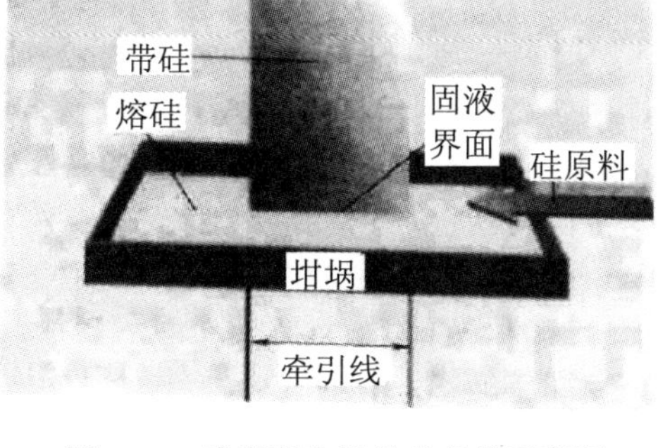

图 3-38 线牵引生长带硅晶体示意图

在晶体生长过程中，线的直径是决定SRG带硅材料厚度的主要因素之一。正常情况下，可以生长厚度为300μm的带硅，如果减小线的直径，也可以制备厚度小于100μm的带硅。目前最小厚度为5μm的SRG带硅已经研制成功。另外，还需要精确地控制熔体温度以确定适合的固液界面，这也会影响带硅的厚度。带硅材料的宽度则取决于两线之间的宽度。很明显，通过调整两线之间的宽度，可以获得所需的不同尺寸的硅片。

带硅晶体生长完成后，用激光或特殊的金刚刀具将SRG带硅切割成边长相等的正方形硅片或者长方形硅片，然后直接用于制备太阳电池。

线牵引生长带硅的设备十分简单，成本很低，工作循环次数高。通常，带硅的厚度为300μm，宽度为5.6cm。Evergreen Solar公司利用该技术制备的带硅硅片及电池，其实验室的光电转换效率可达15.1%。目前，其商业生产的SRG带硅材料达到10MW的能力。

（3）枝网带硅工艺（DWG）

枝网技术（又称为枝蔓技术）生长带硅晶体材料，同样属于垂直生长技术，最早是由Westinghouse公司开发的，其后Ebara Solar公司继续研究其晶体生长和加工技术，并于2000年开始小规模生产。

枝网技术生长带硅的过程比线牵引生长带硅技术发展还要早。它也利用石墨坩埚先将硅原料熔化，然后将籽晶在坩埚中部与熔体接触、浸润，此时快速提高熔体的过冷度，使籽晶下端向两侧长出左右对称的针状晶体，在一定长度后提高晶体拉伸速度，此时针状晶体两端长出枝网状（枝蔓状）晶体并不断向下和向中间延伸，形成带状晶体硅。通常，从两端长出的枝蔓状晶体在中间结合，形成各有一个单晶、中间界面是孪晶界的双晶带硅。因此，DWG技术的晶体生长速率慢，但是晶体质量好。另外，DWG技术与SRG技术一样，具有工艺简单、可以连续加料的优点。枝网生长带硅需要精确控制熔体的温度，以得到确定的带硅厚度。

目前，DWG带硅的厚度一般为100μm，宽度为6cm，长度最长可达37m，电池尺寸为10cm^2。这种技术制备的带硅虽然也是多晶硅材料，但是如果温度控制得当，可以得到大晶粒多晶甚至单晶。目前，实验室太阳电池的光电转换效率最高可达17.3%，主要是带硅的晶体质量好，表面复合少，所以电池的开路电压可以做得更高。目前，Ebara公司有1MW的生产线，总体而言，大规模工业化生产的可能性仍然很小。

（4）衬底上的带硅生长技术

与前面提到的三种主要的带硅生长技术不同，衬底上的带硅生长技术（RGS）属于水平生长技术，最早是由德国Bayer公司在20世纪80年代初开发的，现由荷兰的ECN Solar Energy公司继续研究开发。

图3-39所示为RGS带硅晶体生长示意图，它与前三种带状硅工艺的主要区别在于，带硅的晶粒生长方向不是平行，而是垂直于拉制方向。通常，它利用石墨坩埚熔化硅原材料，在石墨坩埚的底部开一条细槽，熔硅从槽中流到冷却的衬底上，导致晶体硅的形成。在晶体生长过程中，冷却的衬底不停地向前运动，从而使晶体硅形成带状。

在RGS带硅生长过程中，衬底温度是决定带硅厚度和生长速率的重要因素。衬底温度越高，带硅的厚度越薄，接触后的时间延长，带硅的厚度增加；相反，衬底温度越低，带硅的生长速率越快，随着时间的延长，生长速率则逐渐降低。

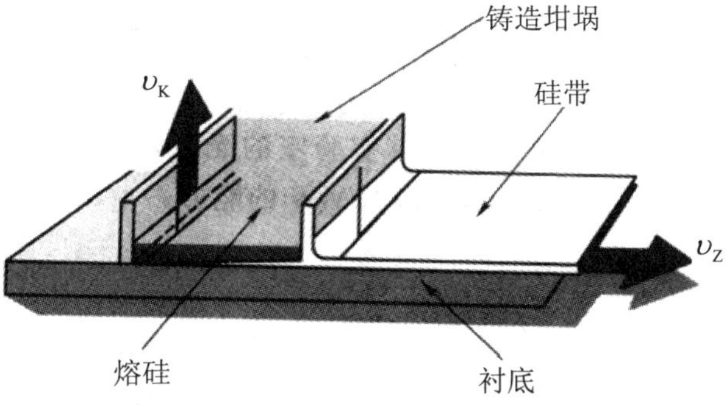

图 3-39　RGS 带硅晶体生长示意图

通常，RGS带硅的厚度为300～400μm，晶粒大小为0.1～0.5mm，位错密度为10^5～10^7 cm^{-2}，碳浓度为（1～2）×10^{18} cm^{-3}，氧浓度为1×10^{18} cm^{-3}。由于晶界和缺陷的作用，其太阳能电池的光电转换效率依然低于12%。所以，这种工艺目前并未商业化生产。

3.2.3　多晶硅薄膜材料及其制备

在前面部分，我们介绍了硅太阳电池的常用“基底”材料——硅晶体材料，包括单晶硅和多晶硅以及带硅。本节我们将重点介绍“非衬底”薄膜晶体硅材料——多晶硅薄膜材料。

人们一直试图寻找一种既具有晶体硅的优点，又能克服非晶硅弱点的太阳能电池材料，多晶硅薄膜就是这样一种重要的新型硅薄膜材料。多晶硅薄膜既具有晶体硅的电学特性，又具有非晶硅薄膜成本低、设备简单且可以大面积制备等优点，不仅在集成电路和液晶显示等领域已经广泛应用，而且在太阳能光伏利用方面，也正在发挥着积极的作用。

1. 多晶硅薄膜材料及其基本性质简介

所谓的多晶硅（polycrystalline silicon，poly-Si）薄膜材料是指在玻璃、陶瓷、廉价硅等低成本衬底上，通过化学气相沉积等技术，制备成一定厚度的多晶硅薄膜。根据多晶硅晶粒的大小，部分多晶硅薄膜又可以称为微晶硅薄膜（microcrystalline silicon thin films，μc-Si，晶粒大小为 10～30nm）或纳米硅（nanocrystalline silicon thin films，nc-Si，晶粒大小为 10nm）薄膜。因此，多晶硅薄膜分为两类：一类晶粒尺寸较大，完全（基本或全部晶化）由多晶硅颗粒组成；另一类由部分晶化、晶粒尺寸细小的多晶硅镶嵌在非晶硅网络中组成。这些多晶硅薄膜单独或与非晶硅组合构成了多种新型的硅基薄膜太阳电池，具有潜在的应用。例如，利用微晶硅单结电池替代价格昂贵的 a-SiGe:H 薄膜太阳电池作为底电池，可以吸收太阳光谱中的近红外光，再结合作为顶电池的能吸收太阳光谱中蓝、绿光的非晶硅薄膜电池，构成所谓的叠层薄膜太阳电池，可以大大地改善叠层电池的光电转换效率。

通常，多晶硅薄膜主要通过两种途径制备：一是通过化学气相沉积（CVD）等技术，在一定衬底材料上直接制备；二是首先制备非晶硅薄膜，然后再通过固相晶化、激光晶化和快速热处理晶化等技术，将非晶硅薄膜晶化成多晶硅薄膜。无论采用哪种途径，制备出的多晶硅薄膜具有晶粒大、晶界缺陷少等性质。在多晶硅薄膜的研究中，目前人们主要关

注：如何在廉价的衬底上，高速、高质量地生长出多晶硅薄膜？尽可能采用较低的衬底温度，以便能够选用低价优质的衬底材料。如何对多晶硅薄膜的电学性质进行高可控并使其具有高的可重复性？

多晶硅薄膜大多是指生长在种类各异的非硅衬底材料上的晶体硅薄膜，由众多大小不一且晶向不同的细小硅晶粒组成，直径一般为几百纳米到几十微米（注意：与微晶硅薄膜在晶粒尺寸上有所差别）。多晶硅薄膜与铸造多晶硅材料相似，具有晶体硅的基本性质，同时，又具有非晶硅薄膜低成本、制备简单和可以大面积制备等优点。

由于多晶硅薄膜具有与单晶硅材料相同的电学性能，在 20 世纪 70 年代，人们利用它代替金属铝作为 MOS 场效应晶体管的栅极材料，后来又作为绝缘隔离、发射极材料等，在集成电路工艺中得到大量应用。人们还发现，大晶粒的多晶硅薄膜具有与单晶硅相似的高的载流子迁移率，可以做成大面积、具有快速响应的场效应薄膜晶体管（TFT）、传感器等光电器件，于是多晶硅薄膜在大阵列液晶显示领域从此得到了广泛应用。

20 世纪 80 年代以来，在非晶硅薄膜的基础上，研究者希望开发既具有晶体硅的性能，又具有非晶硅薄膜的大面积、低成本优点的新型太阳能光电材料。多晶硅薄膜不仅对长波长太阳光具有高敏性，而且对可见光有较高的吸收系数，同时也具有与晶体硅相同的稳定性，不会产生非晶硅中的光致衰减（SW）效应。

M. Wolf 等在 1980 年首先提出用薄膜多晶硅材料制备太阳能电池的思路，他预计，随着电池厚度的减小，开路电压会得到提高。研究证明，电池厚度降低至 30μm 左右，电池表面的复合速率将会降低。如果多晶硅薄膜衬底表面具有类似“绒面”的结构，还能促使太阳光线在薄膜内的多次反射，增加光的吸收，达到改善薄膜硅太阳电池性能的目的。因此，多晶硅薄膜被认为是理想的新一代太阳能光电材料。

2. 多晶硅薄膜材料的制备

凡是制备固态薄膜的技术，如真空蒸发、溅射、电化学沉积、化学气相沉积、液相外延和分子束外延等，都可以用来制备多晶硅薄膜材料。

（1）化学气相沉积制备多晶硅薄膜

① 等离子增强化学气相沉积（PECVD）制备多晶硅薄膜

用等离子体增强化学气相沉积方法制备多晶硅薄膜，通常都是在反应室中通入 SiH_4 和 H_2 两者的混合气体作为气体源，然后在等离子体中进行化学气相分解。为了区别非晶硅薄膜生长，多晶硅薄膜的生长通常是通过改变气体源中稀释 H_2 气体的浓度，来调整薄膜中的结晶晶粒比例。如果利用纯 SiH_4 气体或低浓度 H_2 稀释的 SiH_4 作为气体源，那么，利用 PECVD 技术在衬底上沉积形成的基本上都是非晶硅薄膜。如果增加 H_2 的浓度至 90%～99%，就可以制备出多晶硅（微晶硅）薄膜。

显然，在多晶硅（微晶硅）薄膜的制备过程中，硅薄膜的晶化分数主要取决于反应气体中 H_2 的浓度。通常，随着 H_2 浓度的提高，硅薄膜晶化的比率就大。图 3-40 所示为不同沉积温度时，反应气体中 H_2 浓度变化后制备的硅薄膜的拉曼谱图。显然，不论是在 25℃、100℃，还是在 175℃，随着 H_2 浓度的增大，硅薄膜晶化越来越明显，520cm^{-1} 拉曼峰变得更加敏锐。从图中可以进一步看出，在 175℃时，如果 H_2 浓度为 95%，利用 PECVD 制备出来的薄膜是非晶硅薄膜。在 H_2 浓度未达到 97%前，薄膜保持非晶网络为主的特征；当 H_2 浓度达到 97%后，制备的薄膜转变成微晶硅薄膜，晶化率约为 66%。在 100℃时，

如果 H_2 浓度为 96%和 97.5%，制备出的薄膜是非晶硅薄膜；当 H_2 浓度达到 98%时，制备出的薄膜转变为微晶硅薄膜，晶化率约为 61%。在室温 25℃时，即使 H_2 浓度达到 99%，制备出的薄膜依然是非晶硅薄膜，晶化率较低。

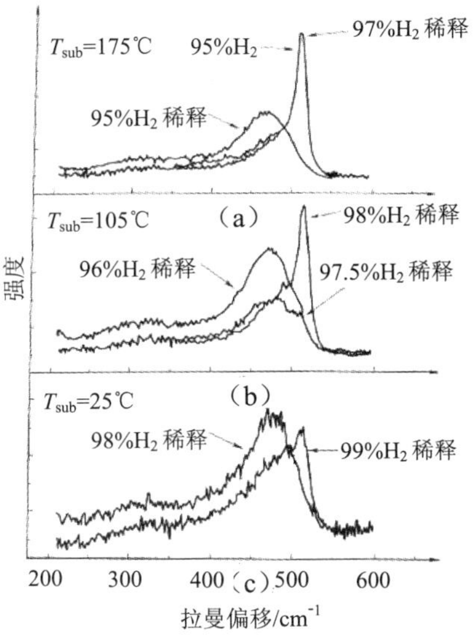

图 3-40　PECVD 制备的硅薄膜的拉曼谱图

与非晶硅薄膜的生长机理一样，PECVD 制备多晶硅薄膜的机理至今仍然存在争议。原则上，在反应室中，通过射频辉光放电分解硅烷，硅烷气体被分解成多种新的基团，形成各种离子的等离子体。然后，这些基团通过迁移、脱氢等一系列复杂的过程，在衬底上沉积形成多晶硅薄膜。SiH_3 基团被认为是多晶硅薄膜形成的主要前驱体，附着在衬底上的氢原子在多晶硅薄膜的沉积过程中起到了重要的作用。通常，低寿命的基团、高浓度的基团（如 Si_2H_5、Si_3H_8 等）和反应基团（如 SiH_2、SiH 等）都会阻碍多晶硅薄膜的形成。

除了氢以外，在 PECVD 工艺中，决定硅薄膜是非晶还是多晶的另一个重要因素是等离子体中离子的能量。一般认为，当离子的能量较高，如大于 5eV 时，倾向于生长成非晶硅薄膜；反之，则为多晶硅薄膜。所以，人们利用各种技术试图降低等离子体中的高能离子数目，以便增加薄膜晶化率。其中一种技术就是利用甚高频等离子增强化学气相沉积技术（VHF PECVD）来制备多晶硅薄膜。这是因为甚高频和普通等离子体制备使用的频率 13.56MHz，可以降低高能离子的数目，从而有利于多晶硅的生成。另一种技术是用氢的同位素氘（D）替代 H_2 作为 SiH_4 的稀释气体，不但可以增加硅薄膜的晶化率，而且可以降低薄膜的缺陷密度。这被认为是在等离子体中，由于与氢比较，氘的质量大，电子的损失速率就低，从而降低了等离子体中的电子温度，也就降低了高能离子的数目。另外，通过电极的设计也可以改变等离子体中高能离子的数量，已有研究者利用三电极系统（即在传统的电极板之间增加一个负电极），也有研究者在正、负电极周围建立了一个正直流偏压墙（DC biased wall）电极，导致高能离子从等离子体中逸出而不能达到衬底或薄膜表面，从而降低了高能离子对的轰击和影响。

利用气体辉光放电技术可以方便地制备非晶硅薄膜，具有温度低（100～300℃）、能耗小的特点，但是在如此低温的条件下，制备多晶硅薄膜的难度是很大的。因为在化学气相沉积过程中，硅烷分解后要使硅原子能在衬底上顺利结成晶体，衬底的工作温度必须提高。一般而言，利用硅烷分解制备高质量的多晶硅薄膜，衬底的温度需要 500～600℃。但是，由于辉光放电技术本身的原因，衬底的温度很难达到 550℃以上。因此，与非晶硅薄膜制备相比，利用 PEVCVD 生长多晶硅薄膜需要一些技术上的改进。

研究发现，对衬底材料进行不同程度的预处理，可以促进多晶硅薄膜的形成。C.H.Chen 等利用 HF 对硅衬底进行浸渍等预处理，然后在反应室的 H_2 气氛中焙烤，利用 PECVD 技术在 165～350℃的衬底温度下成功地生长出多晶硅薄膜。S.Hasegawa 等在沉积多晶硅薄膜之前，先通入 CF_4、He 的混合气体进行等离子体化，对石英衬底表面进行腐蚀，造成衬底表面具有一定的粗糙度；然后利用 PECVD 技术，以 SIH_4、H_2 混合气体为气体源，制备出了 0.2μm 厚的多晶硅薄膜。另外，人们还试图利用其他气体源来代替硅烷，最常用的是卤硅化合物（如 SiF_4）或者是硅烷和卤硅化合物的混合气体（如 SiF_4、SiH_4 和 H_2）等。因为 F-H 和 Si-F 的化学键能较 Si-Si 和 Si-H 的大得多，所以在化学反应中会产生大量的能量，从而诱导多晶硅低温形核。与硅烷气体作为气体源的反应相比，利用这些气体源，多晶硅薄膜的沉积温度可以下降至 200℃左右，生成的多晶硅的晶粒较大，可达到 4～6μm，而且有明显的择优取向。另外，目前多晶薄膜的衬底材料多采用玻璃和不锈钢带，而柔软性、可塑性更好且透明的塑料也是重要的衬底材料。但由于塑料的玻璃化温度与玻璃相比更低，因此，在制备多晶硅薄膜时，如何降低沉积温度是重要的挑战。

② 低压化学气相沉积（LPCVD）制备多晶硅薄膜

除 PECVD 技术以外，低压化学气相沉积（LPCVD）是在异质衬底上大面积制备多晶硅薄膜的另一种常用技术。与利用常规 PECVD 技术生长的多晶硅薄膜相比，少数载流子的迁移率更高、晶粒内部的应力更低，而且由于制备时间较长，薄膜的晶粒尺寸较大。除此之外，LPCVD 技术制备的多晶硅薄膜的电学、光学性质和 PECVD 制备的多晶硅薄膜相仿，只是 LPCVD 技术制备的多晶硅薄膜的缺陷较多，因此，少数载流子的扩散长度较小，会影响其太阳能电池的转换效率。

图 3-41 所示为低压化学气相沉积系统的示意图。由此可知，反应气体和载气从反应室一端进入，从受热的衬底表面流过并发生化学反应，生成的硅原子沉积在衬底表面，形成多晶硅薄膜，而生成的副产品气体则随载气流出反应室。与普通高温化学气相沉积不同的是，LPCVD 利用机械泵和减压泵，将反应室的压力降至 0.05～5 托，此时的反应温度相对较低（550～800℃），可以生长均匀性良好的多晶硅薄膜。LPCVD 直接制备多晶硅薄膜时，通常也是利用硅烷作为气体源，也有用乙硅烷（Si_2H_6）作为气体源的。比较典型的工艺参数为：反应室压力为 10～30Pa，沉积温度为 580～630℃，此时多晶硅薄膜的生长速率为 5～10nm/min。由 LPCVD 法生长的多晶硅薄膜，一般晶粒具有[110]择优取向，同时内部含有高密度的微孪晶缺陷，且晶粒尺寸小，载流子迁移率不够大。通过降低反应室压力，多晶硅薄膜的晶粒尺寸可以增大，但薄膜的表面粗糙度也会增加，从而对多晶硅薄膜的载流子迁移率以及电学稳定性产生负面影响。由于 LPCVD 技术的沉积温度相对较高，在衬底（基板）的选择方面受到限制，例如普通玻璃的软化温度处于 500～600℃，因此不能被选作 LPCVD 制备多晶硅薄膜的衬底，而必须使用更昂贵的石英玻璃作为衬底。

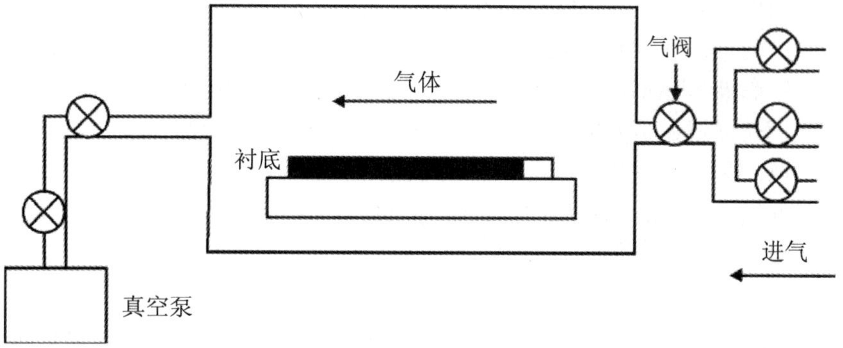

图 3-41 低压化学气相沉积系统示意图

③ 热丝化学气相沉积（HWCVD）制备多晶硅薄膜

热丝化学气相沉积（Hot Wire Chemical Vapor Deposition，HWCVD）是在 PECVD 技术的基础上发展起来的新型硅薄膜制备技术。利用该技术，硅薄膜的生长速率比普通 PECVD 的生长速率高 5～25 倍，可以更好地大面积均匀沉积薄膜，设备的成本也相对较低，而且多晶硅薄膜颗粒较大、氧浓度低、本征缺陷少、高度[110]取向。利用这种技术制备的多晶硅薄膜（含氢 2%～3%）的暗电导可以达到$10^{-7}S/cm$。因此，HWCVD 制备多晶硅薄膜具有很好的应用前景。

HWCVD 技术最早由 H. Wiesmann 提出。该技术衬底温度低，可以利用廉价的材料作为衬底。高温钨丝可使硅烷充分分解，达到充分利用气体源的目的。薄膜生长速率高，可以降低多晶硅薄膜的制备成本。同时，HWCVD 制备的多晶硅薄膜结构均匀、一致性高、载流子迁移率高、氢含量低（仅有 1%左右），因此，是一种相当有前景的薄膜沉积技术。

HWCVD 低温成膜的工作原理是：在反应室的衬底附近 3～5cm 处，放置一个直径为 0.3～0.7mm 的金属钨丝，呈盘状或平行状；通入大电流，使钨丝加热升温至 1500～2000℃；SiH_4 等气体源在流向衬底的途中，受到钨丝的高温催化作用而发生热解，从而使硅原子直接沉积在衬底上形成多晶硅薄膜。在这一高温作用下，SiH_4 和 H_2 中的键更容易被打断，而且，SiH_4 的高效率分解能产生大量氢原子，使得即使没有高浓度稀释 H_2 的存在，也能有足够的氢辅助生长。因此，多晶硅薄膜的沉积速率和效率较高，最大沉积速率可以达到 3～5nm/s，而且热丝对衬底的热辐射较低，有助于多晶硅薄膜的高速生长。如果缩短热丝和衬底间的距离或者增加热丝的匝数，还可以明显增大薄膜的沉积速率。

用 HWCVD 工艺制备多晶硅薄膜时，热丝的温度被认为是决定多晶硅薄膜质量的主要因素。研究表明，当衬底温度为 175～400℃时，如果热丝的温度为 2000～2100℃，可以顺利地制备出多晶硅薄膜。但热丝的温度为 1700～1900℃，就只能制备出非晶硅薄膜。热丝的材质好坏会影响到热丝可能达到的温度，也是决定薄膜质量的一个因素。通常热丝的材料是钨，也有使用 W 和 Ta 的合金，都能制得较好的多晶硅薄膜。

（2）非晶硅薄膜晶化制备多晶硅薄膜

利用化学气相沉积直接制备多晶硅薄膜，工艺简单、操作方便。但是，除 HTWCVD 技术之外，通常，硅薄膜沉积温度相对较高，达到 500～600℃，而普通玻璃的软化温度为 500～600℃。因此，利用化学气相沉积技术直接制备多晶硅薄膜，其衬底材料的选择受到很多限制。我们可以利用 PECVD 技术在低温下先制备出非晶硅薄膜，利用非晶硅薄膜的亚稳性质，通过适宜的后续热处理，由非晶硅薄膜通过晶化转化得到多晶硅薄膜。

非晶硅再结晶技术包括高温再结晶的区域熔炼再结晶（Zone Melting Re-crystalline，ZMR）以及低温再结晶的固相再结晶、激光再结晶、快速热处理再结晶等。固相再结晶技术简单、成本低，易于大规模工业生产，可以原位磷扩制备 p-n 结。近年发展的脉冲快速热处理工艺（Pulsed Rapid Thermal Process，PRTP）利用金属铝等作诱导，可以快速制备多晶硅薄膜，引起了人们的关注。

① 固相晶化制备多晶硅薄膜

固相晶化（SPC）是指非晶硅薄膜在一定的保护气中，在 600℃以上进行常规热处理，时间为 10～100h。此时，非晶硅可以在远低于熔硅晶化温度的条件下结晶，形成多晶硅。图 3-42 所示为 LPCVD 制备的非晶硅薄膜在氮气氛中 600℃热处理 24h 后的 X 射线谱图，制备非晶硅薄膜时的衬底温度为 470℃。从图中可以看出，非晶硅已经转变成多晶硅，其中（111）晶面的衍射峰最强。

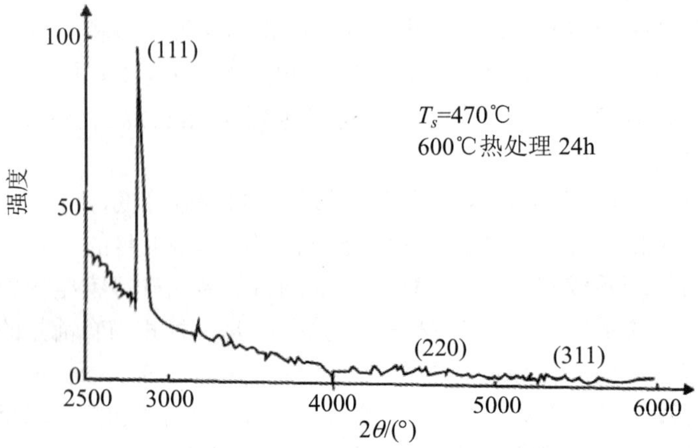

图 3-42 LPCVD 制备的非晶硅薄膜在氮气氛中 600℃热处理 24h 后的 X 射线谱图

研究发现，利用固相晶化技术制得的多晶硅薄膜的晶粒尺寸与非晶硅薄膜的原子结构无序程度和热处理温度密切相关。初始的非晶硅薄膜的结构无序度越高，固相晶化过程中多晶成核速率越低、晶粒尺寸越大。这主要是因为非晶硅虽然具有短程有序的特点，但是在某些区域会产生局部的长程有序，这些局部的长程有序就相当于小的晶粒，在非晶硅晶化过程中起到一个晶核的作用。所以，非晶硅结构越有序，局部的长程有序区域产生的概率也就越大，固相晶化过程中成核速率也就越高，从而使晶粒尺寸变小。

同时，热处理温度也是影响晶化效果的另一个重要因素。当非晶硅在 700℃以下热处理时，温度越低、成核速率越低，所能得到的晶粒尺寸越大。而在 700～800℃热处理时，由于此时晶界移动引起了晶粒的相互吞并，小的晶粒逐渐消失，而大的晶粒逐渐长大，使得在此温度范围内晶粒尺寸随温度的升高而增大。

一般固相晶化技术的晶化温度都在 600℃以上，因此对衬底材料还是有一定要求。另外，晶化时间长也是一个重要弱点。

② 金属诱导固相晶化制备多晶硅薄膜

在改良的固相晶化技术中，金属诱导固相晶化（MISPC 或 MIC）技术最具发展前途。所谓的金属诱导固相晶化技术，就是在制备非晶硅薄膜之前、之后或同时，沉积一层金属薄膜（如 Al、Ni、Au、Pd 等），然后在低温下进行热处理，在金属的诱导作用下，使非晶硅低温晶化而获得多晶硅。这主要是因为金属与非晶态硅界面的相互扩散作用，减弱了非晶硅中 Si-Si 的键强，同时，金属与非晶态硅通常有较低的共晶温度，从而使非晶态硅能在低于 500℃下发生晶化。

早期研究已经证明，当硅与金属接触后，能够在较低的温度下（100～700℃）与大多数金属形成金属硅化物，其共晶温度远远低于纯非晶硅的晶化温度。在固相晶化时，如果热处理温度高于共晶温度，金属与非晶硅之间将会有液相产生，由于非晶态硅的自由能高于晶态硅，降温时将使硅薄膜从非晶态向晶态转变。

以目前最常用的金属 Al 为例，其金属诱导晶化的主要机理是在低温晶化时，金属 Al 和非晶态硅发生相互扩散。金属 Al 原子扩散到非晶硅中后，形成间隙原子，在 Si 原子周围的原子数将多于 4 个，Si-Si 共价键所共用的电子将同时被 Al 间隙原子所共有，从而 Si-Si 所拥有的共用电子数少于 2，使得 Si-Si 从饱和价键向非饱和价键转变。因此，Si-Si 将由共价键向金属键转变，减弱了 Si-Si 结合，使其转化成 Si-Al 结合，导致 Si-Al 混合层的形成。由于金属 Al 与非晶态硅有较低的共晶温度，Si 在 Al 中的固溶度很低，过饱和的 Si 便以第二相的形式析出，形成晶体硅的核心，最终长大成为多晶硅薄膜。通常，在 580℃左右晶化时，只需 10min，多晶硅晶粒就可以达到 1.5μm。甚至在低温 350℃热处理后即可得到多晶硅，与传统的固相晶化技术相比，其晶化温度降低了 200～400℃。

在非晶硅中引入诱导金属有两种方法：一是以金属与非晶态硅层状复合；二是金属与非晶态硅混合相嵌，即在沉积金属的同时沉积非晶硅。

金属诱导固相晶化制备的多晶硅薄膜主要取决于金属种类和晶化温度，而与非晶硅的结构、金属层厚度等因素无关，因此对非晶硅的原始条件要求不高，可以简化非晶硅薄膜的制备工艺，降低生产成本。但是，该技术会引入金属杂质，这些金属最终对半导体硅的电学性能将产生致命影响，在应用中要特别留意。

③ 快速热处理晶化制备多晶硅薄膜

所谓的快速热处理（RTP）晶化制备多晶硅薄膜是指采用光加热的方式，是采用在数十秒内将非晶硅薄膜快速升高到 1000℃以上的高温，之后快速降温的热处理工艺来晶化非晶硅薄膜的新工艺。与传统的用电阻丝加热的热处理炉相比，快速热处理具有更短的热处理时间，更快的升、降温速率，而且，由于升降温很快，被热处理的材料和周围环境处于非热平衡状态。

在 RTP 系统中，一般采用碘钨灯加热，其光谱从红外到紫外，一方面灯光可以加热材料，另一方面灯光中波长小于 0.8μm 的高能量光子对材料会起到增强扩散作用。除此之外，在快速热处理时，还会出现氧化增强效应、瞬态增强效应和场助效应作用等。因此，在快速热处理系统中，温度可以上升得很快。但是 RTP 处理也有弱点，如引入较高的热应力、重复性和均匀性较差等。

④ 激光晶化制备多晶硅薄膜

激光晶化是指通过脉冲激光的作用，非晶硅薄膜局部迅速升温至一定温度而使其晶化，这也是非晶硅晶化制备多晶硅的一种方法，相对于固相晶化制备多晶硅而言更为理想。激光晶化时主要使用的激光器是 XeCl、KrF 和 ArF，其波长分别为 308nm、248nm 和 193nm，脉冲宽度一般为 15～50nm，光吸收深度有数十纳米。由于激光具有短光波长、高能量和浅光学吸收深度的特点，可以使非晶体在数十到数百纳秒内升高至晶化温度，迅速晶化成多晶硅，而且衬底发热小。利用这种技术，衬底的温度很低，所以对衬底材料的要求并不严格。

激光晶化多晶硅薄膜的晶化效果与激光的能量密度和波长紧密相关。一般而言，激光的能量密度越大，多晶硅晶粒的尺寸也越大，当然，相应薄膜的载流子迁移率也就越大。但激光的能量密度并不能无限增大，要受到激光器的限制，通常晶化非晶体使用的激光能量密度范围为 100～700 mJ/cm^2。也有研究指出，过大的能量密度反而使载流子迁移率下降；另一方面，激光波长也对晶化效果有影响。波长越长，激光能量注入非晶硅薄膜就越深，晶化效果相对就越好。目前，激光晶化大多使用 XeCl 和 KrF 激光器，它们的光吸收深度分别为 7nm 和 4nm，非晶硅薄膜的晶化深度可达 15nm 和 8nm。

激光晶化技术也有明显的弱点，主要是设备复杂、生产成本高，难以实现大规模工业应用。

3.2.4 多晶硅材料中的杂质与缺陷

1. 杂质

氢是多晶硅薄膜中的主要杂质。与非晶硅薄膜不同的是，多晶硅薄膜中氢的浓度一般较低，只有 1%～2%，而且一般不会引起光致衰减现象。研究表明，多晶硅薄膜中少量的氢对改善多晶硅薄膜质量至关重要：一是钝化晶界和位错的悬挂键，二是钝化与氧相关的施主态或其他金属杂质引入的能级。毫无疑问，氢对改善多晶硅薄膜是有利的。研究发现，氢钝化可以增加多晶硅薄膜的电阻率，这被认为是由于氢钝化了相关的氧施主和晶界的悬挂键所引起的。

氧是多晶硅薄膜中的另一种重要杂质，活化能约为 0.15eV，它主要是由于系统的真空度不够或者反应气体不够高纯所引起的。氧的引入与沉积过程中的压力也有关。研究指出，在适合的气压下生长多晶硅薄膜，薄膜表面的氧有可能扩散进入薄膜体内。

在多晶硅薄膜中，氧杂质通常打断 Si-Si 键，形成氧桥即 Si-O-Si。一般认为，处于氧桥位置的氧对多晶硅薄膜的影响有限，尤其是对薄膜的晶粒大小和晶化率基本没有影响。但是，在薄膜的制备过程和太阳能电池的制备工艺中，氧可以产生扩散，在多晶硅薄膜的晶界聚集，降低了系统的能量，也易产生施主态，影响薄膜材料的电学性能。

多晶硅薄膜中的氧施主态与直拉单晶硅中的“热施主”相似，主要在 400～500℃之间形成，与氧的扩散紧密相关。因此，如果薄膜在低温下沉积，由于氧的扩散速率降低，与氧相关的施主态就可能会被避免。

2. 缺陷

多晶硅薄膜中的缺陷包括晶界、位错和点缺陷等，迄今为止，它们对薄膜材料性能的影响还未被完全清楚。但是，多晶硅薄膜由大小不同的晶体组成，因此晶界的面积较大，是多晶硅薄膜的主要缺陷。晶界引入的结构缺陷会导致材料电学性能的大幅度降低。同时，在制备过程中，由于冷却速率过快，晶粒内含有大量的位错等微缺陷，这些微缺陷也会影响多晶硅薄膜性能的提高。就多晶硅薄膜在太阳能电池方面的应用而言，正是这些缺陷制约着多晶硅薄膜在产业上的大规模应用。到目前为止，多晶硅薄膜叠层太阳能电池在实验室中的最高光电转换效率也仅在 13%左右，与晶体硅材料相比，还有相当的距离。

相对于单晶硅而言，多晶硅薄膜中的晶界可以引入势垒，引起能带的弯曲，图 3-43 所示为 n 型和 p 型硅中晶界引起能带弯曲的情况。晶界对材料性能有两方面的破坏作用：一方面会引入势垒，导致多数载流子的传输受到阻碍；另一方面，其界面成为少数载流子的复合中心，降低了少数载流子的扩散长度，导致太阳能电池开路电压和效率的降低。

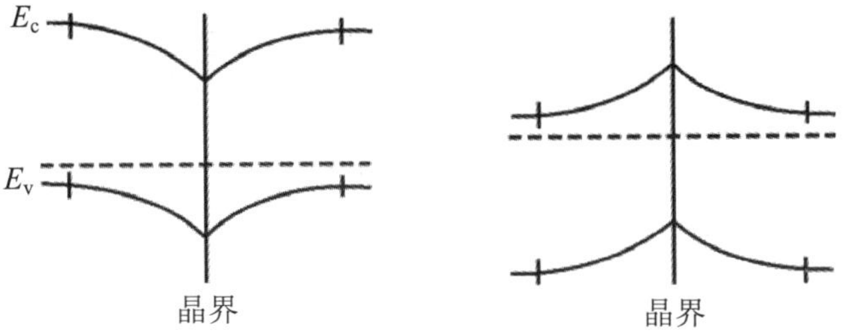

（a）p 型硅　　　　（b）n 型硅

图 3-43　晶体硅晶界处的能带示意图

正是由于多晶硅的晶界是少数载流子的复合中心，严重影响了少数载流子的扩散长度，所以晶粒的大小是非常重要的。通常，多晶硅薄膜太阳电池的效率随晶粒尺寸的增大而增加。如果有一部分晶粒太小，具有很小的扩散长度，会导致整个太阳能电池的开路电压严重下降。对于再结晶技术制备的多晶硅薄膜，其晶粒有一定的分布，平均晶粒的大小约为最大晶粒的 1/3～1/5。

通常，扫描电镜、透射电镜、电子自旋共振谱仪、红外光谱等都可以用来研究多晶硅薄膜中的缺陷。最近，恒定光电流技术（Constant Photocurrent Method，CPM）和光热偏谱（Photothermal Deflection Spectroscopy，PDS）都被认为是研究多晶硅薄膜中缺陷的有效工具，但是其物理解释还未很好地建立，主要是因为：对多晶硅薄膜的缺陷态还未能很好理解。图 3-44 所示为多晶硅薄膜的电子自旋共振谱，从图中可以定性地确定薄膜的缺陷密度。研究发现，利用电子自旋共振谱，在微晶硅中有两种带间缺陷，一种为 g=2.0052，被认为与晶粒柱界面上的悬挂键有关，与非晶硅相比，其 g 值稍低，但是两者的线宽、自旋点阵弛豫时间、随电子辐射的温度改变等都是相同的。也有人指出，多晶硅薄膜的 g=2.0055，与非晶硅相同，这种悬挂键无论是在多晶硅薄膜中还是在非晶硅薄膜中都是散漫的。另外，还有两种多晶硅薄膜中的悬挂键：一种是 g=2.0005 称为各向异性 Pb 型中心；另一种是 g=2.0006 反磁悬挂键对。除了这些本征缺陷，与杂质相关的缺陷也有研究，如 g=2.0026 是与氧相关的缺陷，g=2.0043 是与富氧区悬挂键相关的缺陷。由此可见，多晶硅薄膜缺陷的许多物理机理还没有很好地得到解决。

虽然物理机理还未完全清楚，但是，缺陷对太阳能电池的负面作用已经被公认。因此，在制备多晶硅薄膜时，要调整工艺参数，使得多晶硅薄膜的晶粒尽量大、晶界尽量少，而且晶粒尽量垂直于衬底表面，以降低晶界等缺陷对多晶硅薄膜性能的影响。

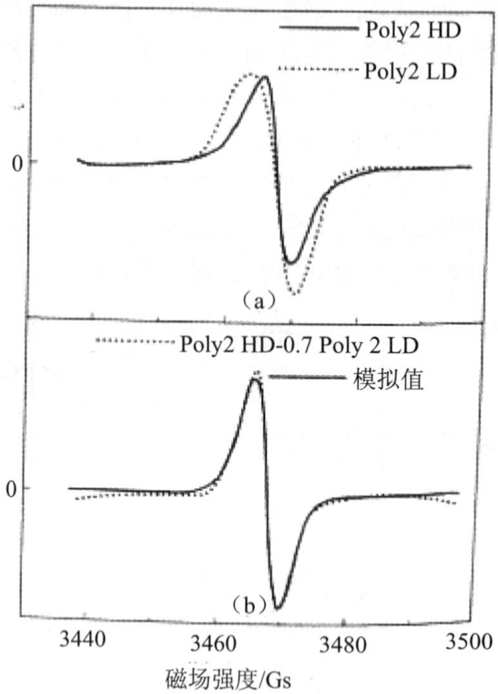

（a）Poly 2 HD. 高缺陷密度；Poly2 LD. 低缺陷密度

（b）Poly2 HD 和 Poly2 LD 差谱以及理论值

图 3-44 多晶硅薄膜的电子自旋共振谱

3.3 非晶硅薄膜太阳能电池材料与制备技术

非晶硅（amorphous silicon，a-Si）薄膜是一类重要的硅基薄膜材料，可以采用 PECVD 等工艺大面积制备，对衬底的要求不高：玻璃、不锈钢、透明有机物等。这种硅基薄膜材料具有独特的光电性能，作为太阳能光电材料在工业界中得到了广泛应用。同时，非晶硅薄膜还在大屏幕液晶显示（TFT）、图像传感器、摄像管等领域有重要的应用。

早在 20 世纪 60 年代，人们就开始了对非晶硅的基础研究。1976 年，卡尔松（D. E. Carlson）等首先报道了利用非晶硅薄膜制备太阳电池，光电转换效率最初只有 2.4%，很快就增加到 4%。时至今日，非晶硅薄膜太阳电池已发展成为廉价实用的太阳电池品种之一，具有相当的工业规模。世界上非晶硅太阳电池的总组件生产能力达到每年 50MW 以上，组件及相关产品的销售额在 10 亿美元以上，应用范围小到手表、计算器电源，大到 10MW 级的独立电站，对太阳能光伏的发展起到了重要的推动作用。

非晶硅的电子跃迁过程不受动量守恒定律的限制，可以比晶体硅更有效地吸收光子，在可见光范围内，其光吸收系数比晶体硅高 1 个数量级左右，本征光吸收系数达到 $10^5 cm^{-1}$ 量级。也就是说，对于非晶硅材料，厚度小于 1μm 就能充分吸收太阳光能，不足晶体硅太阳电池厚度的 1%。对于太阳电池制备而言，材料成本可大幅降低。

3.3.1　非晶硅薄膜的基本性质

从结构上分类，材料可分为晶体和非晶体，其中晶体又包括单晶、多晶、微晶以及纳米晶。由于晶体和非晶体原子结构排列的不同，即使同一元素组成的非晶材料和晶体材料的性质也有许多不同之处。对于硅材料而言，也存在结构和晶体硅并不相同的非晶硅，它具有特殊的结构、性质和应用。

1. 非晶硅的原子结构特征

非晶硅的最基本特征是原子排列的特殊性，呈现短程有序、长程无序的特点，是一种共价无规的网络原子结构。对一个单独的硅原子而言，其周围与单晶硅中的硅原子一样，由 4 个硅原子组成共价键，在其近邻的原子也有规则排列，但更远一些的硅原子，其排列就没有规律（如图 3-45 所示）。如果定义 $4\pi r^2\rho_{ij}$（r）为原子径向分布函数，而 i 原子周围半径为 r～（$r+dr$）之间球壳中原子的数目为 j，ρ_{ij}（r）是 i 原子周围半径为 r～（$r+dr$）之间球壳中 j 原子的密度，那么，非晶硅和晶体硅原子的径向分布函数如图 3-46 所示。从图中可知，非晶硅和晶体硅最紧邻的原子峰都在（2.375±0.05）Å 处，而且峰的面积相同，表示有 4 个近邻原子；二者次近邻的峰在（3.69±0.05）Å 处，但是该处非晶硅的峰面积要小于晶体硅的面积；在距离更远的区域，非晶硅的峰就不明显，说明非晶硅仅仅是短程有序。

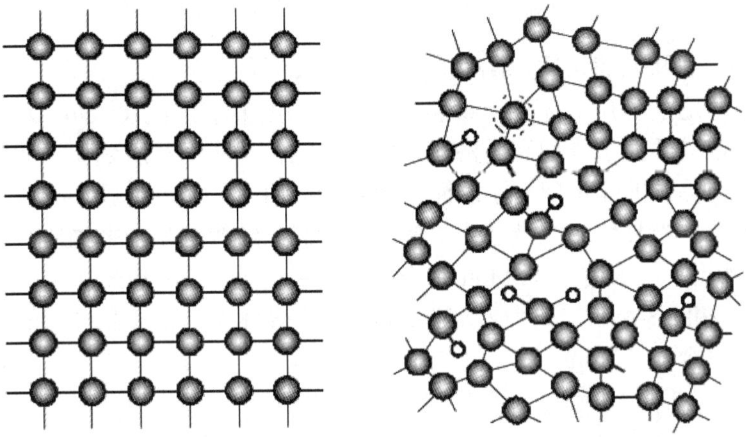

图 3-45　非晶硅与晶体硅的二维结构示意图

2. 非晶硅的能带结构

晶体硅的能带理论已经相当成熟，它是把量子力学原理用于固态多体系统推算出来的。也就是说，晶体硅的晶格结构和相应的电势场都具有空间的周期性，在晶格绝热近似和单电子近似条件下，通过求解薛定谔方程，获得体系中电子态按能量的分布，从而构成晶体的能带。

晶体的能带由导带、价带以及两者之间的禁带组成。导带底有固定的值，在导带底之上为导带扩展态，在室温下有自由电子导电。同样，价带顶有固定的能量值，在价带顶以下的能态为空穴扩展态，在室温下有空穴导电。而在禁带中是没有电子能态的。但是，在

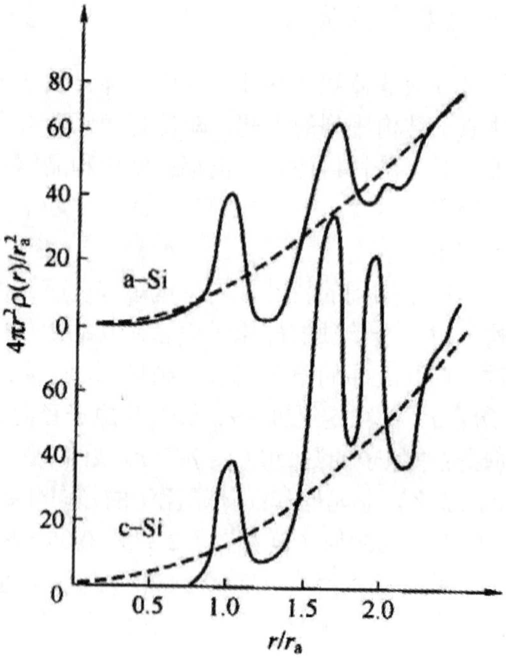

图 3-46 非晶硅和晶体硅原子的径向分布函数

半导体材料中存在缺陷和杂质，常常在禁带中引入缺陷能级，其上占据的电子是局域化的，起载流子复合中心的作用。通常，单晶体的缺陷密度很小，在10^{15} cm^{-3}左右，而且呈离散分布。由于非晶硅的原子排列和晶格硅不同，其能带结构也有所变化。非晶硅原子结构的长程无序，使得晶体的能带理论不能简单地直接应用于非晶硅薄膜半导体上，需要做一些修正。关于非晶态半导体的能带理论，多年来人们已经做了相当多的研究，但仍然存在争议。20 世纪 70 年代初期，N. F. Mott 和合作者先后提出了 Mott-CFO 模型和 Mott-Davis 模型（见图 3-47 和图 3-48），成为成功解释非晶态半导体（包括非晶硅）能带的主要理论模型，一直沿用至今。

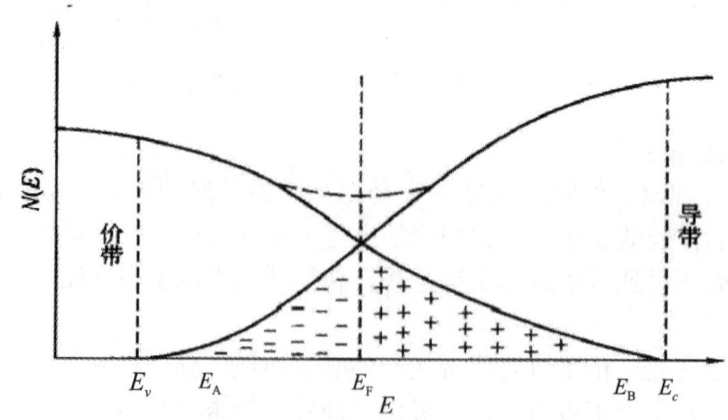

图 3-47 非晶态半导体的 Mott-CFO 能带模型

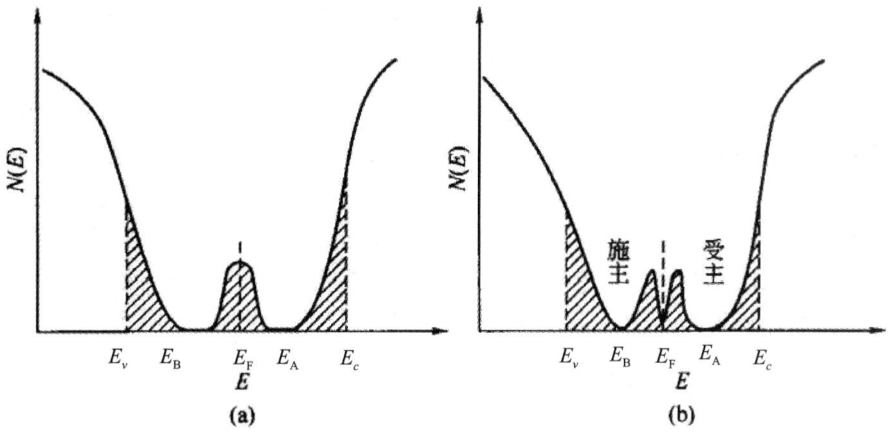

图 3-48　非晶态半导体的 Mott-Davis 能带模型

Mott-CFO 模型指出，非晶态半导体的原子是短程有序的。从紧束缚近似理论来看，在一个原子的最近邻处，原子依然排列整齐，与晶态半导体相同，可以应用晶态半导体的能带理论。但在次近邻和稍远处，原子排列有偏差，可以看做是晶格紊乱对晶体能带中电子态密度的一种微扰，使得能带出现带尾结构，如图 3-47 所示。

从图 3-47 中可以看出，由于晶格无序的微扰，能带在边缘区域延伸出来，进入能隙，甚至相互交叠起来，形成定域态的带尾结构。在晶态半导体中由于存在杂质和缺陷，会在禁带中引入缺陷能级，包括导带下的施主能级和价带上的受主能级。如果缺陷和杂质的浓度比较高，缺陷能级就会拓宽，形成缺陷能带，甚至与导带或价带相连，形成带尾结构。相对于晶态半导体，非晶态半导体的缺陷密度非常高，达到$10^{17}\,cm^{-3}$左右，其带尾结构变成连续且延伸到带隙的深处。进一步而言，对于非晶态半导体价带的带尾，如果没有被电子占据，则呈正电性，起施主作用；如果被电子占据，则呈电中性。而对于导带的带尾，如果没有被电子占据，呈电中性；如果被电子占据，则呈负电性，起受主的作用。

如果导带和价带的带尾在能隙内交叠，那么，费米能级 E_F 就被钉扎在交叠带尾的中央。也就是说，非晶态半导体的费米能级基本不随掺杂浓度、缺陷浓度的改变而改变。对于位于费米能级 E_F 以下的导带带尾，由于都被电子占据，从而显示负电性；而位于费米能级 E_F 以上的价带带尾，由于没有被电子占据，是空着的，所以显示正电性。与晶态半导体中施主能级的电子可以填充空着的受主能级起到补偿作用一样，非晶态半导体中费米能级下的施主也会和费米能级上的受主复合，严重影响非晶态半导体的电学性能。

在非晶态半导体的能带中，不存在严格意义上的价带顶或导带底，而是存在意义相近的迁移率边（用 E_c 和 E_v 表示）。它们将能带分为两部分，一部分称为扩展态（$E > E_c$ 或 $E < E_v$ 区域）；另一部分称为定域态（$E_c > E > E_v$ 区域）。在扩展态中，非晶态半导体的电子和空穴与晶态半导体导带中的电子和价带中的空位具有相似的性质，有一定的迁移率值，但不同的是，由于非晶态半导体的长程无序，这些载流子的迁移率值都很低。通常，非晶态半导体的电子迁移率仅为 1～10 $cm^2/(V\cdot s)$，空穴的迁移率为 0.01～0.1 $cm^2/(V\cdot s)$。而在带尾的定域态中，载流子只能通过热激发或隧道效应，在定域化能级之间跳跃式移动。

在晶态半导体的能带结构中，存在导带底（E_c）和价带顶（E_v），两者之间称为禁带（E_c-E_v），而在非晶态半导体中，由于存在定域态，虽然有E_c、E_v存在，但意义已经不同，被称为迁移率边，两者之差也不再具有禁带的意义，而被称为迁移率隙（或能隙、光学带隙）。在晶态半导体的禁带中，由于微量杂质和缺陷的存在而引入缺陷能级，其位置和密度与杂质缺陷的类型和浓度紧密相关，直接影响费米能级的位置。而在 Mott-CFO 模型中，非晶态半导体的能隙内具有由晶格紊乱和晶格缺陷引起的较高的态密度，使得费米能级被钉扎，并不随掺杂原子、缺陷类型和浓度的改变而变化。也就是说，由于掺杂而出现的载流子浓度的微小变化并不能使非晶态半导体的费米能级产生移动，并不能导致电导率产生明显的变化。换句话说，在 Mott-CFO 模型中，非晶态半导体中的掺杂是无效的。

为了克服这个缺陷，Mott 和合作者修正了 Mott-CFO 模型，提出 Mott-Davis 模型。在该模型中，非晶态半导体的带尾被认为很窄，并没有延伸到能隙的内部，即带尾没有形成交叠，如图 3-48 所示。但是，由于非晶态半导体中存在大量的晶格缺陷，所以在能隙的中间会引入一个缺陷定域带。如果缺陷引入的是没有被电子完全占据的补偿能级，那么费米能级就位于缺陷定域带的中央位置；如果缺陷引入的是不具有补偿的能级，缺陷能带就分裂为施主能带和受主能带，费米能级则位于两者的中央。

在 Mott-Davis 模型中，定域带中载流子的跃迁主要依靠热激发，费米能级的位置及其附近的缺陷态密度分布 $N(E_F)$ 能够对非晶态半导体的性能产生影响。如果缺陷态密度 $N(E_F)$ 较高，则少量的掺杂或温度变化对费米能级的位置没有影响，说明费米能级几乎被钉扎；如果缺陷态密度 $N(E_F)$ 较低，则少量的掺杂或温度变化对费米能级的位置有明显的作用。

由能带的理论模型可知，要得到质量可控和性能优良的非晶硅薄膜，就需要通过改进非晶硅薄膜的制备技术、提高非晶硅的质量来降低可能的缺陷态密度。因此，不同条件下制备的非晶硅薄膜的能带结构，特别是缺陷定域带能级的结构有可能大不相同。图 3-49 所示为利用场效应法测试的非晶硅（a-Si）的能隙态密度。由图 3-49 可知，在不同条件下制备的非晶硅具有不同的能隙态密度。

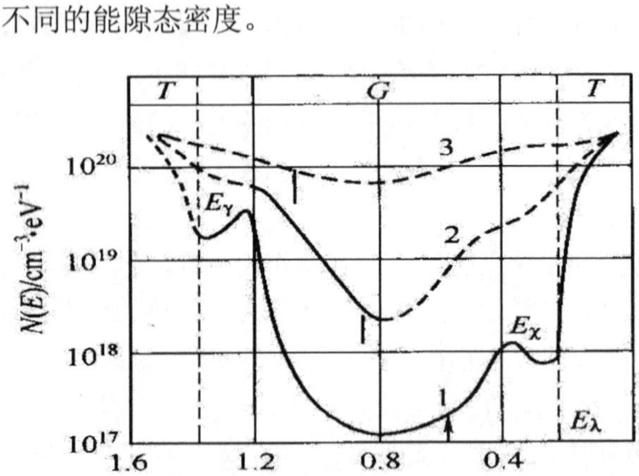

1—辉光放电，衬底温度 520K；2—辉光放电，衬底温度 350K；3—真空蒸发

图 3-49　不同条件下制备的非晶硅（a-Si）的能隙态密度

在普通条件下制备的非晶硅含有大量硅悬挂键等结构缺陷，性能较差，并不应用在实际产业中。实用中的是含氢的非晶硅（a-Si:H），它是利用氢来钝化非晶硅中的悬挂键，称

为氢化非晶硅（hydrogenated a-Si，记为 a-Si:H）。研究表明，氢的引入能改变非晶硅的能隙结构，a-Si:H 的能隙宽度为 1.7eV 左右。

3. 非晶硅薄膜的基本特征

非晶硅材料的结构特点造成其与晶体硅材料相比，具有下述基本的特征和性质。

（1）非晶硅的原子在数纳米甚至更小的范围内呈有限的短程周期性的重复排列，从长程结构来看，原子排列是无序的。

（2）非晶硅也是由共价键组成的，价电子被束缚在共价键中，满足外层 8 电子稳定结构的要求，而且每个原子都具有 4 个共价键，呈四面体结构。但是，非晶硅共价键显示连续的无规则的网络结构。

（3）单晶硅的物理性质是各向异性的，多晶硅、微晶硅、纳米硅是各向同性的。非晶硅也具有各向同性特征。

（4）从能带结构上看，非晶硅的能带不仅有导带、价带和禁带，还有导带尾带、价带尾带，其缺陷在能带中引入的缺陷能级也比晶体硅中的显著。非晶硅中含有大量的悬挂键，会在禁带中引入深能级，程度取决于非晶硅结构的无序程度。非晶硅的电子输送性质也与晶体硅有所区别，出现了跃迁导电机制，但电子和空穴的迁移率很小。

（5）晶体硅为间接带隙结构，而非晶硅为准直接带隙结构。所以，非晶硅的光吸收系数大，带隙宽度也不是晶体硅的 1.12eV，氢化非晶硅薄膜的带隙宽度为 1.7eV。此外，非晶硅的带隙宽度连续可调，其变化范围为 1.4～2.0eV。

（6）在一定范围内，取决于制备技术，通过改变合金组分和掺杂浓度，非晶硅的密度、电导率、能隙等性质可以连续变化和调整，易于实现新性能材料的开发和优化。

（7）非晶硅具有更高的晶格势能，因此在热力学上处于亚稳状态，在适合的热处理条件下，非晶硅可以转化为纳米硅、微晶硅和多晶硅。

3.3.2 非晶硅薄膜的制备

非晶硅薄膜的制备需要很快的冷却速率，一般要大于10^5℃/s，所以，其制备通常利用物理和化学气相沉积技术。一般来讲，用物理气相沉积技术（如溅射）制备的非晶硅薄膜，含有大量的硅悬挂键缺陷，造成费米能级的钉扎，从而使非晶硅薄膜材料不具备掺杂的敏感效应，难以通过掺杂形成 p 型和 n 型，很少实用。近年来，也有在溅射成膜中通入掺杂气体，通过所谓的“反应溅射”工艺实现对非晶硅薄膜的掺杂改性。但是，制备非晶硅薄膜主要采用化学气相沉积（CVD）技术，包括：等离子增强化学气相沉积（PECVD）、微波等离子电子回旋共振化学气相沉积（ECR-MPCVD）、光化学气相沉积（photo-CVD）和热丝化学气相沉积（HE-CVD）等。但最常用的技术是 PECVD，即辉光放电分解气相沉积技术。实际上，在 1969 年 R. C. Chittick 利用辉光放电分解硅烧制了氢化非晶硅（a-Si:H）薄膜后，通过氢补偿非晶硅中的悬挂键等缺陷，同时通过在成膜过程中实现气体掺杂制备不同导电类型的 n 型或 p 型非晶半导体材料，a-Si:H 薄膜才被广泛应用于太阳能电池。

1. 辉光放电基本原理

在真空系统中通入稀薄气体，在两电极之间施加电场，将产生放电电流，产生辉光放电现象。图 3-50 给出了一个 PECVD 气体辉光放电装置（反映气体自下向上）结构示意图，而图 3-51 给出了另一种 PECVD 系统气体辉光放电装置（反应气体自上而下）结构示意图。

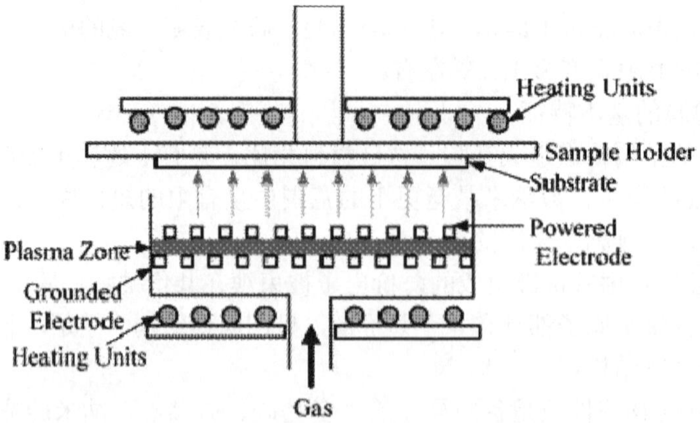

图 3-50　PECVD 气体辉光放电装置示意图（气体自下而上）

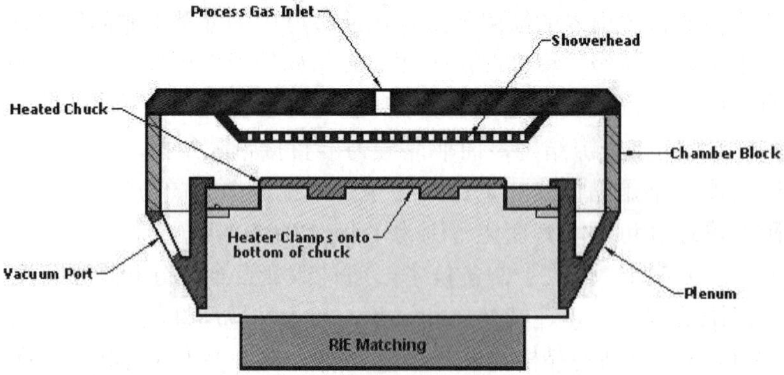

图 3-51　PECVD 气体辉光放电装置示意图（气体自上而下）

如图 3-52 所示为 PECVD 系统中气体辉光放电的典型 *I-V* 特性曲线。曲线可以分为若干个阶段，包括汤森放电（*BC* 段）、前期放电（*CD* 段）、正常放电（*DE* 段）、异常放电（*EF* 段）、过渡区和电弧放电（*F* 点以后），其中能实现辉光放电功能的是具有恒定电压的正常辉光放电和具有饱和电流的异常辉光放电阶段。在实际工艺中，人们通常选择异常辉光放电阶段。

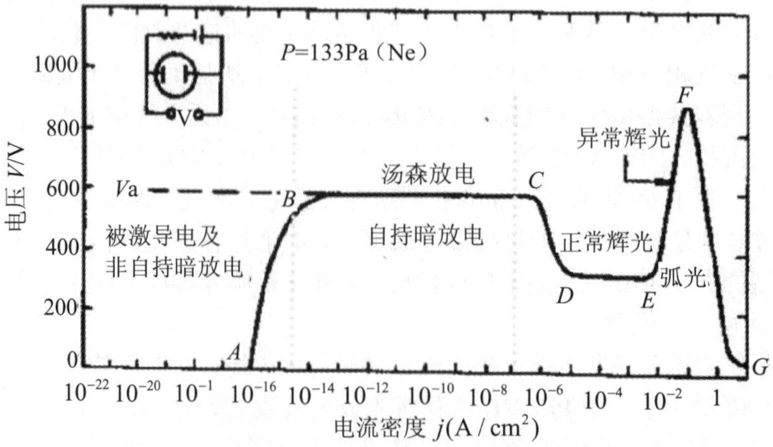

图 3-52　直流气体辉光放电的伏安特性曲线示意图

辉光放电时，在两电极间形成辉光区，从阴极到阳极又可细分为阿斯顿暗区、阴极辉光区、克鲁克斯暗区、负辉光区、法拉第暗区、正离子柱区、阳极暗区和阳极辉光等区域，如图 3-53 所示。当电子从阴极发射时，能量很小，只有 1eV 左右，不能和气体分子作用，在靠近阴极处形成阿斯顿暗区。受到电场的作用，电子逐渐建立起更高的能量，可以和气体分子作用，使气体分子受激发光，形成阴极辉光区。其中，没有和气体分子作用的电子被进一步加速，再与气体分子作用时，产生大量的离子和低速电子，但并不发光，造成克鲁克斯暗区，而克鲁克斯暗区形成的大量低速电子被加速后，又与气体分子作用，促使它受激发光，形成负辉光区。对于阳极附近区域，情况亦然。

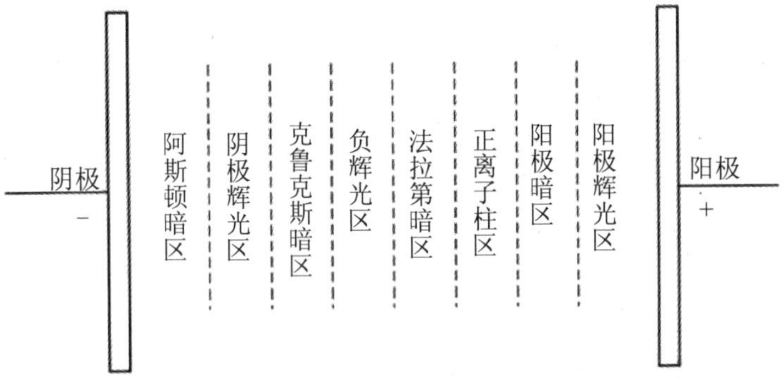

图 3-53　辉光放电系统的辉光区示意图

在两电极中间存在一个明显的发光区域，称为正离子柱区（或阳极光柱区），在此区域中，电子和正离子基本满足电中性条件，处于等离子状态。如果适当调整电极间距，可以使等离子区域（即正离了柱区）在电极间占主要部分，所以气体辉光放电分解沉积又称为等离子增强化学气相沉积。

在气体辉光放电过程中，等离子体的温度、电子的温度和浓度是重要因素，其中电子的温度最为关键。因为气体辉光放电产生等离子体的过程是一个非平衡的状态，虽然反应气体的温度只有几百开尔文，但是经过电场加速后，等离子体中电子的温度可以达到更高，这实际上决定了辉光放电的效率。所以，等离子体电子的温度成为表述辉光放电过程中最重要的物理量，而它主要取决于受限空间内反应气体的压力和辉光放电时所用的功率，可以用下式表达：

$$T_e = \frac{C}{\sqrt{K}} \frac{E}{p}$$

式中，C 为常数；E 为电场；p 为气体压力；K 为电子由于碰撞而损耗能量的损耗系数，是 E/p 的函数。一般而言，等离子体的温度为 100～500℃，而电子的能量为 1～10eV，电子的浓度一般为 $10^9 \sim 10^{12}\text{cm}^{-3}$ 。根据上式，电子的温度可以达到 $10^4 \sim 10^5\text{K}$ ，足以保障气体裂解、离化和发生化学反应的需要。

2. 等离子体增强化学气相沉积（PECVD）

利用辉光放电原理，产生等离子体，然后沉积形成薄膜的技术称为等离子体增强化学气相沉积技术（plasma enhanced chemical vapor deposition，PECVD）。图 3-50、图 3-51 所示为 PECVD 系统的结构示意图。由图可以看出，反应室中有阴极、阳极电极，反应气体和载气从反应室一端进入，在两电极中间发生化学反应，产生等离子体，生成的原子沉积在被加热的衬底表面上形成薄膜，而生成的副产品气体则随载气流出反应室。除将衬底放置在下电极上（见图 3-51）以外，衬底也常常被放置在上电极上（见图 3-50）。后者的放置方法，可以使反应产生的副产品不易受重力影响而沉积在衬底上，导致薄膜性能变差。

实际工艺中，根据辉光放电的功率和频率不同，辉光放电可分为直流辉光放电、低频辉光放电（数百千赫）、射频辉光放电（RF，13.56 MHz）、甚高频辉光放电（VHF，30～150MHz）、微波辉光放电等。根据电极形式的不同，辉光放电设备又可分为外耦合电感式、外耦合电容式、内耦合平行板电容式和外加磁场式等。常用的设备采用射频耦合平行板电容式。

利用 PECVD 工艺制备非晶硅薄膜，主要是采用 H_2 稀释的硅烷（SiH_4）气体或高纯硅烷气体的热分解，其主要反应方程式为

$$SiH_4+e\rightarrow Si+2H_2+e \tag{3-1}$$

$$SiH_4+e\rightarrow SiH_3+H+e \tag{3-2}$$

$$SiH_4+e\rightarrow SiH_2+H_2+e \tag{3-3}$$

$$SiH_4+e\rightarrow SiH+H_2+H+e \tag{3-4}$$

$$H_2+e\rightarrow 2H+e \tag{3-5}$$

硅烷分解生成硅原子，沉积在预热的衬底材料上形成非晶硅薄膜。

在反应室中，气体的裂解反应并不是像上式那样简单，而是一个复杂的物理化学过程。一般认为，对于 H_2 稀释的硅烷分解而言，在 H_2 和 SiH_4 通入反应室后，首先在电场作用下发生分解，可能存在 Si、SiH、SiH_2、SiH_3、H、H_2 基团，以及其他少量的 $Si_mH_n^+$（n，m>1）离子基团。但是，这些基团的浓度以及对非晶硅薄膜形成的影响大不相同。一般认为，在这些基团中，对于非晶硅薄膜的生长而言，SiH_2、SiH_3 是最重要的反应基团。

实际沉积薄膜时，首先将反应室预抽成真空状态并使其达到一定的本底真空度，然后将用 H_2 或 Ar 稀释的 SiH_4 通入反应室；调节各种气体的流量，使反应室的气压显 13.3～1333.3Pa；然后，在正、负电极之间加上电压，由阴极发射出电子，并在电场中得到能量后碰撞反应室内的气体分子或原子，使之分解、激发或电离，电子浓度达到10^9～$10^{12}\,cm^{-3}$并且正、负电荷数相等，形成等离子体；持续稳定生成的等离子体，使气体分解的硅原子（一般含有氢）在衬底上沉积，形成非晶硅薄膜。

正是由于可能存在多种化学反应，使得非晶硅薄膜的性能对制备条件十分敏感，不同的设备都需要独特的优化的工艺，才能制备出高质量的非晶硅薄膜。一般而言，硅烷浓度在 10%以上，流量为 50～200mL/min，衬底温度为 200～300℃，功率为 300～500 W/m^2，比较适宜制备非晶硅薄膜。

在硅烷分解反应时，除硅原子外，还会产生一定量的氢原子，这些氢原子在非晶硅薄膜沉积时会进入非晶硅；同时，在制备非晶硅薄膜时，人们总是利用氢气作为硅烷的稀释气体，这样，在反应系统中直接引入了氢气，也会在非晶硅中产生一定量的氢。因此，人们利用硅烷在 PECVD 条件下制备的非晶硅薄膜通常是含氢的非晶硅，简称氢化非晶硅（a-Si:H）薄膜。

3. 非晶硅薄膜的生长

在利用 PECVD 制备非晶硅薄膜时，有多个因素影响薄膜的生长速率、生长厚度和内在质量，其中重要的是 SiH_4 气体的浓度（即与氢气或氩气的比例，即气体稀释比）、气体的流量（sccm：每分钟标准立方厘米）、气体的压力（Pa）、衬底的温度（K）、射频功率（W）、上下电极间距（cm）和反应室内的温度场等因素。

硅烷的分解速率可以用下式表示

$$\gamma = \frac{V}{RT}\left[\frac{1}{\tau}\left(1-\frac{p_0}{p_1}\right)\right] \tag{3-6}$$

式中，γ 为分解反应速率（mol/s）；V 为反应室体积；T 为温度；τ 为气体放出的时间常数；p_0、p_1 为辉光放电开始和结束时硅烷的分压。

温度是非晶硅薄膜制备的一个重要参数，利用 PECVD 技术制备非晶硅薄膜，其衬底温度一般在 350℃以下。如果衬底温度高于 500℃，薄膜中的氢就会从非晶硅中逸出，使得氢的钝化功能消失，最终使非晶硅薄膜的性能变差。在可能的情况下，非晶硅薄膜的沉积温度越低越好，较低的沉积温度不仅能节约能源和降低成本，而且低温对衬底的影响小，使得低成本衬底的应用成为可能。图 3-54 所示为不同衬底温度下 PECVD 制备的非晶硅薄膜的光吸收系数。从图 3-54 中可知，衬底温度升高，非晶硅薄膜的光吸收系数增大，能隙宽度降低。衬底温度为 200℃时，1.2eV 光谱的吸收系数为 0.25 cm^{-1}，带隙宽度为 1.8eV；衬底温度为 280℃时，1.2eV 光谱的吸收系数为 1.20 cm^{-1}，带隙宽度为 1.70eV。

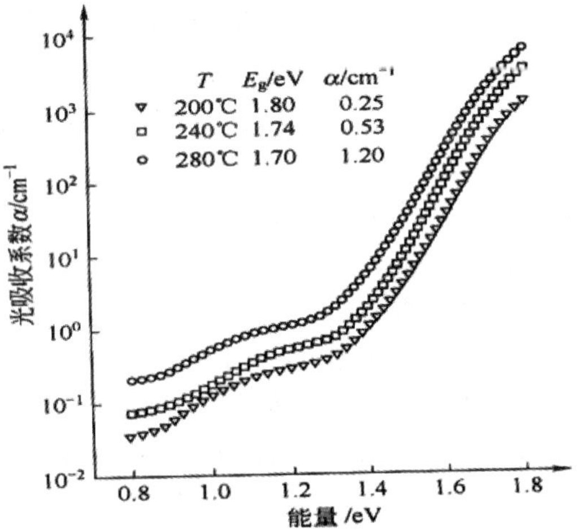

图 3-54　不同衬底温度下 PECVD 制备的非晶硅薄膜的光吸收系数

此外，温度还是决定非晶硅薄膜能带带尾结构和缺陷态密度的主要因素。研究表明，在 250℃左右的衬底温度条件下制备非晶硅薄膜，其带尾态和缺陷态密度最小。

3.3.3　非晶硅薄膜中的氢及光致衰退

1. 非晶硅薄膜中的氢

通过硅烷 SiH_4 分解而得到的非晶硅薄膜中含有大量的结构缺陷，主要是硅的悬挂键，其次比较重要的缺陷是 Si-Si 弱键。硅的悬挂键具有电学活性，会在非晶硅材料的能隙中引入高密度的深能级，影响材料的电学性能。同时，这些悬挂键又非常不稳定，其密度和结构都会在后续处理中发生改变，使得非晶硅薄膜的电学性能不易控制。因此，人们利用在非晶硅中掺氢的技术来实现硅悬挂键的钝化。

通常情况下，采用 PECVD 法沉积的非晶硅薄膜中都含有 10%～15%的氢。一方面，氢可使硅悬挂键得到补偿，另一方面，这样高的氢含量又远远超过了硅悬挂键的密度，多余的氢在非晶硅材料中具有不同的形态，占据激活能更低的多种位置，形成 SiH_2、$(SiH_2)_n$、SiH_3 等基团以及氢致微空洞等缺陷。所以，氢对非晶硅薄膜的沉积、电子和原子结构等都有重要的影响，直接影响非晶硅薄膜太阳能电池的性能。

（1）氢及硅氢键的测量

氢化非晶硅（a-Si:H）薄膜中含有 H 原子，其含量与键合状态会影响薄膜的结构和光电特性。一方面，H 原子与悬挂键结合，消除了大量的局部能级，改善了薄膜的结构和光电性能；另一方面，大量的研究表明，a-Si:H 薄膜由于光照引起的光电导衰退现象，也与薄膜中的 H 含量和 Si-H 键合方式紧密相关。a-Si:H 薄膜中过多的 H 含量还会使薄膜结构不致密，薄膜中含有更多的微孔，导致电学性能变差。当用透射电子显微镜（TEM）观察 a-Si:H 薄膜的微细结构时，容易发现有 SiH_2 红外吸收特征的样品呈现出明显的柱状结构特性，这是因为薄膜中“致密柱”与“疏松组织”的主要差别在于 Si-H 组态的不同，前者以 SiH 组态为特征，后者则以 SiH_2 组态为特征。

目前，有多种研究 a-Si:H 薄膜中 H 含量（C_H）及 Si-H 键合方式（$Si\text{-}H_n$）的技术。由于 Si-H 键的振动频率是在红外范围内，所以红外吸收谱（infrared absorption-IR Absorption）是研究 a-Si:H 薄膜中 H 含量及 Si-H 键合方式的有效手段之一。相对于核反应技术、α 粒子散射、二次离子质谱法、氢释放谱和色谱法等测试方法而言，傅立叶转换红外光谱（FTIR 方法具有操作简单、对 a-Si:H 薄膜结构无损伤等特点，它不仅能反映出 a-Si:H 薄膜中的 H 含量，同时还能对薄膜中 Si-H 键合方式进行表征。

a-Si:H 薄膜中的 H 原子具有多种键合结构，H 含量和键合结构受含 H 基团与生长表面相互作用的影响。所以，薄膜 PECVD 制备工艺能够显著影响 H 在 a-Si:H 薄膜中的存在形式。我们知道，在 a-Si:H 薄膜中，钝化悬挂键的 H 原子对薄膜的性能具有积极的作用。然而，a-Si:H 薄膜中大量 H 原子的聚集，可导致薄膜不致密（含有较多微孔），致使薄膜光电性能变差。通常情况下，a-Si:H 薄膜中存在单氢键合和多氢键合模式，如 SiH、SiH_2、SiH_3 及（SiH_2）$_n$ 聚合物等。图 3-55 形象地给出了这些键合方式及其相应的振动模式，它们基本上分为三类：Si-H 键长度的变化（键伸张）、H-Si-H 类型键角的变化（键弯曲）以及 H 原子绕着键的转动和扭曲（键摇摆或键扭曲）等。红外吸收谱线对应的波数及相应的振动模式列于表 3-5 中，图 3-56 给出了 a-Si:H 薄膜的典型红外吸收谱图。

a-Si:H 薄膜中的氢含量可以用 ^{15}N 和 ^{1}H 的共振核反应所产生的 γ 射线来测量，其反应式为

$$^{15}N + {}^{1}H \rightarrow {}^{12}C + {}^{4}H + \gamma(4.43M_eV)$$

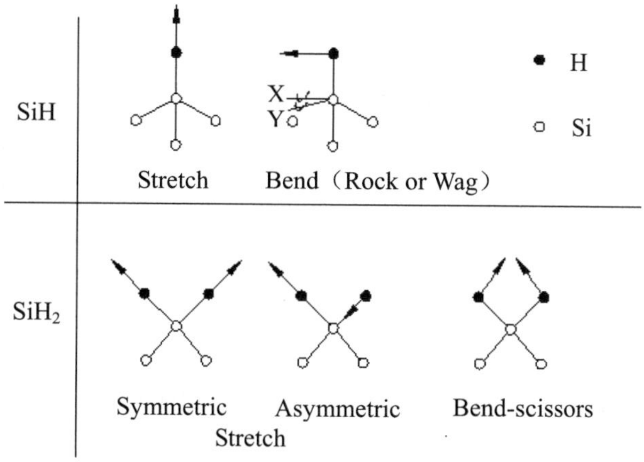

图 3-55 a-Si:H 薄膜中 SiH、SiH_2 官能团的振动

表 3-5 Si-H 键合振动模式和对应振动频率

键合方式	吸收峰波数（cm^{-1}）	振动模式
SiH	2000	伸张模
	630～640	摇摆模
SiH_2	2090	伸张模
	880～890	弯曲模
	630～640	摇摆模
$(SiH_2)_n$	2090～2100	伸张模
	850	弯曲模
	630～640	摇摆模
SiH_3	2120	伸张模
	890，850～860	弯曲模
	630～640	摇摆模

这种测量技术虽然可以测试 a-Si:H 薄膜中氢的总量，但是费时、昂贵。因此，比较常规的是利用红外光谱中的 Si-H 振动吸收来计算氢浓度，利用红外吸收谱 630～640 cm^{-1}、2000 cm^{-1}、2090 cm^{-1} 吸收峰的积分（或红外透射谱中相应的吸收谷的积分）来计算非晶硅中的氢浓度。大量的实验研究指出，a-Si:H 薄膜红外吸收谱中吸收峰的强度正比于薄膜中 H 的浓度。这就提供了利用红外谱吸收峰的积分强度来确定薄膜中 H 含量的可能性。这是一种非常方便的确定 H 含量的实验方法，H 的绝对含量可利用经验公式（3-6）求出。

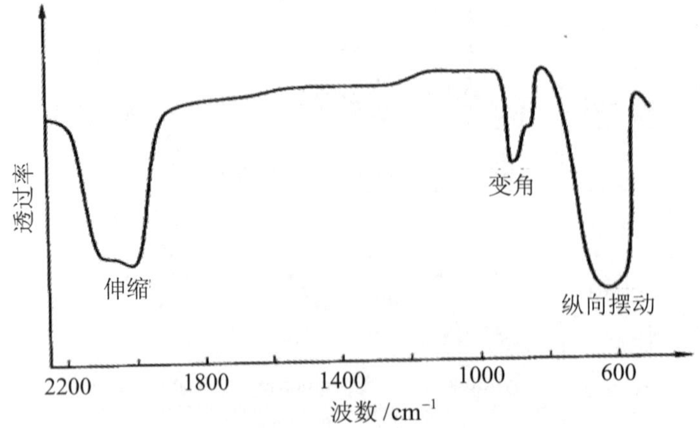

图 3-56　a-Si:H 薄膜的典型红外吸收光谱图

$$C_{\mathrm{H}} = (A_{\omega} I_{\omega} / N) \tag{3-6}$$

式中，A_{ω} 为比例系数；N 是晶体硅（c-Si）的原子密度 $5.0\times10^{22}\mathrm{cm}^{-3}$；$I_{\omega}$ 为红外吸收谱中相应吸收峰的积分强度

$$I_{\omega} = \int \frac{\alpha(\omega)}{\omega}\mathrm{d}\omega \tag{3-7}$$

由于 640 cm^{-1} 的吸收峰强度与 a-Si:H 薄膜制备方法无关，而且这个吸收峰代表了各种 Si-H 键和模式总的吸收强度，所以，可选用这个吸收峰的积分强度 I_{ω} 按式（3-6）计算 a-Si:H 薄膜中的 H 含量。

利用 a-Si:H 薄膜红外吸收谱中 640 cm^{-1} 吸收峰估计样品中 H 含量的步骤如下。FTIR 测量过程中，入射光在薄膜和基片界面连续多次反射，透射率可以表示为

$$T = 4T_0^2 \mathrm{e}^{-ad}[(1+T_0)^2 - (1-T_0)^2 \mathrm{e}^{-2ad}]^{-1} \tag{3-8}$$

式中，d 为 a-Si:H 薄膜厚度；α 为薄膜的吸收系数；T_0 为未沉积 a-Si:H 薄膜时基片的透过率，取 T_0=0.995。由实测薄膜红外透过率 T 根据式（3-8）就可以得到 a-Si:H 薄膜的吸收系数 $\alpha(\omega)$ 值。显然，曲线下面的面积就是积分强度 I_{ω}。这样，再利用式（3-6）就能得到 a-Si:H 薄膜中 H 的总含量 C_{H}。

在式（3-6）中，比例系数 A_{ω} 是波数 ω 的函数，可由测定 H 含量的绝对方法来校准，一般取 $A_{640} = 2.1\times10^{19}\,\mathrm{cm}^{-2}$，$A_{2000} = (9.0\pm1.0)\times10^{19}\,\mathrm{cm}^{-2}$，$A_{2090} = (2.2\pm0.2)\times10^{20}\,\mathrm{cm}^{-2}$。由前面分析可知，640cm^{-1} 附近的吸收峰包括了 Si-H 所有键合模式的振动模。所以，一般通过计算该峰的积分强度来计算总的 H 含量。另一方面，通过分析 a-Si:H 薄膜红外吸收谱在 845cm^{-1}，880cm^{-1}，890cm^{-1}，2000cm^{-1}，2090cm^{-1} 和 2140cm^{-1} 处高斯峰的相对强度，由式（3-6）可以得到 a-Si:H 薄膜中各种 Si-H 键合模式的原子百分比含量，如 $C_{\mathrm{H}}(\mathrm{SiH}) = A_{2000} I_{2000} / 5.0\times10^{22}$，$C_{\mathrm{H}}(\mathrm{SiH_2}) = A_{2090} I_{2090} / 5.0\times10^{22}$ 等。比较各种 $C_{\mathrm{H}}(\mathrm{SiH_n})$ 值的大小可分析膜中各种 Si-H 键合模式的组分。

位于 2000 cm^{-1} 的 *IR* 吸收峰与 a-Si:H 薄膜中分散 Si-H 键的伸张振动有关，2080 cm^{-1} 的吸收峰则是来源于薄膜内微孔表面上 SiH 或 $\mathrm{SiH_2}$ 键的伸张模振动吸收。如果用结构因子

R^*来表示 a-Si:H 薄膜内微孔上 SiH 键或 SiH_2 键相对数量，结构因子 R^*可以表达为

$$R^* = \frac{I_k}{I_{2000}+I_{2080}} \tag{3-9}$$

式中，I_k 表示峰中心 k 处吸收峰的积分强度。R^* 值越大，则表示 a-Si:H 薄膜中微孔密度更大。因此，为了制备致密的 a-Si:H 薄膜，就要求 2080 cm^{-1} 处的吸收强度要小，而以 2000 cm^{-1} 吸收为主。通常，高质量 a-Si:H 薄膜结构因子 R^* 值小于 0.1。

（2）非晶硅中氢的态密度

氢在非晶硅中的状态很多，一般可以用氢的态密度来说明。所谓氢的态密度是指单位能量中不同氢键的数目，其分布如图 3-57 所示。从图中可知，与在真空中的能量相比，氢的态密度大致可以分为输运态、浅俘获态、集聚态和深俘获态。

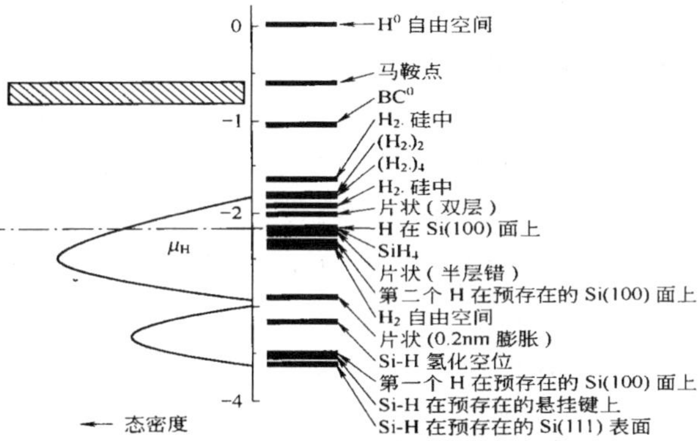

图 3-57　非晶硅中氢的理论态密度

输运态是指能面的马鞍点，是氢原子从一个位置移动到另一个位置的能量，移动时间低于微秒。最高能级的输运态是氢原子从一个键的中心位置到另一个键的中心位置所需克服的势垒能量，约在键中心位置能量以上 0.25～0.5eV。

浅俘获态是指氢原子被微弱地束缚，如氢原子处于 Si-Si 中间位置时，它包括键中心位置和反键中心位置的能量。有研究指出，由于非晶硅中晶格紊乱引入应变的影响，Si-Si 的长度增加，从而导致浅俘获态的能量降低。

集聚态是指氢原子相互结合形成 H_2（原子距离约 0.2nm），其能量数值靠近氢的化学势，低于 SiH_4 的形成能（−2.2eV），接近于扩展片状氢缺陷或氢化体硅（111）表面的形成能（−2.25～−2.14eV）。核磁共振研究表明，少于 2%左右的氢是以间隙 H_2（形成能为−1.92eV）或空洞缺陷中的 H_2 形式存在。而更多的 H_2 是聚集起来，形成多 H_2 结构（−1.82eV）、群 H_2 结构（−1.86eV），甚至结合形成空洞缺陷，往往会在硅（111）面上形成很小的圆片状晶格缺陷，即扩展片状氢缺陷，既可以是双原子层的片状缺陷，也可以是多原子层的片状缺陷，这样的结构在氢处理后的晶体硅中已经得到证实。进一步的研究证明，小的片状缺陷具有大的晶格应变，而大的片状缺陷具有小的晶格应变。相对于大尺寸的片状缺陷，小的片状缺陷不稳定，容易分解。

深俘获态是指氢和硅的悬挂键结合形成的 Si-H，其释放需要数秒甚至更长时间，这种 Si-H 在薄膜沉积时就产生了，浓度达到 $10^{20}cm^{-3}$，其中硅和氢的键长在 0.2nm 左右。

2. 非晶硅薄膜中的光致衰减

在含氢的非晶硅即氢化非晶硅中，氢能够很好地和悬挂键结合，饱和悬挂键，降低其缺陷密度，达到钝化非晶硅结构缺陷的目的。氢的加入还可以改变非晶硅的能隙宽度，随着非晶硅中氢含量的增加，其能隙宽度从 1.5eV 开始逐渐增宽。如在硅烷中掺入 5%～15%的氢气，利用 PECVD 技术制备的非晶硅，其光学带隙为 1.7eV，悬挂键缺陷密度为10^{15}～$10^{6}cm^{-3}$。

但是，氢在非晶硅中也会引起负面作用。研究指出，含氢非晶硅中能够产生光致亚稳缺陷。非晶硅在长期光照下，其光电导和暗电导同时下降，然后才保持稳定，其中暗电导可以下降几个数量级，从而导致非晶硅太阳电池的光电转换效率降低。然后，经 150～200℃短时间热处理，其性能又可以恢复到原来的状态。这种效应被称为 Stabler-Wronski 效应（S-W 效应）。

（1）非晶硅薄膜的光致衰减效应及其作用机理

图 3-58 所示为非晶硅薄膜室温下的电导率在光照前后的变化情况。样品是辉光放电制备的非晶硅薄膜，衬底温度为 320℃，薄膜厚度为 700nm，照射光的波长为 600～900nm，光强约为 $200\,mW/cm^2$。从图 3-58 中可以看出，在持续光照的情况下，光电导随时间的延长而降低，光照 4h 后，光电导下降 8 倍左右。光照后，样品的暗电导降低近 4 个数量级，说明产生了光致衰减现象。

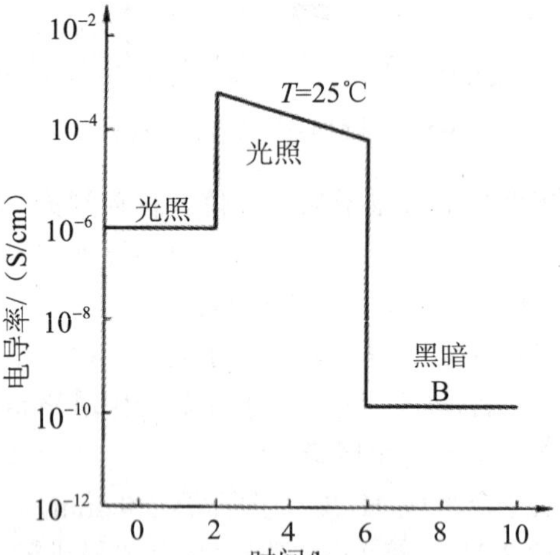

图 3-58 非晶硅薄膜室温下的电导率在光照前后的变化

有趣的是，上述已经产生光致衰减现象的样品，经 150℃以上热处理，其光电导又能恢复到光照前的初始值。图 3-59 所示为光照前后样品的暗电导随测量温度的变化情况。

自发现非晶硅材料的 S-W 效应以来，多年来人们未能探明其物理本质并找到解决其光致衰退现象的办法，依然还是一个极为重要的基础研究与应用课题。一系列物理模型的提出，各自都存在一定的争议，造成衰减的微观机制也尚无定论，它是国内外 a-Si:H 薄膜材料研究的热门课题之一。总的看法认为，S-W 效应起因于光照导致在带隙中产生了新的悬挂键缺陷态（深能级的光生悬挂键），这种缺陷态影响 a-Si:H 薄膜的费米能级 E_F，从而使电子的分布情况发生变化，进而一方面引起光学性能的变化，另一方面也对电子的复合过程产生影响，使得电子的俘获截面增大、寿命下降等。所以，研究光生悬挂键（与本征悬挂键有所区别，但都记为 DB-dangling bond）的产生机理，对提高其稳定性和制备器件级的 a-Si:H 薄膜都是至关重要的；否则，器件在使用一段时间后就会失效。

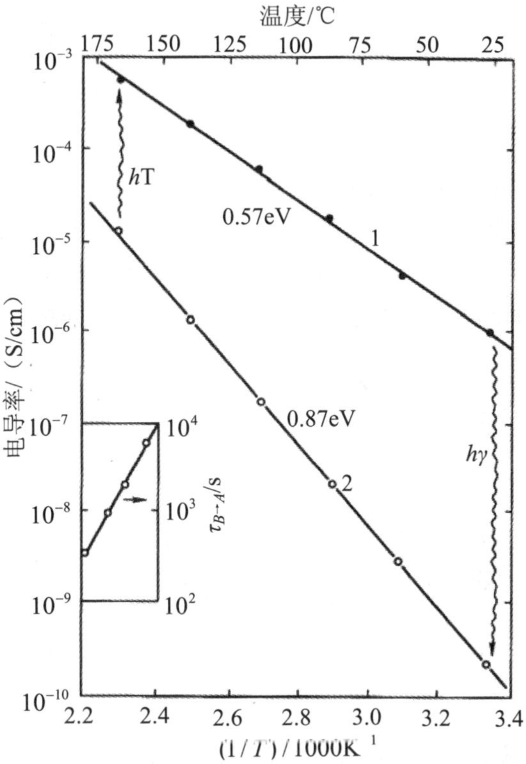

图 3-59 光照前后薄膜样品暗电导随测量温度的变化（1 为光照前；2 为光照后）

在 a-Si:H 薄膜材料中，能够稳定存在的是 Si-H 键和与晶体硅类似的 Si-Si 键，这些键的键能较大，不容易被断开。由于 a-Si:H 材料结构上的无序，使得一些 Si-Si 键的键长和键角发生改变而使 Si-Si 键处于应变状态。高应变 Si-Si 键的化学势与 H 相当，容易被外界能量断开，形成 Si-H 键或重新组成更强的 Si-Si 键。如果断裂的应变 Si-Si 键没有重构，则 a-Si:H 薄膜的 DB 密度增加。为了更好地理解 S-W 效应产生的机理以期寻找稳定化处理方法和工艺，多年来国内外科学工作者进行了不懈的努力，提出了大量的物理模型。物理模型主要有弱键断裂模型、“H 玻璃”模型、H 碰撞模型、Si-H-Si 桥键形成模型、“defect pool”模型等，但至今仍没有形成统一的观点。

① 弱键断裂（SJT）模型

第一个被许多研究者接受的 S-W 效应模型是 Stutzmann、Jackson 和 Tsai 三人在 1985 年提出来的，所以也可以称之为 SJT 模型。这个模型描述为：两个载流子在弱 Si-Si 键附近复合；载流子复合的一部分能量以声子的非辐射方式释放出来，使膜中弱 Si-Si 键断裂，生成两个临时悬挂键（DB）；这两个悬挂键（DB）有可能重新形成与原来一样的 Si-Si 弱键，但为了达到更稳定的亚稳状态，邻近原子在小范围内发生重构，新生的悬挂键（DB）与 Si-X（X 为除 Si 外的原子）键交换位置而达到相对稳定，如图 3-60 所示。

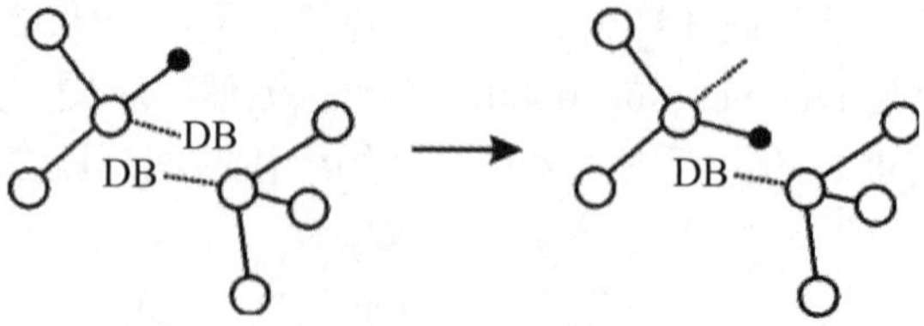

图 3-60　SJT 模型中 S-W 效应的微观机理

② “H 玻璃”模型

针对热平衡 DB，Street 和 Winer 提出了“H 玻璃”模型。他们认为 H 从 Si-H 键中脱离出来并在 a-Si:H 中移动，这种移动的 H 造成了弱 Si-Si 的热力学断裂，由此形成两个悬挂键（DB）缺陷，如图 3-61 所示。其中，D_W 表示弱键断裂形成的悬挂键，D_H 表示 H 脱离后形成的悬挂键。所以，这种模型也叫做弱键-悬挂键转换模型。

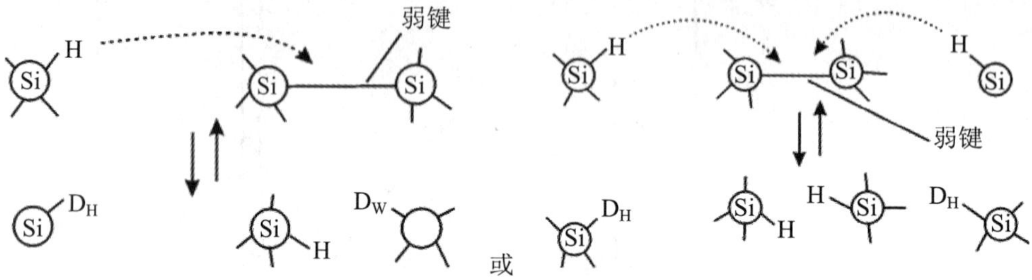

图 3-61　“H 玻璃”模型中悬挂键形成示意图

③ H 碰撞模型

Branz 提出的 a-Si:H 光致衰退模型认为：由于光诱导作用而使 Si-H 键断开，形成一个悬挂键和一个可移动 H 的原子。当两个可以自由移动的 H 原子在运动过程中在弱 Si-Si 键附近发生碰撞，弱的 Si-Si 键断裂，形成了亚稳的不可移动的化合物 $(Si-H)_2$，增加了 2 个悬挂键。这样就造成了 a-Si:H 薄膜中 H 原子的聚集和悬挂键的增多，导致了薄膜性能的恶化。

④ Si-H-Si 桥键模型

Sriraman 等利用分子动力学模拟和表面红外光谱试验，揭露了 H 等离子导致非晶硅（a-Si）晶化的机理，提出了最新的 Si-H-Si 桥键模型。首先，H 原子在薄膜中扩散，插入到弱 Si-Si 键中形成 Si-H-Si 中间体；接着，H 从 Si-H-Si 中间体中逸出，弱 Si-Si 断开或发生结构弛豫进行局部结构重组，从而形成强 Si-Si 键，这时 Si-Si 的键长和键角非常接近晶体硅。

⑤“defect pool”模型

Powell 和 Dean 在热平衡 DB 和光生 DB 的基础上，考虑到形成带尾态的弱 Si-Si 键与造成分布宽的能隙态的 DB 之间的转换可能，提出了“defect pool”模型。该模型中的一部分在适当的外界条件下，可以构成新的 DB。

此外，Adler 研究了 a-Si:H 薄膜中的 S-W 效应，提出了悬挂键荷电态变化模型；Ishii 和 Redfield 等研究了非晶硅的缺陷，发现 S-W 效应与混入膜中 N 和 O 形成的 N_4^+、O_3^+ 以及由电中性条件决定的 Si_3^- 有关，因此他们提出了杂质模型。

（2）非晶硅薄膜光致衰减效应的影响因素

不同条件制备的非晶硅薄膜的光致衰减效应是不同的，薄膜生长参数和光照条件对光致衰减有着不同的影响。Yang 等研究了不同条件下光致衰减的情况，指出光照强度、光照时的电池温度等都会影响光致衰减，而且电池在 50℃以上光照时，还会出现光致衰减的饱和现象。但是，薄膜内部应力和光致衰减效应的关系不大。

图 3-62 所示为不同光照强度下非晶硅薄膜太阳电池的归一化效率随光照时间的变化情况。由图可知，随光照时间的延长，电池的效率逐渐降低，而光照强度越大，电池效率降低的速率越快，而且降低的幅度越大，在强光的照射下（140 倍、AM1.5），太阳电池的归一化效率从 85%降低到 25%左右。

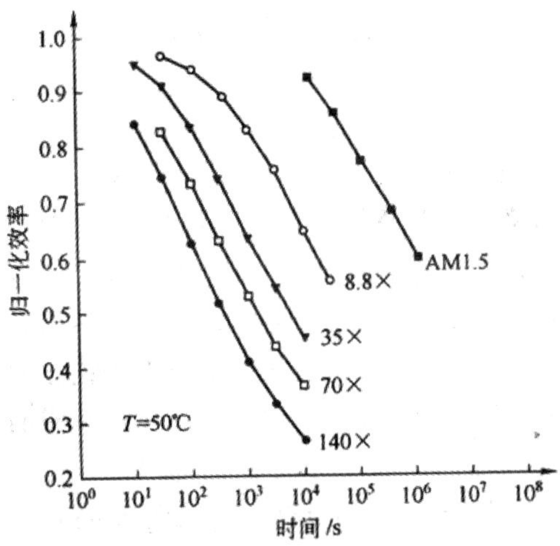

图 3-62 不同光照强度下非晶硅薄膜太阳电池的归一化（AM1.5）效率随光照时间的变化图（光照时温度保持在 50℃）

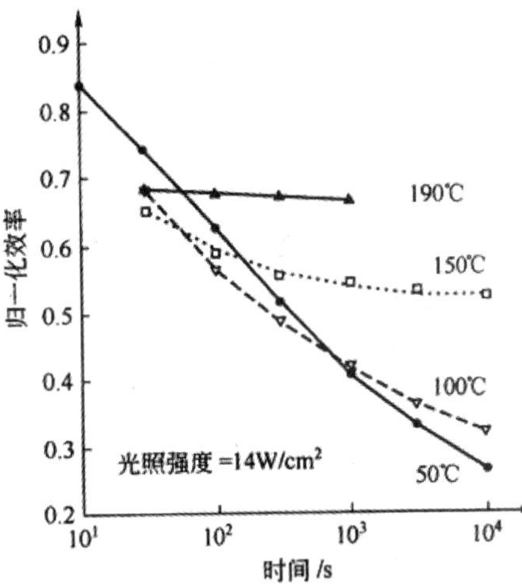

图 3-63 非晶硅薄膜太阳电池的归一化效率与测试时电池温度的关系图（14 W / cm^2，为 AM1.5 的 140 倍）

图 3-63 所示为非晶硅薄膜太阳电池的归一化效率与测试时电池温度的关系。显然，测试时电池的温度越高，光致衰减效应越不明显，而且高温测试时，光致净衰减会随光照时间达到一个饱和值；温度越高，达到饱和值所需的时间越短。如果电池保持在 190℃测试，电池效率降低很少，很快达到稳定饱和值，说明此时光致衰减效应很弱。研究表明，在光致衰减效应中，光照缺陷的产生和热稳定性可能是决定光致衰减程度的主要因素。

（3）非晶硅薄膜光致衰减效应的减少和消除

要制备器件级的 a-Si:H 薄膜，提高其稳定性是至关重要的。虽然 a-Si:H 薄膜 S-W 效应的物理模型有很多，机理也不尽相同，但很多学者认为其性能衰退与 Si-Si 弱键有关。它可以解释当前稳定化处理的许多现象，为 a-Si:H 薄膜材料稳定化处理指出了一条途径，即消除或尽量减少 a-Si:H 薄膜中的 Si-Si 弱键。

a-Si:H 薄膜稳定化处理技术大致可以归纳为三种：

第一种方法是在薄膜制备过程中向 a-Si:H 薄膜中引入 Cl、F、C、N、Br 等元素。由于 Si-C1、Si-F、Si-C、Si-N 的结合能大，所以在薄膜制备过程中，C1、F、C、N 等原子将弱的 Si-Si 键打断，形成了 Si-C1、Si-F、Si-C、Si-N，从而减少了 a-Si:H 中的 Si-Si 弱键，达到了稳定化的目的。Shimizu 等研究了含有 Cl 的 a-Si:H 薄膜的电学性能，发现其光电导不随时间延长而降低，稳定性明显提高。T. Uesugi 等也发现，含有 F、C 元素的 a-Si:H 薄膜的 S-W 效应要比传统 a-Si:H 薄膜的小得多。这是非晶硅薄膜合金化的基础。

第二种方法是热处理。在加热条件下，聚集 H 原子的扩散速度比分散 Si-H 中的 H 的扩散快，所以热处理可以消除 a-Si:H 薄膜中 H 原子的聚集，减小悬挂键密度。Tissot 等将 a-Si:H 薄膜加热到平衡温度以上，然后缓慢冷却到室温，减少薄膜中的亚稳定态，可以得到稳定的 a-Si:H 薄膜材料，未经稳定化处理的 a-Si:H 薄膜在 80℃保温后电阻率的变化达到 30%。由于氢化微晶硅（μc-Si:H）比 a-Si:H 具有更好的电导率和在光照下具有更好的稳定性，可以通过不同工艺使 a-Si:H 薄膜微晶化或直接制备 μc-Si:H 薄膜。高温退火可以将 a-Si:H 薄膜完全晶化，但同时也使 a-Si:H 薄膜中起重要作用的 H 逸出，致使材料性能变坏，并且与器件制作工艺不兼容。所以，a-Si:H 薄膜低温晶化技术是目前研究的热点，也是非晶硅薄膜太阳电池工艺常采用的方法。有关非晶硅薄膜的晶化以及纳米硅、微晶硅薄膜的应用，在教材的其他章节还有介绍。

第三种方法是室温条件下紫外光和电子束辐照，这是生产器件级 a-Si:H 薄膜的新方法。经过这种高能束辐照，H 从含有 2 个 H 原子的亚稳相中释放出来，减少 Si-Si 弱键，稳定了材料而使其在光照下不致于产生过多的悬挂键缺陷。紫外光辐照可以逆转光照导致的光电导衰退。紫外光和电子束辐照操作简单，样品升温不超过 100℃，薄膜材料中的 H 可以最大限度地保留下来，钝化了 a-Si:H 薄膜中的悬挂键，使材料缺陷仍然保留较低水平。这种稳定化处理存在的问题是紫外光、电子束辐照时，能量主要在表面附近被吸收，会产生表面损伤，而且 H 向薄膜径向方向扩散，悬挂键缺陷主要集中在表面，使 a-Si:H 薄膜总的缺陷密度有所增加。解决这个问题最简单的方法是，将具有高缺陷密度的表面层刻蚀掉，然后在 150℃热处理一定时间，尽量消除紫外光、电子束辐照的负面影响，从而达到稳定化的目的。

在非晶硅薄膜太阳电池的 pin 结构中，由于本征层的厚度最大，受 S-W 应的影响也最大，因此要克服非晶硅薄膜材料和电池中的 S-W 效应，主要是要控制好本征非晶硅层中的氢含量、改善非晶硅薄膜的微观结构、降低薄膜中的缺陷态密度等。

在工业实践中，一个普遍采用的方法是在低温（150～200℃）下用 H_2 稀释硅烷 SiH_4 沉积非晶硅薄膜。氢稀释技术不仅可以改变薄膜材料的结构，还在增强非晶硅材料抗光致衰减方面有重要的作用。图 3-64 所示为 90%H_2 和 10%SiH_4 制备的非晶硅薄膜的电导率在光照前后的变化。从图 3-64 中可以看出，与图 3-58 不同，光照后，非晶硅薄膜的光电导虽然随时间的变化在降低，但是，光照后的暗电导降低较少，而且经 150℃热退火后，暗电导又恢复到初始状况。

图 3-65 所示为利用氢稀释技术或非氢（无氢）稀释制备的非晶硅薄膜太阳电池的归一化效率随光照时间的变化。从图 3-65 中可以看出，氢稀释技术制备的太阳能电池光照 100h 后，其效率趋于稳定，而总的效率衰减量相对较小。

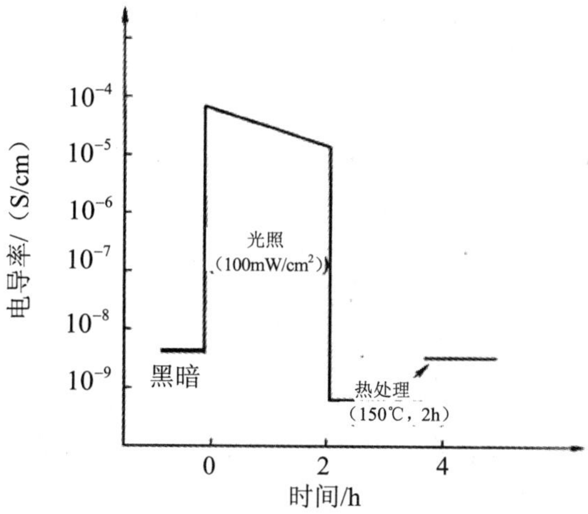

图 3-64　90%H_2 和 10%SiH_4 制备的非晶硅薄膜的电导率在光照前后的变化

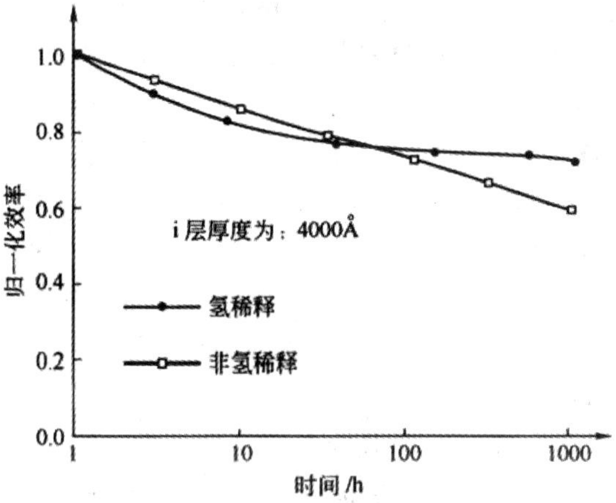

图 3-65　非晶硅薄膜太阳电池的归一化效率随光照时间的变化

与 S-W 效应一样，H_2 稀释降低非晶硅光致衰减的机理还存在争议。人们发现，虽然是在过量的 H_2 稀释气氛中制备非晶硅，除了增加少量的与氢相关的弱键外，薄膜中实际的氢含量并没有明显增加，而且，X 射线散射研究表明，与氢相关的空洞缺陷也没有大量增加。有研究表明，过量的 H_2 可以改变等离子体内的基团团聚，能够钝化衬底表面的硅的悬挂键，使得成核的原子能够有足够的时间在衬底表面寻找适合的位置，改变了沉积时衬底表面的形核过程，使得薄膜沉积初始阶段的有序化增加，甚至还可能导致非晶硅的纳米化和微晶化，从而降低了非晶硅薄膜的光致衰减效应。D. V. Tsu 等的研究表明（如图 3-66 所示），随着 H_2 稀释浓度的增加，从拉曼 Raman 谱中可以看出，非晶硅薄膜中的结晶分数不断增加，非晶硅薄膜的 TO 模从 474.5 cm^{-1} 偏移到 482.6 cm^{-1}，而高度 H_2 稀释制备的非晶硅（见图 3-66 中曲线④）有 516.5 cm^{-1} 微晶峰的出现，证明了非晶硅薄膜晶化程度的增加。

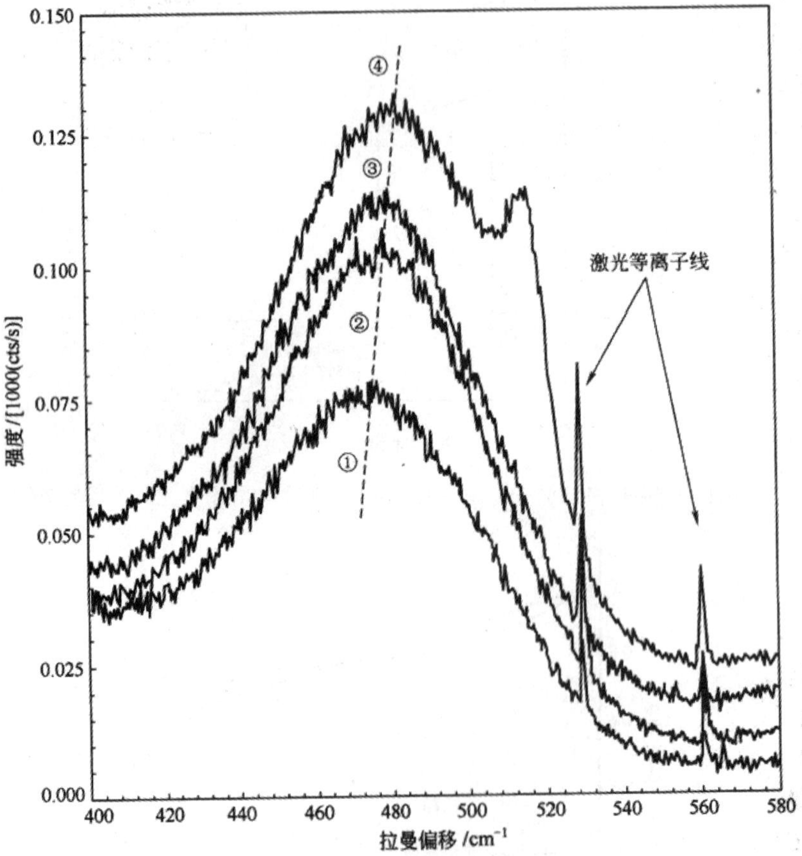

①—无 H_2 稀释；②—低度 H_2 稀释；③—中度 H_2 稀释；④—高度 H_2 稀释

（529 cm^{-1} 和 560 cm^{-1} 是激光等离子峰）

图 3-66　H_2 稀释条件下制备的非晶硅的拉曼谱图

使用氩气（Ar）对硅烷 SiH_4 进行稀释，也可以对薄膜的结构和性能产生较大影响，其效果类似于 H_2 稀释处理，但作用机理有所不同。惰性气体 Ar 作为 PECVD 沉积装置中的工作气体，可以很安全、方便地引入到反应室内，辉光放电条件较易达到，能产生具有高能量和高活性的氩等离子体。作者采用 Ar 稀释硅烷 SiH_4，针对气体稀释比和射频功率密度对 a-Si:H 薄膜晶化的影响进行了研究。

图 3-67 给出了在不同 Ar 稀释比条件下制备的 a-Si:H 薄膜原子力显微（AFM）形貌图。从图中可以看出，当稀释比 R 较低时，薄膜表面颗粒尺寸较大，图 3-67（d）中可以清楚地看到约 0.2μm 的大颗粒，且表面非常粗糙，很不均匀。当将稀释比提高到 24 时，薄膜表面颗粒的尺寸明显减小，形成了较为均匀的表面。通过 AFM 软件的进一步分析，可以量化薄膜表面的粗糙度如表 3-6 所示。可见，氩气稀释对薄膜的表面质量产生了积极的影响，提高稀释比会有效地改善薄膜的表面质量，薄膜的表面形貌随着氩气稀释比升高而得到改善。

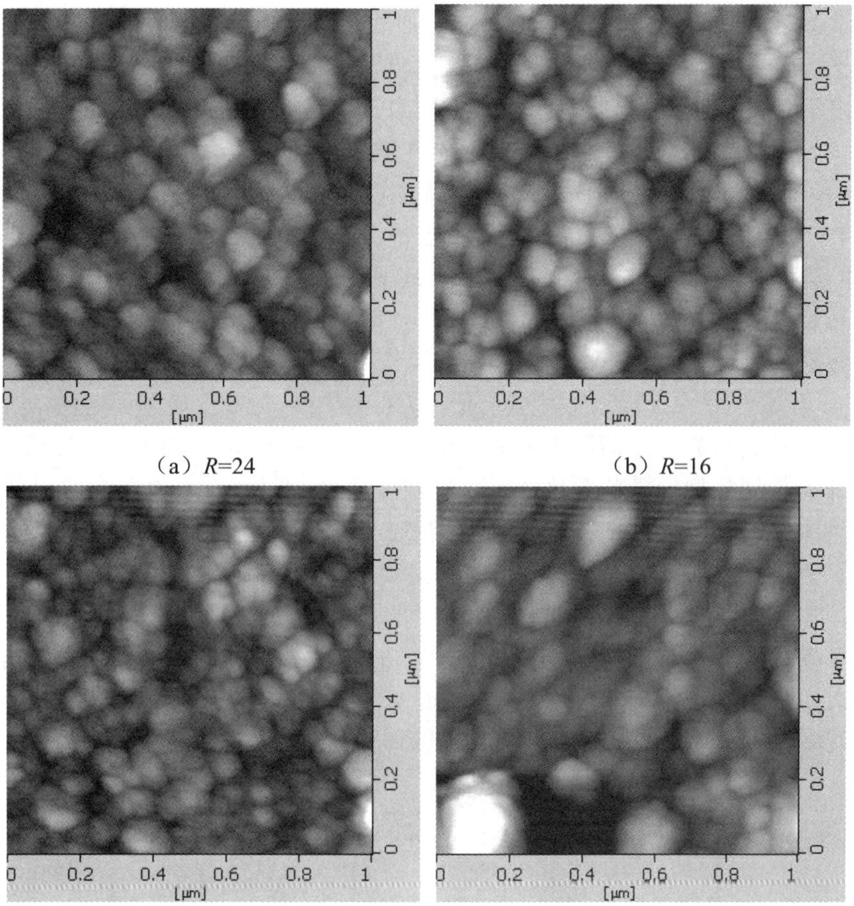

（a）R=24　（b）R=16

（c）R=6　（d）R=3

图 3-67　不同 Ar 稀释薄膜 AFM 图

表 3-6　氩气稀释下薄膜表面粗糙度

稀释比 R（Ar/SiH_4）	粗糙度
24	2.357
16	3.182
6	3.338
3	5.334

氢化硅（记为 Si:H）是氢化的非晶硅（a-Si:H）、微晶硅（μc-Si:H）和多晶硅（poly-Si:H）的统称。激光拉曼光谱在 Si:H 薄膜的微结构性能研究中扮演着重要的角色。Si:H 薄膜的激光拉曼散射谱主要由四个特征峰构成：峰位在 480 cm^{-1} 处的为类横光学模式（TO 模），峰位在 150 cm^{-1} 附近的为类横声学模式（TA 模），峰位在 300 cm^{-1} 和 410 cm^{-1} 附近的分别为类纵声学模式（LA 模）和类纵光学模式（LO 模）。另外，峰位在 610 cm^{-1} 和 960 cm^{-1} 附

近则分别是类 LA 模和类 TO 模的谐波，而其他峰与氢化硅薄膜中的 Si-H 键振动有关。

从激光拉曼光谱中所得到得数据可以计算出薄膜中的晶粒大小和晶化率，同时，拉曼光谱也给出了薄膜内部结构有序程度相关的信息。通常，拉曼光谱中类横光学模式可以更有效地分解为三种高斯散射成分，如图 3-68 中左上的小图所示。第一种散射峰位于 460～490 cm^{-1} 的波数范围内，来自于非晶硅薄膜的类横光学摇摆模式，表征薄膜的非晶属性；第二种散射峰，中间成分在 500 cm^{-1} 附近，这是由于晶界处键的扩大导致的表征薄膜中的混合晶相；第三种散射峰位于 512～520 cm^{-1} 范围内，它是确定不同大小晶粒的类 TO 模，为薄膜中晶粒的散射峰。如果把晶界考虑为晶体的一部分，那么非晶硅薄膜中的晶化率可以用下面的公式（3-10）表示。

$$F_n = (I_n + I_b)/(\beta I_a + I_b + I_n) \tag{3-10}$$

式中，I_a、I_b 和 I_n 分别表示薄膜中的非晶成分、晶界成分和纳米晶成分的拉曼积分强度；β 表示从非晶相到晶相的横截面比率，可以用公式 $\beta = 0.1 + \exp(-D/25)$ 来计算得到，其中 D 表示纳米级的晶粒大小。由于 Ar 稀释薄膜样品中的晶粒都非常小，一般为纳米量级，可以得到 $\beta \approx 1$。根据对不同稀释比下沉积的薄膜样品拉曼光谱的分析，得出相关数据，然后代入上述几个公式，就可以得到薄膜样品中的晶化率，所得结果如表 3-7 所示。

保持射频功率密度为 150 mW / cm^2 不变，在不同 Ar 稀释比条件下制备的薄膜所测得的拉曼光谱如图 3-68 所示。R=3 时，拉曼光谱处于低波数处，峰位大约在 475 cm^{-1} 附近且谱带较宽，这表明在稀释比很低时，薄膜中仅含有非晶成分。

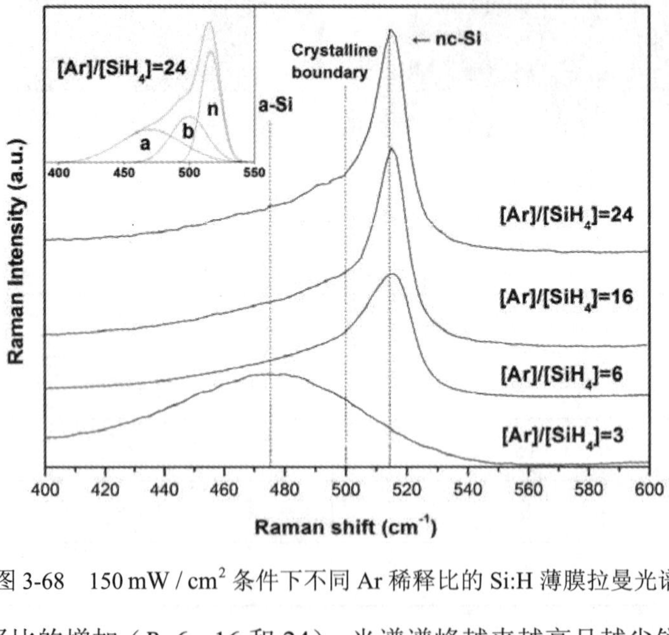

图 3-68　150 mW / cm^2 条件下不同 Ar 稀释比的 Si:H 薄膜拉曼光谱

随着 Ar 稀释比的增加（R=6、16 和 24），光谱谱峰越来越高且越尖锐，峰位逐渐向高波数方向移动，基本上都位于 515 cm^{-1} 附近，这表明薄膜中出现了纳米晶粒。由表 3-7 所示的计算结果可知，随着 Ar 稀释比的增加，晶粒尺寸和薄膜的晶化率都变得越来越大，这表明 Ar 稀释比的增加促使 a-Si:H 薄膜向纳米晶硅薄膜转变。

图 3-69 给出了射频功率密度固定在 150mW/cm^2 而其他工艺条件相同的情况下，不同 Ar 稀释比沉积薄膜样品的 X 射线衍射图谱对比图。图示中的 4 条曲线分别来自稀释比分

别为 3、6、16 和 24 的四组薄膜样品。从图示中可以看出，当稀释比 R 分别为 6、16 和 24 时，在 XRD 衍射谱宽而平滑的背景峰上从 2θ 为 20°～60°时出现了三个突出的衍射峰，这称为特征衍射峰。特征衍射峰的存在表明所测试薄膜样品中有 Si 晶粒的存在。这三个特征峰位分别位于 28.5°、47.2°和 56.2°处，它们分别与晶向为（111）、（220）、（311）的单晶 Si 的衍射峰位相对应。

表 3-7　制备参数与拉曼分析结果

样品	气体流量比（sccm）		射频功率密度（mW / cm²）	晶粒直径（nm）	晶化率（%）
	Ar	SiH_4			
1	30	10	150	0	0
2	30	5	150	11.3	19
3	80	5	150	11.8	42
4	120	5	150	12.5	63

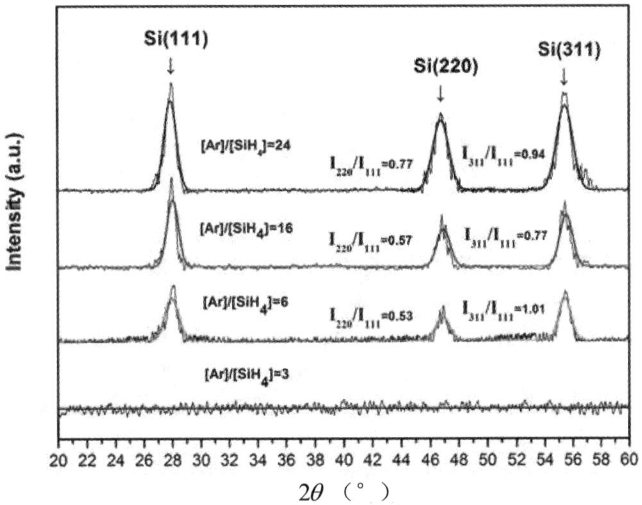

图 3-69　150 mW / cm² 条件下不同 Ar 稀释比 Si:H 薄膜的 XRD 图谱

当稀释比 R=3 时，衍射谱中没有出现特征衍射峰，表明该薄膜样品中没有明显的晶粒，仍然以非晶相结构为主；当稀释比 R 增加到 6 时，对应样品衍射谱中出现了三个较微弱的特征峰，表明薄膜结构中已出现了 Si 晶粒，晶化已经发生。与 R=6 相比，R=16 时，薄膜的衍射谱代表硅晶向的特征衍射峰更高且更加尖锐，R 增加到 24 后衍射峰的变化则更加明显。通过对衍射峰的强度和半高宽的计算，可以半定量地得到晶粒的大小以及薄膜的晶化率。从图示中我们可以看到，随着 R 的增大，薄膜内部的晶粒在逐渐长大，薄膜的晶化率也在逐渐增加。

将薄膜内所有的晶粒看作一个整体，每一个晶粒的生长取向可能是随机混乱的，也可能团聚在一起偏向于某一晶向。如图 3-69 所示，我们采用 $I_{(220)}/I_{(111)}$ 和 $I_{(311)}/I_{(111)}$ 这两组衍射峰强度比来监控晶粒生长的取向。从这 3 组数据中我们可以看到，当 R 从 6 增加到 24 后，这两组比值的变化并不明显。由此我们推断：随着 Ar 稀释比的增加，薄膜内部晶粒的生长是随机性的，并没有优先取向。如前所述，傅立叶变换红外光谱（FTIR）可用于对非晶硅薄膜中 Si 原子和 H 原子间的键构成及氢含量等相关信息的捕捉，而这些信息对于薄膜的结构和光电性能的研究是非常重要的。在非晶硅薄膜的 FTIR 谱图中，有两种伸展模，分别是位于 2000 cm^{-1} 处和 2090～2100 cm^{-1} 范围内的吸收峰，这两处吸收峰分别对应着 SiH 键和 $(SiH_2)_n$ 伸展模，而其中 $(SiH_2)_n$ 主要富集于薄膜中的晶界上。

图 3-70 给出了在相同射频功率密度不同 Ar 稀释比薄膜样品的 FTIR 光谱对比情况。由图可知，稀释比 R=3 时，吸收谱峰位于 2000 cm^{-1} 处，表明薄膜键结构中 SiH 占多数，但同时，在 2100 cm^{-1} 附近仍然可以发现微小的表征 $(SiH_2)_n$ 的伸展模，这表明此时薄膜中基本上没有晶粒的出现。当 R=6、16 或 24 时，在 2000 cm^{-1} 处同样存在着一个吸收峰，而主吸收峰相比于 R=3 时则是位于更高波数 2100 cm^{-1} 处的伸展模，薄膜键结构中 $(SiH_2)_n$ 增加，表明薄膜中非晶网络结构以及晶界附近出现了晶化。此外，可以发现，随着 Ar 稀释比的增加，主吸收峰的高度与其所覆盖的面积逐渐变大，这表明薄膜中 $(SiH_2)_n$ 总量和氢含量逐渐增多。

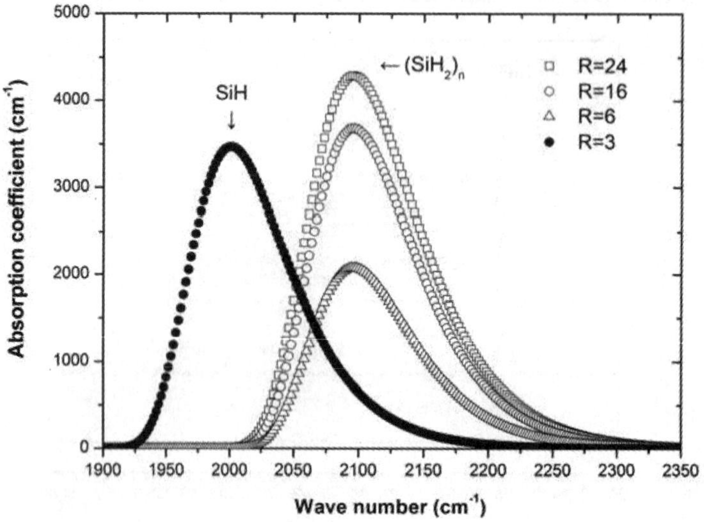

图 3-70　150 mW / cm^2 条件下不同氩稀释比氢化硅薄膜 FTIR 谱图（高波数区域）对比

高分辨率透射电子显微镜（HRTEM）技术常用来观察材料的纳米尺度混合相结构。图 3-71 所示为射频功率密度为 150 mW / cm^2 、稀释比 R=24 条件下薄膜的 TEM 结果，图 3-71（a）和图 3-71（b）显示的是相同的纳米晶结构，图 3-71（b）中的暗黑区域为纳米晶粒。从图 3-71（b）中可以清楚地看到，薄膜中含有大量的纳米晶粒，而纳米晶区域的周围是大范围的非晶区域，因此薄膜结构中仍含有大量非晶相。同时发现，薄膜结构中纳米晶粒的分布毫无规律，是随机的，没有优选晶向。从图中可以大致测算出纳米晶粒的大小，其平均直径为 12nm。图 3-71（b）中右下角为相应的电子衍射花样，图中清晰地显示出离散的亮点处在三个不同直径的同心圆环上，这些环对应于不同的 Si 晶向，从里到外分别对应于 Si（111）、Si（220）和 Si（311）。高分辨率 TEM 观测结果表明，薄膜内部结构中存在着一定数量的纳米硅晶粒，因而可以将该薄膜样品称为部分晶化的氢化纳米晶硅薄膜，或者称为“氢化类晶体硅薄膜”。

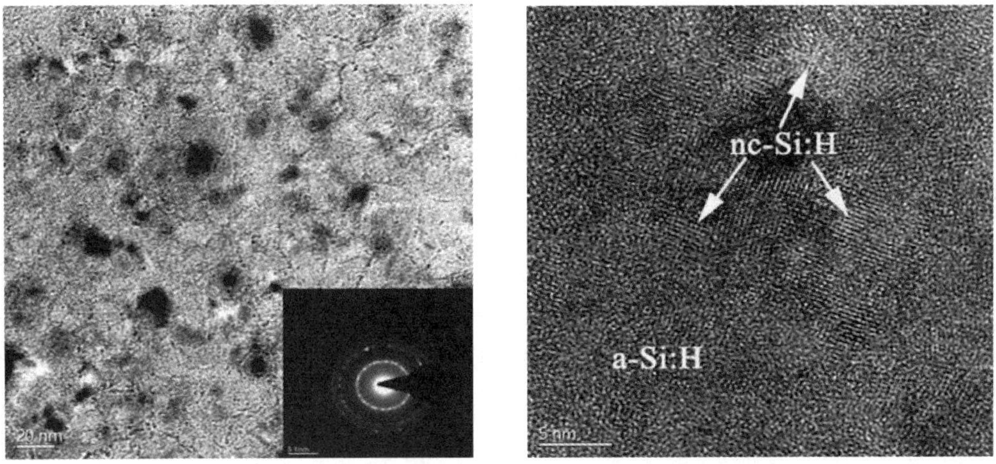

（a）样品选区高分辨像　　　　（b）样品选区明场像和对应衍射花样

图 3-71　150 mW / cm^2 条件下 Ar 稀释比 R=24 氢化硅薄膜的 TEM 图像及衍射花样

3.3.4　非晶硅薄膜的合金化

由于非晶硅中的悬挂键、弱键以及光致亚稳态的缺陷影响非晶硅材料中载流子的输运特性，载流子在经过很短的距离后就复合了，因而需要降低 SW 效应的影响、改善非晶硅薄膜的结构稳定性。为了收集到足够的光生载流子，非晶硅薄膜太阳电池通常利用 pin 结构。为了增加非晶硅薄膜太阳电池的光电转换效率，在设计电池结构时，p 型层常作为窗口层，希望利用宽带隙的材料，尽量减少对短波长光线的吸收；而 n 型层则希望利用窄带隙的材料，以便增加对长波长光线的吸收。同时，为了尽量利用太阳光谱，不同带隙材料组成的叠层太阳能电池也被设计。因此，非晶硅薄膜需要带隙的调制。

非晶硅薄膜材料可以根据不同的制备条件，改变薄膜的材料学和电子结构和化学组分等，来达到控制非晶硅薄膜的带隙宽度：

① 通过调控非晶硅薄膜中的氢含量，可以使 a-Si:H 薄膜的带隙在 1.5～1.8eV 之间变化；

② 采用气体稀释和多晶化处理，使非晶硅微晶化或多晶化，将带隙控制在 1.1～1.5eV 之间；

③ 通过 C、N、O 等的合金化，构成合金薄膜，使带隙变宽，最高可以达到 3.0eV 以上；

④ 通过 Sn、Ge 等的合金化，构成合金薄膜，使带隙变窄，如 a-SiGe:H 的带隙在 1.1～1.7eV 范围内可调。

1. 非晶硅碳合金薄膜

氢化的非晶硅碳合金薄膜（a-SiC:H）是宽带隙材料，光学带隙最大可达到 3.0eV，一般可用作非晶硅薄膜太阳电池的 p 型窗口，也可用作宽禁带顶层电池的吸收层。因为较宽的光学带隙可以减少 p 型层的光吸收，增强透射到 a-Si:H 吸收层上光的强度，并且能够得到较高的开路电压。

a-SiC:H 薄膜与 a-Si:H 薄膜的制备工艺相同，一般是利用 PECVD 技术，借助于氢稀释的硅烷辉光放电分解，在制备过程中加入一定量的甲烷（CH_4），甲烷分解后，碳和硅一起沉积形成氢化的非晶硅碳，甲烷的分解方程式为：

$$CH_4 = C + 2H_2$$

实际反应中，PECVD 的功率、气体压力、衬底温度等参数和生长 a-Si:H 相近，都可以影响薄膜的性能。可以通过改变 CH_4 和 SiH_4 气体流量的比例，达到改变 a-Si:H 薄膜中 Si、C 的比例，最终达到调控 a-SiC: H 薄膜带隙宽度的目的。

在实际应用中，并不是 a-SiC:H 薄膜带隙越宽越好。虽然 a-SiC:H 薄膜带隙的宽度随碳含量增加而增加，可以达到 3.0eV，但是随着碳浓度的增加，薄膜材料中的缺陷密度也会增加，最终导致带隙间的缺陷态密度增加。因此，a-SiC:H 薄膜中 Si、C 的比例存在一个优选的问题。另外，a-SiC:H 薄膜的光致衰减效应更加严重。虽然利用氢气稀释技术，也能降低 a-SiC:H 薄膜的缺陷态密度，但是，与 a-Si:H 薄膜相比，光致衰减现象仍然比较明显。研究发现，利用氢气稀释技术制备的具有 1.9eV 带隙宽度的 a-SiC:H 薄膜，其带间隙态密度很低，与质量较好的本征 a-Si:H 薄膜的缺陷态密度差不多，此时，太阳电池的光致衰减效应也会减小，图 3-72 所示为带隙宽度约为 1.9eV 的 a-SiC:H 薄膜单结太阳电池在光照前后的 *I-V* 曲线，薄膜是利用氢气稀释技术制备的。很明显，经过 1700h 光照后，开路电压 V 和填充因子 FF 仍然有相当的降低，但是与普通的没有用氢气稀释技术制备的 a-SiC:H 薄膜单结太阳电池相比，光致衰减已经得到一定程度的拟制。

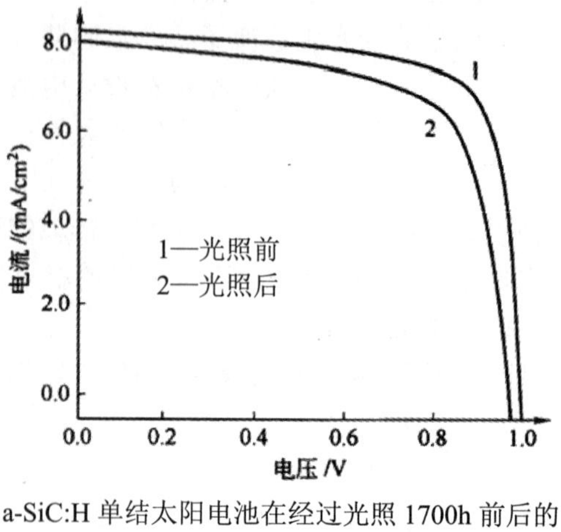

图 3-72　a-SiC:H 单结太阳电池在经过光照 1700h 前后的 *I-V* 曲线

2. 非晶硅锗合金薄膜

氢化的非晶硅锗合金（a-SiGe:H）薄膜为窄带隙材料，光学带隙最低可以达到 1.1eV。利用它能提高短路电流和填充因子，在非晶硅薄膜太阳电池中一般用于光吸收层（i 层）。

a-SiGe:H 薄膜的制备与 a-Si:H 和 a-SiC:H 波的制备工艺基本相同，都是利用氢气稀释的硅烷辉光放电分解，只是在制备过程中混合通入一定比例的锗烷 GeH_4。GeH_4 在 PECVD 反应室中按下式进行分解：

$$GeH_4 = Ge + 2H_2$$

同样，通过改变 GeH_4 和 SiH_4 气体流量的比例，可以达到改变 a-SiGe:H 薄膜中 Si、Ge 比例的目的。

与 a-Si:H 薄膜相比，Ge 的引入会引起与 Ge 相关的缺陷，缺陷态密度会增加，导致能带中出现更严重的带尾。与在 a-SiC:H 薄膜中的碳一样，在 a-SiGe:H 薄膜中随着锗浓度的增加，缺陷密度会明显增加，最后降低了材料的电学性能。因此，人们希望在尽量降低缺陷密度的同时，提高掺杂原子锗在合金中的成分比例，以便尽可能地降低带隙的宽度。到目前为止，a-SiGe:H 合金薄膜的带隙宽度已经可以在带隙缺陷态密度小于$10^6 cm^{-3}$的情况下达到 1.4～1.5eV，但是它的载流子输运性能还是比不上高质量的 a-Si:H 薄膜。

除 Ge 的作用以外，氢在 a-SiGe:H 合金薄膜中的作用也同样重要。如同在 a-Si:H 薄膜中一样，氢也影响 a-SiGe:H 薄膜的光学带隙宽度。如果改变 a-SiGe:H 薄膜中氢的结合方式和含量，也能改变 a-SiGe:H 薄膜的带隙，并能影响薄膜材料的微结构。另外，a-SiGe 薄膜通常比 a-Si 薄膜的缺陷更多，这是因为 Si 与 Ge 的原子大小不一，成键键能不同，而且薄膜中 Si 与 Ge 原子不能均匀地混合分布，所以氢的掺入对 a-SiGe:H 薄膜性能的提高尤为重要；同样，在 a-SiGe 薄膜氢化时，常利用氢气稀释技术或掺氟技术，但是，在 a-SiGe:H 薄膜中氢往往择优与硅键合。因此，要达到有效钝化缺陷的目的，氢含量在 a-SiGe:H 薄膜中通常需要偏高，这样也导致 a-SiGe:H 薄膜太阳电池的光致衰减现象依然存在。

a-SiGe:H 薄膜还具有另外一个弱点，就是薄膜制备的源气体 GeH_4 价格很高，造成电池成本的上升，并不符合太阳电池发展的方向，所以需要继续寻找可以替代的窄带隙材料。目前，人们正在研究低成本的微晶硅（μc-Si）薄膜，希望它能够替代 a-SiGe:H 薄膜。

3.3.5 非晶硅薄膜的晶化

1. 气体稀释对晶化的作用

结构内部含有纳米晶粒的氢化纳米晶硅薄膜同时具有单晶硅材料的高迁移率和非晶硅材料可大面积、低成本制备的特点，成为电子材料学领域中最热门的研究课题。制备氢化纳米晶硅薄膜的方法很多，在 PECVD 制备系统中使用气体稀释硅烷得到氢化纳米晶硅薄膜的方法具有高效、安全、低成本等优势。

如前所述，用氩气或氢气对硅烷进行稀释是目前薄膜实现纳米晶化的常用方法。在气体辉光放电的过程中，氩等离子或者氢等离子携带的能量会对薄膜的生长过程产生影响，能量在传导到薄膜生长层后，会打断 Si-Si 弱键和 Si-H 键，使原子之间的键合方式发生变化。在沉积的过程中，通过射频功率、气体稀释比等工艺参数的调整，可以改变等离子体的性质，从而可以对薄膜的结构特征如晶粒尺寸、晶化率、含氢量等进行调控。

2. 后处理对晶化的影响

（1）高温退火晶化

所谓高温退火晶化就是将非晶材料样品置于真空或者氮气等保护气体中，加热到某一特定温度后进行一定时间的保温然后冷却。热能在材料样品中进行传导，为材料成分和结构重组提供必需的能量，从而引起材料样品结构和性能的改变。这种晶化工艺最早应用于金属材料加工行业，主要目的是为了松弛材料应力和提高材料热稳定性。在薄膜材料发展之初，研究发现，薄膜通过退火同样可以实现应力松弛，达到改善薄膜性能的目的。然而，高温退火实现非晶薄膜的晶化，是基于非晶体转变为晶体的相变过程。在薄膜太阳电池的制备中，由于退火温度高达 600℃以上，一般很难采用高温退火晶化工艺。

（2）金属诱导晶化

金属诱导晶化的步骤是首先在制备好的非晶硅薄膜表面镀一层金属膜或者直接在有金属膜的衬底上沉积非晶硅薄膜，再对其在某一温度（一般是低温）下进行热处理，常用的金属有 Al、Ag、Ni 等。这种工艺可以使氢化非晶硅薄膜在较低温度下通过热处理就可以发生晶化。金属诱导晶化的主要机理是通过热能在金属与非晶态硅界面之间的相互扩散，减弱薄膜内部 Si-Si 键的结合能，从而使其只需较少的能量就可以断裂重组。这种工艺的主要影响因素有金属薄膜材料的种类、厚度以及与氢化非晶硅薄膜的相对位置。研究指出，使用这种晶化工艺，铝诱导氢化非晶硅薄膜开始晶化温度可以降低到 250℃以下，平均晶粒尺寸可以达到 500nm～1.5μm。

（3）等离子体退火晶化

所谓等离子体退火，就是指利用气体辉光放电所产生的等离子体对薄膜表面进行轰击，从而使薄膜的结构和性能发生改变。在气体通过辉光放电而产生的电中性等离子体中蕴含着足够改变薄膜结构的能量，这些能量通过对薄膜表面的轰击而被传导到薄膜内部，薄膜内部的原子之间的结合方式由于这些能量的引入而发生了变化，不稳定的键被打断重组，各种缺陷态在动力学原理的作用下而消失。

不同气体的等离子体具有不同的能量性质，氩等离子体对薄膜的轰击相对于氢等离子体较为柔和，对薄膜表面的损伤和刻蚀也相对较弱。对薄膜进行等离子体退火可以在 PECVD 沉积过后立刻进行，从而减少了薄膜被污染的可能性。等离子体的性质也可以通过气体流量、射频功率等工艺参数的改变而进行调控，从而选择出对薄膜性能最有利的等离子体状态。

3.4 硅基材料的光伏应用——太阳能电池

3.4.1 晶体硅太阳能电池

晶体硅太阳能电池包括单晶硅太阳能电池和多晶硅太阳能电池。单晶硅材料结晶完整，载流子迁移率高，串联电阻小，光电转换效率高（可达 20%左右），但生产成本昂贵。多晶硅材料晶体方向无规律性，存在大量晶界，材料中的正、负电荷有部分会因晶界连接的不规则性而损失，所以不能全部被 p-n 结电场所分离，造成电池的转换效率一般要比单晶硅电池低。

1. 单晶硅电池

单晶硅电池是最早发展起来的硅基太阳能电池，以单晶硅片为基底。早期，作为原料的高纯单晶硅片多是从电子工业半导体器件加工中退出的产品（次品和等外品），在市场上可用较便宜的价格得到，因此单晶硅电池能够以相对便宜的成本来生产。但是，随着单晶硅片价格的不断上涨，单晶硅电池的制造成本也居高不下，正在逐渐被其他硅基太阳能电池取代。

单晶硅太阳能电池通常是以 p 型 Si 为衬底，在其上某一面扩散 n 型杂质形成如图 3-73 所示的结构。为取出电流，p 型衬底的整个下表面涂银 Ag 并烧结，而在受光面采用梳状银电极。在光照下接通两电极即能得到光生电流。

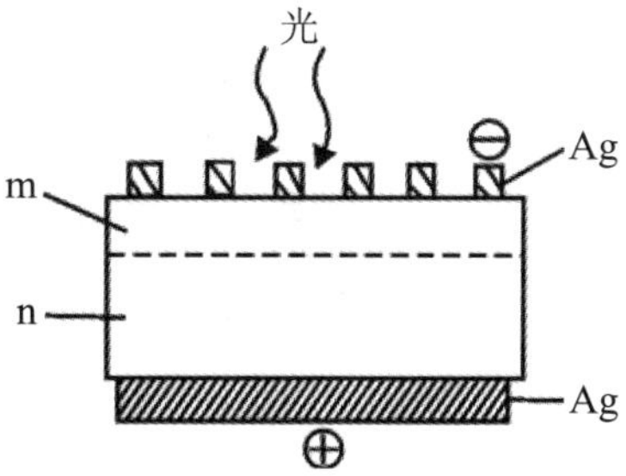

图 3-73　晶体硅太阳能电池结构示意图

单晶硅太阳电池的制备过程如图 3-74 所示。采用 p 型硅单晶片为衬底，用 $POCl_3$ 气相扩散法、P_2O_5 涂敷扩散法以及直接掺杂 p^+的离子移植法等实现 n 型扩散掺杂，最后分别用丝网印刷和薄膜工艺制备上下银 Ag 电极。

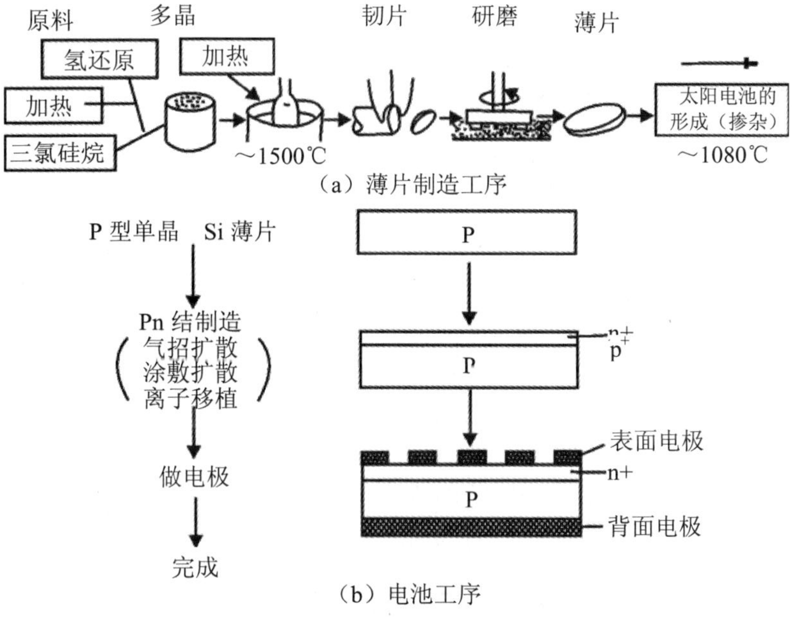

图 3-74　单晶硅太阳电池制造工序示意图

为防止在衬底的背面附近由于载流子的复合而引起转换效率的降低，采用在衬底背面沉积电极构成背电场太阳电池，即 BSF（Back Surface Field）型太阳能电池，以便形成内电场，见图 3-75（a）所示。由于 p 型衬底背面的 p^+层（高掺杂层）形成了内电场，在衬底背面附近生成的载流子就会因该电场而被加速，结果使有效输出的电能增大。这种结构使电池对太阳光谱中的长波长光的灵敏度增大，电池的传输效率可达 15%左右。此外，这种 BSF 结构能减缓高温下太阳电池特性的变坏。

图 3-75（b）所示的紫外光太阳能电池是为防止太阳电池的表面（受光面）由于载流子的复合而使效率减小的电池。通常情况下，太阳电池 n^+层的膜厚为 0.3～0.5μm，但当用化学腐蚀方法使该层膜厚降低为 0.1～0.2μm 后，就能有效防止在 n^+层表面附近的载流子复合，使转换效率提高，从而使该种紫外光电池对太阳光谱中的短波长光有

特别高的灵敏度。

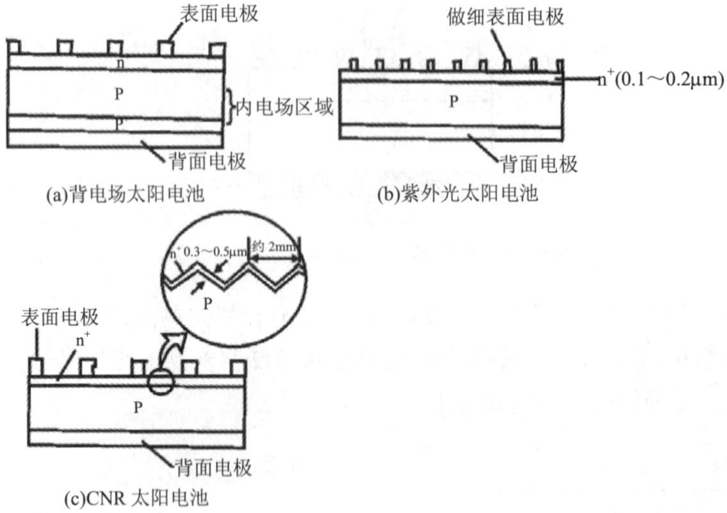

图 3-75　各种单晶硅太阳能电池的结构

通信卫星无反射太阳能电池即 CNR 太阳能电池（Comat Non Reflective Solar Cell）具有防止入射光在太阳能电池表面反射而使效率减小的结构（如图 3-75（c）所示）。太阳能电池表面有许多极小（1～2mm）的金字塔状的凹凸体，由于多重反射而使表面反射减少。CNR 太阳电池的制造需要较高的技术，具有该结构的单晶硅太阳电池的最高转换效率可达 18%。事实上，CNT 电池的"绒面化结构"已经在各种太阳电池的"受光面"得到应用，相关的刻蚀工艺和加工设备也得到了高度重视，并获得积极进展。

2. 多晶硅电池

单晶硅太阳能电池的缺点是采用单晶硅片作衬底，制造过程复杂，材料和工艺成本较高。为解决这些问题，用浇铸法或晶带法制造的多晶硅太阳能电池得到重视并获得了发展。图 3-76 所示是多晶硅太阳能电池制造的过程的示意图。

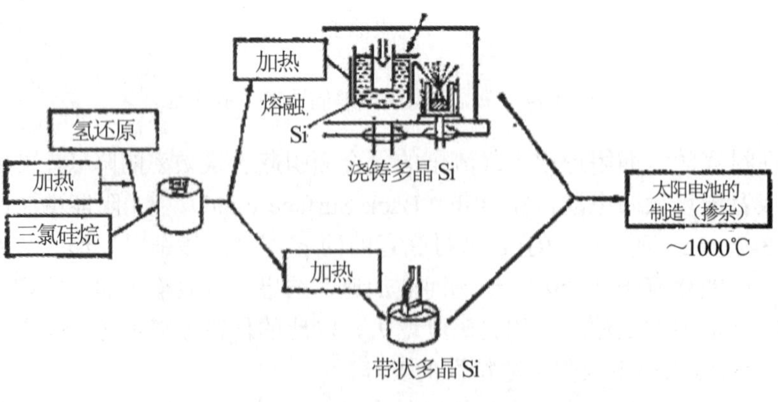

图 3-76　多晶硅太阳电池的制造工序（浇铸法和带状法）

与单晶硅电池相比，多晶硅电池的材料成本较低、生产率较高，转换效率虽然不如单晶硅电池，但也能达到较高的目标（10%～16%）。图 3-77 给出了一种多晶硅太阳能电池的制造工艺示意。坩埚中的硅熔液同坩埚一起冷却，形成与坩埚相同形状的 6 英寸多晶硅锭；再经过与单晶硅电池一样的制备过程，就能制造出多晶硅太阳能电池。用这种工艺可以制得边长较大的方形太阳电池，转换效率也可以达到 10%以上。

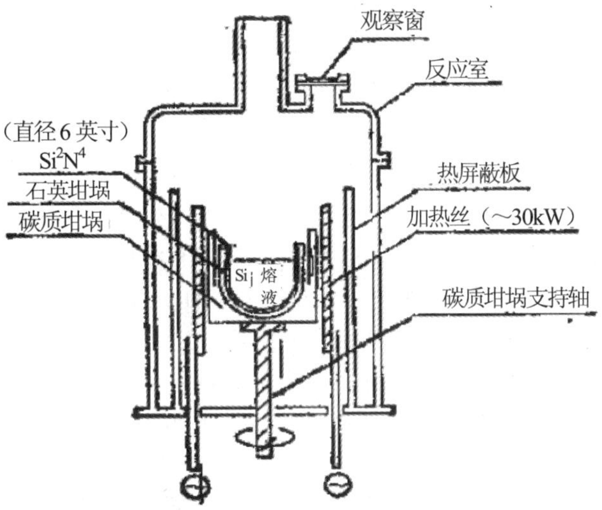

图 3-77 多晶硅锭的制造示意

晶带法是从硅熔液直接获得片状多晶硅片的方法。因为无需先获得单晶硅或浇铸多晶硅锭，然后再把硅锭切成片，所以它能有效地利用原材料。带状多晶硅可用激光切割成适当的大小，再用与单晶硅电池同样的工序做成太阳能电池，电池的转换效率为 7%～14%。带状多晶硅太阳能电池的制造过程非常简单，但工艺的稳定性不高，规模工业应用有较大的难度。

3.4.2 薄膜太阳能电池

大面积薄膜太阳能电池材料，一般采用低温工艺沉积在廉价的异质衬底上。玻璃、不锈钢带、塑料薄膜等都是常用的薄膜太阳能电池衬底材料。薄膜太阳能电池固有的优势是用料省、工艺温度低、工艺过程相对简单，从而成本低。但是，依据工艺的不同，薄膜材料常常含有多晶、微晶、纳米晶或非晶态结构，具有较低的载流子迁移率和少子寿命，不适合用以制备高速度、高密度的微电子器件。对于大面积太阳能电池而言，由于对光电转换的速度没有高的要求，器件结构又相对简单，仅由一个或数个 p-n 结构成，薄膜材料是可以胜任的。经过多年努力，已经在几种薄膜太阳能电池上取得了较大的进展，这主要包括硅基薄膜电池、铜铟镓硒薄膜电池、碲化镉薄膜电池和染料敏化电池。

硅基薄膜太阳能电池的研究和开发主要集中在提高非晶硅、微晶硅和非晶锗硅薄膜材料的质量。与此同时，以非晶硅或非晶锗硅薄膜为基础，以改进的纳米硅（也称为微晶硅）薄膜为补充，可以组成所谓的多结薄膜硅电池，并逐渐成为新一代硅基薄膜太阳电池产品的主流。

1. 单结非晶硅薄膜电池

在常规的单晶硅和多晶硅太阳电池中，p-n 结是电池的最核心结构。由于载流子的扩散长度很高，所以电池的厚度取决于所用硅片的厚度。但对于硅基薄膜太阳能电池，所用电池材料通常是非晶和微晶半导体，载流子的迁移率和寿命都比在相应的晶体材料中低很多，载流子的扩散长度也相对较短。此时如选用通常的 p-n 结结构，光生载流子在没有扩散到结区之前就会被复合。如果采用很薄的材料，光的吸收率会很低，相应的光生电流也很小。为了解决这一问题，硅基薄膜电池一般采用 p-i-n 结构，其中，p 层和 n 层分别是硼掺杂和磷掺杂的非晶硅，i 层是本征非晶硅。图 3-78 和图 3-79 分别是非晶硅 p-i-n 电池结构和能带示意图，其中 ε_c 和 ε_v 分别是导带底和价带顶，ε_F 是费米能级。对于 p-i-n 结构，在没有光照的热平衡状态下，p-i-n 三层中具有相同的费米能级，这时本征层 i 中导带和价带从 p 层向 n 层倾斜形成内建势。在理想情况下，p 层和 n 层费米能级的差值决定了电池的内建势，相应的电场叫内建场。鉴于掺杂层内缺陷态浓度很高，光生载流子主要产生在本征层中。在内建势的作用下，光生电子流向 n 层，而光生空穴流向 p 层；在开路条件下，光生电子积累在 n 层中，而光生空穴积累在 p 层中。这时在 p 层和 n 层中的光生电荷在本征 i 层中所产生的电场抵消部分内建场，此时 n 层中积累的光生电子和 p 层中积累的光生空穴具有向相反方向扩散的趋向，以抵消光生载流子的收集电流。

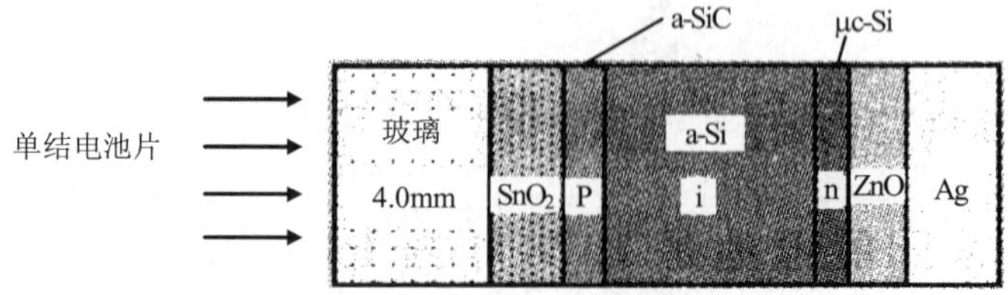

图 3-78　单结非晶硅太阳能电池结构示意

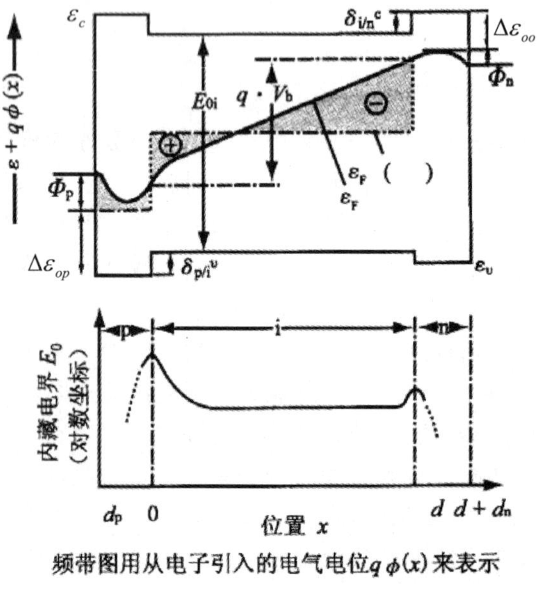

图 3-79　a-Si p-i-n 异质结能带图和内建静电场分布热平衡模式图

当扩散电流与内建场作用下的收集电流这两个方向相反的电流之间达到动态平衡时，本征层中没有净电流，此时，在 p 层和 n 层中累积的电荷产生的电压叫开路电压，用 V_{OC} 表示，是太阳电池的重要参数之一，其大小与许多材料特性有关。正如在第二章中介绍的那样，开路电压V_{OC}取决于本征 i 层材料的带隙宽度，宽带隙的本征材料可以产生较大的开路电压，而窄带隙的材料产生较小的开路电压，比如非晶锗硅电池的开路电压比非晶硅电池的开路电压小。开路电压V_{OC}的大小还取决于掺杂层 n 和 p 的特性，特别是掺杂浓度。n 层和 p 层的费米能级差值决定开路电压V_{OC}的上限，所以掺杂层的优化也是相当关键的，特别是 p 层。为了提高开路电压V_{OC}，人们通常采用非晶碳化硅合金或微晶硅作为 p 层材料。虽然非晶碳化硅合金通常有较高的缺陷态，但其具有较宽的带隙，使其费米能级可以较低。另外，其宽带隙可以减少 p 层中的吸收，而微晶硅的带尾态宽度较小，掺杂效率高，费米能级可以接近价带顶，所以微晶硅也可以增加开路电压V_{OC}的幅度。最后，开路电压V_{OC}的幅度还可以取决于本征层的质量，即带尾态的宽度和缺陷态密度所决定的反方向漏电流的大小。

非晶硅薄膜电池通常分为两种结构，即 p-i-n 和 n-i-p 结构。所谓 p-i-n 结构的电池一般沉积在玻璃衬底上，以 p、i、n 的顺序连续沉积各层而得。此时，由于光是透过玻璃入射到太阳电池的，所以人们也将玻璃叫做衬顶（superstrate）。在玻璃衬底上先要沉积一层透明导电膜（TCO），作用有两个：其一是让光通过衬底进入太阳电池，其二是提供收集电流的电极（称为顶电极）。在透明导电膜上依次沉积 p 层、i 层和 n 层，其中，p 层通常采用非晶碳化硅合金。由于非晶碳化硅合金的禁带宽度比非晶硅宽，其透过率比通常的 p 型非晶硅高，所以 p 型非晶碳化硅合金也叫窗口材料。一方面，使用 p 型非晶碳化硅合金可以有效地提高电池的开路和短路电流；另一方面，由于 p 型非晶硅碳合金和本征非晶硅在 p/i 界面存在带隙的不连续性，在界面处容易产生界面缺陷态，从而产生界面复合，降低电池的填充因子。为了降低界面缺陷态的密度，一般采用一个缓变的碳过渡层，可以有效地降低界面态密度，提高填充因子。在过渡层上面可以直接沉积本征非晶硅层，然后再沉积 n 层。在沉积完非晶硅层后，背电极可以直接沉积在 n 层上。常用的背电极是蒸发铝和银。由于银的反射率比铝高，使用银电极可以提高电池的短路电流，所以实验室中常采用银作为背电极。但是，由于银的成本比铝高，而且在电池的长期可靠性方面存在问题，因而在大批量非晶硅太阳电池的生产中，铝背电极仍然是常用的。为了提高光在背电极的有效散射，在沉积背电极之前可以在 n 层上沉积一层氧化锌。它有两个作用：首先，它有一定的粗糙度，可以增加光散射；其次，它可以起到阻挡金属离子扩散到半导体中的作用，从而降低由于金属离子扩散所引起的电池短路。

与 p-i-n 相对应的是 n-i-p 结构。这种结构通常是沉积在不透明的衬底上，如不锈钢和塑料。由于硅基薄膜中空穴的迁移率比电子的要小近两个数量级，所以硅基薄膜电池的 p 区应该生长在靠近受光面的一侧。以不透光的不锈钢衬底为例，制备电池结构的最佳方式应该是 n-i-p 结构，亦即首先在衬底上沉积背反射膜。常用的被反射膜包括银/氧化锌和铝/氧化锌。同样，考虑到成本问题，银/氧化锌常用在实验室中，而铝/氧化锌多用在大批量太阳能电池的生产中。在背反射膜上依次沉积 n 型、i 型和 p 型非晶硅薄膜材料，然后在 p 层上沉积透明导电膜。常用的透明导电膜是氧化铟锡，即 ITO，其表面电导率不如通常在玻璃衬底上的其他透明导电膜（如掺氟氧化铟 IFO、氧化铟锌 IZO 等）的表面电导率高。最后，在透明导电膜上面添加金属栅线，以增加对光电流的收集率：

与 p-i-n 结构相比，n-i-p 结构有以下几个特点：首先，在背反射膜上沉积 n 层，由于通常的背反射膜是金属/氧化锌，而氧化锌相对稳定，不易被等离子体中的氢离子刻蚀，所以 n 层材料可以选用非晶硅或者微晶硅；其次，由于半导体材料中电子的迁移率比空穴的迁移率高得多，所以 n 层薄膜的沉积参数范围比较宽，便于工艺控制；再次，p 层是沉积在本征层上，所以 p 层可以选用微晶硅。使用微晶硅 p 层有许多优点，例如微晶硅对短波的吸收系数比非晶硅小，所以电池的短波响应好；微晶硅 p 层的掺杂效率比非晶硅高，相应的电导率高。所以，使用微晶硅 p 层可以有效地提高电池的开路电压 V_{OC}。

n-i-p 结构也有一些缺点：首先，由于要在顶电极 ITO 上加金属栅电极来增加其电流的收集率，所以电池的有效受光面积会减小；其次，由于 ITO 的厚度很薄，ITO 本身很难具有粗糙的绒面结构，所以这种电池的光扩散效应主要取决于背反射膜的绒面结构，因此对背反射膜的要求比较高。

2. 非晶硅/微晶硅薄膜太阳能电池

如前所述，氢稀释（或氩稀释）在非晶硅薄膜材料的性能优化过程中起到了重要作用。当氢稀释度达到一定程度时，整体是非晶材料的结构中出现原子排列有序的纳米尺度小晶粒。当材料中的这种小晶粒含量较小时，可称为纳米晶，它们表现出许多奇特的性质。我们把这种含有少量纳米晶的材料叫做混合相材料，相应的电池叫混合相电池。混合相电池的典型特点是电池的最终特性参数对薄膜沉积参数非常敏感，比如辉光等离子体中很小的变化都会引起材料特性及电池性能的明显变化。其次是电池的开路电压 V_{OC} 介于非晶硅电池和微晶硅电池之间。通常，较好的非晶硅电池的开路电压在 1.0V 左右，而微晶硅电池的开路电压在 0.5V 左右，混合相硅薄膜电池的开路电压介为 0.5～1.0V 并随材料中纳米晶成分的多少而有明显变化。

由于混合相材料的结构对辉光等离子体的特性非常敏感，所以通常在一块衬底上可以得到不同特性的电池分布。如图 3-80 所示为在 4cm× 4cm 衬底上电池开路电压的分布。从图中可以看出，在衬底的中间，电池表现出常规的非晶硅电池特性，其开路电压为 0.9～1.0V，而在边缘区域电池的开路电压为 0.7～0.8V，而在衬底的四个角，电池的开路电压为 0.4～0.6V。由此可见，在衬底的边缘区，薄膜电池中材料的结构具有明显的混合相特征。

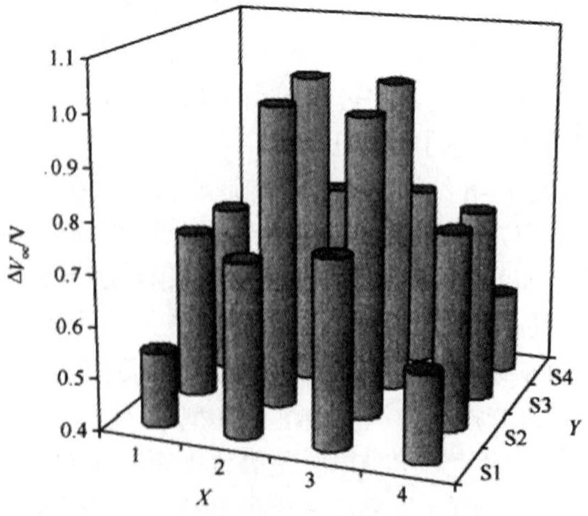

图 3-80　在 4×4 cm^2 衬底上混合相硅薄膜电池开路电压的分布情况

混合相电池具有一些独特的特性，主要是光诱导使开路电压增加。对于通常的非晶硅电池而言，由于 SW 效应的存在，经过长时间的光照后，非晶硅电池的开路电压都有明显的降低，这是由材料中缺陷态的增加所致，而混合相电池表现出相反的结果。图 3-81 所示为光诱导开路电压的变化和电池初始开路电压的关系。从图中可以看出，当电池具有非晶结构时（高 V_{OC} 区），光诱导开路电压的变化为负值；而当电池具有混合相特性时（中间区），光诱导开路电压的变化为正值；随着材料中微晶硅成分的增加，电池表现出明显的微晶硅特性（低 V_{OC} 区），此时的光诱导开路电压的变化又变成负值。

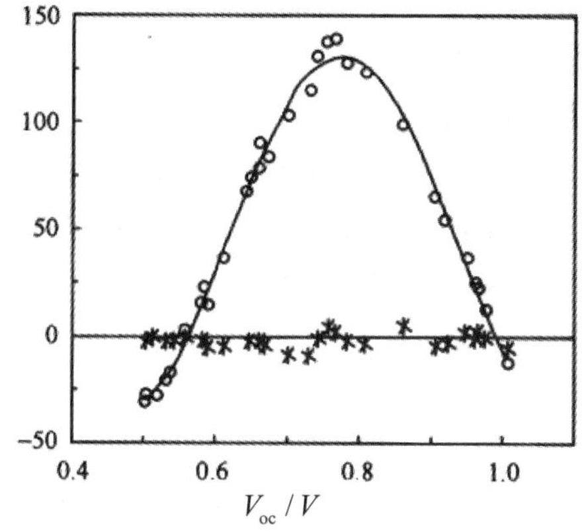

图 3-81　过渡区沉积的混合相硅电池光诱导开路电压变化和初始开路电压的关系

○：是光照后开路电压变化；×：退火后开路电压变化

对于混合相硅薄膜电池的光诱导开路电压增加的早期解释为光诱导引起的结构变化。由于非晶硅电池的开路电压高于微晶硅电池的开路电压，并且电池的开路电压随纳米晶相的增加而降低，所以人们自然地会认为：在长时间的光照条件下，材料中的部分纳米晶相结构变成非晶相结构。这种假设得到了理论分析和计算机模拟的证实。然而人们试图通过各种手段来观察混合相材料中光诱导的结构变化。但是，到目前为止还没有可靠的证据来证明光诱导的晶相结构变化。其原因：首先是光诱导结构变化可能根本难以发生；其次是即时在长时间光照射条件下，其晶相结构发生了变化，但变化量太小，通常的拉曼谱和 X 射线散射难以观察到。B. Yan 和他的同事们提出了一个补充的解释。他们用两个二极管并联的模型来解释混合相电池的开路电压随晶相比例的变化。对于一个混合相的薄膜硅电池，可以将其看成是由两个并联的电池构成，其一具有非晶硅电池的特性，开路电压为 1.0V 左右；其二是具有微晶硅电池的特性，开路电压为 0.5V 左右。当外加电压介于这两个开路电压之间时，含微晶硅的电池处于正电流状态（其电流主要是二极管的正向注入电流），而非晶硅电池处于负电流状态（其电流主要是光电流）。当含微晶硅的电池的正电流和非晶硅电池的负电流相等时，混合相硅电池处于开路电压状态。由于微晶硅电池的正向电流与含纳米硅晶相的多少成正比，所以混合相硅电池的开路电压与纳米硅晶相结构的多少成正比。在长时间光照的条件下，不仅非晶硅电池在衰退，微晶硅电池也有一定的衰退。如果长时间光照使微晶硅的正向电流降低，测量开路电压时，为了达到相同的微晶硅电池正向注入电流和非晶硅电池的负向光电流相抵，所需外加的正偏压就要增加，由此导致混合相硅电池具有“光诱导开路电压增加”这一结果。这一解释得到了导电模式的原子力显微镜（C-AFM）表征结果的证实。

3. 非晶硅/非晶硅锗叠层薄膜太阳能电池

由于非晶硅的禁带宽度为 1.7～1.8eV，相应的长波吸收比较少。为了提高硅基薄膜太阳能电池的长波响应，非晶锗硅合金成为本征窄带隙材料的首选。如前所述，通过调整非晶薄膜材料中的锗硅比，材料的禁带宽度可以得到相应的调整。随着锗含量的增加，材料的禁带宽度将会降低，电池的长波响应随之得到提高，相应的短路电流 I_{SC} 会增加。然而作为代价，电池的开路电压 V_{OC} 会降低。表 3-8 列出了 a-Si:H/a-SiGe:H/a-SiGe:H 三结电池中相应的 a-Si:H 顶电池、a-SiGe:H 中间电池和 a-SiGe:H 底电池参数的一般示例。其中，中间电池的本征层中锗含量为 15%～20%，而底电池的本征层中锗含量为 35%～40%。为了模拟单结电池在三结电池中的特性，a-SiGe:H 顶电池和 a-SiGe:H 中间电池沉积在不锈钢衬底上，而 a-SiGe:H 底电池沉积在 AgZnO（AZO）背反射膜上。表中顶电池是直接在 AM1.5 太阳能模拟器下测量的，而中间电池和底电池分别是在 AM1.5 太阳能模拟器并通过 530nm 和 630nm 长通滤波片的。背反射薄膜起到提高长波光吸收的作用，进而提高电池的短路电流密度。图 3-82 给出了沉积在不锈钢衬底和 AZO 背反射膜衬底上的单结 a-SiGe:H 电池的量子效率光谱。从图中可以看出：一方面，沉积在背反射薄膜上的电池的光谱响应明显比沉积在不锈钢衬底上电池的要宽，特别是长波响应得到显著的提高；另一方面，随着锗含

表 3-8　a-SiGe:H 顶电池、a-SiGe:H 中间电池和 a-SiGe:H 底电池的特性参数

电池类型	状态	J_{SC} / (mA / cm^2)	V_{oc} / V	FF	P_{max} / (mW / cm^2)
a-Si：H 顶电池	初始值	9.03	1.024	0.773	7.15
	稳定值	8.76	0.990	0.711	6.17
a-SiGe：H 中间电池	初始值	10.29	0.754	0.679	5.27
	稳定值	9.72	0.772	0.600	4.21
a-SiGe：H 底电池	初始值	12.2	0.631	0.671	5.17
	稳定值	11.1	0.609	0.622	4.21

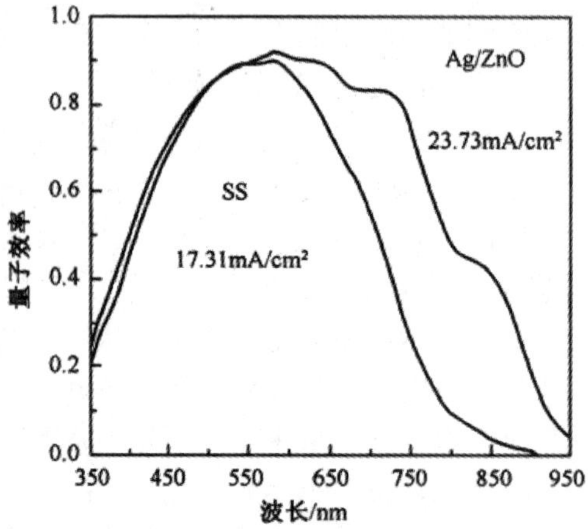

图 3-82　美国联合太阳能公司沉积在不锈钢衬底和 AZO 背反射膜上的单结 a-SiGe:H 电池量子响应谱的比较

量的升高，在增加短路电流和降低开路电压的同时，电池的填充因子也随之降低。这是由于随着材料中锗含量的升高，缺陷态密度也相应增加，其原因可能是非晶锗硅合金中锗氢键的强度比硅氢键的强度低。

3.4.3 硅基薄膜太阳能电池研究进展

硅基薄膜太阳能电池是薄膜太阳能电池家族中的一个重要成员。由于原材料的短缺，常规单晶硅和多晶硅太阳能电池的发展速度受到了限制。在这种条件下，新型薄膜太阳能电池的发展尤为迅速。据报道，2007 年美国薄膜太阳能电池的产量已经超过了多晶和单晶硅太阳能电池的产量，其中主要的薄膜电池是非晶硅和碲化镉电池。美国联合太阳能公司是最大的非晶硅太阳能电池生产企业，截止 2007 年底，其生产能力达到 118MW/a。其次是日本的 Kaneka 公司和三菱重工。在过去的十年里，随着世界范围太阳能电池市场的蓬勃发展，许多传统的单晶硅和多晶硅太阳能电池企业也开始开发薄膜硅电池，其中有日本的在乎夏普公司、三洋公司，德国的 Q-Cells 公司和中国的尚德公司等。与此同时，许多新兴硅基薄膜太阳能企业也迅速增加，特别是在中国和印度等发展中国家。德国银行对各种薄膜电池以及与常规单晶和多晶硅电池的技术和发展前景曾做过分析，对几个重要的非晶硅太阳能电池生产企业的生产规模进行预测，认为到 2015 年硅基薄膜太阳能电池的年产量将达到 2GW 以上。

1. 优势

与晶体硅电池相比，薄膜硅太阳电池有明显的优势：首先，有别于电子工业用高纯晶体硅，在光伏工业用晶体硅短缺的条件下，对原材料较弱的依赖关系是薄膜硅电池的重要优势；其次，薄膜硅电池的生产成本较低（虽然在目前条件下，薄膜硅电池的生产成本还没有碲化镉电池低，但比单晶硅和多晶硅电池低）；第三，薄膜硅太阳能电池的另一个重要优势是可以大面积沉积。随着生产规模的扩大，大面积沉积是非常重要的，可以有效地降低生产成本。如今，日本三菱重工已经能够生产出 $1.1\times1.4m^2$ 的硅基薄膜太阳电池板，美国联合太阳能公司能够在 2.6km 的不锈钢衬底上沉积硅基薄膜太阳电池。大面积的沉积是硅薄膜电池所独有的优势。除了以上三条主要优势外，硅薄膜电池还可以沉积到柔性衬底上，如塑料、铝箔、不锈钢片等。柔性衬底上的电池可以安装在非平整的建筑物表面上，这种特点对于可利用空间较小的地区尤为重要。沉积在柔性衬底上的电池重量轻，宜于安装在建筑物上，对建筑物的设计没有特别的载重要求。这一特点使得柔性硅薄膜电池在光伏建筑一体化（BIPV）设计中得到了广泛的应用。

2. 面临的挑战

硅基薄膜太阳能电池也有其难以克服的弱点。首先，与单晶硅和多晶硅电池相比，薄膜硅电池的转换效率还比较低。目前，产品电池转换效率较高的非晶硅电池板是三结叠层电池，其稳定效率为 7.5%～8.5%，而单结非晶硅电池的效率就更低。因此，对于硅基薄膜电池的重大挑战是提高电池的效率。较低的效率使薄膜硅电池难以进入对电池效率要求较高的市场。对于相同的发电量，硅基薄膜太阳电池需要较大的空间，并且需要较多的支撑结构，因而从系统的角度讲，硅基薄膜电池可能失去成本低的优势。其次，非晶硅电池和非晶硅锗合金电池存在光致衰退，就单结电池而言，其衰退率可达 30%，即使是多结叠层电池，其衰退率也达到 10%～15%。虽然在过去的几十年里，人们对非晶硅电池光致衰退进行了深入的研究，并试图降低光致衰退的幅度，但是非晶硅电池的光致衰退并没有得到彻底的解决。在目前情况下，与碲化镉电池相比，非晶硅基电池的生产成本需要进一步降低。相信随着产量的增加，非晶硅电池生产成本会随之降低。同时，人们还在不断地提高硅基薄膜材料的内在质量并在器件优化设计和生产工艺优化等方面，进行着不断的创新和努力。人类有信心将硅基薄膜太阳电池组网发电的电价成本，降低到与同时期电网电价相同的水平。

3. 发展方向

目前，硅基薄膜太阳电池产品有主要三种结构：① 以玻璃为衬底的单结或双结非晶硅电池；② 以玻璃为衬底的非晶硅和微晶硅双结电池；③ 以不锈钢为衬底的非晶硅和非晶锗硅合金三结电池。由于各种产品都有其独特的优势，在今后一定的时间里这三种电池结构还会同步发展。

硅薄膜太阳电池的长远发展方向是很明确的，这就是，在充分利用其独特的优势基础上，针对产品开发、生产和销售方面存在的问题，扬长避短。

① 进一步提高电池的转换效率。如前所述，利用微晶硅电池作为多结硅电池的底电池，可以进一步提高电池的效率，降低电池的光致衰退。目前，非晶硅和微晶硅多结电池板的稳定效率在10%左右。人们预计在不远的将来，多结硅薄膜电池的稳定效率可以达到12%左右。如果微晶硅大面积高速沉积的技术难题可以在较短时间里得到解决的话，预计在不远的将来，非晶硅和微晶硅多结电池既可以沉积在玻璃衬底上，也可以沉积在柔性衬底上，因此，无论是玻璃衬底还是柔性衬底的硅薄膜电池，都可以采用非晶硅和微晶硅多结电池结构。

② 在提高电池转换效率的同时，增大生产规模是降低生产成本的重要途径。随着生产规模的扩大，单位功率的成本会随之降低，相对应的原材料的价格也随之降低。另外，开发新型封装材料和优化封装工艺也是降低成本的重要研究和开发方向。

非晶硅薄膜太阳电池从发明到真正的产业化生产和应用，经过了近 40 年的历史，目前已经发展成太阳能电池产业的一个重要分支。随着石油资源的日益短缺和原油价格的不断攀升，硅薄膜太阳能电池与其他可持续和清洁的能源一样，受到人们的极大关注，太阳能电池的价格持续降低，市场规模不断扩大。由于在不同的环境中对太阳能电池的要求不同，因此不同的电池结构都有其独特的发展空间。我们有理由相信，随着科学技术的不断进步和人类利用自然资源更加理性和自律，硅基薄膜太阳电池必将成为太阳能产业中的一个重要组成部分。

思考简答题

1. 单晶硅是硅基太阳能电池的关键材料，请简述单晶硅生长时的成核方式。
2. 请简述直拉法生长单晶硅的基本原理。
3. 氧、碳杂质对太阳能级单晶硅材料的性能有哪些影响？
4. 对太阳能级单晶硅材料而言，金属杂质的常见控制方法有哪些？
5. 与单晶硅相比，非晶硅薄膜有哪些特征？
6. 氢对非晶硅薄膜的结构与性能有哪些影响？
7. 试阐述硅基薄膜太阳能电池的发展潜力和可能存在的困难。

第 4 章　化合物半导体太阳能电池材料及制备技术

4.1　概述

前一章主要介绍了硅基（单晶硅、多晶硅、非晶硅及其合金）太阳能电池材料及其制备技术。事实上，除了硅基材料能够用做太阳能电池材料以外，还有一些其他的半导体材料也可以用来制造转换效率令人满意的太阳能电池。因此，在硅基太阳能电池发展的同时，一系列化合物半导体太阳能电池材料也得到了迅速的发展，如 GaAs、CdTe、CdS、InP、CuInS 以及 $CuInSe_2$ 等。这主要源自于这些化合物半导体材料具有直接带隙的电子结构，具有较高的光吸收系数，仅需要数微米厚的材料就可以制备出高效率的薄膜太阳能电池。而且，化合物半导体材料的禁带宽度一般比较大，用其制成的太阳能电池的抗辐射性能明显高于硅基太阳能电池。

Ⅲ-Ⅴ族化合物半导体光伏材料的典型代表是 GaAs 和 InP。它们可与 Al 和 Sb 等元素合金化，形成三元或四元化合物，如 $Al_xGa_{1-x}As$、$In_xGa_{1-x}As_yP_{1-y}$。这些化合物材料都能够用于柔性器件结构中，以满足各种不同的需要。但是综合考虑制备、材料性能和成本等方面的因素，仅 GaAs 及其三元化合物得到了广泛的应用。

1954 年，人类首次发现 GaAs 材料具有光生伏特效应。1962 年，Gobata. R 等利用扩散法研制成第一块 GaAs 太阳电池，转化效率为 9%～10%。在此之后的近 10 年中，GaAs 太阳电池的效率一直提高不大。研究发现，主要原因是其表面复合速率太高，严重影响了对太阳光谱的短波响应。20 世纪 70 年代，以 IBM 公司和前苏联 Ioffe 技术物理所为代表，采用液相外延（LPE）技术，引入 GaAlAs 异质窗口层，降低了 GaAs 表面复合速率，使得电池的转换效率达到 16%。GaAs 材料具有接近理想的带隙及先进的制备工艺。近年来，人们将注意力集中于 GaAs 量子点结构太阳电池，发现能够扩展 GaAs 电池材料结的光谱带宽，使其吸收更多波长的入射光，通过调整带隙大小还能使其吸收更长波长的光子，增大电池短路电流等。这些特性使得 GaAs 量子点太阳能电池可大大提高光电转化效率。

GaAs 太阳能电池是目前太阳能电池中转换效率最高的。在 AM1.0 光谱下，地面 GaAs 太阳能电池的转换效率超过 22%，远高于硅基太阳能电池的相应效率值 18%。GaAs 太阳能电池具有良好的抗辐射性能，对于太空利用尤为重要。空间太阳能电池在地球大气层外工作，必然会受到高能带电粒子的辐照，电子或质子辐射使少数载流子的扩散长度减小，会引起电池性能的衰减。GaAs 为直接禁带材料，少数载流子寿命较短，在离结几个扩散度外产生的损伤，对光电流和暗电流均无影响，因此其抗高能粒子辐照的性能优于间接禁带的 Si 太阳能电池。GaAs 太阳能电池具有更好的耐高温性能，其最大功率下的温度系数远小于 Si 太阳能电池，200℃时 Si 太阳能电池停止工作，而 GaAs 太阳能电池仍能以 10%的效率继续工作。目前，尽管 GaAs 系列太阳能电池具有效率高、抗辐射性能强和更好的耐高温性能，由于其生产设备复杂、能耗大、生产周期长，导致生产成本高，难以与硅基太阳能电池相比，所以仅用于部分不计成本的空间太阳能电池上。不仅如此，与硅基材料相比，GaAs 化合物半导体材料还有其他问题值得考虑。

① 从自然资源来看，Ga、As 的资源有限，远不如 Si 丰富，这使得 GaAs 永远都是贵重的材料。但是，GaAs 太阳能电池很适合于聚光型系统而得到重视，由于材料总量消耗少而得到一定的补偿。对于一个给定的功率输出而言，所需的材料量可以尽可能地减少。GaAs 是直接带隙半导体材料，意味着进入材料的光很快被吸收，因此吸收层只需要几个微米即可。

② GaAs 材料的制备通常比硅基材料困难，化学配比不易精确控制，特别是其三元系列化合物材料在低成本条件下严格控制和保证组分的化学计量比相对困难。

③ 由于晶体结构的完整性较差，材料的缺陷、杂质行为相对复杂，迄今为止，尽管金属有机物化学气相沉积（MOCVD）技术和分子束外延（MBE）技术都可以在很大程度上改善 GaAs 材料的质量，但依然很难生长出无位错的单晶 GaAs。

④ As 元素及其部分化合物具有很强的毒性，而且容易挥发，具有一定的环境保护问题。

因此，GaAs 化合物半导体材料作为太阳能电池材料，其应用受到一定限制。

除了Ⅲ-Ⅴ化合物半导体材料外，Ⅱ-Ⅵ化合物半导体材料在太阳能光电转换方面也得到了广泛的关注，其中，CdTe、$CuInSe_2$（或 CuInS）以及 $CuInGaSe_2$ 材料是典型代表。

CdTe 薄膜太阳能电池具有成本低、转换效率高且性能稳定的优势，一直被光伏界看重，是技术上发展较快的一种薄膜太阳能电池。CdTe 是直接带隙半导体材料，其多晶薄膜的禁带宽度为 1.45eV，是一种高效、稳定且成本相对较低的薄膜太阳能电池材料，与太阳光谱有最佳的匹配。CdTe 太阳能电池的电池结构相对简单，光电转换效率理论值在 29%左右，容易实现规模化生产，是近年来国内外太阳能电池材料研究的热点之一。目前，在实验室中 CdTe 太阳能电池的光电转换效率已经超过 16%。美国 South Florida 大学 S. Erra 等报道，在 CdTe 薄膜太阳能电池材料中掺 Cu 可以大大提高太阳能电池组件的稳定性能。2009 年，M Hädrich 等采用近空间升华法（CSS）技术使得 CdTe 薄膜太阳能电池的吸收层厚度从 11μm 降到 4μm，而转换效率却从 9%提高到了 10%。欧洲和美国生产出的 CdTe 薄膜太阳能电池组件的年产量为 100～200MW，亚洲国家紧随其后，研究出太阳能组件的转换效率已经超过了 9%。我国对 CdTe 薄膜太阳能电池的研究工作始于 20 世纪 80 年代初。北京太阳能研究所采用电沉积技术（ED）制备出的 CdTe 薄膜太阳能电池的转换效率达到了 5.8%，而四川大学采用 CSS 技术制备的 CdTe 薄膜太阳能电池的转换效率达到了 13.3%。与硅太阳能电池相比，CdTe 太阳能电池的工艺简单、成本相对较低。

虽然 CdTe 在常温下是相对稳定和无毒的，但是 Cd 和 Te 是有毒的，在实际工艺制备 CdTe 薄膜时，并非所有的 Cd^{2+}都会沉积到薄膜中，也会随着废气、废水等排出，对人、动物和环境具有致命的影响。这些因素造成了大规模工业应用的最大的障碍。另外，地球上的 Cd 和 Te 资源十分有限，特别是稀有元素 Te，是一个潜在的成本问题。尽管具有如此的弱点，CdTe 电池的低成本、高效率还是非常吸引人们的注意。目前，研究者正致力于努力改善薄膜材料的质量，提高光电转换效率，降低生产成本。除了提高电池的稳定性之外，着重研究纳米 CdTe/CdS（大面积阵列排列纳米晶粒构成的 CdTe/CdS）太阳能电池材料和新结构。随着实验室研究和工业界开发的不断进展，CdTe 太阳能电池有希望进一步成长。

铜铟硒（$CuInSe_2$（$CuInS_2$），简称为 CIS）薄膜是在玻璃或其他廉价衬底上沉积的半导体薄膜，其厚度为 2～3μm，具有成本低、性能稳定、无光致衰变且抗辐射能力强等特性。CIS 是直接带隙的半导体，其光学禁带宽度为 1.04eV 左右，吸收系数较大，可达到 10^5cm^{-1}，太阳能电池的光电转换理论效率达到 25%～30%，而且只需要 1～2μm 厚的薄膜就可以吸收 99%以上的太阳光，从而可以大大降低太阳能电池的成本。20 世纪 70 年代人们开始关注 CIS 作为太阳能电池吸收材料的研究，70 年代中后期，波音公司用真空蒸发方法制备的 CIS 薄膜太阳能电池，效率达到 9%。2009 年，日本昭和石油公司开发出了面积为 800 cm^2、转换效率为 15%的 CIS 薄膜太阳能电池。目前，CIS 薄膜太阳能电池的实验室转换效率接近 20%，大面积集成组件的效率超过 13%。研究表明，在 CIS 薄膜太阳能材料中掺 Ga 会大大提高电池的性能，得到以铜铟镓硒（$CuInGaSe_2$，简称为 CIGS）为吸收层的高效薄膜太阳能电池。这种电池的优势体现在：吸收系数高、晶粒尺寸大、工作寿命长、原材料消耗少、输出电流大。但是，由于 CIS（CIGS）薄膜是多元组成的，元素配比敏感，组分元的增多使得材料的制备更加复杂，沉积过程中要求对各组分的精确控制难度很高。同时，Ga 和 In 都是贵重的稀有金属，它们的使用无疑增加了电池的成本，使其竞争力受到挑战。

4.2　GaAs 太阳能电池材料及其制备

4.2.1　GaAs 材料的基本性质

GaAs 是由金属元素 Ga 与半金属元素 As 按原子比为 1∶1 化合而成的化合物，是一种典型的 III-V 族化合物半导体材料。H. Welker 于 1952 年首先提出了 GaAs 的半导体性质，随后人们在 GaAs 电子器件、材料制备以及太阳能电池等领域展开了深入的研究。1962 年，研制成功了 GaAs 半导体激光器，1963 年又发现了耿氏效应，使得 GaAs 的研究和应用日益广泛，成为目前生产工艺成熟、应用广泛的化合物半导体材料，不仅是仅次于硅材料的重要微电子材料，还是主要的光电子材料之一，在太阳能领域也有一定的应用。

如图 4-1 所示，在室温下，GaAs 呈暗灰色，具有金属光泽，熔点为 1238℃，相对分子质量为 144.64。GaAs 在空气或水中能够稳定存在，但在 400℃高温空气中时表面可以发生氧化反应，生成有干涉色的氧化膜并发出臭大蒜的气味，这是表面 As 被氧化后的产物所发出的特有气味，有经验的操作人员可以据此判断晶体生长设备是否存在泄漏。GaAs 表面氧化膜的主要成分为 Ga_2O_3，这种氧化膜不能掩蔽杂质的扩散，也不能阻止 As 从 GaAs 体内向外扩散。GaAs 在 800℃以上高温可以产生化学离解，而常温下化学性质很稳定，不溶于 HCl、H_2SO_4、HF 等无机酸，但溶于硝酸和王水。GaAs 与卤素反应剧烈，溶于 Cl_2、Br_2、I_2 的有机溶剂，因此，卤素有机溶剂可作为 GaAs 的抛光腐蚀剂。

GaAs 最为一种重要的电子材料，具有许多优越的性能，其物理性质如表 4-1 所示。从表中可以看出，GaAs 材料的禁带宽度大、电子饱和速度高、电子迁移率高。由于禁带宽度大，用 GaAs 材料制备的器件对温度并不敏感，而且 GaAs 材料高的电子迁移率使得器件相对于硅器件来说噪声更低，尤其是在高频情况下更明显，用 GaAs 制成的晶体管的开关速度能达到 250GHz 以上。GaAs 材料还具有直接跃迁和独特的双能谷能带结构，使得在制备光电器件和微波器件方面具有比硅、锗更优良的性质。与硅器件相比，GaAs 的电子器件具有工作速度快、工作温度高和工作频率高的优点，因此，GaAs 材料在高速、高频和微波等通信用电子器件方面被广泛应用。

图 4-1　GaAs 化合物半导体单晶棒及晶圆片

表 4-1　GaAs 材料的物理性质（300K）

密度/（g/cm^3）	5.32	电子有效质量	0.065
晶格常数/Å	5.635	空隙有效质量	0.082（L）
原子密度/$10^{22}cm^{-3}$	4.41		0.45（H）
热膨胀系数/$10^{-6}K^{-1}$	6.6±0.1	电子饱和速度/（$10^7 cm/s$）	2.5
热导率/[W/(cm·K)]	0.46	击穿电场强度/$10^5 cm^{-1}$	3.5
比热容/[J/(kg·K)]	0.318	器件最高工作温度/℃	470
熔点/℃	1238	折射率	3.3
禁带宽度/eV	1.43	硬度（莫氏）	4.5
本征载流子浓度/（n/cm^3）	1.3×10^6	临界剪切应力/MP	0.40
电子迁移率/[$cm^2/(V\cdot s)$]	8800	断裂应力/MP	100
空隙迁移率/[$cm^2/(V\cdot s)$]	4500		

1. GaAs 材料的原子结构

GaAs 具有闪锌矿结构，与金刚石结构类似，不同的是前者由两类不同的原子组成，相邻原子不同（不是 As 就是 Ga），其原子结构如图 4-2 所示，可以看成由是 Ga 原子组成的面心立方结构和由 As 原子组成的面心立方结构沿对角线方向移动 1/4 间距套构而成。Ga 原子与 As 原子发生键合，形成类似于硅、锗的共价键合形式，但是由于 As、Ga 原子对电子的吸引力不同，因而电子云在两者之间的分布呈现不对称性。理论和实验都表明，电子云更多地集中在 As 原子周围，这就使键合后的 Ga 原子相对带正电荷，而 As 原子相对带负电荷。这种原子电荷分布的不对称现象通常称为极化现象，其结果是在键合方向上产生极性，这种具有极性的共价键叫做极性键。在极性键中，除了共有价电子形成的共价键键合作用外，还存在着极化所造成的 As、Ga 原子间的库伦作用，这是离子晶体中正负离子间形成的离子键的特征。因此，极性键可以看做是一种混合键，是在共价键的形式中含有一定程度的离子键成分，从而 As、Ga 原子带有一定程度的离子性。据资料报道，GaAs 材料中的离子键成分为 6%，正是这 6%的离子键导致了 GaAs 材料所具有的独特性质。GaAs 中的极性键在[111]方向形成极化轴，（111）面是 Ga 面，$(\overline{111})$ 面是 As 面，从而使得两个面的物理化学性质相差很大：沿（111）面生长容易，腐蚀速度快，但是位错密度高、容易成多晶；而 $(\overline{111})$ 面则相反。例如把研磨过的 GaAs 片放在 HNO_3∶HF∶H_2O=1∶1∶2 的腐蚀液中腐蚀 10 分钟，在 Ga 面上出现蚀坑，而 As 面则没有。

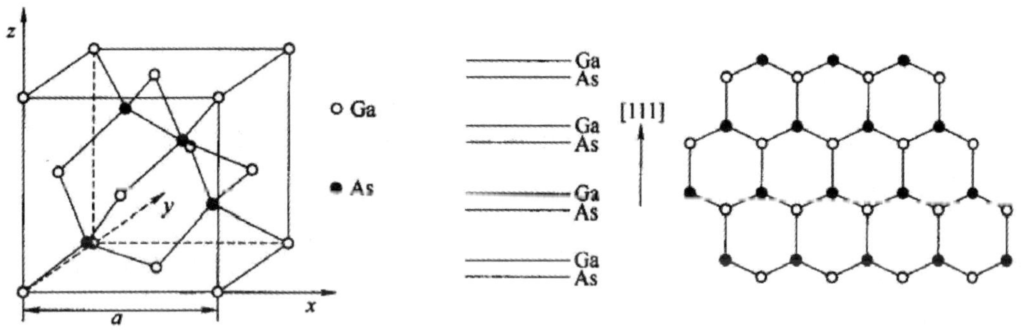

图 4-2　GaAs 原子结构示意图

2. GaAs 材料的极性

由于砷化镓材料所具有的闪锌矿型结构，在[111]方向上，由一系列的 III 族元素 Ga 及 V 族元素 As 组成的双原子层（也是电偶极层）依次排列。在[111]方向和[$\overline{111}$]方向上是不等效的，从而具有极性，如图 4-3 所示。沿[111]方向看，刚好是一层层 As 原子和一层层 Ga 原子相互交迭而成。在图 4-3 中位于上表面的是由 Ga 原子组成的原子面，称为 Ga 面、A 面或（111）面；位于下表面的是由 As 原子组成的原子面，称为 As 面、B 面或 $(\overline{111})$ 面。As 面和 Ga 面在性质上是有区别的，这可以通过分析它们的价键特点来认识。

As-Ga 间的价键如前所述是极性共价键。从其中离子键成分来看，Ga 面带有一定的正电荷，As 面带有一定的负电荷，因而[111]轴成为一极性轴。从共价键特点来看，位于 $(\overline{111})$ 表面的 As 原子与晶体内部 As 原子不同，它的外层五个价电子只有三个与体内 Ga 原子形成共价键，而暴露在体外的键轨道上还有两个未成键的电子，它们以电子偶形式存在。相反，位于（111）表面的 Ga 原子其外层的三个价电子全部与体内的 As 原子形成共价键，而暴露在体外的只有一个空轨道，如图 4-4 所示。

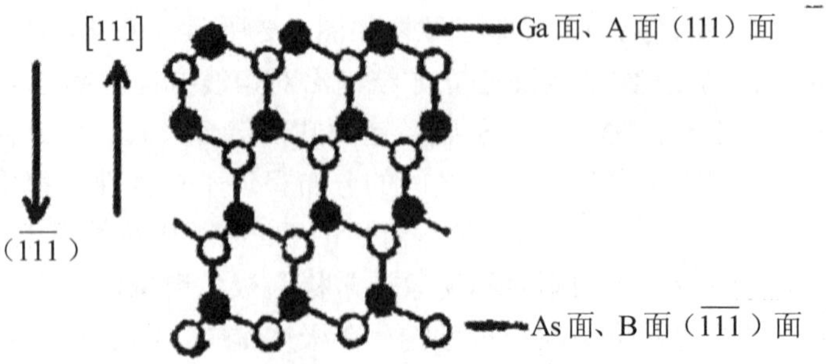

图 4-3　砷化镓的极性

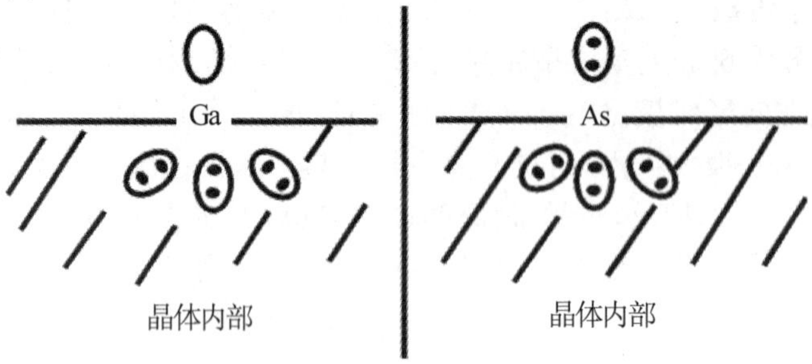

图 4-4　砷化镓的悬挂键

一般认为，以共价键为主的 GaAs 等 III-V 族化合物，它们在（111）面和（$\overline{111}$）面上所表现出来的化学性质的差异，是由这些表面悬挂键差异引起的。认为 As 面的未成键电子偶促使表面具有较高的化学活性，而 Ga 面只具有空轨道，在化学上比较稳定。因此，采用化学腐蚀剂对（111）面和（$\overline{111}$）面进行腐蚀时，将会产生两种不同的效果。在（111）面上腐蚀剂遇到的是一层层的比较稳定的 Ga 原子面，因此腐蚀速率一般较慢。在（$\overline{111}$）面上腐蚀剂遇到的是一层层的比较活泼的 As 原子面，因而腐蚀速率较快。因此，许多抛光腐蚀剂对 GaAs 的（$\overline{111}$）面及其他晶面可以产生抛光效果，而对（111）面则易产生凹凸不平的蚀坑。然而，利用（111）面腐蚀速率慢的特点，有利于对 GaAs 材料进行定向腐蚀加工。

3. GaAs 晶体的解理面

晶体在受到机械力作用时，会沿着某些特定的晶面发生破裂的性质，称为解理。发生解理破裂的那些晶面称为解理面。一般的面心立方晶体材料，如 Si 晶体，由于其（111）面的面间距最大，相邻晶面间单位面积上键数最少，是晶体的解理面。由于 GaAs 材料具有一定的极性，导致其解理面与一般的面心立方晶体不同。GaAs 材料中，由于其{111}面间 Ga 元素与 As 元素带有异性电荷，有一定的库仑力，分离较难，因而不是主要的解理面，而{110}面是由数目相同的 As、Ga 原子组成的，相邻晶面间没有库仑力，容易分离，{110}面成为 GaAs 晶体的主要解理面。

解理面的特性对 GaAs 材料的化学性质产生了一定的影响，同时也在加工过程中呈现出了一些独特的现象，导致加工过程中必须采取具有针对性的工艺技术来消除这些影响。

4. GaAs 晶体的能带结构

GaAs 属于直接带隙的半导体材料，其禁带宽度为 1.43eV，能带图如图 4-5 所示。从图中可以看出，其导带极小值和价带极大值都在布里渊区的中心，即 K=0 处，说明是直接带隙的电子结构，光子的发射不需要声子的参与，只需要能量的改变，而动量则不发生改变，因此具有较高的光电转换效率。这一性质使 GaAs 在制造半导体激光器（LD）和发光二极管（LED）方面具有得天独厚的优势。当一个电子从高能量导带进入低能量价带时，多余能量便以光子的形式释放。另一方面，当 GaAs 受到光照射时，价带中的电子便可从外界得到足够的能量而跃迁到导带，这一性质可使 GaAs 应用于光电探测领域。能量大于 1.43eV 的电子都能在 GaAs 中激发电子空穴对。但是，计算可知，GaAs 吸收大部分光子只需 0.3μm 的深度，而 50%的光生载流子都产生在离表面 0.5μm 的深度内，所以，表面复合严重影响了光生载流子的收集。在 GaAs 导带极小值上方还有两个能谷，三个能谷中的电子的有效质量不同，但能量相差不大，在高场下电子可以从导带极小值处转移到子能谷处，使得电子有效质量增加、迁移率下降、态密度增加，表现出电场增强而电阻减小的负阻现象，这称为转移电子效应或耿氏（Gunn）效应。

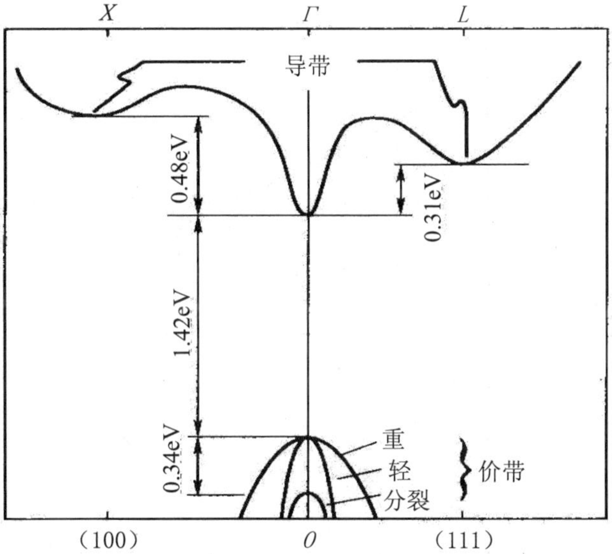

图 4-5　GaAs 材料能带结构示意图

5. GaAs 材料的优势

从半导体材料的禁带宽度与太阳光入射能量转换效率的关系来看，能够得到最大转换效率的材料是具有禁带宽度约为 1.5eV 的半导体材料，以及与这个禁带宽度值相近的材料。由于 GaAs 材料的禁带宽度为 1.43eV，对太阳光谱的响应特性好，因此，太阳能光电转换理论效率相对较高。图 4-6 所示为不同禁带宽度材料与太阳能电池理论效率的关系。从图示可知，GaAs 太阳能电池的效率要比硅太阳能电池高。

由于 GaAs 是直接带隙材料，因此作为太阳能电池材料具有良好的光吸收系数。图 4-7 所示为各种Ⅲ-Ⅴ化合物半导体材料与 Si、Ge 材料的光吸收系数对比。由图示可知，在波长 0.85μm 以下，GaAs 材料的光吸收系数急剧升高，达到10^4 cm^{-1}以上，比硅材料要高一个数量级，而这正是太阳光谱中最强的部分。因此，对于 GaAs 太阳能电池而言，只要厚度达到 3μm，就可以吸收太阳光中约 95%的能量。

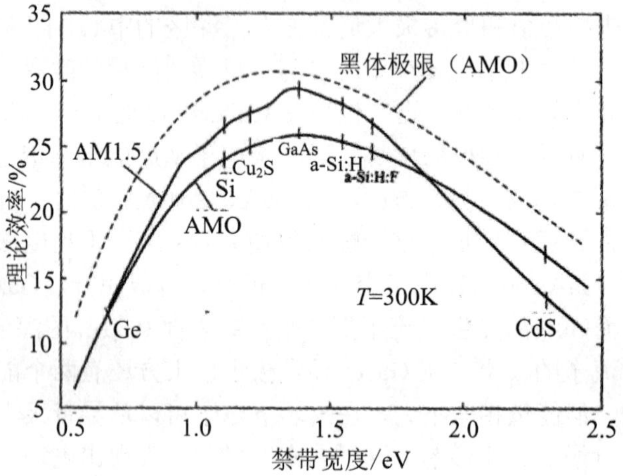

图 4-6　不同禁带宽度材料与太阳能电池理论效率的关系

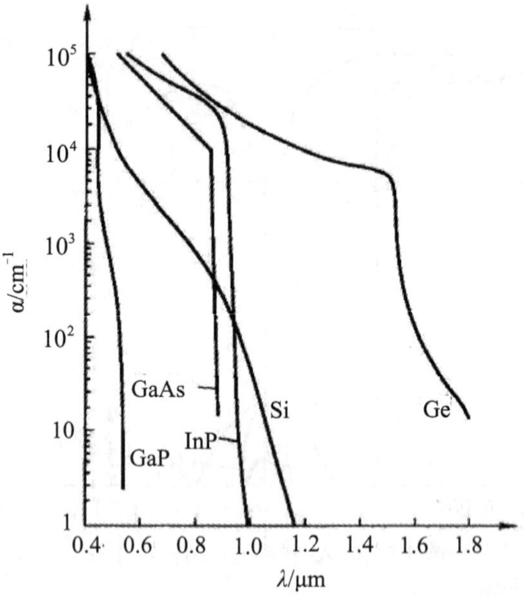

图 4-7　Ⅲ-Ⅴ化合物半导体与 Si、Ge 的光吸收系数对比

通常，太阳能电池的效率会随着温度的升高而下降。例如，硅太阳能电池在 200℃左右时，其转换效率降低 70%。GaAs 材料的禁带宽度大，用其制备的太阳能电池的温度系数相对较小，在较宽的范围内，电池的效率随着温度的变化近似于线性，约为-0.23%/℃，降低缓慢，说明 GaAs 太阳能电池具有更高的工作温度范围。

工作在轨道穿越范·艾伦（Van Allen）辐射带卫星上的太阳能电池会受到高能电子和质子的影响。太阳能电池受到的辐射强度超过最小阈值后，半导体晶格会产生缺陷，而这些缺陷往往成为复合中心，并会降低少子的寿命。GaAs 太阳能电池用于航天器和卫星上的一个重要因素，就是 GaAs 材料的抗辐射能力强。有研究指出，经过$1\times10^{15}cm^{-2}$的 1MeV 高能电子辐射，高效硅太阳能电池的效率降低为原来的 66%，而 GaAs 太阳能电池的效率仍可保持在 75%以上。

另外，GaAs 也是重要的的半导体光电材料，在半导体激光管、光电显示器和光电探测器等领域应用广泛。由于 Si 的禁带宽度较小（为 1.12eV），用其做发光二极管并不能发射可见光，而只能工作在红外波段。然而，GaAs 的禁带宽度相对较大（1.43eV），因此，GaAs 二极管能够发出可见红光。利用 AlGaInP/GaAs 结构制备的 0.66μm 系列的红光二极管激光器已经大量生产。

总之，GaAs 晶体材料的特殊结构使其具备优良的特性。根据量子力学原理，电子的有效质量越小，它的运动速度就越快，而 GaAs 中电子的有效质量是自由电子质量的 1/15，只有硅电子的 1/3，因而用 GaAs 制成的晶体管的开关速度，比 Si 晶体管快 1～4 倍，用这样的晶体管可以制造出功能更强、速度更快的计算机。因为 GaAs 的电子运动速度很高，用其可以制备工作频率高达10^{10} Hz 以上的微波器件，所以在卫星数据传输、通信、军用电子等方面，发挥着重要的作用。

4.2.2 GaAs 材料的制备

人工生长晶体方法的研究早在 19 世纪末就已开始，如今，凡是已经发现的天然矿物晶体，几乎都能用人工的方法合成或生长，并且还用人工方法培育出了大量天然不出产的新晶体。Ⅲ-Ⅴ化合物半导体材料的制备技术大体上可以分为两种：体生长技术和外延生长技术。体生长技术包括液封直拉法、布里奇曼（Bridgeman）法等；外延生长技术包括液相外延（LPE）、化学气相沉积（CVD）、金属有机物化学气相沉积（MOCVD）和分子束外延（MBE）等。对于Ⅲ-Ⅴ化合物半导体材料的三元和四元合金，同样可以用这些生长技术制备。

GaAs 的熔点高，晶体生长时还需要保持一定的蒸气压；否则，不容易保障精确的化学计量比。因此，GaAs 晶体的相图是温度-压力-成分图，如图 4-8 所示。从图 4-8 的左图可以看出，GaAs 晶体的熔点高于组分的熔点，在 As、Ga 二种元素分子比正好为 1∶1 时，有最高熔点（为 1238℃）。从相图的右图可以看出，As 组元在三相点 816℃时，具有最高蒸气压，达到10^6 Pa。GaAs 在熔点下的离解压约为 0.9 个大气压，当温度下降到 1238℃时，溶液开始凝固并全部转变为固态 GaAs。因此，在晶体生长工艺中，通常控制化学计量比为 1∶1，并在其熔点下保持 As 蒸气压为 1 个大气压，使固液交界面附近处于固体 GaAs 和 Ga-As 溶液共存的平衡状态，这样才能长出符合化学配比的 GaAs 体单晶材料。

太阳能电池用 GaAs 体单晶的制备一般是两步反应。利用高纯的 Ga 和 As 首先合成化学计量比为 1∶1 的 GaAs 多晶，然后再生长成一定晶向的单晶。这两个步骤可以在同一设备内完成，也可以在两个设备内完成。通常，根据晶体生长技术的不同，GaAs 体单晶的生长可以分为布里奇曼（Bridgeman）法和液封直拉法（Liquid Encapsulated Czochralski，LEC）。目前，这两种方法是批量生产 GaAs 体单晶的主要方法。相对于液封直拉法来说，用布里奇曼法制备 GaAs 体单晶的设备比较简单。下面，对这两种制备技术分别进行介绍。

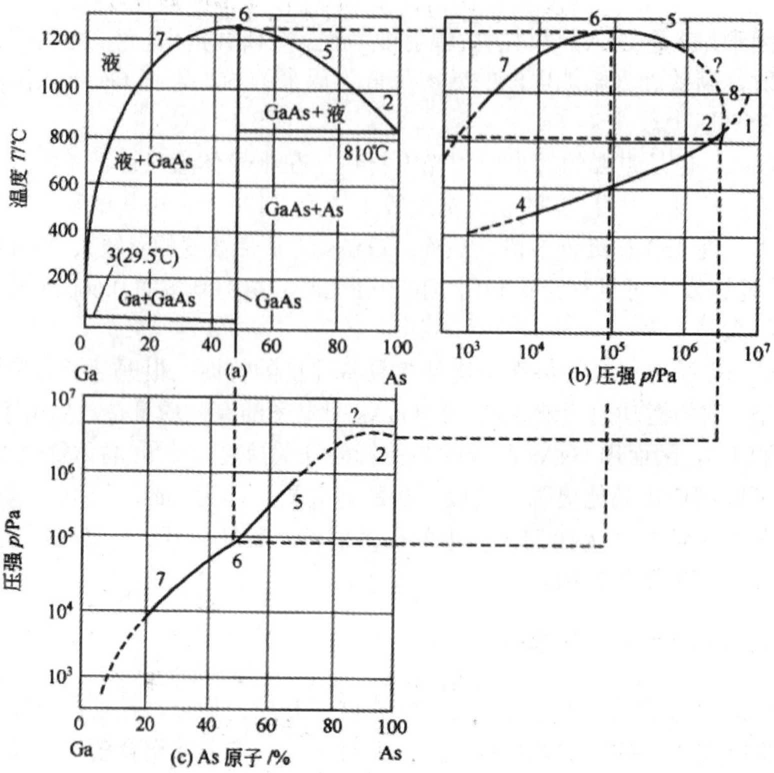

图 4-8　GaAs 晶体的相图

1. GaAs 体单晶材料的制备

（1）布里奇曼法制备 GaAs 体单晶

布里奇曼法生长单晶，其实质是一种区域熔炼（区熔）技术，是最早用于 GaAs 体单晶生产的技术方法且早在 20 世纪 60 年代就已实用化。布里奇曼法可分为水平布里奇曼法（HB）和垂直布里奇曼法（VB）两种，通常，制备 GaAs 体单晶材料都是利用水平布里奇曼法生长的，而区熔单晶硅则是利用垂直布里奇曼法生长的。其实，两种生长方式的物理过程都是相同的。

水平布里奇曼法主要用于生产低位错腐蚀坑密度（EPD）的 GaAs 单晶半导体材料，是一种热壁生长工艺。该工艺的主要优点是：晶体生长过程中，生长界面处的温度梯度可以控制得较小，As、Ga 原子在晶格有序排列时所受的热应力较小，从而得到的晶体的位错密度比较低。主要不足是：所生长晶体截面为 D 形，须通过滚圆加工才能获得器件制备所需的圆形晶片，造成材料的大量浪费。例如，在长边为 60mm 的 D 型棒料上切割出直径为 50.8mm 的圆形片，造成的材料损失约为 23%。同时，生长大直径（大截面）晶体因高温下石英舟管的承重问题而受到限制。目前，已经能够大量生产标称直径为 50mm 和 75mm 晶体，而标称直径为 100mm（4 英寸）以上的晶体也有报导。此外，舟及反应管均为石英制品，因此晶体中的硅污染较严重，只能进行掺杂材料的生长，较难进行半绝缘 GaAs 单晶的生长，工艺兼容性差。

图 4-9 所示为水平布里奇曼法生长 GaAs 单晶的设备示意图和温度分布图。从图中可

以看出，晶体生长炉分为 *A*、*B* 两部分，反应室一般是圆柱形石英管，在炉 *B* 一端放置石英舟，内置高纯 Ga，通常是将液态 Ga 利用液态的空气或干冰冷冻凝固。在另一端（位于炉 *A* 区域）放置高纯 As，在反应室中间有石英隔窗。通常，为使反应室内能保持 9×10^4 Pa 的平衡 As 压，As 的量要比化学计量多一些。

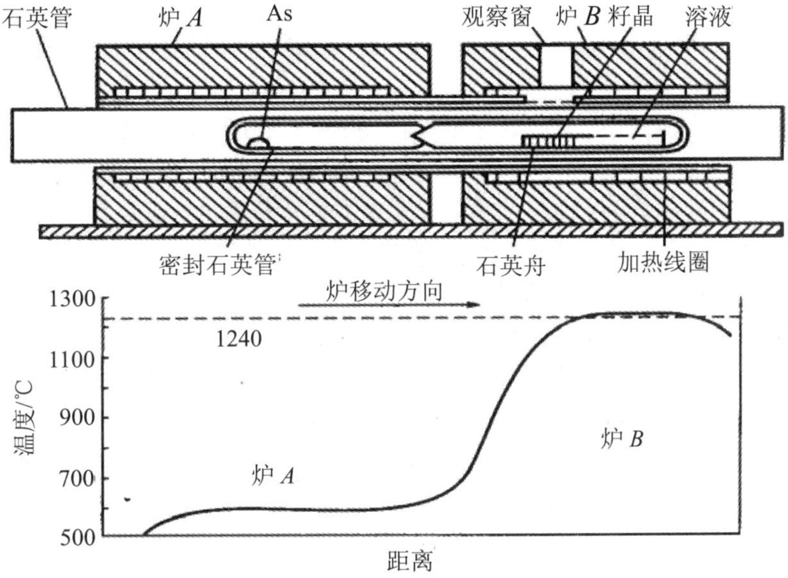

图 4-9 水平布里奇曼生长 GaAs 单晶的设备示意图和温度分布图

原料被放入反应室后，反应室被抽成真空。由于在装料过程中，As 和 Ga 与空气接触而氧化形成氧化膜，会直接影响 GaAs 晶体的生长，所以，必须首先去除氧化膜。在实际艺中，一般采用高真空高温去除技术。对于 Ga 的氧化膜，一般在（1.3～1.6）$\times10^{-2}$ Pa 的压力下，700℃热处理 2h 即可使氧化膜蒸发，而对于 As 的氧化膜，则需在 280℃～300℃热处理 2h。

去除氧化膜后，在真空中利用氢氧焰将反应室两端封闭，然后，将反应室中间的石英隔窗打破，并将反应室放入水平石英加热炉。炉 *A* 和炉 *B* 同时升温至 610℃，然后，炉 *A* 的温度保持不变，炉 *B* 的温度继续升高至 1250℃，此时，炉 *A* 中的 As 蒸气由于扩散通过打通的石英隔窗进入高温区，与 Ga 反应生成 GaAs 多晶。

此 GaAs 多晶制备完成后，在同一反应室内可以进行单晶生长。通常，有两种方法设置籽晶：一种是在装料的同时，在石英舟的头部放置一个 GaAs 单晶的籽晶；另一种是在晶体生长时首先让头部过冷，产生一个或几个晶粒，再通过择优生长，使得其中一个晶粒能够长大成单晶。

GaAs 单晶的生长过程是一种区熔过程，利用石英加热炉外的加热线圈（一般采用 FeCrAl 合金的电阻丝），可以使 GaAs 多晶形成一个很小的熔区，然后移动加热线圈或石英管，使熔区从晶体的头部（籽晶处）逐渐向尾部移动，最终长成单晶（通常熔区移动的速度约为 10～15mm/h）。晶体生长完成后，炉 *A* 温度从高温首先降至 610℃，然后炉 *A* 和炉 *B* 同时降至室温。

水平布里奇曼法生长 GaAs 单晶，其固液界面的形状对单晶质量起决定性的作用。固液界面不平坦会导致晶体表面出现花纹，生长成多晶，而平坦或微凸的固液界面则有利于单晶的生长。显然，固液界面的形状是由温度场所决定的。为了更好地控制晶体质量，现代水平布里奇曼法生长 GaAs 单晶大多利用三温区技术，即高温区（1245～1260℃），温度高于 GaAs 的熔点，使得 GaAs 维持熔体状；低温区（600～610℃），使 As 的蒸气压维持在 0.1Pa 左右，防止 GaAs 中 As 的挥发和损失；而在高温区和低温区之间增加一个中温区，温度为 1120～1200℃，用来调节固液界面的温度梯度，还可以抑制石英舟引起的 Si 杂质污染。

利用水平布里奇曼法生长 GaAs 单晶时，“粘舟”是主要的问题。因为 GaAs 单晶和石英舟在 1250℃下可能发生轻微的“侵蚀”反应，晶体冷却后就与石英舟粘连在一起，导致单晶中产生大量的缺陷。为了防止“粘舟”，一般是将石英舟打毛，然后在 1000～1100℃时用 Ga 处理 10h 左右，使舟内壁形成一种方石英。另外，彻底清除氧化膜、严格控制温度场，也能防止“粘舟”现象的发生。

水平布里奇曼法生长的 GaAs 晶体，较佳的生长方向是[111]，[211]等高指数晶向，而[100]晶向晶体生长相对困难，生长出的晶体必须扭转一定的角度切割成器件应用中通常需要的[100]晶向，由此导致同一晶片内不同区域的晶体生长时间不同。由于分凝等因素的影响，晶片内不同区域的电学参数如掺杂剂浓度、结构参数如晶格缺陷浓度的不同，使得水平布里奇曼法生长的 GaAs 晶体的材料均匀性较差，这对于制造大面积的激光器阵列是不利的。

（2）液封直拉法（LEC）制备 GaAs 体单晶

利用水平布里奇曼法生长的 GaAs 单晶尺寸小，主要受限于石英舟的大小。一般情况下，人们利用液封直拉法生长大直径的 GaAs 单晶。液封直拉法是直拉法晶体生长技术在 GaAs 单晶材料制备中的应用与改进，是 20 世纪 80 年代成熟起来的工艺。利用密封直拉法制备的 GaAs 单晶，直径可达 150mm 以上，重量达到 14kg 以上，位错密度约为 10^4 ～ $10^5 cm^{-2}$ 。

液封直拉法生长大直径 GaAs 单晶的方法与普通直拉法生长硅单晶相似。首先，将加工处理的原料放入石英坩埚，置于单晶炉中加热，将其熔化成熔体。然后，利用籽晶进行下种，在籽晶杆的底部固定一块按要求选择的籽晶，当原料熔化并达到平衡温度后，将籽晶逐渐浸渍到熔体中，精确地控制和调整温度，使熔融的原料在回熔的籽晶端部开始生长。缓慢地向上拉动籽晶杆并以一定的速度旋转。当生长到预定直径后，进入等径生长阶段，严格控制加热功率，使结晶过程在固液界面上连续地进行，直到 GaAs 晶体生长达到预定长度时为止。与制备单晶硅不同的是，在装料过程中，Ga 和 As 易与空气中的氧反应，生成氧化膜，因此，装料完成后，首先需在真空下脱氧和脱水。也就是说，需在 700℃左右热处理 2h，以便除去 Ga 和 As 的氧化膜。另外，GaAs 易挥发，生长中需要保持 As 的平衡压，否则，很难生长出准确化学计量比的 GaAs 单晶。为了克服这个难题，人们利用透明而粘滞的惰性液体将熔体密封起来，然后在惰性液体上方充入一定压力的惰性气体，防止 GaAs 化合物熔体中组分的挥发，以保证准确化学计量比 GaAs 单晶的生长。图 4-10 所示为液封直拉法制备 GaAs 体单晶的示意图。

在液封直拉法生长 GaAs 单晶过程中，普遍采用 B_2O_3 作为密封 GaAs 熔体的惰性液体。

B_2O_3 的熔点比 GaAs 低，只有 450℃，在 GaAs 熔化之前已经熔化，保证在 GaAs 分解前将其密封。B_2O_3 熔化后为无色透明的粘滞玻璃体，可以透过它观察晶体的生长，化学稳定性好，在高温下不与 GaAs 反应。B_2O_3 容易提纯，在 GaAs 中的溶解度小。所以，B_2O_3 是一种很好的化合物半导体晶体生长的惰性液封材料，不仅应用于生长 GaAs，还应用于 InP、GaP 等晶体的生长。当然，采用 B_2O_3 也有不足：一是容易产生"污染"，二是在 1000℃以下过于黏稠，操作困难。

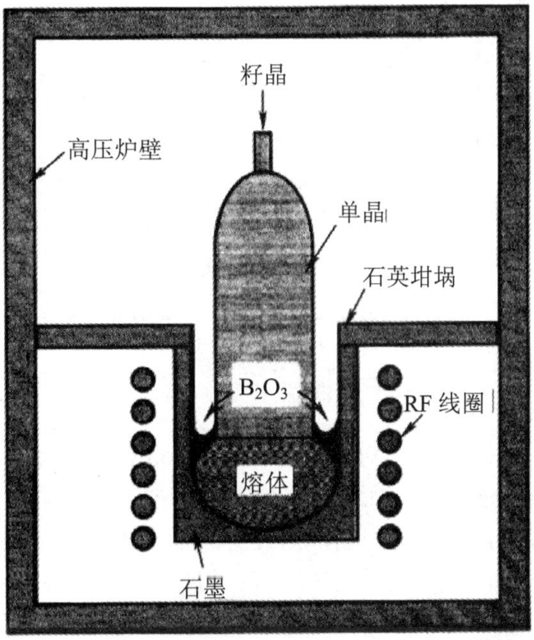

图 4-10　液封直拉法制备 GaAs 体单晶的设备示意图

采用熔体生长晶体时，结晶过程是靠温度梯度造成的局部过冷来推动的，温度梯度的大小直接影响着晶体的生长速度和晶体的质量。在液封直拉法制备 GaAs 单晶的过程中，为了控制晶体的尺寸和质量，需要摸索合适的生长条件，包括固液交界面附近气体和熔融体的温度分布，籽晶杆的旋转速度和提拉的速度。然而，固液交界面及晶体与 B_2O_3 液封材料交界处温度呈严重的非线性（如图 4-11 所示），使晶体应力场发生变化，晶体中的残余应力较大。为减少晶体中的残余应力、提高其物理性质的均匀性，常常须对晶体进行退火处理。

2. GaAs 薄膜单晶材料的制备

（1）LPE 制备 GaAs 薄膜单晶

虽然 GaAs 体单晶通过扩散 S、Zn 等杂质，能形成 p-n 结，继而制备单极体的 GaAs 太阳能电池，但其效率低、成本高。正如前面所提到的，GaAs 是直接带隙的半导体材料，其光吸收系数在光子能量超过其带隙宽度后，剧升至 $10^4 cm^{-1}$，只需 4μm 厚度几乎就可吸收其吸收限内的全部光子。所以，人们更多的是利用 GaAs 薄膜单晶材料制备太阳能电池，通过提高 GaAs 单晶薄膜的质量来提高太阳能电池的效率，减少材料的用量来相对降低成本。

薄膜外延生长技术可以精确控制单晶薄膜的厚度和电阻率，在半导体薄膜材料和器件应用中越来越受到重视。GaAs 的外延包括同质外延和异质外延两种，如 GaAs/GaAs 和 GaAlAs/GaAs 结构。通常，GaAs 单晶外延薄膜可以采用液相外延（LPE）、金属有机物化学气相沉积外延（MOCVD）和分子束外延（MBE）技术，对于太阳能电池用 GaAs，考虑到性价比和相应三元化合物半导体的制备，前两者得到了更广泛的应用。

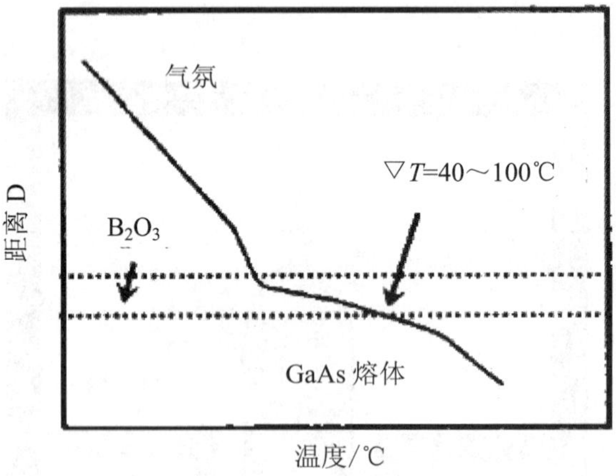

图 4-11　LEC 生长温度截面示意图

GaAs 的液相外延，最早是在 1963 年由 H. Nelson 提出，被用来制备隧道二极管和激光二极管，当时所用的方法就是众所周知的 Nelson 法，如图 4-12 所示。该方法首先将促使 GaAs 饱和的金属溶液置于舟的一端，而在另一端上把 GaAs 衬底和溶液分开放置。然后在适当的生长温度下，将炉子倾斜，使溶液和衬底接触，在衬底上从达到过饱和的溶液中外延生长出 GaAs 单晶薄膜。到达生长终止温度以后，把炉子回复到原位，溶液离开衬底，生长停止。

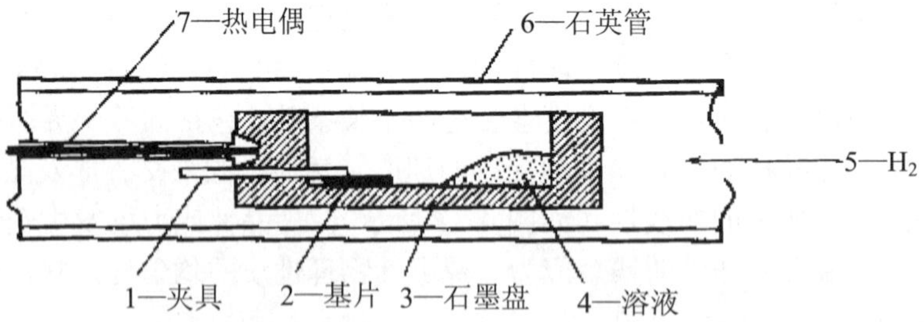

图 4-12　液相外延生长 GaAs 的倾动式系统示意图

如上所述，Nelson 法除具有生长装置和方法等都简单的优点外，若用 Ga 作为金属溶液，并对气体系统的密闭性、舟的材料及处理等方面进行改进，就能够得到高纯度的 GaAs 单晶薄膜，通过 Sn 或 Ge 杂质的掺杂，还可以控制薄膜的导电类型和载流子浓度分布等。但是，Nelson 法只能生长一层且厚度控制困难，生长层表面平坦性差，产量低。因此，液相外延技术针对这些缺点进行了技术改进。改进后的连续液相外延技术，克服了 Nelson 法单层外延的不足，而若将衬底尽可能选择在接近于（100）面进行生长，就能得到平滑的表面，从而较好地解决表面平坦性问题。

（2）MOCVD 制备 GaAs 薄膜单晶

MOCVD 是采用加热方式将化合物分解而进行外延生长半导体化合物的方法。作为含有化合物半导体组分的原料，化合物有一定的要求：① 在常温下较稳定而且较易处理；② 反应的副产物不应阻碍外延生长，不应污染生长层；③ 在室温下应具备适当的蒸气压（≥133Pa）。能满足上述原料化合物要求的物质是强非金属性氢化物（如 AsH_3、NH_3、PH_3、SbH_3、SiH_4、GeH_4、H_2S、H_2Se、H_2Te 等）和金属烷基化合物[如$(CH_3)_2Zn$、$(CH_3)_2Cd$、$(CH_3)_2Hg$、$(CH_3)_3Al$、$(C_2H_5)_3Ga$、$(C_2H_5)_3In$、$(C_2H_5)_4Sn$、$(C_2H_3)_4Pb$ 等]，如表 4-2 所示，而发生的基本化学反应如式（4-1）所示。

表 4-2　强非金属性氢化物和金属烷基化合物的可能组合

周期＼族	ⅡB	ⅢB	ⅣB	ⅤB	ⅥB	
2		B	C	N	O	氢化物
3		Al	Si	P	S	
4	Zn	Ga	Ge	As	Se	
5	Cd	In	Sn	Sb	Te	
6	Hg		Pb			金属有机化合物

$$(CH_3)_3Ga + AsH_3 \xrightarrow{630\text{–}675^\circ C} GaAs + 3CH_4\uparrow \tag{4-1}$$

MOCVD 外延法的最大特点是可对多种化合物半导体进行外延生长。与其他外延生长法如液相外延生长、气相外延生长相比，MOCVD 有以下特点：

① 反应装置较为简单，生长温度范围较宽；

② 可对化合物的组分进行精确控制，膜的均匀性和膜的电学性质重复性好；

③ 原料气体不会对生长膜产生蚀刻作用，因此，在沿膜生长方向上，可实现掺杂浓度的明显变化；

④ 只通过改变原材料即可生长出各种成分的化合物。

在外延技术中，外延生长温度最高的是液相外延生长法，分子束外延方法的生长温度低，而金属有机物化学气相沉积外延方法生长温度居中，接近于分子束外延。从生长速率看，液相外延方法的生长速率最大，而金属有机物化学气相沉积方法次之，分子束外延方法最小。在所获得膜的纯度方面，以液相外延法生长膜的纯度最高，而金属有机物化学气相沉积和分子束外延方法生长膜的纯度次之。

总之，金属有机物化学气相沉积方法的特点介于液相外延生长和分子束外延生长方法之间。金属有机物化学气相沉积方法的缺点是：所用的有机金属原料一般具有自燃性，AsH_3 等Ⅴ族原料气体，Ⅵ族原料气体具有剧毒。

MOCVD 系统可分为水平式和垂直式生长装置。图 4-13 给出了 $Ga_{1-x}Al_xAs$ 生长所用的垂直生长装置示意。使用的原料为三甲基镓（TMG）、三甲基铝（TMA）、二乙烷基锌（DEZ）、AsH_3 和 n 型掺杂源 H_2Se。高纯度的 H_2 作为携载气体将原料气体稀释并充入到反应室中。在外延生长过程中，TMA、TMG、DEZ 发泡器分别分别用恒温槽冷却，携载气体 H_2 通过净化器去除其中包含的水分、氧等杂质。反应室用石英制造，基片由石墨托架支撑并能够加热（通过反应室外部的射频线圈加热）。导入反应室内的气体在加至高温的 GaAs 基片上发生热分解反应，最终沉积成 n 型或 p 型掺杂的 $Ga_{1-x}Al_xAs$ 膜。

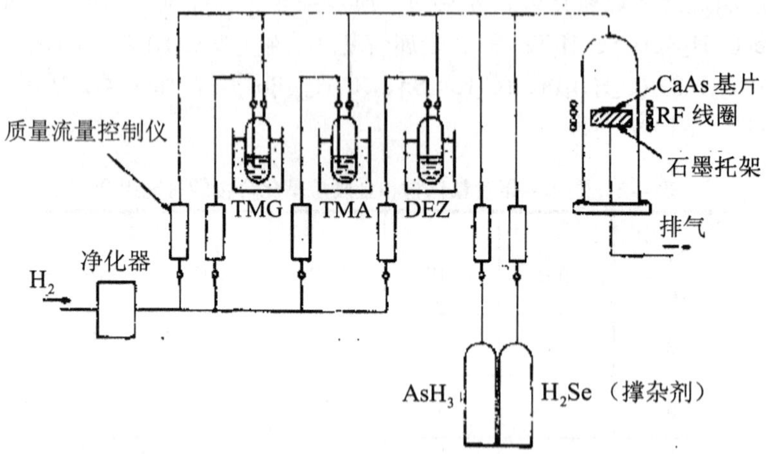

图 4-13　用于外延生长 $Ga_{1-x}Al_xAs$ 的 MOCVD 沉积系统示意图

（3）MBE 制备 GaAs 薄膜单晶

所谓分子束外延（MBE），就是在超高真空条件下精确控制原材料的中性分子束强度，使其在加热的基片上进行外延生长的一种技术。具体来讲，就是在一个超高真空系统中，使衬底保持在适当的温度下，通过将膜组分元素和掺杂剂元素分别装到分离的喷射炉中，并将炉温加到蒸发温度以产生相应的分子束，连续地打在衬底表面上，从而在衬底表面上进行淀积以得到单晶薄层的方法。

MBE 外延过程是一个动力学过程，而不是热平衡过程。不同的源在加热后，它们的分子或原子以一定的运动速度和一定比例的束流强度喷射到加热的衬底表面，与表面发生相互作用（包括表面迁移、分解、吸附和脱附等过程），在表面反应生成化合物并进行单晶薄膜的外延生长。这一过程是受到表面化学、表面反应控制的。入射分子或原子与表面的相互作用可用黏附系数 S 来描述，表示单位时间吸附到单位原子生长表面上的原子数与入射束流密度（单位时间到达单位表面的原子数）之比。S 和衬底温度、入射分子与表面的相互作用性质等密切相关。如果某种原子入射束的等效压强高于其生长温度下的蒸气压，则其黏附系数 S 通常接近于 1。合适的生长温度，可以使黏附的原子有充分的能量，在衬底表面上迁移到合适的平衡位置；过高的温度会使吸附原子再次脱附，而过低的温度则可能形成多晶或非晶薄膜。

外延 GaAs 所用的束源为 As_4 和 Ga，由 As_4 和 Ga 来生长 GaAs 的机理模型如图 4-14 所示。吸附在相邻 Ga 原子上的 As_4 分子成对地分解，任意 2 个 As_4 分子产生的 4 个 As 原子被结合进 GaAs 晶格，其余 4 个则以 As_4 分子的形式脱附。

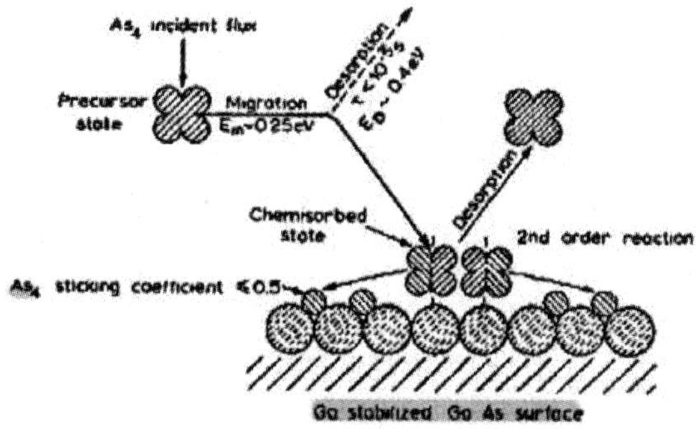

图 4-14　由 As_4 和 Ga 分子束来生长 GaAs 的机理模型

MBE 外延技术具有如下特点：

① 系统为超高真空（10^{-8} Pa 以上），外延薄膜的纯度高；

② 可在低温下进行外延；

③ 可严格控制薄膜成分以及掺杂浓度；

④ 可实现原位检测分析，以便严格控制薄膜的生长及性质。

但是，MBE 技术设备昂贵、维护费用高，生长时间长、不易大规模生产。

4.2.3　GaAs 材料中的杂质

1. GaAs 单晶掺杂

在实际应用中，为了改变半导体的性质，常常人为地在半导体中掺入某种化学元素的原了。若掺入的原子具有比其替代的原子多一个或一个以上的电子，这些多出的电子在晶体中可以自由移动从而形成电流，这种掺入的原子被称为施主原子；相反，若掺入的原子的价电子比其替代的原子少一个或一个以上，则掺入原子可以捕获晶体中自由移动的电子，从而形成电流，这种掺入的原子被称为受主原子。不管在半导体中掺入哪一种类型的杂质，都会导致半导体材料性质的改变，尤其是电学性质的改变。

实践表明，极其微量的掺杂能够对半导体材料的物理性质和化学性质产生决定性的影响，当然也会影响半导体器件的质量。例如，在硅晶体中，若以 10^5 个硅原子中掺入一个杂质原子的比例掺入硼原子，则纯硅晶体的电导率在室温下将增加 10^3 倍。

GaAs 的本征载流子浓度为 $1.3\times10^6\,cm^{-3}$ 。为了调控 GaAs 晶体的电阻率及其他电学性能，需要对 GaAs 晶体进行掺杂。掺杂的原则是：在满足器件要求的同时，掺杂剂的浓度尽可能的低。这是因为，过量掺杂剂的掺入会造成晶体中杂质的相互作用和杂质的局部沉淀，从而影响材料的电学性能。

根据不同的晶体生长方式，GaAa 使用的掺杂剂是不同的，而且，不同用途的 GaAs 单晶，其掺杂剂也是不同的。例如，利用液封直拉法生长 GaAs 单晶薄膜时，由于 Si 和液封物质 B_2O_3 可以起反应，引入大量的 B 污染，所以此时不能利用 Si 作为掺杂剂。一般而言，GaAs 体单晶的 n 型掺杂剂一般是 Te、S、Sn、Si、Se；p 型掺杂剂是 Be、Zn、Ge；而半绝缘 GaAs 的掺杂剂是 Cr、Fe 和 O。对于太阳能电池用 GaAs 单晶，n 型掺杂剂一般是 Si，而 p 型掺杂剂是 Zn。利用 MOCVD 技术生长 GaAs 单晶薄膜时，可以采用甲烷 SiH_4 为气体源掺杂 Si 作为 n 型掺杂剂，采用二乙基锌为气体源掺 Zn 作为 p 型掺杂剂。n 型掺杂剂还可以是氢稀释的硒化氢（H_2Se），p 型掺杂剂还可以是二甲基锌等。

在利用 MOCVD 生长 GaAs 薄膜时，由于原材料为金属有机化合物，因此碳 C 成为不可避免的主要污染杂质之一。在早期的研究中，希望尽量降低 C 的浓度，以减少其影响。但是，近年来人们发现，C 也可以作为 GaAs 和 AlGaAs 材料的 p 型掺杂剂，具有广泛的应用前景。与 GaAs 晶体中 Zn、Be、Mg 等传统受主杂质相比，C 具有其独特的优点：① 掺杂水平高、活化率高，载流子浓度可在 $10^{17}\sim10^{21}cm^{-3}$ 范围内精确控制；② C 杂质的扩散系数低、热稳定性好，如在 800℃下，C 在 GaAs 中的扩散系数仅为 $10^{-16}cm^2/s$，这比 Zn 杂质低 4 个数量级，有利于 p-n 结位置的精确控制；③ C 掺杂易于获得陡峭界面，这对很多光电器件包括太阳能电池来说是至关重要的。例如，在 Ge 或 GaAs 沉淀上外延的 GaInP/GaAs 级联电池结构中，常选用 p-GaAs 材料作隧道结，此时要求隧道结很薄、掺杂浓度高、p-n 结陡峭，而且需要在电池制备期间（温度为 650～700℃，时间为 45～50min）和电池后工艺制作过程中，仍然保持良好的隧道结特性，此时用 Zn 作 p 型掺杂剂难以满足要求，可选用 C 作 p 型掺杂剂。

GaAs 晶体的掺杂剂是与晶体生长方式紧密相关的，主要应用一些经验公式。对于水平布里奇曼法生长的 GaAs 单晶中的掺杂剂质量为 *m*，可用公式

$$m=K\frac{nWA}{N_o d} \tag{4-2}$$

来表示。式中，*A* 为掺杂剂的摩尔质量；*W*、*d* 分别为 GaAs 的质量和密度；*n* 为载流子浓度；N_o 为阿伏伽德罗常数；*K* 为修正系数。对于 Sn、Se、Zn、Fe 掺杂剂，其 *K* 值分别为 20、10～20、10～15 和 10。

对于液封直拉法生长的 GaAs 单晶，不同的掺杂剂需要不同的经验公式，其掺杂剂量与掺杂剂的蒸发系数、分凝系数、晶体生长条件等密切相关。对掺杂剂 Te 的经验公式为

$$n=1.85\times10^{18}C_o-0.62\times10^{18} \tag{4-3}$$

而对于掺杂剂 Se 的经验公式为

$$\text{Lg}n=16.83+0.2\text{Co} \tag{4-4}$$

式中，*n* 为所要求的载流子浓度，C_o 为所需掺杂杂质的浓度，单位为 mg，表示每克 GaAs 应掺杂的杂质毫克数。

2. GaAs 单晶中的杂质

我们知道，当杂质进入 Si、Ge 一类的元素半导体中时，存在两种方式：一种是杂质原子进入晶格原子的间隙位置，成为间隙式杂质；另一种是取代晶格原子，成为替位式杂质。间隙式杂质原子一般半径较小，而替位式杂质原子半径一般与晶格原子半径相近。但是在 GaAs 材料中，由于是二元系统，情况变得复杂了。替位式杂质原子是替代Ⅴ族的 As 原子，还是替代 III 族的 Ga 原子？间隙式杂质原子是进入 As 原子包围的间隙中，还是进入 Ga 原子包围的间隙中？如图 4-15 所示，杂质 *A* 替换了 Ga 原子，处于替代位置，可以表示为 A_{Ga}；杂质 *B* 替换了 As 原子，可以表示为 B_{As}；而原子 *C* 处于间隙位置，与原子 *A*，*B* 相比，其周围的状态就不同。这些杂质对 GaAs 材料性能的影响取决于它们在 GaAs 晶体中的位置。

图 4-16 是实验测得的 GaAs 晶体中部分杂质所引入的能级图。Ⅰ族原子在 GaAs 中引

入受主能级，如 Ag 受主能级为（$E_v+0.11$）eV，（$E_v+0.238$）eV；Au 受主能级为（$E_v+0.09$）eV；替位式 Cu 受主能级为（$E_v+0.14$）eV，（$E_v+0.44$）eV，铜原子对 Cu-Cu 引入受主能级（$E_v+0.24$）eV。此外，还发现间隙式 Cu 引入施主能级（$E_c-0.07$）eV，而 Na 元素，有人发现它起施主作用，但没有采用它来做掺杂剂。

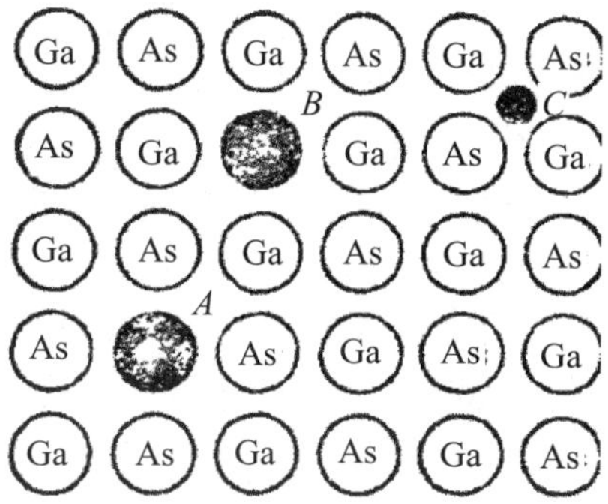

图 4-15　GaAs 晶体中杂质位置示意

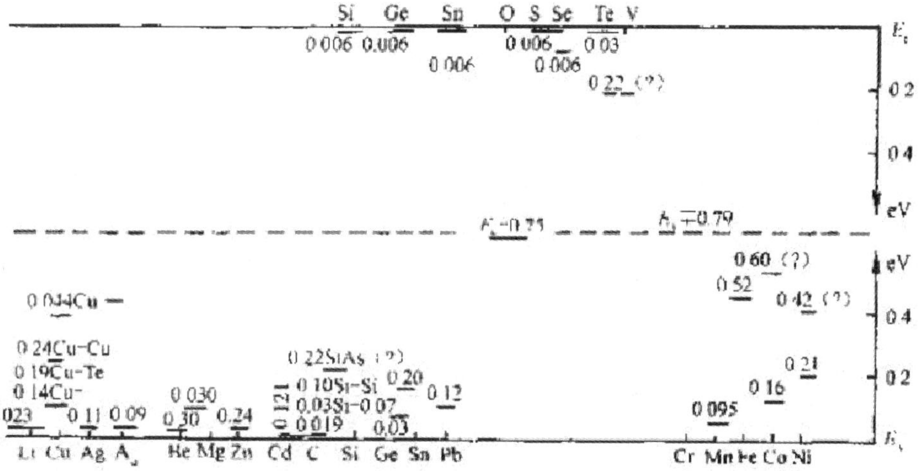

图 4-16　GaAs 中的杂质能级

一般情况下，Ⅱ族元素的价电子比 Ga 元素少一个，有获得一个电子完成共价键的倾向，它们通常取代 Ga 原子而处于晶格点上，成为受主杂质，在禁带中引入浅受主能级。例如，Be、Mg、Zn、Cd 在 GaAs 中引入的浅受主能级分别为：（$E_v+0.03$）eV，（$E_v+0.03$）eV，（$E_v+0.024$）eV，（$E_v+0.021$）eV。

当Ⅲ族杂质（如 B、Al 等）和Ⅴ族杂质（如 P、Sb 等）掺入不是由它们本身形成的Ⅲ-Ⅴ族化合物中时（如掺入 GaAs 中），在实验中测不到这些杂质的影响，即它们既不是施主杂质又不是受主杂质，而是电中性杂质，在禁带中不引入能级。这相当于Ⅲ族原子取代 Ga，Ⅴ族原子取代 As。由于这类替换过程中没有价电子转移，不在禁带中引入杂质能级，这种杂质被称做等电子杂质，产生等电子杂质效应或等电子陷阱。等电子杂质是与基质晶体原子具有同数量价电子的杂质原子，它们取代了格点上的同族原子后，基本上仍是电中性的。但是，由于原子序数不同，这些原子的共价半径和电负性有差别，因而它们能俘获某种载流子而成为带电中心，这个带电中心就成为等电子陷阱。等电子陷阱俘获载流子后成为带电中心，这一带电中心由于库伦作用又能俘获另一种相反符号的载流子，形成束缚激子。在 GaAs 材料中，常用 In 来进行等电子掺杂，目的是为了改变晶格的周期性排列，提高晶格缺陷的形成能，降低缺陷的形成。

在 GaAs 材料中的Ⅳ族元素，既可以替代 Ga 原子而起施主作用，也可以替代 As 原子而起受主作用，呈现出双性行为。Ⅳ元素还可以杂乱地分布在 As 原子和 Ga 原子的晶格点上，这时杂质的最终取代效果与掺杂浓度和掺杂时的外界条件相关。例如，实验测得 Si 在 GaAs 中引入一浅施主能级（$E_c-0.002$）eV，Si 应起施主作用。那么，当 Si 杂质电离后，每一个 Si 原子向导带提供一个导电电子，导带的电子浓度应随 Si 杂质浓度的增加而线性增加。但实验发现，当 Si 杂质浓度升高到一定程度之后，导带电子浓度趋向饱和，好像施主杂质的有效浓度降低了，如图 4-17 所示。这种现象的出现，是因为在 Si 杂质浓度较高时，Si 原子不仅取代 Ga 原子起施主杂质的作用，而且 Si 也取代了部分 As 原子而起着受主杂质的作用，因而对于取代 Ga 原子的 Si 施主杂质起到补偿作用，从而降低了有效施主杂质浓度，电子浓度趋于饱和。可见，在这个例子中，Si 杂质的总效果是起施主作用，保持 GaAs 为 n 型半导体。Si 在 GaAs 材料中的具体行为与其浓度有非常大的关系。研究表明，当 Si 浓度高于$10^{18}\,cm^{-3}$时，取代 Ga 原子的施主 Si 浓度与取代 As 原子的受主 Si 浓度之比为 5∶3∶1。

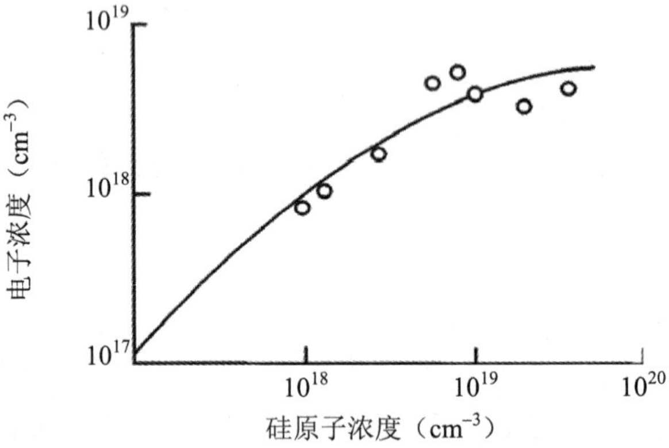

图 4-17　GaAs 电子浓度和 Si 杂质浓度的关系

Ⅵ族元素 O、S、Se、Te 与 Ga 元素性质相近，常取代 Ga 原子。因为它们比Ⅴ族元素多一个价电子而且容易失去，所以表现为施主杂质，并引入施主能级。例如，S、Se、Te 在 GaAs 中的能级分别为（$E_c-0.006$）eV，（$E_c-0.006$）eV，（$E_c-0.03$）eV。至于 GaAs 中的 O，测得一个深施主能级为（$E_c-0.75$）eV，在 1971 年还曾测得两个深施主能级为（$E_c-0.80$）eV 和（$E_c-1.2$）eV。

在 GaAs 材料中，需要特别注意的杂质是 C 和 Cr。C 是Ⅵ族元素，但在 GaAs 中起浅受主作用，主要通过所谓的三级补偿模型来保证 GaAs 材料的半绝缘特性。C 杂质一般来自石墨加热器及原材料 As。目前，GaAs 材料的半绝缘特性主要由 C 与 EL2 能级进行补偿而获得。其中，C 的浓度一般为（1～3）$\times10^{15}\,cm^{-3}$。对于电阻率更高的半绝缘 GaAs 材料，在拉制过程中必须掺 Cr。Cr 在 GaAs 中引入深受主能级，能够很好地补偿浅施主（如玷污的 Si），以保证 GaAs 材料具有较高的电阻率，掺 Cr 的 GaAs 材料其电阻率可以达到 $10^9\ \Omega cm$。

实际上，杂质在 GaAs 中的性质比较复杂。一方面，它们本身可以占据不同的晶格位置，表现表现出不同的性质；另一方面，它们又可能与缺陷作用，形成各种复合体，表现出不同的性质。表 4-3 列出了不同杂质在 GaAs 晶体中的类型和能级位置。

表 4-3　不同杂质在 GaAs 晶体中的类型和能级位置

族	杂质	类型	能级/eV
Ⅰ	H	N	
	Li	A	+0.023
			+0.044
			+0.143
			+0.23
			+0.51
	Na	A	
	Cu	A	+0.145
			0.44
			0.463
	Ag	A	+0.238
	Au	A	+0.31
Ⅱ	Be	A	+0.028
	Ca	A 或 D	
	Mg	A	+0.028
			+0.125
		D	−0.03
	Zn	A	−0.0307
	Cd	A	+0.0347
			+0.4
	Hg	A	
Ⅲ	Al	N	
	In	N	

族	杂质	类型	能量/eV
Ⅳ	C	A	+0.026
	C	D	−0.0059
	Ge	D	−0.00591
		A	+0.0404
			+0.08
	Sn	D	−0.00582
		A	+0.170
	Pb	D	−0.00577
Ⅴ	N	N	
	P	N	
	Sb	N	
	V	A	+0.737
Ⅵ	O	D	−0.17
	O	D	−0.4
			+0.63
	S	D	−0.00589
	Se	D	−0.00597
		A	+0.53
	Te	D	−0.00589
		A	+0.03
	Cr	A	+0.57
			+0.810

族	杂质	类型	能量/eV
Ⅶ	Cl	N	
	Mn	A	+0.012
	Mn	A	0/109
Ⅷ	Fe	A	+0.370
			+0.520
	Co	A	+0.540
			+0.840
			+0.530
			+0.420
Ga 空位-施主杂质（辐射受主中心）			
Si	+0.332		
Ge	+0.312		
Sn	+0.315		
S	+0.314		
Se	+0.287		
Te	+0.295		
As 空位-受主杂质（辐射施主中心）			
Zn	-0.143		
Cd	-0.148		
Si	-0.94		
Ge	-0.57		

注：D—施主；A—受主；N—中性；正号表示距离价带顶的数值；负号表示距离导带底的数值。

我们知道，由于杂质的散射作用，杂质对晶体中电子的迁移率有很大的影响，其中，电离杂质散射与掺杂浓度有相当大的关系。经理论推算，GaAs 材料在纯度较高时，它的迁移率可达到 $8000\,cm^2/V\cdot s$。对于一般的半绝缘 GaAs 单晶材料，其迁移率也可达到 $6000\,cm^2/V\cdot s$ 以上。但对于高掺杂的 GaAs 材料来说，它的迁移率一般较低，如图 4-18 所示，在掺杂浓度达到 $10^{18}cm^{-3}$ 时，迁移率的理论值约为 $2500\,cm^2/V\cdot s$。因此，在实际工艺中，当掺杂浓度高于 $10^{18}cm^{-3}$ 时，获得迁移率高于 $2000\,cm^2/V\cdot s$ 的材料将是比较困难的。据日本住友电气公司公布的半导体激光器用 GaAs 衬底材料的相关数据，当载流子浓度在（0.7～4）$\times10^{18}cm^{-3}$ 时，迁移率的范围在（1.2～2.5）$\times10^3cm^2/V\cdot s$。

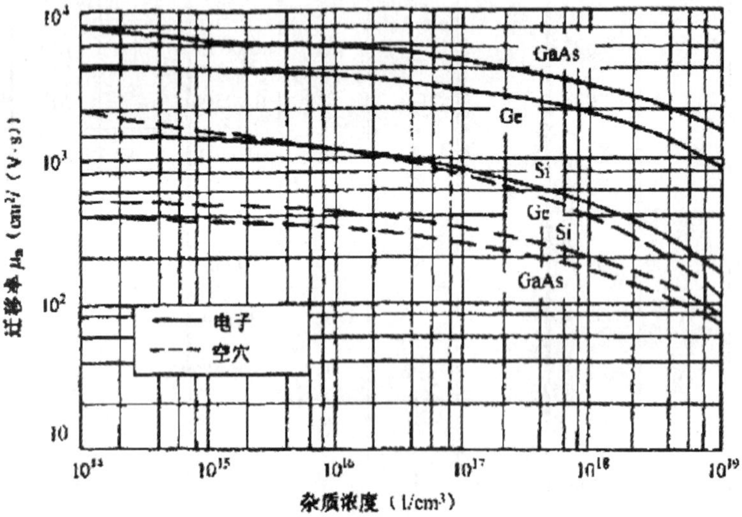

图 4-18　300K 时 GaAs 中迁移率与浓度的关系

4.2.4　GaAs 材料中的缺陷

世界上不存在完美无瑕的晶体，GaAs 晶体亦是如此。尽管工程技术人员在努力地提高晶体的生长质量，但晶体中还是包含大量的晶体缺陷，这些晶体缺陷影响着 GaAs 器件的性能。缺陷的形成主要由向材料中掺杂的方式和生长时的条件而定。

晶体缺陷指的是实际晶体结构中与理想晶体的空间点阵结构发生偏离的区域。虽然晶体缺陷部分比起完整部分来说只占少数，但它对晶体的一些重要性质（如范性和强度、扩散和生长动力学、导电性、光电性等）却有重大的影响。

半导体中的缺陷和杂质是一个非常重要而复杂的问题。对于化合物半导体而言，由于晶体是由多种元素组成，其中的缺陷和杂质就更为复杂。尽管研究缺陷面临很多困难，目前仍然是基于理论的理想化假设偏多，而实践验证较少，但开展缺陷的研究对掌握化合物半导体材料的性能和推广应用方面是十分重要的。

1. GaAs 材料中的点缺陷

晶体中原子尺度范围内的缺陷称为点缺陷。在一定温度下，晶格中的原子不停地在平衡位置附近做振动运动，而且有一部分原子会获得足够的能量，克服周围原子对它的束缚，挤入晶格原子间的间隙，形成间隙原子，原来的位置便成为空位。此时，间隙原子和空位是成对出现的，称为弗仑克耳（Frenkel）缺陷。如果只在晶体中形成空位而无间隙原子，则称为肖特基（Schottky）缺陷。间隙原子和空位一方面不断地产生着，同时两者又不断地复合，最后达到一平衡浓度值。以上两种由温度决定的缺陷又称为热缺陷，它们总是同时存在。由于原子须具有较大的能量才能挤入间隙位置且其迁移时的激活能很小，所以晶体中空位比间隙原子多得多，因而空位是常见的点缺陷。

晶体 Si 中的点缺陷是空位和自间隙 Si 原子。但是，在Ⅲ-Ⅴ族化合物中，点缺陷更加复杂。因为，除了热振动因素形成空位和间隙原子外，由于成分偏离正常的化学比，也会形成点缺陷。GaAs 由 Ga 和 As 两种原子套构而成，有两种形式的空位：一种是 Ga 点阵位置上的空位，称为 Ga 空位（V_{Ga}）；另一种是 As 点阵位置上的空位，称为 As 空位（V_{As}）。同样，当 Ga、As 原子处于间隙位置时，分别称为 Ga 间隙原子（Ga_i）和 As 间隙原子（As_i），如图 4-19 所示。

在化合物半导体中，除了空位和间隙原子这类点缺陷外，还有一类点缺陷叫做替位原子。例如二元化合物 AB 中，替位原子可以有两种，A 取代 B 的称为 A_B，B 取代 A 的称为 B_A，如图 4-20 所示。一般认为 A_B 是受主，而 B_A 是施主。因为 B 的价电子比 A 的多，B 取代 A 后，具有把多余价电子释放给导带的趋势；相反，A 取代 B 后，则具有接受电子的倾向。对 GaAs 晶体而言，Ga 原子占据了 As 的空位（Ga_{As}）而起施主作用，或 As 原子占据了 Ga 的空位（As_{Ga}）而起受主作用，这种点缺陷也称为反结构缺陷。在较多 As 气压下制备出的 GaAs 单晶中，因存在较多的 V_{Ga}，则过量的 As 原子容易进入 V_{Ga}，从而形成反结构缺陷 As_{Ga}；相反，在富 Ga 条件下用 LEC 法制备的 GaAs 中则含有较多的 Ga_{As}。应当指出的是，这类缺陷在离子性强的化合物中存在的几率很小，因为库伦力的排斥作用，使引入 A_B 或 B_A 所需的能量很大，所以在离子晶体中常可以忽略它们的作用。[7]P-60

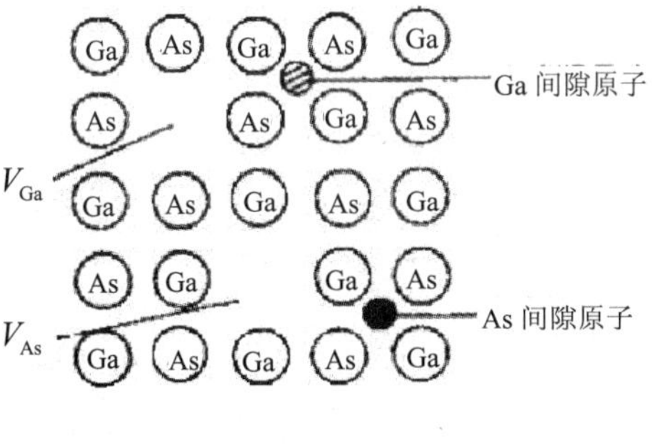

图 4-19 GaAs 中点缺陷示意图

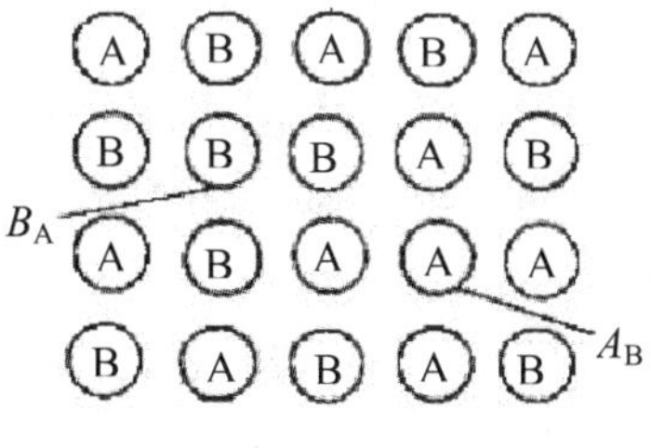

图 4-20 二元化合物中的替位原子

半导体中的点缺陷往往不是孤立的，在 GaAs 晶体中两种或两种以上的点缺陷，通过库伦作用、偶极矩作用、共价键作用和晶格的弹性作用，可以发生复杂的复合作用，生成 $Ga_{As}V_{Ga}$、$As_{Ga}V_{Ga}$、$V_{Ga}V_{As}$ 等复合缺陷。特别是带相反电荷的缺陷，更容易结合形成复合缺陷。当然，在一定温度下，这些复合缺陷也可能分解为简单的点缺陷。因此，按照质量作用定律，温度越高，复合缺陷的浓度越小，简单点缺陷的浓度越大；反之亦然。

尽管 GaAs 晶体中可能存在多种点缺陷以及复合缺陷，但是各种缺陷形成的能量并不相同，因此，形成能低的缺陷往往占主要地位，浓度较高。相比而言，其他缺陷由于浓度较低，其作用就可以忽略。对于实际的 GaAs 晶体，一般认为 V_{Ga}、V_{As} 是主要的点缺陷，

特别是 V_{Ga} 缺陷，其深能级位置为 0.82eV，可能与 EL2 电子陷阱有关，其性质一直是人们研究的目标。另外，As_i 和反结构缺陷也是 GaAs 中重要的点缺陷。但是，到目前为止，这些缺陷的性质依然没有得到清楚的理解。

研究点缺陷在晶体中的行为具有十分重要的意义。这些缺陷的行为及缺陷类型对材料中载流子的散射和载流子数量有较大的影响，将直接关系到材料电学性能的稳定。通过对缺陷作用机理的深入研究，建立起较清晰的理论模型，我们可以通过在晶体材料生长过程中人为地进行掺杂，引入有益缺陷，从而达到改善晶体材料电学性能的目的。

2. GaAs 材料中的位错

一系列连续的点缺陷贯穿晶体某一区域，就形成了位错，它对半导体材料和器件的性能会产生重要的影响。但是，目前仅仅对具有金刚石型结构的硅、锗的位错了解得稍多一些，对于其他半导体材料的位错了解较少。

当晶体晶格所受的应力超过了晶格发生弹性形变所需的最大弹力时，便可产生连续的点缺陷。位错的存在，相当于在半导体内部形成了一个散射通道，这将会加速半导体中载流子的散射。如果用能带理论去描述的话，就相当于在禁带中引入了一个捕获中心，会改变晶片刻蚀时的性能效果，直接导致的后果是改变了器件的电性能。研究表明，在场效应晶体管中，由于位错效应会给源沟道电流、栅电压、载流子浓度和衬底电阻率等带来不利的影响。

如果将晶体制作成一薄片，并经磨平和抛光，那么薄片上位错露头的地方在化学试剂腐蚀的作用下可表现出一些独特的腐蚀坑形貌。这些腐蚀坑形貌仅存在于位错附近一定距离内的位置处。在半导体工业 GaAs 晶片加工技术中，规定单位面积腐蚀坑数量为晶片的位错密度（Etch Pit Density，EPD）。

在 GaAs 单晶中，可能存在九种类型的位错。以（111）面为滑移面的位错是 GaAs 单晶中的主要位错。滑移面是（111）面，滑移方向是[110]方向，伯格矢量为 B=a/2[110]的位错的基本类型如下。

（1）30°位错

位错线方向是四面体的中垂线方向，它的伯格矢量在另外两条四面体棱边中任一个方向，位错线与伯格矢量成 30°交角，故称为“30°位错”，这是一种混合型位错。

（2）60°位错

位错线位于四面体一条棱边的方向，它的伯格矢量方向在与位错线成 60°交角的另一棱边的方向，这也是一种混合位错，称为“60°位错”。60°位错与（111）面的交角是 54°44′。

（3）纯螺型位错

由于螺型位错的位错线与伯格矢量平行，位错线方向是[110]方向，纯螺型位错只可能存在于与[111]生长方向交角为 35°16′的[110]、[101]、[011]三个方向上，这三个方向与（111）面的交角是 54°44′。

（4）纯刃型位错

纯刃型位错线在 GaAs 规则四面体的总垂线方向，即[112]方向上。<112>方向族共有 12 个，而位错只存在于与[111]生长方向交角为 19°28′的[112]、[121]、[211]三个方向上，[121]、[211]、[112]三个方向与[111]生长轴成 90°角，不存在位错。其余六个，因与[111]晶向交角较大，与（111）面交角较小，极易在晶体生长过程中延伸到晶体表面而消失。

这里需要指出的是，GaAs 晶体中的 60°位错与 Ge、Si 中的 60°位错不同。GaAs 这种位错的位错线上的原子，可以是 Ga 原子，也可以是 As 原子；如果是 Ga 原子，它起受主作用；如果是 As 原子，位错起施主作用。

由于位错处原子排列不规则，有应力场存在，致使杂质沿位错线扩散，比在完整晶体内的扩散快得多。当位错数目多而且分布杂乱时，将使杂质的扩散很不均匀。在用扩散法制造 p-n 结时，这种现象会使 p-n 结凸凹不平导致不均匀击穿，引起漏电增大、局部短路。同时，位错周围的晶格发生弹性畸变，产生应力场，为了降低畸变能，具有吸引杂质原子到位错附近的趋势。然而，晶体中可溶性杂质的存在，也会引起晶格点阵的局部畸变，产生应力场。为使总的晶格畸变降低，位错和杂质原子这两个应力场起交互作用，其结果将使杂质原子被吸引到位错周围，占据最低能量位置，形成一条平行于位错的线，然后在四周聚集。当达到平衡时，位错四周就形成了杂质原子团，当杂质浓度超过杂质的溶解度时，就在位错处沉淀析出，严重影响器件性能。

实验证明，位错对少数载流子的寿命有显著的影响，少数载流子寿命与位错密度成反比。造成少数载流子寿命变短的原因有两个：一是由于刃型位错的存在，使晶体中的晶格发生了伸张和压缩，导致禁带宽度在位错区发生变化。在晶格伸张的区域，禁带宽度变小，共价键相对减弱，电子容易激发。在晶格收缩区，禁带宽度增大。这种变化幅度可达 0.4eV，电子有处在导带中最小能量位置的趋势，使伸张区域的复合率增大。二是位错的能级是深能级，如 α 位错的受主能级。使 p 型晶体的导带中的非平衡电子，首先与位错的受主能级复合，然后与价带中的空穴复合，造成电子与空穴复合时间缩短。在 n 型晶体中，导带内的非平衡电子首先与位错的受主能级形成负电中心，非平衡的空穴直接与负电中心复合，使空穴与电子的复合时间缩短。对 β 型位错的施主能级也有类似的作用。

GaAs 晶体中的位错是非辐射复合中心，严重降低少数载流子的寿命，在晶体制备过程中应该竭力避免。但是，无论是体单晶还是薄膜单晶，GaAs 很难生长成无位错的晶体，总是具有一定的位错密度，可以达到 10^4～10^5cm^{-2}，这是由其基本性质决定的。首先，GaAs 材料的热导率低，晶体生长时，固液界面维持结晶的温度梯度较大，因此，容易在晶体中产生较大的热应力，导致位错的产生。其次，GaAs 的临界剪切应力较低，在较低的热应力下，就可以产生位错。再者，GaAs 易于产生点缺陷，其偏聚就产生位错。最后，GaAs 中的位错激活能较低，易于运动，使得位错很容易增生和发展。

GaAs 中位错的产生主要来源于籽晶位错、晶体生长中的热应力和晶体加工过程中的机械应力，影响因素众多，如籽晶的位错密度、温度梯度、固液界面形状、晶体生长速率等，与晶体生长的各种因素都紧密相关。显然，不同的晶体生长方法，其位错的产生和控制的方法也不同，而努力减少位错密度，则是提高 GaAs 晶体质量的重要途径。

GaAs 中位错形成的主要原因一般可以归纳为以下几个方面。

（1）材料本身的性质所决定

不同的材料，由于其生成位错的临界应力不同，因而生成位错的难易、多少也不同。对于 Si 晶体材料，其生成位错的临界应力较大，因而能够抑制位错的产生，较大尺寸的单晶容易实现无位错。而对于 GaAs 单晶材料，它的临界应力仅为（1.3～1.8）$\times 10^{-2}$kg / mm^2（1200℃时），热导率小，而且熔体和固体的热导率差异比较大（如表 4-4 所示），特别容易生成位错。即使在 500℃时，位错的滑移也较明显，因此要得到低位错密度的 GaAs 单晶材料是相当困难的。

表 4-4　GaAs 固体及熔体的一些热学参数

参数 材料	密度 (g/cm^3)	热导率 (W / m·K)	热容量 (J / kg·K)	热膨胀系数 (/k)
GaAs（S）	5.17	7.12	4.24×10^2	6×10^{-6}
GaAs（L）	5.72	17.8	4.34×10^2	

（2）热应力产生的位错

晶体生长过程及生成后的降温过程即晶体的热历程，是工艺过程中位错产生的主要原因。对于熔融法生长的单晶材料，材料生长过程为过冷生长，所以必须依靠一定的温度梯度才能进行，而温度梯度的存在，使得晶体内部产生了一定的应力，当这个应力超过位错产生的临界应力时，就会产生位错。

（3）籽晶中位错的增殖

对于熔融法单晶生长工艺来讲，它必须有籽晶才能进行工艺生长。由于位错是一种线状缺陷，它具有一定的贯穿性，在晶体生长过程中，籽晶中的原生位错将贯穿延伸进入新生晶体。为此，LEC 工艺中有所谓的缩颈工艺，就是用来降低籽晶中的位错对晶体完整性的影响。

（4）放肩过程引入位错

晶体生长中的放肩过程，是另外一个容易产生位错的工艺过程。对于带有放肩角度的生长过程来说，由于生长界面的逐渐增大，导致了固液界面附近热熔分布的变化，从而产生热应力，引入位错的形成。

研究表明，对于液封直拉法生长的 GaAs 晶体，位错的产生与生长炉内 As 的压力有关，随着 As 压力的增加，晶体的位错密度增加，而且，晶体边缘的位错密度要高于中心区域。

研究还表明，合理的掺杂可以减少晶体的位错密度。其中，S 抑制位错的作用最大，Zn 最小，可能的解释为高浓度的掺杂剂可以钉扎位错，降低了位错密度。当然，过多的掺杂会在晶体中引起沉淀，产生大量的应力，导致新的位错和层错的生成。在掺杂 Te 的 GaAs 晶体中，当 Te 的浓度达到 $3\times10^{18}\,cm^{-3}$ 时，就会出现 Ga_2Te_3 沉淀。在过量掺杂 Si 的 GaAs 晶体中，沉淀的尺寸可以达到 10～200nm，这些沉淀都会引起位错或层错。

为了克服 GaAs 晶体（特别是 GaAs/Si 外延薄膜）中位错引起的材料性能的降低，一方面是努力降低位错密度，另一方面是利用氢 H 进行钝化。与在晶体 Si 中一样，H 原子能够钝化 GaAs 中位错的悬挂键及其他缺陷、杂质的悬挂键，降低其电活性，从而降低它对太阳能电池性能的影响。通常，H 钝化在 250～400℃温度范围内的 H 等离子气氛中进行。但是在 H 钝化过程中，等离子体容易引起表面损伤和粗糙，甚至导致 As 的外扩散，形成 As 的表面耗尽层，这也会引起太阳能电池效率的降低。为了防止 GaAs 晶体中 As 的外扩散和降低表面损伤，H 钝化后往往要在 AsH_3/H_2 的混合气体中进行高温热处理。图 4-21 所示为 GaAs/Si 薄膜在不同温度的热处理条件下，少数载流子寿命的变化情况。图中虚线所示为 H 钝化前的少数载流子寿命，钝化温度为 250℃，气压为 0.1 托，时间为 1h。由图可知，刚刚钝化后，少数载流子寿命大幅度增加，导致太阳能电池效率提高。随后的热处理会导致材料少数载流子寿命的降低，后续热处理的温度越高，少数载流子寿命降低越严重。如果在 450℃以上热处理，材料的少数载流子寿命将低于未钝化的材料。这是因为在后续的热处理中，H 可能快速扩散到 GaAs 晶体的体外，钝化的效果消失，导致材料的少数载流子寿命降低。

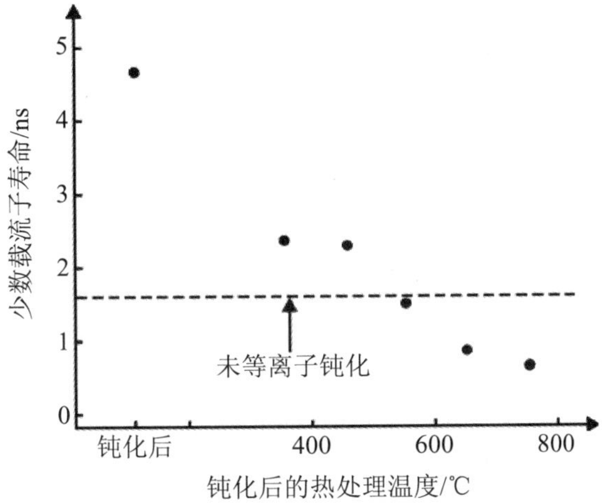

图 4-21 GaAs/Si 薄膜在 AsH_3/H_2 混合气体中
不同温度热处理条件下少数载流子寿命变化情况

研究证明，随着 H 钝化时间的延长和钝化时等离子功率的增加，GaAs 太阳能电池的效率逐渐提高，最后达到饱和并缓慢降低，显示了 H 钝化位错等缺陷的效果。另外，450℃左右的 H 钝化在随后的电池工艺中是稳定的。

除了在 H 气氛中等离子处理进行钝化，在 PH_3/H_2 混合气氛中 H 钝化也能取得良好的效果。P 既可以钝化与 As 相关的缺陷，也可以和 H 一起钝化 GaAs 晶体中的位错。

4.2.5 GaAs 太阳能电池

GaAs 太阳能电池是Ⅲ-Ⅴ族太阳能电池中研究较多且进展最大的。早在 1956 年，GaAs 太阳能电池就有研制。20 世纪 60 年代，GaAs 太阳能电池材料和同质结电池的制备、性能研究就开始发展。A. Gobat 等人首次采用扩散法制备出原理与 Si 太阳能电池相类似的 GaAs 太阳能电池，其转换效率不到 10%。到了 20 世纪七八十年代，采用液相外延技术（LPE）制备的 GaAs / GaAs 太阳能电池最高效率已达到 21%。当时有多家公司能够实现效率在 18%左右的 GaAs / GaAs 太阳能电池量产，如美国休斯公司和日本三菱公司等。这一时期主要采用 LEP 技术，存在多层复杂结构的生长难以实现和外延层参数难以精确控制的问题；同时，p-GaAs/n-GaAs 同质结太阳能电池，由于 GaAs 衬底表面复合率大于 10^6 cm / s，入射光在近表面处产生的光生载流子除一部分流向 n-GaAs 区提供光生电流外，其余则流向表面产生表面复合电流损失，使同质结 GaAs 太阳电池的光电转换效率较低，其效率和成本都无法与 Si 太阳电池竞争，发展一直很慢。另外，由于 GaAs 同质结材料存在密度大、机械强度差、价格贵等缺点，又使 GaAs 太阳能电池的空间应用受到限制。这些问题促使人们寻找新的方法研制 GaAs 太阳能电池。直到采用异质结结构后，GaAs 太阳能电池才引起人们的普遍关注。

如前所述，GaAs 具有与太阳光谱相当一致的光谱特性，所以，与晶体 Si 太阳能电池相比，GaAs 太阳能电池具有更高的光电转换效率，单结和多结 GaAs 太阳能电池的理论效率分别为 27%和 63%，远远高于晶体 Si 太阳能电池的最高理论效率 23%。

由于市场上对可用于制作发光二极管及半导体注入型激光器用 GaAs 材料产生兴趣，所以 GaAs 晶体材料的制备技术得以迅速发展。这项技术的一种方式是利用 GaAs 和 AlAs 合金。AlAs 是间接带隙半导体（E_g 约为 2.2eV），其晶格常数与 GaAs 几乎相等（仅失配 0.14%）。GaAs 与 AlAs 形成合金通常可以写成 $Ga_{1-x}Al_xAs$，其晶格常数与禁带宽度介于 GaAs 和 AlAs 之间。由于晶格常数的良好匹配，GaAs、AlAs 及由二者组成的两者合金之间形成的异质结，其界面态密度较低，具有接近于理想的特性。这极大地增加了光伏器件设计的灵活性。

已研究的 GaAs 系列太阳电池有单晶 GaAs、多晶 GaAs、GaAlAs-GaAs 异质结、金属-半导体 GaAs、金属-绝缘体-半导体 GaAs 太阳能电池等。

GaAs 太阳电池的结构从简单的 p-n 结单电池，发展到所谓的叠层电池（AlGaAs/GaAs、GaInP/GaAs、GaInP/GaAs/Ge、GaInP/GaAs/GaInNAs/Ge 和 GaAs/GaSb 等）以及廉价的 Si 和 Ge 衬底上的 GaAs 电池、聚光电池等。其中，GaAs 衬底上外延 GaAs 薄膜的太阳电池是主要的类型。

1. GaAs 同质结太阳电池

当入射光进入 GaAs 这样的直接带隙半导体中时会被迅速吸收，所以，传统的同质结结构中，高表面复合速率的问题比 Si 更严重。1978 年以前报道的 GaAs 同质结电池的效率只能达到中等水平。

在硅电池中，为减少表面复合的影响，所采用的方法是把同质结的顶层减薄到相当于光子吸收的平均深度。同样的方法也适用于 GaAs，当然此层必须比硅的厚度小一个数量级。据报道，图 10.5（a）所示的的 n+pp+结构的太阳能电池的效率已达到 20%以上，其顶部 n+层的厚度仅 45Å。

GaAs 太阳电池的制备工艺与先前描述的常规硅太阳电池的制备工艺是不同的。不是将杂质扩散进入 GaAs 的方法形成掺杂层，更通常的做法是用化学方法形成具有所需杂质浓度的掺杂层。附加到器件上的这些层延伸了衬底的晶体结构，故称为“外延层”。这些层是通过在含有需要沉积的材料的气相或液相化学物质的环境中加热衬底而形成的。

图 4-22（a）所示结构的形成过程是从重掺 p+衬底开始，外延生长轻掺的 p 型薄膜层，然后再制备一个重掺的 n+层。将最上层的一部分进行阳极氧化以形成减反射膜，这有助于使该层的表面复合速度减至最小。

20 世纪 80 年代，美国的 ASEC（TECSTAR）公司开始采用 MOCVD 技术制备 GaAs/GaAs 太阳能电池，并采用价格低廉的 Ge 代替 GaAs 做衬底研制出 GaAs/Ge 太阳能电池。这一基本结构的 GaAs/Ge 太阳能电池如图 4-23 所示，特点是保持 GaAs/GaAs 太阳能电池的高效率、抗辐射性和耐高温性的优点；同时，又由于 Ge 的机械强度高、不易破碎，因而增加了电池的实用性；而且，Ge 单晶的价格只有 GaAs 晶体的 30%，大大降低了 GaAs 太阳能电池的成本。MOCVD 技术生长的太阳能电池外延片表面平整、各层厚度均匀、浓度准确可控，制备出的 GaAs 太阳能电池性能也有明显改进，进一步提高了电池的效率。因此，20 世纪 90 年代，Ge 衬底上异质外延的技术进一步得到发展并逐渐成熟，很快便替代了 GaAs/GaAs 太阳能电池，其商品化的结果是开始大量应用于空间电源。

图 4-22　GaAs/Ge 单结太阳能电池结构示意图

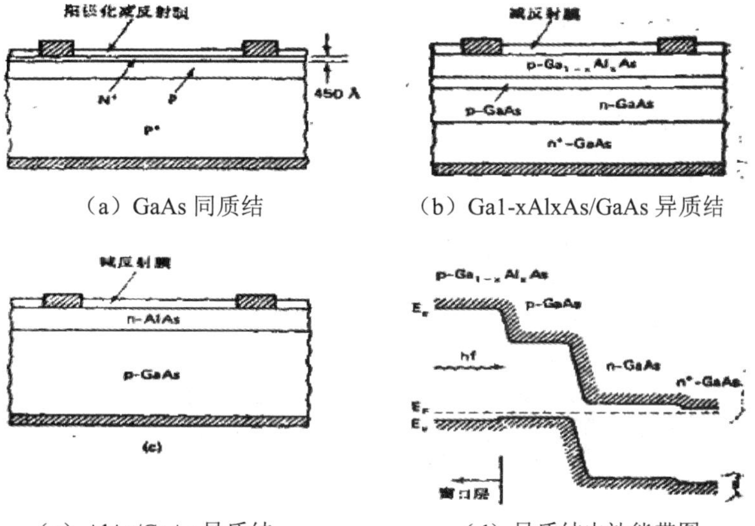

（a）GaAs 同质结　（b）Ga1-xAlxAs/GaAs 异质结

（c）AlAs/GaAs 异质结　（d）异质结电池能带图

图 4-23　GaAs 太阳电池不同设计方法示意图

2. $Ga_{1-x}Al_xAs$/GaAs 异质结太阳电池

为了克服 GaAs 材料表面复合速率大这一缺点，可以采用如图 4-23（b）所示的异质结结构。如前所述，GaAs 与 AlAs 的结构接近，这就可能在同质结电池的表面形成一个 $Ga_{1-x}Al_xAs$ 外延层而具有较大的间接带隙。阳光通过该层时几乎不被吸收。它的作用基本上相当于窗口层，如图 4-23（d）所示，阳光可透过它而达到下面的电池。因为与衬底的晶格匹配较好，所以在异质界面引起的界面态很少，窗口层也起到了钝化下面 GaAs 表面的作用。

这种结构已获得单结电池的最高效率：在阳光直晒下，地面电池的效率超过 22%。电池制作的工艺步骤如下：采用 n 型 GaAs 做初始衬底；用液相外延法在其上面生长一层 p 型 $Ga_{1-x}Al_xAs$ 层，同时，由于 p 型杂质的扩散，在衬底的上部变成 p 型（见图 4-23（b））。

在 $Ga_{1-x}Al_xAs$ 层上获得稳定的低阻接触是困难的，而低阻接触对用于聚光系统的太阳电池来说有其特殊的重要性。这一难题可通过两个办法来解决：一个是在接触部位腐蚀掉这一层，然后在下面的 p 型 GaAs 上做接触电极；另一个是在这层顶部的接触部位上再制作一层重掺杂的 p 型 GaAs 层。

3. AlAs/GaAs 异质结太阳电池

如图 4-23（c）所示，在 n 型 AlAs 和 p 型 GaAs 间做成“真”异质结，太阳电池的效率也可超过 18%。相对于 GaAs，AlAs 有大的间接带隙，因此它相当于一个窗口，允许大部分入射光被吸收进入太阳电池中。当然，AlAs 和 GaAs 的电子亲和力也存在失配，从而引起异质结的导带能量有一个尖峰。如果对 AlAs 进行重掺杂，这种尖峰的不利影响便可减至最小。

4. GaAs 基多结太阳能电池

采用不同禁带宽度的Ⅲ-Ⅴ族材料制备的多结叠层 GaAs 太阳能电池，通过禁带宽度由大到小的组合，可使这些Ⅲ-Ⅴ族材料分别吸收和转换太阳光谱中不同波长的光，在光学上表现为对光谱的分段吸收，如图 4-24 所示，能大幅提高太阳能电池的转换效率。这种叠层太阳能电池可以通过外延生长技术制备，在具有一定结晶取向的衬底上，延伸并按一定晶体学方向生长薄膜，每一层薄膜都称为外延层。在衬底上逐层外延生长各级子电池，最终得到多结叠层结构电池，其电池示意如图 4-25 所示。目前，MOCVD 和 MBE 是这种多结叠层太阳电池常用的薄膜外延生长方法。

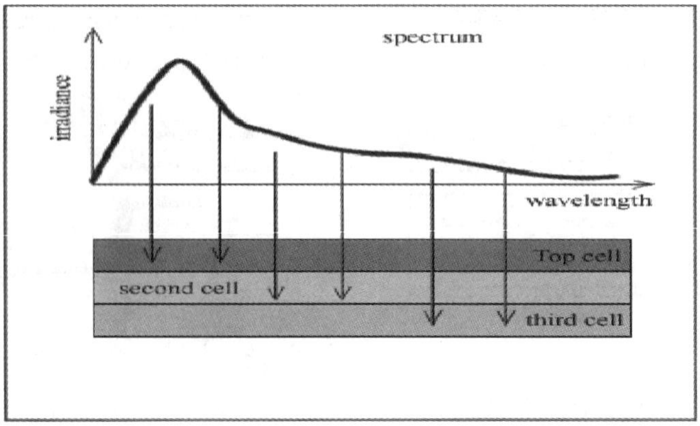

图 4-24　叠层太阳电池的光谱吸收示意

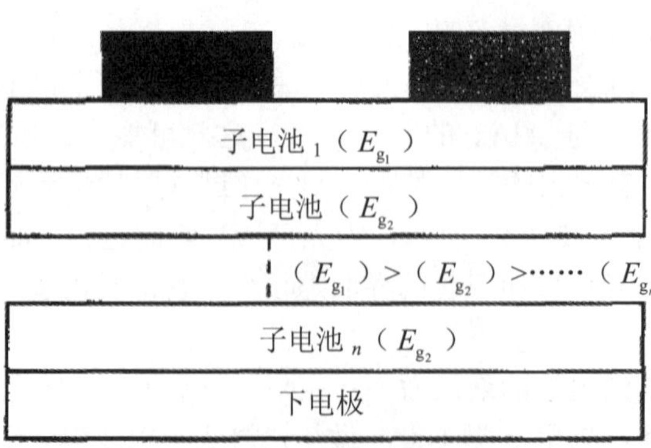

图 4-25　多结叠层太阳能电池结构示意图

双结叠层太阳能电池是由两种不同禁带宽度的材料制成的子电池，通过遂穿结串接而成，其研究已经比较成熟，主要结构有 A1GaAs/GaAs，GaInP/GaAs，GaInAs/InP，GaInP/GaInAs 等。其中，GaInP/GaAs 结构研究最多，实验室得到的最高电池效率达到 26.9%（AM0），20 世纪 90 年代初批量生产的效率达 22%。

在 GaInP/GaAs 双结电池基础上，又进一步研制了效率更高的三结太阳能电池，主要结构是 GaInP/GaAs/Ge。由于三结 GaAs 太阳能电池有很好的高温特性（工作温度每升高 1℃，性能仅下降 0.2%，可在 200℃情况下正常工作），通过聚光可显著提高电池电流输出，特别在实现高倍聚光后，可获得更高的功率输出（聚光倍数可达 500 倍以上）。

近年来，具有外延生长异质结、量子阱器件结构的高效率 GaAs 基多结太阳能电池，受到国内外的广泛关注。多结太阳能电池技术人为地在宽禁带半导体材料中引入中间能级，让更多的光子可以被有效地吸收。目前，三结 GaAs 基太阳能电池的转换效率已经达到了 40.8%，已经接近理论数值水平。

研究发现，太阳能电池的结数越多，转化效率也就越高，因此四结、五结甚至更多结的太阳能电池研制已成为研究的热点。理论计算结果表明，GaInP/GaAs/GaInNAs/Ge 四结叠层太阳能电池的光电效率可达 41%。但是，由于技术条件的限制，目前仍不能实现理论预测的高转换率，相关的研究仍是一个非常有挑战性的课题。

5. GaAs 基量子点电池

量子点（quantum dots，简称为 QDs）是一种典型的零维纳米材料，通常包含几百到几千个原子。量子点三个维度的尺寸都在 100nm 以下，一般为球形或类球形。通过控制量子点的形状、结构和尺寸，可以方便地调节其能隙宽度、激子束缚能的大小以及激子的能量蓝移等电子状态。量子点按其几何形状来分，可分为箱形量子点、球形量子点、四面体量子点、柱形量子点、立方量子点、盘形量子点和外场（电场和磁场）诱导量子点；按其电子与空穴的量子封闭作用来分，量子点可分为 1 型量子点和 2 型量子点；按其材料组成来分，量子点又可分为元素半导体量子点、化合物半导体量子点和异质结量子点。此外，原子及分子团簇、超微粒子和多孔硅等也都属于量子点范畴。常见的化合物量子点如由Ⅱ-Ⅵ族元素组成的 CdS、CdSe、CdTe、ZnSe、ZnS 等，由Ⅲ-Ⅴ族元素组成的 GaAs、InGaAs、InP、InAs 等。

量子点是一类可用于高效Ⅲ-Ⅴ太阳能电池的新材料，又称为第三代太阳能电池材料，相应的太阳能电池是目前最新、最尖端的太阳能电池之一。量子点的尺度介于宏观固体与微观原子、分子之间，量子点材料生长形成一个个尺寸为 1～10nm 的纳米级颗粒，纳米尺度的小尺寸效应决定了量子点有许多独特和优异的特性，如具有可变化的带隙、可调节的光谱吸收特性等。这些特性可大大提高太阳能电池的光电转换率，同时降低昂贵的材料费用，有望最终降低太阳能发电的成本。具有量子点结构的太阳能电池如图 4-26 所示。理论研究表明，量子点结构太阳能电池最大的光电转换效率可以达到 63%。实验结果表明，掺杂了量子点结构的太阳能电池，能够大幅拓展材料的红外光谱响应范围，通过调整量子点的尺寸和面密度，还可以将光谱响应拓展到更长的波长范围。

尽管人们已经注意到量子点太阳能电池材料的优异性且开展了数量较多的研究，但在实践中，量子点太阳能电池的总体效率并没有实现突破。这是由于：在量子点材料生长过程中产生的应变积累，导致了缺陷的产生。这一直是材料外延技术上的一个难题，仍需要进一步深入的理论和实验研究。

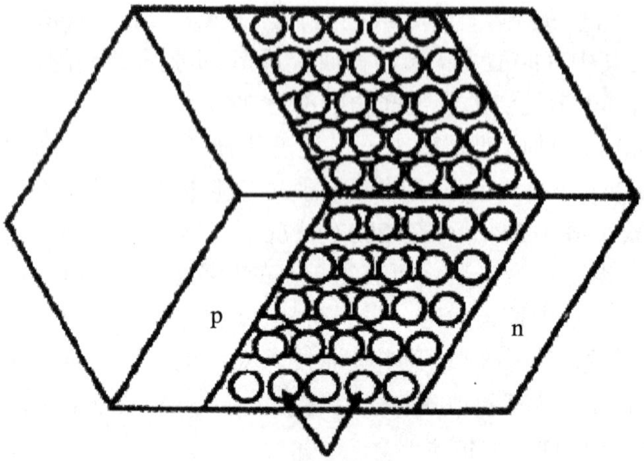

图 4-26 量子点结构太阳能电池的示意图

量子点材料也可以作为多结太阳能电池的一个结，整合到多结太阳能电池中。这相当于人为地在宽禁带半导体材料中引入一个中间能带，使量子点可以作为中间能带合并到多结太阳能电池之中，进而增加电流以提高光电转换效率。多结太阳能电池在宽太阳光谱吸收方面存在的一个主要难题，就是寻找有效带隙能量的子电池材料。常用的几种材料已覆盖了大部分光谱范围，如 GaInP（1.85eV），GaAs（1.43eV），Ge（0.67eV）。寻找理想的中间带隙（1.1eV 左右）能量材料仍是一个难点，主要原因是可选择性较少，而外延技术又很难生长出较好的半导体薄膜材料，使其成为限制高效率多结太阳能电池发展的瓶颈。最新研究发现，通过控制 InGaAs 材料的量子点结构尺寸，在 1.1eV 附近调节其能带大小，能够作为多结太阳能电池中间带隙能量的子电池材料。这为研制高效率多结太阳能电池提供了重要的思路。

6. GaAs 太阳电池与晶体 Si 太阳电池的比较

与晶体 Si 太阳电池相比，GaAs 太阳电池具有几个显著的特点：

① GaAs 具有 1.424eV 的最佳禁带宽度，与太阳光谱匹配良好，具有高的光电转换理论效率，是很好的高效太阳电池材料；

② 由于禁带宽度相对较大，可在较高温度下工作；

③ GaAs 材料对可见光吸收系数高，使绝大部分可见光在材料表面 2μm 以内就被吸收，电池可采用薄层结构；

④ 高能粒子辐射产生的缺陷对 GaAs 中光生电子-空穴复合的影响较小，因此电池的抗辐射能力较强；

⑤ 较高的电子迁移率使得在相同的掺杂浓度下，材料的电阻率比 Si 的电阻率小，因此由电池体电阻引起的功率损耗较小；

⑥ p-n 结自建电场较高，因此光照下太阳电池的开路电压较高。

正是如此，GaAs 的单结和多结太阳电池具有光谱响应特性好、空间应用寿命长、可靠性高的优势，尽管成本高，但在空间电源方面有较大的应用。

4.3 CdTe 太阳能电池材料及其制备

早在 1972 年，Bonnet 和 Rabenhorst 就制备出了 CdS/CdTe 薄膜太阳电池，转换效率达到 6%。经过不断努力，2002 年美国国家可再生能源局使其效率达到了 16.5%。在这 30 年的时间里，人们对 CdTe 薄膜太阳电池器件物理和制备技术的认识不断加深。目前，CdTe 基太阳能电池两个主要的生产商是德国 Antec Solar 公司和美国 First Solar 公司。相对于体材料的太阳能电池而言，薄膜太阳能电池的优势在于其材料利用率高、能大规模生产以及组件能够集成化。在太阳电池的家族中，薄膜太阳能电池研究最多且最成熟的是以下三种电池：① CdTe 基太阳电池；② Cu（In,Ga）Se_2 作为吸收层的太阳电池；③ 基于 a-Si 以及 SiGe 合金和 SiC 合金的太阳电池。

4.3.1 CdTe 材料的基本性质

CdTe 是一种直接带隙的Ⅱ-Ⅴ族化合物半导体材料，其晶体结构分为立方闪锌矿和六方纤锌矿结构两种，如图 4-27 所示。其中，闪锌矿结构晶格常数 a=6.48Å，纤锌矿的晶格常数 a=4.57Å，c=7.47Å。

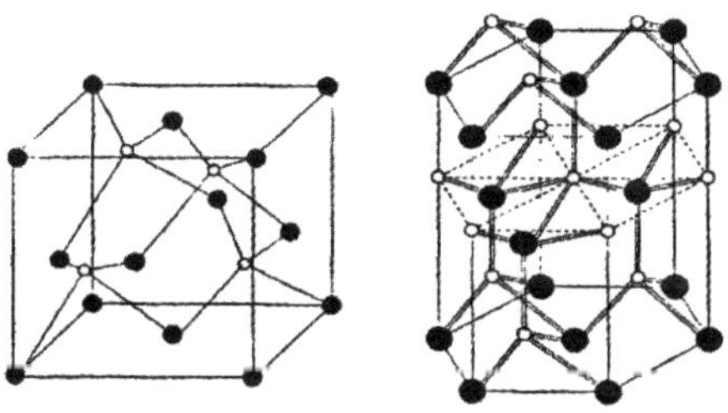

图 4-27 CdTe 晶体结构示意图

CdTe晶体呈棕黑色，不溶于水和酸，在硝酸中分解。CdTe晶体主要以共价键结合，也含有一定的离子键，所以具有很强的离子性，晶体的结合能大于5eV。CdTe晶体具有良好的化学稳定性和热稳定性。

300K时，CdTe材料的物理性质如表4-5所示。从表中可以看到，CdTe室温下的禁带宽度为1.45eV，与GaAs材料一样，非常接近光伏材料的理想禁带宽度范围，为1.2～1.5eV，其光谱响应与太阳光谱几乎相同。但是，随着温度的变化，禁带宽度会发生变化，其变化系数为（2.3～5.4）$\times 10^{-4 eV}$ / K 。

图 4-28 所示为 CdTe 晶体的相图。由图可知，在 500℃以上时，化学计量比为 1∶1 的 CdTe 可以稳定存在。另外，在真空条件下进行高温处理，CdTe 会分解为 Cd 原子和 Te_2 分子，其饱和蒸汽压的比例为 p_{Cd}∶p_{Te}=2∶1。

由于 CdTe 具有比 a-Si 更高的光吸收系数，对可见光的吸收系数大于10^5 / cm，几个微米厚的 CdTe 就可以吸收所有入射的太阳光，而少数载流子的扩散长度具有μm 量级，因此产生的光生载流子完全能够扩散到电极处而被收集。这一特点降低了对材料质量的要求，即使具有μm 量级晶粒的多晶 CdTe 薄膜也能产生很好的光电转换效果。对于 CdTe 材料，用 CdTe 多晶薄膜制备的太阳电池的效率高于用单晶制备的太阳能电池，这可能是因为 CdTe 的晶界处存在一个势垒，有助于光生载流子的收集。从 Cd-Te 的相图可以得知，

CdTe是唯一稳定的Cd、Te化合物，因此可以制备出精确化学计量比的CdTe。由于Cd-Te键的能量较高，因此其蒸汽压以及在水中的溶解度很小，从环保角度来说，这也是CdTe的一个优势。

表4-5　CdTe材料的物理性质（300K）

密度/（g/cm^3）	5.86	禁带宽度/eV	1.45
晶格常数/Å	6.481	电子迁移率/[$cm^2/(V\cdot s)$]	500～1000
热膨胀系数/$10^{-6}K^{-1}$	4.9	空穴迁移率/[$cm^2/(V\cdot s)$]	70～120
热导率/[$W/(cm\cdot K)$]	0.075	折射率（1.4μm）	2.7
熔点/℃	1092	光学介质常数	10.26

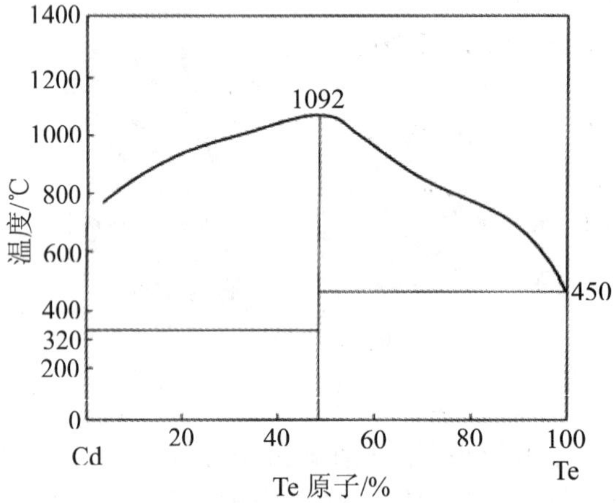

图4-28　CdTe晶体的相图

一般来说，在CdTe中取代Cd的Ⅲ族元素原子和取代Te的Ⅶ族元素原子起浅施主作用，而取代Cd的Ⅰ族元素原子和取代Te的Ⅴ族元素原子起浅受主作用。浅受主原子的离化能量随着原子序数的增加而增加，例如Li、N、As和Au的离化能量分别为58meV、56meV、92meV和263eV。

CdTe可以通过掺入不同杂质来获得n型或p型半导体。当用In取代Cd的位置，便形成施主能级为（$E_c-0.6$）eV的n型半导体。如果用Cu、Ag取代Cd的位置，便形成受主能级为（$E_v+0.33$）eV的p型半导体。实际上，对于CdTe单晶体，$10^{17}cm^{-3}$的掺杂浓度是可以得到的。但是，更高浓度的掺杂以及精确控制掺杂浓度是非常困难的，特别是p型半导体。这是因为：① CdTe具有自补偿效应，Cd和Te的蒸汽压不同，导致难以控制化学计量比；② 杂质在CdTe中的溶解度极低，对于CdTe多晶薄膜，由于晶界的分凝系数和增强补偿效应使掺杂更加复杂和困难。另外，除掺杂杂质外，O杂质和Cu等金属杂质也是CdTe中的重要杂质，会对薄膜材料的性能产生影响。

CdTe 中的杂质原子以及实际掺杂状态都比较复杂。CdTe 中的缺陷能够对掺入的杂质起自补偿作用，缺陷之间能够形成络合物，而这些络合物本身又可能起着掺杂中心的作用。

例如，Cl 原子取代 Te 以后起浅施主的作用，失去一个电子以后带正电（Cl_{Te}^{+}），它可以与带两个负电荷的 Cd 空位（V_{Cd}^{2-}）形成带负电的络合物 $(Cl_{Te}^{+}-V_{Cd}^{2-})^{-}$ 而起受主作用。Cu 在 CdTe 中掺杂量较小时，它将取代 Cd 原子，成为 Cu_{Cd}，起浅受主作用；当掺杂量较大时，部分 Cu 原子将成占据间隙位置，成为 Cu_i，起施主作用，进而补偿部分的 Cu_{Cd} 受主。浅施主与浅受主之间发生补偿时将释放近似等于禁带宽度的能力。相对于 $CuInSe_2$ 和 Cu（In,Ga）Se_2 来说，由于 CdTe 晶体的禁带宽度较大，这种自补偿趋势更加明显。

4.3.2　CdTe 材料的制备

CdTe薄膜材料可以用多种物理和化学方法来制备，如电化学沉积法、近空间升华法、真空蒸发法、物理气相沉积法、化学气相沉积法和喷涂热分解法等。每种制备方法都有各自的特点，且均可制备出转换效率大于10%的CdTe太阳电池。在实际的CdTe薄膜太阳能电池生产和实验室研究中，最常用的方法是近空间升华法和电化学沉积法。

1. 近空间升华法（CSS）

从图4-28所示的相图上可以看出，高温下很容易制作出化学计量比为1∶1的CdTe薄膜，最直接的方法是升华。即在真空中，将CdTe粉末加热至700℃，使其蒸发分解，活性的Cd、Te在温度较低的衬底上凝结，得到CdTe薄膜。

近空间升华法（CSS）是在简单升华法基础上发展起来的，是制备高效率CdTe薄膜太阳能电池吸光层CdTe薄膜最常用的方法。它具有沉积速率高、设备简单、薄膜结晶质量好、蒸发材料少、生产成本低、电池的光电转换效率高等优点，同时，这种方法也常用于CdS薄膜制备。1982年，Y. S. Tyan等首次采用该方法制备了CdTe薄膜并得到光电转换效率为10%的太阳能电池。近空间升华法设备简单、薄膜生长速度快、成膜均匀致密，被广泛认为是最有工业化竞争力的CdTe薄膜制备方法。

（1）近空间升华原理

CdTe的熔点为1098℃，升华温度在500℃左右。CdTe在加热过程中，当温度达到460℃左右就开始升华，其过程是可逆的。反应方程式为

$$2CdTe(s)=2Cd(g)+Te_2(g) \tag{4-5}$$

T温度下，该反应的平衡常数为

$$K_{CdTe}(T)\rightarrow(P_{CdTe})(P_{Te_2})^{\frac{1}{2}} \tag{4-6}$$

式中，P_{Cd}、P_{Te_2} 表示 Cd 和 Te_2 在温度 T 下的平衡分压；P_{Cd}、P_{Te_2} 随温度的增加而指数增加。

惰性气体环境下，CdTe 固体在温度 T 升华产生的气压仅与温度相关，

$$\log P_{sat}=11.829-\frac{10\ 000}{T} \tag{4-7}$$

式中，P_{sat} 的单位为 Pa；T 为绝对温度。

图4-29所示为近空间升华法制备CdTe薄膜的原理图。CdTe粉末在石墨加热下高温分解为Cd原子和Te_2。升华出来的Cd和Te_2在氩气和氧气分子的碰撞下，经过气体输运到较低温

度的衬底上，发生冷凝沉积。Cd原子和Te_2由高密度的源向低密度的衬底沉积方向移动，按照原子比Cd：Te为1：1均匀地的沉积在FTO/CdS表面。沉积过程中通常使用Ar、He等惰性气体，它们不与CdTe、Cd和Te_2反应。

近空间升华法制备CdTe薄膜是一个相变过程，即由气相到吸附相，然后到固相的过程。整个过程分为三个物理过程：

① 升温过程：对CdTe源从室温开始持续被加热到升华温度；

② 升华过程：CdTe在一定温度下分解为气态的Cd和Te_2；

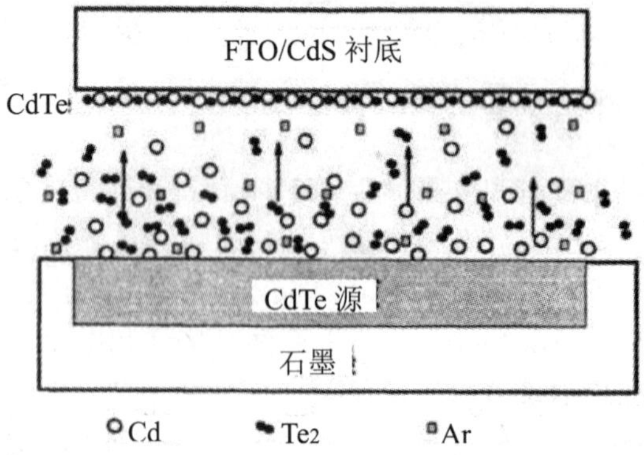

图 4-29 近空间升华法制备 CdTe 薄膜的原理图

③ 沉积过程：气相的Cd和Te_2被输运到温度较低的衬底表面区域，使其成为过饱和状态，经过冷凝成核，在衬底表面沉积成固态的CdTe薄膜。

一定温度下，Cd、Te_2的气压比 CdTe 的高很多，因此，衬底上不会沉积 Cd、Te 单质相。升华和沉积过程可逆，而且决定着薄膜的厚度。

近空间升华系统的热力学理论分析表明，就衬底-源的热力学过程而言，与传导、辐射比较，对流影响可以不考虑，源、衬底间的气体可以近似为静止的。通常使用 He、Ar 等惰性气体，它们不与 CdTe、Cd、Te 反应。源与衬底的温差为 70℃，源上 CdTe 分解后的气压约是衬底上的 10 倍左右。薄膜沉积过程可简化为：CdTe 源块升华分解→Cd、Te_2扩散至衬底表面→Cd、Te_2在衬底表面化合凝聚。

Cd、Te_2从源到衬底的扩散过程满足胡克第一定理：

$$J_{Cd}=\frac{D_{Cd,j}}{RTD(P_{Cd源}-P_{Cd衬底})}\equiv J \quad (4\text{-}8)$$

$$J_{Te_2}=\frac{D_{Te_2\cdot j}}{RTD(P_{Te_2源}-P_{Te_2衬底})}\equiv\frac{1}{2}J \quad (4\text{-}9)$$

式中，J表示 Cd、Te_2的扩散物质流；d为源和衬底间距；T为平均温度；P为 Cd、Te_2的气压；R为常数；D为与环境气体和 Cd、Te_2的化学剂量、气压相关的量。由于Te_2的分子量和半径比 Cd 的大得多，计算表明，在 He、Ar 等惰性气体环境中，在源表面P_{Cd}约为 1.1P_{Te_2}。在衬底表面有类似关系。因此，沉积出的薄膜略为富 Te，不需额外掺杂，薄膜即呈 p 型。这简化了 CdTe 太阳电池的制备工艺。

通常，沉积速率 V 与反应室气压 P 的关系为

$$\log V \alpha \gamma \log\left(\frac{1}{\mathrm{p}}\right) \tag{4-10}$$

式中，V 是常数。此式仅在反应室气压足够高时成立。气压变低，以至于 Cd、Te_2 的分子自由程大于源-衬底间距时，近空间升华过程实际上变成了真空蒸发沉积，源温度成为决定沉积速率的主要工艺参量。源表面温度 T_{SOU} 决定了 CdTe 的升华速率 N_{SOU}

$$N_{SOU} \propto (T_{SOU})^{\frac{1}{2}} \exp\left(-\frac{Q}{KT_{SOU}}\right) \tag{4-11}$$

式中，Q 为 CdTe 的升华热。

（2）近空间升华装置及沉积过程

图4-30所示为近空间升华装置示意图。沉积过程在大口径的高纯石英管做成的密封反应室中进行。用卤钨灯作为加热源，用石墨作衬底，在下石墨片上置高纯度的CdTe薄片或粉料作源材料，在上石墨片上倒置衬底，以便CdTe升华后沉积。要使薄膜的生长接近理想的平衡状态，衬底和源材料的放置要尽量靠近，使得两者的温差尽量小，衬底和源材料之间的距离可以通过石英片进行调节。一般地，源材料与衬底之间的距离要小于衬底长度的1/10，两石墨块的间距控制在1～30mm左右。

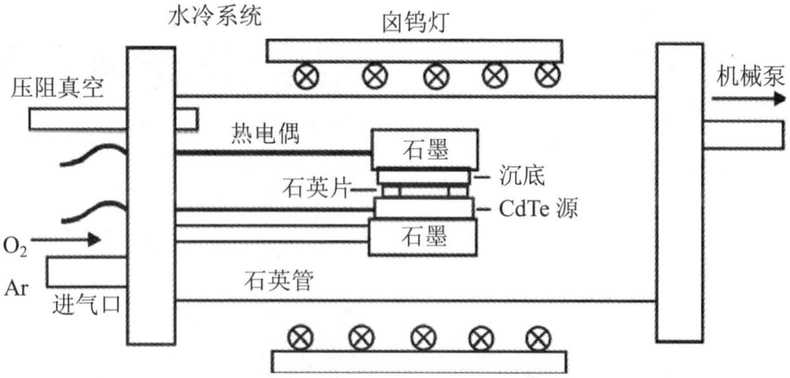

图 4-30　近空间升华装置示意图

先将反应室抽成真空，然后在反应室中充入氮气或氩气作为保护气体。实际应用中，常常掺入10%左右的氧气，并保持真空度为 7.5×10^2 ～ 7.5×10^3 Pa，使升华后的活性原子Cd 和 Te_2 不是直接蒸发到衬底上，而是与惰性气体分子碰撞多次后才到达衬底表面，以获得厚度均匀的致密薄膜晶体。

石墨受光辐射升温后传热给CdTe源和FTO/CdS衬底，而CdTe源和FTO/CdS衬底分别通过独立的热电偶实现独立的温度测量和加热功率控制。为了防止实验时管外温度过高和便于及时降温，需要引入水冷系统。石英管中的真空度采用压阻真空计来测量。

采用氩气和氧气作为沉积气氛。沉积CdTe薄膜工艺由很多参数控制，如源温度、衬底温度、氩气分压、氧分压等。一般采用的CdTe源为纯度为5N的CdTe粉末。通常，衬底温度为550～650℃，CdTe源材料温度要比衬底高80～100℃，以便于源材料升华。沉积气压为2～5KPa左右。这两种气氛在沉积中起到的作用各不相同。Ar原子的作用是在升华过程

中碰撞Cd原子和Te_2，从而使得薄膜沉积均匀，而掺入一定的O_2到保护气中的作用是增加CdTe的受主浓度，防止深埋同质结的形成，减少CdTe薄膜的孔洞以及提高载流子浓度。但是，如果控制不好，掺入的O_2会使CdTe源材料氧化不均匀，在CdTe薄膜表面生成厚度为$5\times10^2\sim5\times10^4$nm的薄氧化层，降低源材料的升华效果，导致电池效率降低，而且影响工艺的可重复性，不利于电池的大规模化生产。沉积气氛是近空间升华技术中的重要制备条件之一。

（3）CdTe 薄膜结构

利用 CSS 技术制备 CdTe 薄膜时，其薄膜的沉积速率主要由源材料温度和反应室气压决定，一般沉积速率为 1.6～160nm/s，最高可达 750nm/s，而薄膜的微结构则由衬底温度、源材料与衬底的温度梯度和衬底的晶化状况决定。一般情况下，CSS 技术只能制备多晶 CdTe 薄膜，晶向大多偏向[111]方向；晶粒为柱状的多晶体，其大小在数百纳米到数微米之间；而且，随着衬底温度的升高和薄膜厚度的增加，柱状晶粒的尺寸也在增大，直径可到达 15μm 以上。薄膜沉积的厚度由沉积时间和沉积速率来控制。一般用于电池的 CdTe 薄膜的厚度为 5～10μm。

图4-31是在CdS薄膜上利用近空间升华装置制备的CdTe薄膜的扫描电镜表面图和断面图。从图4-31（a）中可以看出CdTe薄膜表面的结晶性好、晶界明显，晶粒尺寸为1～2μm。这是制备薄膜电池最理想的晶粒尺寸。从图4-31（b）中可以看出，薄膜结构致密，没有孔洞，制备的CdTe与下层CdS界面清晰，这是制备高质量p-n结的必备条件。

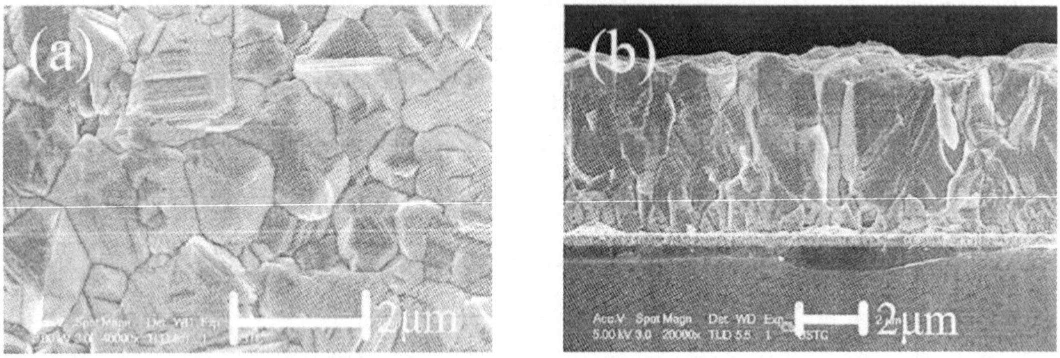

（a）表面　　（b）断面

图 4-31　近空间升华法 CdTe 薄膜 SEM 照片

CdTe 多晶薄膜的择优取向与生长初期的成核状况相关，而影响成核状况的因素主要有衬底材料、环境气氛、衬底温度等。CdTe 多晶薄膜择优取向的强弱可以用织构系数C_i定量表征：

$$C_{\mathrm{i}}=\frac{I_i/I_{0i}}{(1/N)\sum_{i=1}^{N}I_i/I_{0i}} \tag{4-12}$$

式中，I_i为实验测定的i晶向衍射峰积分强度；I_{0i}为无规取向粉末样品 i 晶向积分强度（以 JCPDS 粉末衍射标准卡片标识为准）；N为 10°～90°的2θ测量范围内材料的衍射峰个数，对于 CdTe 材料，N为 9；C_i为 1 表示不择优，C_i大于 1 表示该晶向择优。计算同一样品

的所有 C_i 的标准差，可以对样品的择优取向程度进行整体比较。

研究结果表明：① 玻璃衬底上，低衬底温度生长的 CdTe 薄膜择优取向程度比高衬底温度下生长的高；② 衬底温度为 400℃、氧浓度为 3%～12%时，择优取向度随氧浓度增加而降低，12%时最低。氧浓度为 12%～15%时，择优取向度随氧浓度增加而升高；③ 550℃衬底温度、玻璃衬底和 CdS 上制备的 CdTe 薄膜，择优取向程度相近。

近空间升华技术的衬底温度比电沉积、真空蒸发、溅射的衬底温度高得多。低衬底温度下，待沉积物质更容易与衬底结合，获得较高成核密度。因此，与高衬底温度相比，低衬底温度下沉积的 CdTe 薄膜具有更高的择优取向度。

图 4-32 所示为 CdTe 薄膜晶粒大小与衬底温度的关系。显然，在 CdTe 薄膜生长过程中，随着衬底温度的升高，CdTe 薄膜晶粒的大小不断增加。当衬底温度高于 600℃时，CdS/CdTe 薄膜界面两侧的 S、Te 将相互扩散，形成 $CdTe_{1-x}S$ 三元化合物，导致 p-n 结偏离 CdS/CdTe 界面，从而增加了材料的少数载流子寿命，改善了 p-n 结的电学性能，最终提高了电池转换效率。但衬底温度过高会造成 CdS 薄膜材料的气化，导致 CdS 薄膜厚度降低，影响太阳电池的效率，而当衬底温度低于 600℃时，则可以用廉价的普通玻璃代替昂贵的硼硅玻璃，达到降低成本的目的。

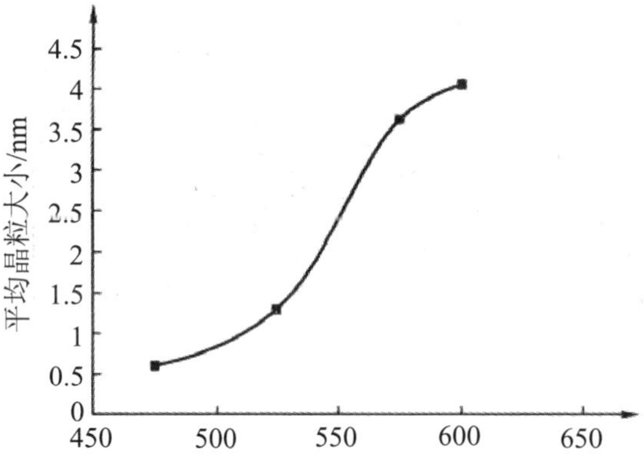

图 4-32 CSS 技术制备的 CdTe 薄膜晶粒大小与衬底温度的关系

（4）CdTe 薄膜的化学腐蚀

对CdTe薄膜表面进行化学腐蚀有多种功能：① 清除薄膜表面氧化物和污染物，提高表面的平整度；② 表面化学腐蚀后产生富Te层，能够显著降低载流子传输的势垒以及CdTe薄膜与金属背电极之间的接触电阻，使得CdTe与金属背电极形成欧姆接触，提高电池效率。由此可见，化学腐蚀产生背接触层是制备高效率CdTe薄膜太阳能电池的关键技术之一。

化学腐蚀方法难以重复的缺点、刻蚀溶液和CdTe薄膜表面微小的差异，都可能导致不同的腐蚀结果。所以，化学腐蚀容易在实验室规模内实现，而大规模工业化生产困难，需要不断探索。

对CdTe薄膜进行化学腐蚀的溶液有多种，常用的有：① 溴（bromine）的甲醇（methanol）溶液（简称BM腐蚀）；② 硝酸（HNO_3）和磷酸（H_3PO_4）混合溶液（简称NP腐蚀）；③ 重铬酸钾（K_2CrO_7）和硫酸（H_2SO_4）混合溶液（简称KD腐蚀）。虽然化学腐蚀的主要目的就是在CdTe薄膜表面产生富Te，使得CdTe薄膜与金属背电极形成欧姆接触，但是不同的腐蚀溶液各有优缺点。用溴-甲醇过度刻蚀CdTe薄膜，溴会穿过CdTe而在CdS/CdTe界面或者前电极处聚集。硝酸-磷酸不挥发，可以获得低电阻接触，同时保持晶界完整。CdTe表面在重铬酸钾-硫酸腐蚀后会形成TeO_2层，这会阻碍低电阻的背接触层形成。

1）溴-甲醇溶液化学腐蚀

该腐蚀工艺一直被广泛运用于CdTe薄膜太阳能电池制备。CdTe薄膜表面经过溴-甲醇腐蚀后的化学组成和性质一直是学术界研究的重点。目前，由于溴-甲醇化学腐蚀的机理还不是很明确，所以文献报道出来的结果存在很多争议。大量的研究表明，溴-甲醇化学腐蚀最重要的特点是导致CdTe薄膜表面Cd的缺失。这种化学腐蚀根据溴浓度的不同，甚至可以消耗表面以下200nm处的Cd原子。

在溴-甲醇化学腐蚀过程中，溶解在甲醇中的Br_2被吸附在CdTe薄膜表面。由于Br_2的氧化还原势$E_0(Br_2/Br^-)$非常高，Br_2会与带负电的Te^{2-}发生反应并产生Te^0单质，化学反应式如下：

$$Br_2 + Te^{2-} \rightarrow 2Br^- + Te^0 \tag{4-13}$$

由于腐蚀溶液中Br^-的存在，Cd^+将会与其形成$CdBr_2$而逐渐减少。

$$2Br^- + Cd^{2+} \rightarrow CdBr_2 \tag{4-14}$$

Br^-与Te^0单质形成$TeBr_4$的可能性很低，产生的Te^0单质仍然保留在薄膜表面上。随着腐蚀的进行，CdTe薄膜表面的Cd^{2+}点阵被腐蚀掉，而Te^{2-}点阵将以Te^0单质的形式保留在表面。这种由Te^0单质形成的表面结构是不稳定的，会发生原子结构重组。腐蚀生成的Te单质原子聚集到一起形成类似团簇的结构。由于团簇里的Te原子间的距离比CdTe薄膜中的Te原子间的距离近，团簇的形成会影响到CdTe表面新的原子排布，因而在CdTe晶体表面出现孔洞状的团簇结构。这种孔洞结构能够促进Br^-离子渗透到CdTe晶体结构内部从而导致腐蚀进行到更深的位置。

2）硝酸-磷酸化学腐蚀

硝酸和磷酸组成的化学腐蚀溶液在CdTe薄膜太阳能电池制备中也被广泛使用。腐蚀过程可以由硝酸和磷酸的浓度、体积比、刻蚀时间等参数来控制。

研究发现，硝酸-磷酸腐蚀CdTe薄膜的过程可以分为三个阶段：

① CdTe薄膜氧化层表面被刻蚀溶液分解；

② 刻蚀溶液氧化CdTe薄膜中的Te^{2+}使之成为Te单质，同时，Cd^{2+}从CdTe薄膜中被分解；

③ 表面上的Te单质导致在空气中CdTe薄膜表面电阻的变化。

在这一刻蚀过程中发生的主要化学反应式是

$$3CdTe + 8HNO_3 \rightarrow 3Te + 3Cd(NO_3)_2 + 2NO + 4H_2O \tag{4-15}$$

$$CdTe + 4HNO_3 + Te \rightarrow Cd(NO_3)_2 + 2NO_2 + 2H_2O \tag{4-16}$$

CdTe 薄膜放入刻蚀液后，刚开始无明显变化，15 秒后，可以观察到气泡产生，这是反应生成的 NO 或 NO_2 气体。随后，大量的气泡因为磷酸的粘滞性而富集在样品表面，表面迅速变白。气泡出现的区域，主要与样品的历史状态（CdTe 薄膜的沉积、$CdCl_2$退火掺杂）有关。因此，通过观察样品放入刻蚀液后的变化，可大致推断 CdTe 薄膜沉积和掺杂的均匀程度。硝酸-磷酸化学刻蚀为一种择优刻蚀，因此，在背表面刻蚀的过程中，须严格控制刻蚀的时间和浓度，保证晶界的完整性。

2. 电化学沉积法

电化学沉积法又称为电镀，是一种在大规模工业生产中常用的方法。这种方法设备简单、节省原材料，废液能够回收，还能长时间使用，在工业上已经得到广泛应用，尤其是电沉积金属。相对于电化学沉积金属，电化学沉积半导体则发展得不是很顺利。但是，由于电化学沉积法特有的优势，使其在制备CdTe薄膜中得到较为长足的运用。

电化学沉积法也是制备CdTe薄膜的常用技术之一。除了具有一般电化学沉积具有的设备简单、容易控制、有利于大规模工业化生产的特点外，电化学沉积CdTe薄膜方法还能制备出具有最佳配比的CdTe薄膜。

在水溶液中利用阴极电沉积法制备 CdTe 薄膜的技术，首先是由 M. P. H. Panicker 和 F. A. Kroger 等提出的。他们几乎同时采用简单的电化学沉积方法制备了均匀的、化学计量比可控的 CdTe 薄膜，其晶粒尺寸为 50～100nm。其基本实验条件为：在含有 TeO_2 的 $CdSO_4$ 水溶液中，一个电极采用石墨，另一个采用 Te 电极，在镍片表面或表面镀有半导体氧化物（氧化锑）的玻璃（如 ITO 玻璃）表面上沉积 CdTe 薄膜。利用电化学沉积法制备的 CdTe 薄膜太阳能电池的转换效率可以达到 10%～14%。

电化学沉积的电解液通常是含有 Cd 盐、TeO_2 的酸溶液，其中，TeO_2 溶液中的主要成分是 $HTeO^{2+}$。利用 Te 作为阳极，阴极电位可以设计为-0.2～0.65V（与标准甘汞电极相比），因此在阴极上发生如下化学反应：

$$HTeO^{2+}+3H^{+}+4e^{-}\rightarrow Te^{+}+H_2O \qquad (4\text{-}17)$$

$$Cd^{2+}+Te+2e^{-}\rightarrow CdTe \qquad (4\text{-}18)$$

（1）CdTe 薄膜的沉积

经典的电化学沉积 CdTe 薄膜制备法是温度可控制的三电极法。下面介绍利用这种方法在 FTO/CdS 衬底上制备 CdTe 薄膜的操作过程。

溶液体系采用氯化镉（$CdCl_2{\cdot}H_2O$）、硫酸镉（$3CdSO_4{\cdot}8H_2O$、硫酸（H_2SO_4）和 TeO_2 作为反应物。反应物配比中 Cl^- 和 SO_4^{2-} 的比例为 1∶33。采用电阻率为 18MΩ·cm 的去离子水作溶剂。

首先用去离子水按照 Cl^- 和 SO_4^{2-} 比例为1:33配制氯化镉和硫酸镉组成的溶液，然后将溶液进行电纯化。电纯化中的电极可以采用金属铂电极，电纯化电位控制在Cd沉积电位+10mV，这样，比Cd活泼的金属元素都会被沉积到铂电极上。一般电纯化时间为12个小时。完成纯化之后，滴加H_2SO_4调节溶液的pH值到1.6。最后，在电镀溶液里按照体积浓度添加TeO_2，其配置浓度为10^{-4}M，作为Te的来源。TeO_2溶解在溶液里并主要以 $HTeO_2^+$ 的形式存在，其浓度与沉积速率有着直接的关系，$HTeO_2^+$ 的浓度越大，沉积速率越快。沉积过程主要由质量输运过程控制，所以电化学沉积CdTe薄膜的速率主要由 $HTeO_2^+$ 的输运控制。

电化学沉积溶液配制完成后，接下来就是薄膜的沉积。图4-33是在FTO/CdS上沉积CdTe薄膜的装置示意图。在90℃的条件下使用恒温磁力搅拌器通过水浴加热反应。电沉积过程中采用Ag/AgCl电极作为参比电极，纯石墨作为对电极，也就是阳极，衬底CdS薄膜作为反应生长的阴极，其中通过纯石墨与FTO接触实现导电。沉积过程中的电势设置相对于Ag/AgCl电极为-600mV，阴极和阳极间的电流密度为0.35～0.4mA/cm^2。一般来讲，沉积薄膜的速率比较低。电化学沉积太阳能电池用CdTe薄膜的厚度一般为2μm左右，沉积时间要根据沉积面积来决定。

化学水浴沉积法具有明显的优势：可控性好、均匀性好、成本低等。用这种方法制备的CdS厚度一般为100～150nm。为了得到高质量的CdTe薄膜，在电镀过程中有两要点需要注意：① 保证衬底CdS薄膜在溶液温度为80℃左右的情况下加入到溶液中；② 在加入衬底前要先通电。

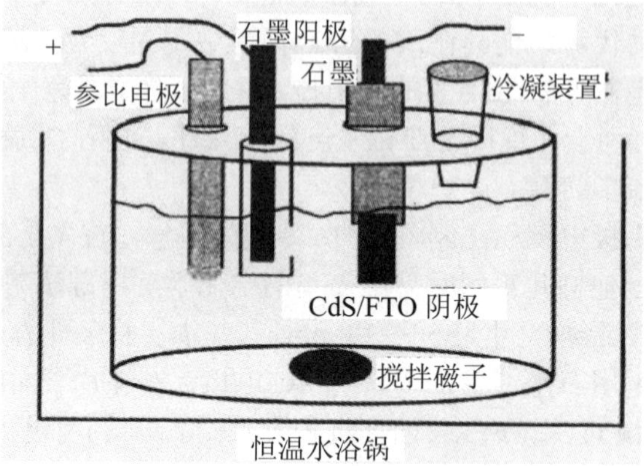

图 4-33　电化学沉积设备示意图

用电化学沉积方法制备 CdTe 薄膜，实际的电化学反应要比式（4-17）和式（4-18）复杂得多，且其机理仍然存在争议。

图 4-34 所示为 CdTe 的极化曲线。由图可知

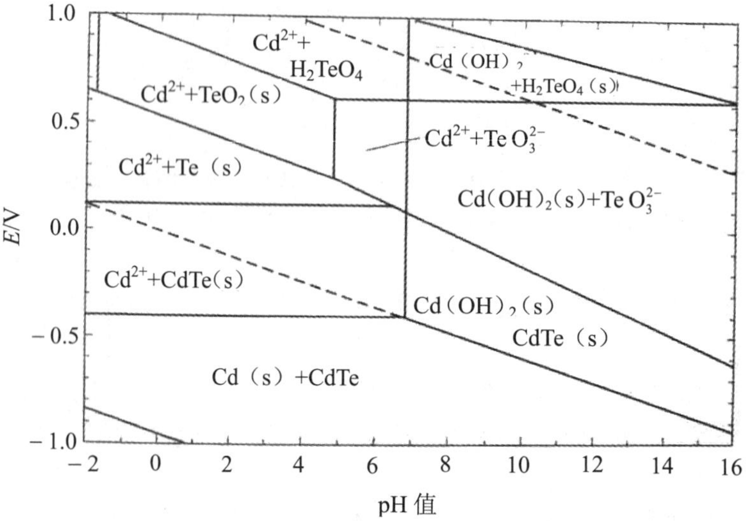

图 4-34　CdTe 的极化曲线

对
$$TeO_2 + 4H^+ + 4e^- \rightleftharpoons Te + 2H_2O \tag{4-19a}$$
或
$$HTeO_2 + 3H^+ + 4e^- \rightleftharpoons Te + 2H_2O \tag{4-19b}$$
$$E_{Te} = 0.56 + 0.015\lg[HTeO_2^+] - 0.045pH \tag{4-20}$$
对
$$Te + Cd^{2+} + 2e^- \rightleftharpoons CdTe \tag{4-21}$$
$$E_{CdTe} = 0.074 + 0.030\lg[Cd^{2+}] \tag{4-22}$$

对

$$Cd^{2+} + 2e^- \rightleftharpoons Cd \tag{4-23}$$

$$E_{CdTe} = -0.4025 + 0.059 lg[Cd^{2+}] \tag{4-24}$$

对

$$Te + 2H^+ + 2e^- \rightleftharpoons H_2Te \tag{4-25}$$

$$E_{H_2Te} = -0.74 - 0.0295 lg[H_2Te] - 0.059pH \tag{4-26}$$

对

$$CdTe + 2H^+ + 2e^- \rightleftharpoons H_2Te + Cd \tag{4-27}$$

$$E_{Cd} + H_2Te = -1.217 - 0.0295 lg[H_2Te] - 0.059pH \tag{4-28}$$

因此，除了可能存在式（4-17）和式（4-18）的机理外，在电化学过程中还可能存在其他机理。一种机理认为：第一步反应是涉及 4 个电子的 $HTeO^{2+}$ 转化成 Te 的反应，即式（4-19a）或式（4-19b），然后是式（4-20）的反应。另一种机理认为：式（4-19a）或式（4-19b）反应之后是式（4-21），然后才涉及式（4-29）的反应

$$HTeO_2^+ + 5H^+ + 6e^- \rightleftharpoons H_2Te + 2H_2O \tag{4-29}$$

最后是

$$H_2Te + Cd^{2+} \rightarrow CdTe + 2H^+ \tag{4-30}$$

上述机理涉及到表面反应式：

$$HTeO^{2+} + S + 3H^+ + 4e^- \rightleftharpoons Te_s + 2H_2O \tag{4-31}$$

式中，S 表示表面。

然后是

$$Te_S + Cd^{2+} + 2e^- \rightleftharpoons CdTe + S \tag{4-32}$$

如果式（4-32）不是足够的快，那么将进行下述反应，导致形成过剩的 Te：

$$Te_S \rightarrow Te + S \tag{4-33}$$

以上不同的机理似乎都可以在一定程度上解释一定的实验现象，但都很难解释所有的实验现象。

电化学沉积CdTe薄膜的溶液体系有多种，有$CdCl_2$体系、$CdSO_4$体系等。电化学沉积CdTe薄膜有直流阴极沉积、交流阴极沉积、脉冲沉积等方法。每种方法各有特点，而沉积得到的薄膜的晶粒尺寸、择优取向和薄膜的附着力等均不尽相同。

尽管不同体系的水溶液都可以用来作为电化学沉积液，但是最常用的是 $CdSO_4$ 溶液。利用 $CdSO_4$ 溶液作为电化学沉积液不仅可以制备出 n 型的 CdTe 薄膜，还能制备出 p 型的 CdTe 薄膜，其沉积温度和毒性都比较低。通常，$CdSO_4$ 溶液的 pH 为 1～3.5，$CdSO_4$ 与 TeO_2 的浓度为 50～1000。另外，由于 CdTe 薄膜是沉积在 CdS 薄膜上的，因此 CdS 薄膜的质量和化学计量比也会影响 CdTe 薄膜的性能。

（2）CdTe 薄膜的热处理及其影响

对CdTe薄膜进行热处理是制备高质量CdTe薄膜的重要环节。$CdCl_2$气氛热处理能够提高CdTe的结晶质量，增大CdTe的晶粒尺寸，减少体材和界面载流子的复合以及界面态密度，提高CdTe的迁移率，阻止Te元素的氧化，促进组分的均匀化。一般情况下，电化学沉积的CdTe薄膜的都是n型的半导体，而在CdTe薄膜太阳能电池中，要求CdTe薄膜是p型才能与n型的CdS窗口层构成p-n结。所以，对电化学沉积制备的CdTe薄膜要进行$CdCl_2$气氛热处理，使其从n型转变为p型半导体。这种热处理提高电池效率的主要原因是：① 促使CdTe和CdS

界面扩散，形成$CdS_{1-x}Te_x$从而减小界面之间的晶格失配和界面态密度，提高p-n结光电性能；② 促进CdTe晶粒生长和重结晶，减少晶体中的缺陷从而延长载流子寿命。由于CdTe的自补偿效应，使其很难得到高浓度的掺杂，而$CdCl_2$可以对CdTe晶体进行激活，减少晶粒内和晶粒间的载流子复合，得到较好的输运性质，使p型掺杂得以改善，延长少子寿命。CdTe薄膜的热处理通常用$CdCl_2$在空气、真空中直接热处理，也有在氮气等非氧化性气氛中热处理的报道。

$CdCl_2$热处理后，不但材料结构、组分会发生变化，而且原生CdTe表面和热处理后CdTe表面的电流输运机制也发生了变化。研究认为，在原生或空气中热处理，电流输运是由隧道或界面复合机制控制的，而在$CdCl_2$热处理后，电流输运机制变为由结复合机制控制。这表明，界面态的密度显著下降，界面复合速率下降。

另外，在$CdCl_2$热处理工艺中还需要注意两点：一是$CdCl_2$薄膜烘干后，膜面可能形成漩涡状分布，会使热处理中CdTe与$CdCl_2$反应不均匀；二是在热处理后，膜面会有$CdCl_2$残留物，这些残留物必需尽可能地被清洗掉。

有研究指出，电化学沉积法制备的CdTe薄膜经过350℃热处理后，薄膜结晶质量明显变好，晶粒尺寸增大到微米量级，但薄膜里面仍有些小的孔洞。400℃热处理以后，薄膜里的孔洞减少，结构致密；450℃热处理以后结晶质量基本不再变化。但值得注意的是，CdTe与底部CdS和FTO的接触在450℃时开始出现了缝隙，这对CdTe太阳能电池是不利的。

CdTe薄膜经过热处理以后，晶格会出现膨胀，存在拉应力。通过薄膜中残余应力的测试可以知道，薄膜从预制膜时的压应力，热处理以后逐渐变为拉应力。所有电化学沉积CdTe薄膜的室温禁带宽度在热处理后大约都是1.45eV，生成的CdTe都是立方晶体。

热处理对CdS/CdTe界面也有很大的影响。$CdCl_2$热处理可以促进薄膜结晶，并在CdS/CdTe界面促进S和Te相互扩散，生成CdS_xTe_{1-x}多晶薄膜。CdS_xTe_{1-x}能够有效降低非辐射复合率和增加自建电场，从而提高电池的开路电压。CdS_xTe_{1-x}作为缓冲层可降低晶格失配和界面态密度，有效地修饰异质结能带，同时使p-n结偏离CdS/CdTe界面，提高少数载流子的寿命，改善p-n结的电学性能，增加电池效率。CdS_xTe_{1-x}还可以扩展光谱响应从而提高电池的转换效率。

4.3.3 CdTe 太阳能电池

CdTe为Ⅱ-Ⅵ族化合物，为直接带隙材料，带隙为1.46eV，与太阳光谱非常匹配。CdTe对太阳光的吸收系数大、性能稳定，是发展较快的一种薄膜电池材料。基于CdTe材料的电池结构简单，容易实现规模化生产，成本相对低廉，因而受到重视。欧盟在面向2030年的光伏计划及美国能源部在未来2020年的远景规划中，都强调要重点发展CdTe薄膜太阳能电池。

由于CdTe存在自补偿效应，制备高电导率浅同质结很困难，实用的电池都是异质结结构。CdTe/CdS薄膜太阳能电池是以p型CdTe作为吸收层和n型CdS作为窗口层的异质结。第一个CdTe太阳能电池是由RCA实验室在CdTe单晶上镀上In的合金制得的，其光电转换效率为2.1%。CdTe/CdS电池需要解决的基本问题有：掺杂效率、突变结和缓变结、活性或非活性晶界以及低阻电极等。上世纪80年代早期，人们已经用各种制备方法制成了转化效率接近或超过10%的CdTe/CdS电池。例如，1982年，Kodak实验室采用化学沉积法在p型的CdTe

上沉积一层超薄的CdS而形成p-n结，制备出效率超过10%的异质结p-CdTe/n-CdS薄膜太阳能电池。2004年，CdTe薄膜太阳能电池在实验室中获得的最高光电转换效率已达到16.5%，商用组件的效率也达到了10%左右。近年来，CdTe薄膜太阳能电池成为国内外太阳能电池材料和器件研究的热点之一。

玻璃是最常用的衬底材料。不过，人们也在努力研究发展基于聚酰亚胺（polyimide-PI）和金属箔片的轻便型电池。基于玻璃衬底的CdTe电池效率一般为10%～16%，依赖于制备方法的多样性；而在金属和PI衬底上的CdTe轻便型电池，效率可以达到7.8%和11%。这种轻便型太阳能电池具有高的特定功率（specific power，单位是W/kg），因而具有很多潜在的用途。

CdTe薄膜太阳能电池具有以下几个优点：

① 理想的禁带宽度，CdTe的禁带宽度为1.45eV，其光谱响应和太阳光谱非常匹配；

② 高的光吸收率，CdTe的吸收系数在可见光范围高达10^4cm^{-1}以上，99%的光子可在1μm厚的吸收层内被吸收，从而降低了对载流子扩散长度的要求；

③ 转换效率高，CdTe薄膜太阳能电池的理论光电转换效率约为30%；

④ 电池性能稳定，CdTe电池的使用时间一般可达到20年以上；

⑤ 电池结构简单，制造成本低，容易实现规模化生产。

1. CdTe太阳能电池结构

与Cu（In,Ga）Se_2（简称CIGS）多晶薄膜太阳能电池结构类似，CdTe多晶薄膜电池结构大致分为两种：上层配置（superstrate configuration）和底层配置（substrate configuration），如图4-35所示。通常，上层配置的CdTe电池比底层配置的CdTe电池的转化效率高，因而适合作低成本电池模块以及能够将整个太阳光谱用于光伏转化的高效叠层太阳电池。

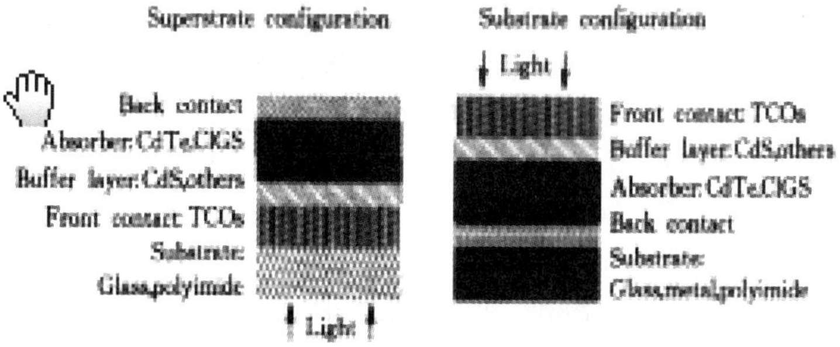

图4-35 CdTe电池的上层和底层配置截面示意图

在上层配置的电池中，CdTe/CdS层一般生长在透明导电氧化物（TCO）覆盖的玻璃衬底上。但生长温度低于550℃时，这些玻璃可选用廉价的钙钠玻璃，而当生长温度较高（550～600℃）时，可以选用无碱玻璃。

用于CdTe/CdS薄膜太阳能电池的TCO必须具备以下特性：① 在波长400～860nm范围内的可见光透过率超过85%；② 低的电阻率，大约在$2\times10^{-4}\Omega\cdot cm$数量级或者方块电阻小于10Ω/□；③ 在后续高温沉积其他薄膜层时具有良好的热稳定性。表4-6给出了用于太阳能电池TCO电极常用材料的电阻率和透过率。但CdTe和CdS制备温度较低时，ITO由于有高的光学透过率，适合作前电极材料；但CdTe和CdS制备温度较高时，SnO_2是最好的前电极材料，因为它本身的制备温度需要450～550℃。背电极材料可以各种各样，因为它们不需经历连续的高温薄膜层制备过程。

由于CdS的带隙为2.4eV，不是足够宽，在510nm以下有明显的光学吸收。为了使太阳光被CdTe层充分吸收，CdS层一般比较薄，约为0.1μm，而CdTe层厚一般为2～10μm。

表4-6 太阳能电池中常用TCO材料的电阻率和透过率

材料	电阻率（Ω·cm）	透过率（%）
SnO_2	8×10^{-4}	80
$In_2O_3:Sn(ITO)$	2×10^{-4}	>80
$In_2O_3:Ga(IGO)$	2×10^{-4}	85
$In_2O_3:F$	10^{-2}	85
$Cd_2SnO_4(CTO)$	2×10^{-4}	85
$Zn_2SnO_4(ZnTO)$	10^{-2}	90
$ZnO:In$	8×10^{-4}	85

在底层配置中，CdTe生长在金属箔片或者金属覆盖的玻璃衬底上。底层配置CdTe的主要优点是衬底不必是透明的，可以是用于制备轻便电池的各种箔片，如钼、不锈钢和聚酰亚胺等。该类电池中，最高效率是生长在Mo/Cu覆盖的玻璃衬底上的，达10.3%。

前电极需要高度透明、导电且电子亲合能小于4.5eV的TCO材料，并且与CdS形成良好的欧姆接触和能带对齐。一旦TCO材料的电子亲合能高于CdS，它们之间会形成起阻碍作用的Schottky接触。CdTe电池最常用的TCO材料是掺F的SnO_x（即SnO_x:F-IFO）和ITO。

缓冲层一般采用CdS，高效电池的异质结一般是n-CdS/p-CdTe。与CdTe类似，CdS采用在稳定的化学计量相态下生长，有着六方纤锌矿结构。在高压条件下，CdS也有立方结构和闪锌矿结构。

吸收层CdTe在Te原子摩尔分数占50%时形成a-CdTe相，有着立方闪锌矿结构。在高压条件或者薄膜中，也会有立方结构和六角结构的CdTe形成。CdTe高的液相温度是由Cd和Te之间强的离子键造成的。这些特征使得CdTe成为一种沉积速度高且适宜工业生产的稳健材料。高温过程制备的CdTe晶粒尺寸高达10μm，随后的$CdCl_2$处理虽然不能继续增大晶粒尺寸，但能减少结构缺陷、影响晶界，从而导致更高更有效的受主浓度。低温制备的CdTe晶粒尺寸为0.1～0.5μm，后退火或者$CdCl_2$处理能够使晶粒进一步生长。

背电极金属要与p-CdTe形成欧姆接触，其功函数需要大于5.7eV。但无法找到这样的金属材料（金属中最高是Pt，功函数为5.39eV），这必然会导致在背电极处形成Schottky势垒。背电极势垒高度超过0.5eV会导致电池的填充因子迅速下降。为了解决这一问题，人们对CdTe表面用化学刻蚀进行重p型掺杂或者使用具有高载流子浓度的缓冲层，随后的退火可使一些缓冲材料扩散进入CdTe，从而改变其带隙和界面态。这样，接触势垒降低，可形成准欧姆接触。通常，用做缓冲层/金属联合体的材料有Cu/Au、Cu/石墨，或者掺Hg和

Cu的石墨，或者掺Cu的ZnTe、Cu/Mo等。此外，还可采用无Cu的背电极，如Ni:P、ZnTe、Au/Ni和Sb_2Te_3/Ni等。

值得指出的是，一般的高效率CIGS和CdTe太阳能薄膜电池的TCO都采用由两层TCO组成的双层结构（bi-1ayer）。这种双层结构由一个高导电层和一个超薄的高阻层（或者称为缓冲层）组成。高导电层的作用是与外接电极形成良好的导电接触和提高电流收集的能力，而超薄高阻层可以尽可能地减少窗口层中孔洞引起的正向电流。引入大约50nm左右的超薄高阻层（如SnO_2，In_2O_3，ZnO或者Zn_2SnO_4），可以改进CdS的形貌，降低CdS窗口层的厚度到80nm，可以达到同时改善电池的短波响应特性的目的。

CdTe 薄膜太阳电池制备过程中的核心问题主要有：

① $CdCl_2$ 处理。该处理过程能够进一步提高 CdTe/CdS 异质结电池的转化效率，原因可能是：a. 热处理能够钝化缺陷、提高吸收层的载流子寿命；b. 能够在 CdTe 和 CdS 之间形成 $CdS_{1-x}Te_x$ 界面层，降低界面缺陷态的浓度，从而提高效率；c. 导致 CdTe 膜的再次晶化和晶粒的长大，减少晶界缺陷。无论 CdTe 电池是何种结构配置，$CdCl_2$ 热处理都具有提高电池效率作用，是不可缺少的步骤。

② 与 p-CdTe 层形成欧姆接触的高稳定性背电极的制备。前人已经尝试了各种金属材料，如 Cu、Hg、Pb 和 Au 等，但是与这些具有较高功函数的金属材料相关的物理问题还有待进一步研究。另外，由于 CdTe 有自补偿趋势，难以进行 p 型掺杂，这也会影响它与背电极之间的接触。

2. CdTe太阳电池中的欧姆接触

我们知道，金属和半导体的接触除了形成整流接触以外，还可以形成欧姆接触。太阳能电池的制备过程，常常需要欧姆接触，因为这种接触不会产生明显的附加阻抗，从而不会影响半导体内部的载流子平衡。这种接触不影响器件的“电流-电压”特性。要形成欧姆接触，对于n型半导体，需要$W_m<W_s$；对于p型半导体，需要$W_m>Ws$（Wm、Ws分别为金属功函数和半导体功函数）。在CdTe薄膜太阳能电池的实际制作中，作为吸光层的p型CdTe薄膜必须与金属背电极形成欧姆接触，需要功函数大于CdTe功函数的金属作为金属电极引出电流。

除了金属的功函数以外，还有表面态等因素影响欧姆接触的形成。在实际工艺中，常用的欧姆接触方式有：低势垒接触、高复合接触和高掺杂接触。

① 低势垒接触指选择适当的金属，使其功函数和相应的半导体的功函数相差很小，导致金属/半导体之间的势垒极低，在室温下就有大量的载流子在金属和半导体之间流动，从而抑制整流效应的产生。例如，对p型硅半导体而言，金、铂都是较好的可以形成低势垒欧姆接触的金属材料；而对于CdTe而言，由于其功函数很高，很难找到与其功函数接近的金属或者合金。所以，CdTe电池中一般不采用这种直接的低势垒接触产生欧姆接触。

② 高复合接触是指通过打磨或者铜、金、镍合金扩散等手段，在半导体表面引入大量的复合中心，复合掉可能的非平衡载流子，导致没有整流效应产生。

③ 高掺杂接触是在半导体表面掺入高浓度的施主或者受主电学杂质，导致金属/半导体接触的势垒区很薄，在室温下，电子通过隧穿效应产生隧道电流，从而不能阻挡电子的流动，接触电阻很小，最终形成欧姆接触。这种方法在实际半导体制造中经常被采用。

CdTe薄膜太阳电池中的CdTe半导体薄膜都是p型的。金属与p型CdTe接触时，只有金属的功函数大于CdTe的功函数，才能形成稳定的低电阻欧姆接触，从而提高电池的光电转换效率。在实际制备过程中，金属电极很难直接与CdTe形成欧姆接触，其原因有以下几点：

① 要与CdTe形成欧姆接触，金属的功函数须大于CdTe的功函数。由于CdTe的电子亲合势为4.28eV，费米能级到导带的距离大约为1.38～1.48eV，因此功函数一般在5.8eV以上。表4-7列出了常用金属的功函数，从中可以看出，很难找到一种金属背电极材料的功函数能与CdTe相匹配，因此没有合适的金属材料能直接与CdTe形成欧姆接触。

表4-7 常用金属功函数

电极材料	Al	C	Cu	Ag	Mo	Au	Ni	Pt
功函数（eV）	4.4	4.6	4.65	4.7	4.2	5	5.15	5.6

② CdTe表面费米能级的钉扎效应使其偏离Mott-Schotty理论。

③ CdTe存在自补偿效应，不易实现重掺杂。常规技术难以实现CdTe的重掺杂，载流子浓度一般最高至$10^{15}cm^{-3}$量级，达不到器件级别欧姆接触需要的$10^{15}cm^{-3}$量级，不能通过直接量子隧道效应实现欧姆接触。

为了解决CdTe薄膜与金属背电极之间的欧姆接触问题，一般采用两种方法。第一种方法是在CdTe表面沉积一层高掺杂的p^+层来减少背接触势垒的影响。靠近背接触的CdTe掺杂水平越高，势垒区就越薄，这就使得原来主要为热电子发射输运的方式（载流子热激发跃过势垒），转变为隧道或热辅助隧道输运方式。第二种方法是在p-CdTe和金属背电极之间沉积一层可以实现重掺杂的背接触层，从而由该背接触层与金属之间的量子隧道输运机制来实现低电阻接触。这要求背接触层材料的价带顶位置相对于真空能级比CdTe的低或者基本在同一位置，使界面区没有阻碍空穴向背电极输运的价带尖峰。ZnTe与CdTe的价带偏移小于0.leV，结构相同，均为立方相，格子失配较小（约为6%），已成功使用多种简易工艺实现重掺杂，获得$10^{18}cm^{-3}$以上的受主浓度，是适宜的背接触层材料。除ZnTe之外，还可以采用的背接触层材料有：ZnTe:Cu、Sb_2Te_3、HgTe、PbTe和Te。

3. 界面和缺陷

（1）CdS/TCO界面

一般认为，CdS/TCO界面不是限制电池效率的因素（在一定程度下），因而很少研究此界面。但是，在此界面处是否发生互扩散现象，任然值得深入研究。如果在界面上发生了一定程度的互扩散，这有利于减少界面的反射效果，对提高电池效率有促进作用。

（2）CdTe/CdS界面

由于禁带宽度的变化，CdTe/CdS界面上的互扩散会显著影响材料的光学性质。最大的变化是当在CdTe中加入30%的CdS时，CdTe的禁带宽度将减少0.1eV。由此不难理解，如果CdTe扩散到CdS中，将影响CdS在短波段的透过率；而如果CdS扩散到CdTe中，则将使CdTe的光谱响应延长到更长的波长范围。所以，阻止CdTe扩散到CdS是必要的。将沉积后的CdS进行后处理，可以减少由晶界引起的快扩散，进而降低界面态的密度。尽管由于CdTe/CdS分别存在Te和S浓度梯度并可能导致互扩散的产生，形成$CdS_{1-x}Te_x/CdTe_{1-y}S_y$，但是，由于这两种化合物的互溶性太小，所以$x$和$y$值实际很小，如在415℃下，$x$=0.03和$y$=0.06。霍尔测试和电阻率测试发现，富CdS的三元化合物电阻率为0Ω·cm，而富CdTe的三元化合物电阻率为1000MΩ·cm。X射线衍射表明：当x低于0.48时，晶体呈闪锌矿结构；而当x的值大于该值时，晶体呈方铁矿结构。退火处理可以增加富S薄膜的电阻率。

控制扩散是制备高效率薄膜电池的关键。有两种方法可用来延缓氯化处理过程中出现的CdS扩散到CdTe吸收层：一种方法是使用合金$CdTe_{1-x}S_x$，其中，x接近CdS-CdTe合金的热动力极限值，以此来减少CdS扩散的驱动力；第二种方法是在氯化处理前，先采用在高于550℃的温度下退火处理，以减少吸收层和窗口层附近的扩散途径。

（3）CdTe/CdS太阳电池中的缺陷

CdS薄膜中普遍存在有针孔，这些针孔可能会为CdTe与SnO_2提供短路。同时，在CdS薄膜中有着高密度的层错，这些层错将对CdTe/CdS界面产生副作用。由于CdS是六方结构，而CdTe是立方结构，两者之间的界面存在约9%的晶格失配度，导致在界面上产生高密度的面缺陷和线缺陷。CdTe/CdS太阳能电池中的缺陷可以用深能级瞬态谱（DLTS）进行研究。研究发现，在大多数CdTe/CdS太阳电池中存在空穴缺陷；在低开路电压和低填充因子的样品中存在电子陷阱，其能级位置位于导带以下0.14eV左右。这些电子陷阱被认为是限制电池转换效率的因素，但其来源和作用至今仍然不是太清楚。用DLTS研究还发现，CdTe薄膜存在至少一种少数载流子界面态和一两种多数载流子陷阱能级，经$CdCl_2$处理后，表面的缺陷态不同于界面上的缺陷态。

4. 存在的问题

（1）环境问题

尽管Cd的化合物在常温下是相对稳定的，但由于重金属元素Cd的毒性，在制备和使用CdTe/CdS太阳能电池的过程中，最大的潜在问题还是环境问题。由于具有低成本、易控制等优点，在制备CdS薄膜时，多采用化学水浴法，溶液中存在大量的Cd，不能直接排放，而且易污染工作环境。在用CSS等方法制备CdTe薄膜时，并非所有的Cd^{2+}二价离子都会沉积成薄膜，同样会污染环境。其次，在电池工作期间，如遇上突发事件（如火灾等），会直接导致Cd直接排放到周围环境中。

（2）制备工艺中的问题

目前，国外CdTe/CdS太阳能电池的制备工艺日趋成熟，至少有两家年产量达到10MW的厂家已经建成，但在制备工艺中仍然存在不少问题。首先是背电极的制备，即如何选择合适的材料或结构制备稳定的、低串联电阻的背电极。其次是CdTe/CdS界面作用机理问题。理解和解决好界面作用对高效率CdTe/CdS太阳能电池的作用，是进一步提高效率的关键。最后是CdS作为窗口材料的问题。由于材料的禁带宽度为2.4eV左右，导致高能光子在表面被吸收而产生的电子和空穴对在表面复合，从而降低电池的短路电流。尽管可采用不同的途径来解决这个问题，但是转换效率还是相对较低。

（3）生产成本

由于具有较高的沉积速度以及制成后的电池具有最高的转换效率，CSS方法是制备CdTe薄膜的首选。但是，由于选用的原材料是很纯的CdTe，这无疑会增加生产成本。其次，一个潜在的成本问题是Cd和Te的资源十分有限，同时是贵重的战略军事材料。这势必会影响今后大规模工业应用。因而，无论从生产成本还是从转换效率上，都应该发展更薄的CdTe电池。实验室成果走向产业化，必须经过组件以及生产模式的设计、研究和优化过程。近年来，不但有许多国家的研究小组已经能够在低衬底温度下制造出转换效率为2%以上的

CdTe太阳电池，而且在大面积组件方面也取得了可喜的进展，许多大学、研究院所和公司正在进行CdTe薄膜太阳电池的中试和生产厂的建设，有的已经投产。

4.4 CIS 及 CIGS 系太阳能电池材料及其制备

4.4.1 概述

$CuInSe_2$（简称CIS）是一种三元化合物半导体材料。德国科学家Hahn首次合成了这种材料。1975年，Shay和Wagner首次在一块p型$CuInSe_2$单晶表面，采用真空蒸发法蒸镀5～10μm的CdS层，制造出了光电转换效率超过12%的太阳能电池。随后，波音公司以及美国国家可再生能源实验室（NREL）等研究机构也争相投入研究。目前，CIS太阳能电池实验室的最高转换效率可达19.9%，电池组件的转换效率也可达10%～14%。

在$CuInSe_2$基础上发展起来了多种的同体系太阳能光电材料，包括$CuGaSe_2$、$CuIn_xGa_{1-x}Se_2$（简称CIGS）和$CuInS_2$材料。$CuGaSe_2$是利用Ga替代了$CuInS_{e2}$中的稀有元素In。$CuIn_xGa_{1-x}Se_2$则是$CuInSe_2$材料中约1%～30%的In被Ga原子替代而成的，而$CuInS_2$则是利用无毒的S原子替代了有毒的Se原子而形成的。这三种薄膜材料各有特点，得到了研究者的关注。

研究表明，往 CIS 薄膜太阳能电池里掺 Ga 会大大提高其性能，即得到以 CIGS 为吸收层的高效薄膜太阳能电池。这种电池的优势体现在：吸收系数高、晶粒尺寸大、工作寿命长、原材料消耗少、输出电流大。因此，在太阳能电池材料中，CIGS 薄膜是一种具有极大发展潜力的太阳能电池材料。CIGS 薄膜太阳能电池因其具有独特的优异性能而被称为最有希望的光伏器件，正成为各国、各大公司和研究机构的研究热点。

CIGS 是一种具有高光电转换效率且成本较低的化合物薄膜太阳能电池，其组成可表示成 Cu（$In_{1-x}Ga_x$）Se_2 的形式，具有黄铜矿相结构，是 $CuInSe_2$ 和 $CuGaSe_2$ 的混合半导体。

Cu（$In_{1-x}Ga_x$）Se_2 化合物半导体材料具有以下优点：

① CIS 和 CIGS 是直接带隙半导体材料，其能隙为 1.02～1.72eV，与太阳光可见光谱比较匹配；

② 光吸收率高达 10^5 数量级，是至今报道的可制备半导体材料中光吸收系数最高的。这样高的吸收系数，对于太阳能电池基区光子的吸收和少数载流子的收集，都是非常有利的，非常适合太阳能电池的薄膜化，电池厚度可做到 2～3μm，从而能够降低昂贵的材料消耗；

③ CIS 和 CIGS 薄膜由于材料本身的特性，可以在玻璃基板上形成缺陷较少、颗粒较大的高品质薄膜，能在不需要额外掺杂的情况下，制备出 p 型或 n 型的低电阻率半导体；

④ 抗辐射能力强，制造成本低，其成本是晶体硅太阳能电池的 1/2～1/3，能量偿还时间在一年之内，远远低于晶体硅太阳能电池，电池性能稳定；

⑤ 转换效率高，掺 Ga 的 CIS 太阳电池转换效率可以达到 17.7%（0.4cm^2），甚至 19.5%，而且，迄今为止，此类薄膜太阳能电池未发现有光致衰退效应，电池的使用寿命较长。

由此可见，CIS 和 CIGS 薄膜太阳能电池具有广泛的应用发展前景。国内外研究机构正在发展大面积、低成本的 CuIn（Ga）Se_2 太阳能电池，促进太阳能电池材料以及光伏产业的快速发展。

4.4.2 CIS（CIGS）材料的基本性质

1. 结构性质

CIS（$CuInSe_2$）是一种性能优良的太阳能材料，其晶体具有两种同素异形的结构：一种是黄铜矿，另一种是闪锌矿。前者为低温相，相变温度为 810℃，属于立方晶系，晶格常数为 0.5782nm；后者为高温相，其相变温度为 980℃，属于立方晶系，晶格常数为 0.58nm，密度为 $5.55g/cm^3$。闪锌矿结构在 570℃以上才稳定，而黄铜矿结构自室温到 810℃都是稳定的，因此，实际用于太阳能电池材料的 $CuInSe_2$ 都是黄铜矿结构。

黄铜矿结构是一个类似于闪锌矿结构的类金刚石结构，所不同的是，它以 Cu 和 In 原子交替地占据Ⅱ-Ⅵ族立方闪锌矿结构，如 ZnSe 中 Zn 的位置而得到的。图 4-36 所示为将闪锌矿结构的两个元胞与黄铜矿系元胞进行了对比。每个Ⅰ族的原子（Cu）或Ⅲ族的原子（In）同Ⅵ族原子（Se）有四个键。反过来，每个 Se 原子与 Cu 有两个键，同 In 有两个键。由于Ⅰ-Ⅵ的键强一般并不相同，晶格常数比 c/a 也不严格等于 2。如 2-（c/a）在 $CuInSe_2$ 中是−0.01，在 $CuGaSe_2$ 中是+0.04，其原因是 Cu–Se 键、In–Se 键以及 Ga–Se 键的强度差，导致了 2Cu-Se-2In 四面体结构偏离正四面体发生扭曲。于是，a/c 成为黄铜矿材料中四方晶格畸变的一个量度。

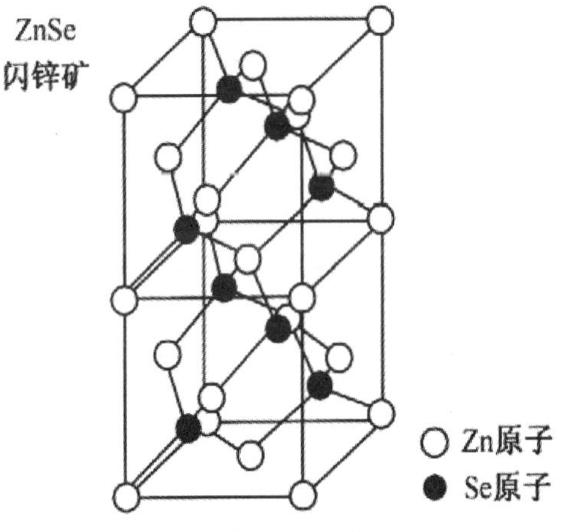

（a）ZnSe 闪锌矿结构

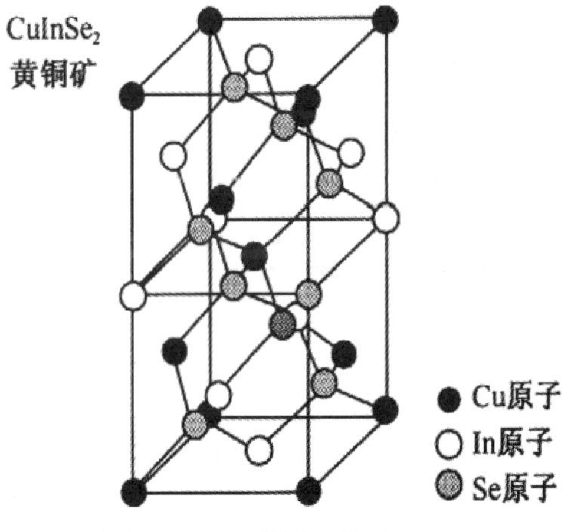

（b）$CuInSe_2$ 黄铜矿结构

图 4-36 黄铜矿化合物的元胞

$CuInSe_2$ 的电子亲和势为 4.58eV，禁带宽度为 1.02eV，随着温度的降低，其禁带宽度的温度系数为 $(-2\pm1)\times10^{-4}eV/K$。表 4-8 所示为 $CuInSe_2$ 化合物的物理性能参数。

2. 相图

在 Cu-In-Se 三元系统中，可能存在的相如图 4-37 所示。一般说来，Cu（InGa）Se_2 薄膜都是在富 Se 的环境中制备的，薄膜组分是位于 Cu_2Se 和 In_2Se_3 的连线上或接近这个连线的黄铜矿相以及 ODC（ordered defect compounds）相，即有序缺陷化合物相，这是一种存在有序本征缺陷的黄铜矿结构。

表4-8　$CuInSe_2$化合物的部分性质

Property		Value	Units	Reference
Lattice constant	*a*	5.78	Å	[28]
	c	11.62	Å	
Density		5.75	g/cm^3	[28]
Melting temperature		986	C	[29]
Thermal expansion	（*a* axis）	8.32×10^{-6}	1/K	[30]
coefficients at 273 K	（*c* axis）	7.89×10^{-6}	1/K	
Thermal conductivity at 273 K		0.086		[30]
Dielectric constant	Low frequency	13.6 ± 2.4		[31]
	High frequency	8.1 ± 1.4		
	Electrons	0.09		[30]
Effective mass [m_c]	Holes （heavy）	0.71		[30]
	Holes （light）	0.092		[30]
Energy gap		1.02	eV	[30]
Energy gap temperature coefficient		-2×10^{-4}	eV/K	[30]

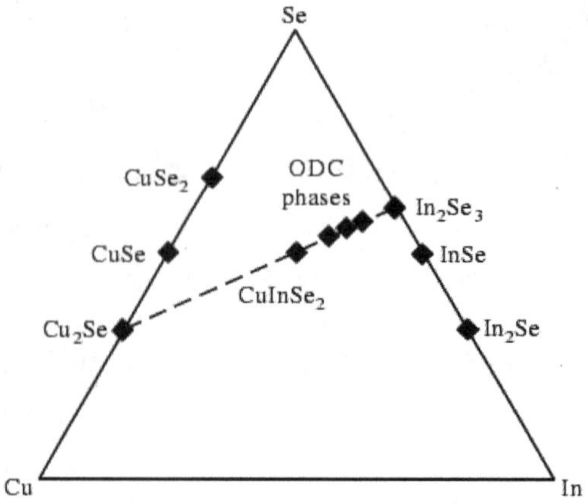

图 4-37　Cu-In-Se 三元相图

（薄膜成分常常位于 Cu_2Se-In_2Se_3 赝二元相图连线附近）

Haalboom 等对薄膜制备过程中温度和组分的关系进行了集中的研究。图 4-38 所示为 Haalboom 等给出的 $CuInSe_2$ 相图。从图中可以看到四个不同的相：α 相（黄铜矿相）、β 相（$CuIn_3Se_5$）、δ 相（闪锌矿相）和 Cu_2Se。有趣的是，所有 α 相的邻近相都有类似的结构。

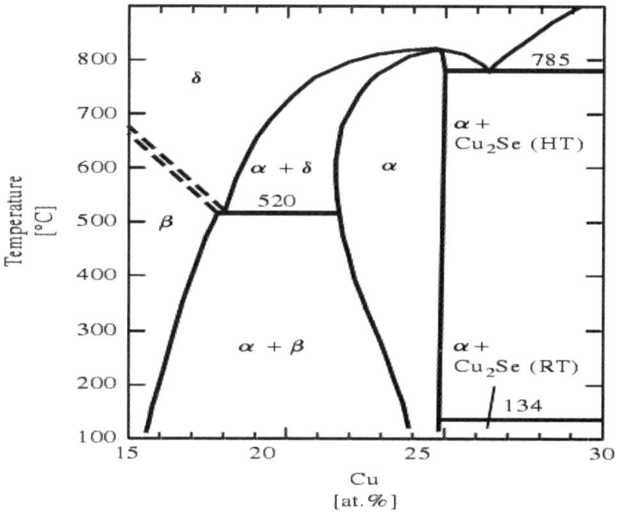

图 4-38　CuInSe2 沿限制线的赝二元相图

（注：限制线连接着两个二元化合物 Cu_2Se 和 In_2Se_3，它是通过差热分析和金相分析建立起来的。在 Cu 原子浓度为 25%时不存在单晶相）

α 相实际上是一个有缺陷的黄铜矿相，是由缺陷对（Cu 空位 V_{Cu} 和占 Cu 位的 In 原子 In_{Cu}）的有序阵列构建而成。类似地，Cu_2Se 可以认为是用占 In 的 Cu 原子 Cu_{In} 和 Cu 的间隙原子 Cu_i 黄铜矿相构建而得，由于阳离子（Cu，In）次格子的无序化产生相变成为高温闪锌矿相。

纯 $CuInSe_2$ 中，α 相的存在范围以赝二元限制线 Cu_2Se-In_2Se_3 为界，从 Cu 的含量由 24%扩展到 24.5%。这样，$CuInSe_2$ 单晶相存在的范围相当小，它甚至不包括符合化学配比的铜原子含量为 25%的相。作为薄膜太阳电池吸收层的 $CuInSe_2$ 典型铜含量在 22%～24%之间变化。在生长温度下，这个组分处在 α 相的单相范围中，但在室温下，它处在这个平衡相图的 $\alpha+\beta$ 的两相区域中。由此可预料，光伏级的 $CuInSe_2$ 在沉积后有相分离的倾向。幸运的是，可以转而用 Ga 部分地取代 In，及用 Na 作衬底，来显著加宽（In+Ga）/（In+Ga+Cu）比例下的单晶区域。这样，相图暗示了一个近年因使用含 Na 衬底及 Cu（In,Ga）Se_2 合金而取得的重要进展。

$CuInSe_2$ 可以任意比例与 $CuGaSe_2$ 形成合金 Cu（InGa）Se_2。在高质量的太阳电池中，Cu/（In+Ga）比例在 0.7～1 之间，这个结果可以从理论上计算得到。两个 Cu 空位 V_{Cu} 与一个 Cu 被 In 替代后的替位缺陷 In_{Cu}，可以形成复合缺陷 $2V_{Cu}+In_{Cu}$，其形成能很低，因此不具有电学活性。对于 Cu 少而 In 多的 $CuInSe_2$ 材料，这种复合缺陷能产生补偿效应。

3. 缺陷

在 $CuInSe_2$ 及其与 Ga 的合金 Cu（InGa）Se_2 中存在大量的本征缺陷，而且深能级复合中心会影响太阳能电池的性能。Cu-黄铜矿系化合物具有几个较为明显的特点：① 能以自身的缺陷对这类化合物掺杂；② 能容忍对化学配比有大的偏离；③ 结构缺陷是电中性的。显然，了解这些效应非常有助于解释这些化合物的光伏性能。$CuInSe_2$ 的掺杂受本征缺陷的控制。如果材料含 Cu 较少，而且在高 Se 蒸汽压下退火，将生长出 p 型半导体样品。但是，富 Cu 而缺 Se 的样品倾向于成为 n 型。这样，Se 的空位 V_{Se} 被认为是 n 型材料中的主要施主（也是 p 型材料中的补偿受主），Cu 的空位 V_{Cu} 则是缺 Cu 的 p 型材料中的主要受主。

通过计算 $CuInSe_2$ 中与金属相关的缺陷，发现某些缺陷的形成能相当低，以至于它们能受到这些组分化学势的强烈影响（即能受到材料组成的影响），同时还会受到电子化学势的影响。在缺 Cu 和符合化学配比的材料中，计算出的 V_{Cu} 形成能甚至是负值，这意味着，这类缺陷在平衡条件下大量形成。研究还发现，在富 Cu 的材料中替位式缺陷 Cu_{In} 的形成能也很低，但为正值（这种缺陷是浅受主，可能是它使富 Cu 的 $CuInSe_2$ 具有 p 型导电性）。缺陷形成能与电子费米能级的关系，可以解释 $CuInSe_2$ 难于实现掺杂和存在强烈自补偿效应的原因。表 4-9 所示为 $CuInSe_2$ 化合物 12 种本征缺陷的离化能和形成能。V_{Cu}、V_{In}、Cu_i、Cu_{In}、In_{Cu} 的能量（表中的黑体字）由第一原理计算得出，其中，形成能以斜体字表示；对其他的缺陷，这些能量由宏观凹腔模型（macroscopic cavity model）计算得出。

表4-9 $CuInSe_2$的12种本征缺陷的离化能和形成能

过滤类型	缺陷离化能和形成能 / eV											
	V_{cu}	V_{In}	V_{Se}	Cu_i	In_i	Se_i	In_{Cu}	Cu_{In}	Se_{Cu}	Cu_{Se}	Se_{In}	In_{Se}
(-/0)	0.03	0.17						0.29				
	0.03	0.04	0.04			0.07		0.05		0.13	0.08	
(-/2-)		0.41						0.58				
(2-/3-)		0.67										
(0/+)				0.2			0.25					
			0.11	0.08	0.07		0.04		0.06			0.09
(+/2+)							0.44					
ΔU/eV	0.60	3.04		2.88			3.34	1.54				
	2.9	2.8	2.6	4.4	9.1	22.4	1.4	1.5	7.5	7.5	5.5	5.0

计算结果还表明，复合缺陷（比如 $2V_{Cu}+In_{Cu}$ 和 $Cu_{In}+In_{Cu}$）的形成能，甚至比它们相应的孤立缺陷的形成能还要低。有趣的是，$2V_{Cu}+In_{Cu}$ 复合体没有出现禁带内跃迁的电子，与此相反，孤立的 In_{Cu} 却是深能级复合中心。由于复合体 $2Cu_i+Cu_{In}$ 极可能存在于富 In 的材料中，它能容纳大量过剩的 In 而同时保持这些材料的电学性能，因此，可以认为这类复合体的有序阵列构建了一系列缺 Cu 的 Cu-In-Se 化合物。

光伏级的 Cu（InGa）Se_2 多晶薄膜（即富 In 材料）一般是高补偿的，具有10^6cm^{-1}量级的受主浓度。浅受主能级 V_{Cu} 位于价带以上大约 30meV 处，通常认为它是这个材料的主要掺杂剂。作为补偿施主，Se 空位 V_{Se} 以及双施主 In_{Cu} 也值得重视。

4. 光学性质

$CuInSe_2$是典型的直接带隙半导体材料，其光吸收系数非常大，在光子能量大于 1.4 的区域约为 $4\times10^5 cm^{-1}$。$CuInSe_2$的光学能隙为 1.02±0.02eV。图 4-39 所示为 $CuInSe_2$的负折射率曲线。材料的负折射率还可以用做其他光学常数的计算。

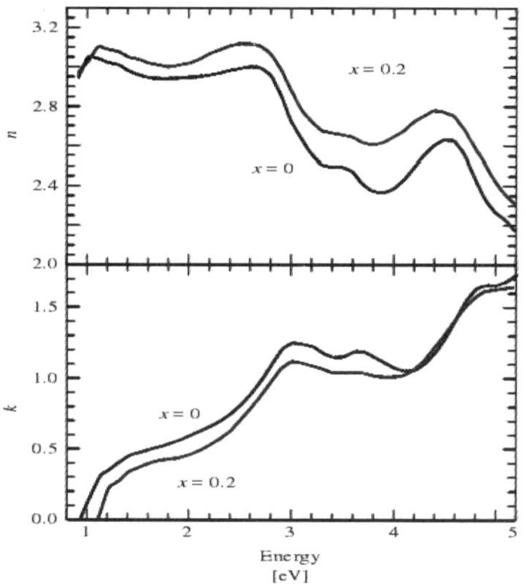

图 4-39 $CuInSe_2$以及 $CuIn_{1-x}Ga_xSe_2$（x=0.2）的负折射率

$CuInSe_2$的光学性质主要取决于材料各元素的组分比、各组分的均匀性、结晶程度、晶体结构以及晶界的影响。实验研究表明，材料元素组成与化学计量比偏离越小、结晶程度越好、元素组分均匀性越好，光学吸收特性就越好。具有单一黄铜矿结构的 $CuInSe_2$薄膜的吸收特性，比含有其他成分和结构的薄膜要好。黄铜矿型 $CuInSe_2$禁带宽度的改变由两个因素决定：一个是其晶体结构的变化，即存在偏离理想晶体结构的取代或填隙，导致晶格参数发生变化；另一个则是电子结构的变化。

当 $CulnSe_2$材料中掺 Ga 时，可以通过改变薄膜中元素含量 Ga/（In+Ga）比值调节带隙，可调范围为 1.0～1.7eV。$CuIn_{1-x}Ga_xSe_2$中带隙随着 x 值的变化而变化，其变化关系服从如下经验公式：

$$E_g = 1.010 + 0.626x - 0.167x(1-x) \qquad (4\text{-}34)$$

式中，0.167 就是所谓的弯曲系数（bowing coefficient）；E_g理论计算值为 0.21，而通过实验得出的值为 0.11～0.26。目前，高效率 CIGS 太阳能电池的 E_g值约为 1.2eV，当 E_g高于 1.3eV 后，由于 Ga 含量过高造成晶格缺陷增多，电池效率反而下降。

5. 电学性质

$CuInSe_2$的电学性质主要取决于薄膜中各元素的组分比以及由于偏离化学计量比而产生的固有缺陷（如空位、间隙原子、替位原子等），此外，还与非本征掺杂和晶界有关。富含 Cu 的 $CuInSe_2$的导电性总是呈现为 p 型，而富含 In 的 $CuInSe_2$既可以制成 p 型半导体，又可以制成 n 型半导体。$CuInSe_2$在高压 Se 气氛下退火可以将 n 型变为 p 型，反之，在低压下退火可将 p 型转变为 n 型。一般认为，退火过程影响了 $CuInSe_2$中 Se 空位 V_{Se}的浓度，而 V_{Se}在 p 型薄膜中具有补偿施主的作用。富含 Cu 的 $CuInSe_2$薄膜的电阻率较低，这可能是由于富 Cu 型 $CuInSe_2$ 薄膜的表面处形成了 Cu 的二元相，促进了较大晶粒的形成，从而提高了薄膜的电导率与空穴浓度。

如图 4-40 所示，Se/M 和 Cu/In 是影响电学性质的主要参量，M 指（Cu+In）。电阻率从富 Cu 到富 In 由 $10^{-3}\Omega\cdot cm$ 提高到 $100\Omega\cdot cm$。富 Cu 的 $CuInSe_2$ 薄膜虽然是 p 型的，但却不能用于制备太阳能电池。因为在富 Cu 的 $CuInSe_2$ 薄膜晶界中存在高电导率的半金属——铜硒二元化合物，很容易导致电池漏电。所以，用于制造 $CuInSe_2$ 太阳能电池的是 p 型贫 Cu 的 $CuInSe_2$ 薄膜，载流子浓度在 $10^{16}cm^{-3}$ 量级，少子扩散长度为 0.5～1.5μm，相应的少子寿命为 1～9ns。在 p 型 $CuInSe_2$ 薄膜中主要的受主是 Cu 空位（V_{cu}），主要的补偿施主是 Se 空位（V_{Se}）。$CuInSe_2$ 材料最重要的一个特征是存在电中性的复合缺陷（$2V_{cu}+In_{Cu}$），其形成能很低，不具有电学活性，可补偿成分偏离化学计量比所带来的影响，从而在 $CuInSe_2$ 薄膜的成分与化学计量比有比较大的偏离时，照样可以得到高的电池转化效率。

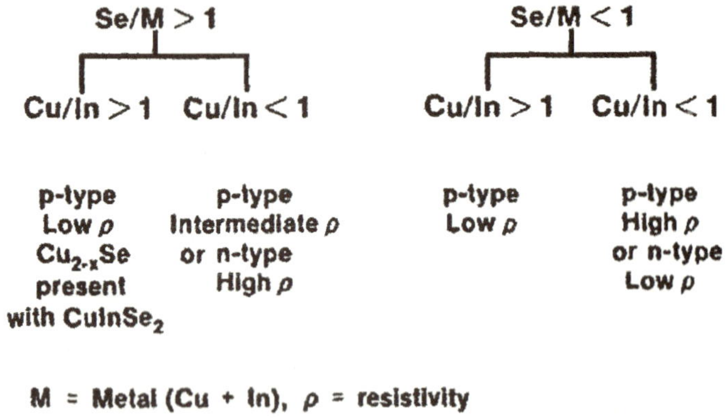

图 4-40 $CuInSe_2$ 电学性质和成分的关系

器件级 $CuIn_{1-x}Ga_xSe_2$ 半导体的载流子浓度大约为 $10^{16}cm^{-3}$。文献报道的 $CuIn_{1-x}Ga_xSe_2$ 载流子迁移率值有很大的差异，空穴迁移率的最大值是 $200cm^2/V\cdot s$，是对外延薄膜进行测量得到的值。对于单晶材料来说，空穴的迁移率和电子的迁移率分别为 15～$150cm^2/V\cdot s$ 和 90～$900cm^2/V\cdot s$。

4.4.3 CIS 及 CIGS 系太阳能电池

$CuInSe_2$ 薄膜被认为是最具发展前景的光电材料，用其制备的薄膜太阳能电池具有稳定、高效、低成本和环保等特点，而受到国内外科学研究者和产业界的重视。20 世纪 70 年代，人们就开始关注 $CuInSe_2$ 薄膜太阳能电池，最早的研究工作起源于 Bell 实验室。

1974 年，美国贝尔实验室的 S. Wagner 等首先在 p-$CuInSe_2$ 单晶上外延生长 n-CdS 薄膜，制成了 $CuInSe_2$/CdS 异质结薄膜太阳能电池，效率达到 12%。然后，L. L. Kazmerski 在 1976 年又报道了 $CuInSe_2$ 薄膜太阳能电池，显示了这种薄膜太阳能电池的巨大潜力。随后，波音公司利用多源共蒸发技术并用部分 Ga 替代 In，发展了可以很好控制的 $CuIn_xGa_{1-x}Se_2$ 薄膜材料及相应薄膜太阳能电池。20 世纪 80 年代中期，美国 ARCO Solar 公司开发出了通过溅射金属薄膜作为预置层然后硒化的技术，来制备 $CuInSe_2$ 薄膜太阳能电池，使该种薄膜电池的效率达到 14.1%。到了 20 世纪 90 年代，$CuInSe_2$（$CuIn_xGa_{1-x}Se_2$）

薄膜太阳电池的效率已达到 17.6%以上，同期发展了多种结构的新型 $CuInSe_2$（$CuIn_xGa_{1-x}Se_2$）薄膜太阳电池，如：n-$CuInSe_2$/p-$CuInSe_2$、（InCd）S_2/$CuInSe_2$、ITO/$CuInSe_2$、GaAs/$CuInSe_2$ 、 ZnO/$CuInSe_2$ 等 。 但是 ， 最受人关注的电池结构还是 ZnO:Al/i:ZnO/CdS/$CuIn_xGa_{1-x}Se_2$。

$CuInSe_2$ 太阳能电池经历了三次比较大的突破。第一次突破是 Mickelsen 和 Chen（1981 年）用 Mo 作为衬底，采用三源蒸发技术制备 $CuInSe_2$ 薄膜，先蒸发一层富 Cu 的 $CuInSe_2$ 层，再蒸发一层富 In 的 $CuInSe_2$ 层，两层互扩散之后，$CuInSe_2$ 薄膜成分接近化学计量比；然后蒸发 CdS 层，制备出的 $1cm^2$ 大小的太阳能电池，转换效率达到 9.5%。采用 Mo 作为衬底一直沿用至今，而且 $CuInSe_2$ 薄膜下层富 Cu（促进晶粒长大、与 Mo 形成欧姆接触）、上层富 In（优化异质结界面、形成 $CuIn_3Se_5$ 反型层）的思想也影响深远。

第二次突破是引入了 $CuInSe_2$/CdS/ZnO 新电池结构（Potter et a1.，1985 年），CdS 层减薄至 50nm，允许能量高于 CdS 带隙宽度的光子透过，扩宽了从窗口层透射到吸收层的太阳光波长范围，使短波响应极限从 520nm（CdS，E_g=2.4eV）延伸到 390nm（ZnO，k=3.2eV），从而大大提高了太阳能电池的短路电流。同时，Cd 的用量也大幅减少，有利于环保。

第三次突破是 Ga 的引入，形成 $CuIn_{1-x}Ga_xSe_2$（$0<x<1$）化合物。引入 Ga 的主要目的是拓宽带隙，使吸收层的带隙从 1.04eV 增至 1.3eV，并且调节 Ga 的含量还可以控制 $CuIn_{1-x}Ga_xSe_2$ 的带隙在 1.04～1.7eV 范围内连续变化。目前，实验室小面积 $CuIn_{1-x}Ga_xSe_2$ 太阳能电池的光电转化效率的世界纪录为 19.9%，是美国国家可再生能源实验室（NREL）的一个研究小组用 Cu、In、Ga、Se 四源共蒸发法技术得到的。

1. 电池结构

图 4-41（a）所示为 ZnO/CdS/Cu（In,Ga）Se_2 异质结太阳能电池的基本器件结构，对应 SEM 照片如图 4-41（b）所示。电池的制备过程如图 4-42 所示，大致可以概括如下。作为太阳能电池背电极的材料是用溅射方法沉积在钠钙（Soda-lime）玻璃上的 Mo 金属层，

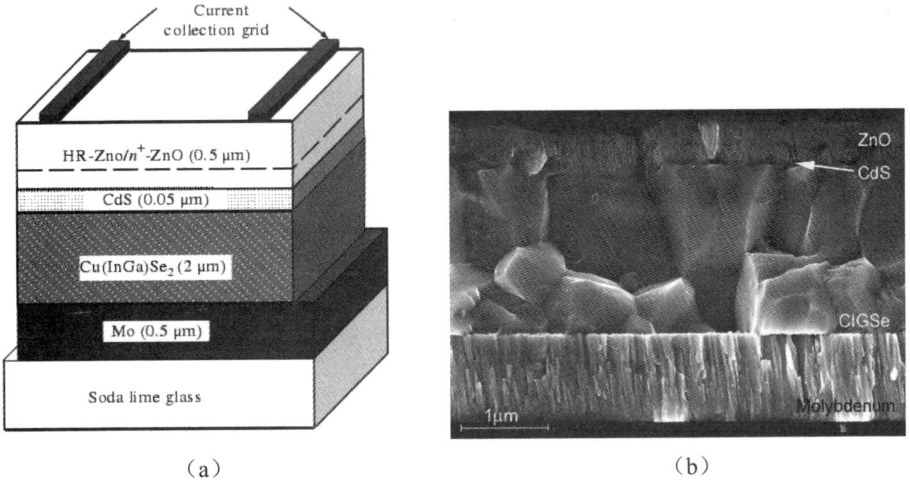

（a）　　　　　　　　　　　　　　（b）

图 4-41　ZnO/CdS/Cu（In,Ga）Se_2 异质结太阳能电池的基本器件结构和 SEM 照片

其厚度大约为 1μm。在溅射过程中，为了控制薄膜中的应力以及薄膜与基片的附着力，溅射的压强需要正确地控制。Mo 层上面是 1～2μm 厚的 Cu（In,Ga）Se_2 吸收层。然后，依

次用化学水浴法沉积 CdS 层（一般厚度为 50nm），用溅射法或者化学气相沉积法沉积高阻 ZnO（通常厚度为 50～70nm）和重掺杂的 ZnO 层。至此，整个电池的制备就完成了。由于 ZnO 的禁带宽度为 3.2eV，相对于太阳光的主要部分是透明的，因此它被认为是这种太阳电池最适合的窗口层。

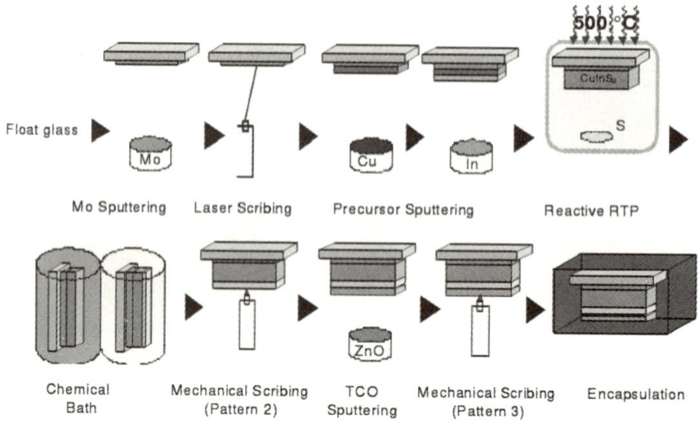

图 4-42 典型的 ZnO/CdS/Cu（In,Ga）Se_2 太阳能电池制备工艺流程

下面分别对电池的各层做简单总结性介绍。

① 衬底。在 20 世纪 90 年代初，用钠钙玻璃取代了不含钠的衬底（如氧化铝或康宁 7059 玻璃）后，器件性能有大幅提高。这主要得益于钠钙玻璃和 Mo 的热膨胀系数的良好匹配以及 Na 离子对吸光层电学性能的改善（Na 离子的掺入提高了电池的填充因子和开路电压）。此外，钠钙玻璃还有价格低廉的优点。用不锈钢、钛或有机聚合物聚酰亚胺做衬底，可以实现柔性 CIGS 电池。

② 背接触层。CIS 太阳能电池的背接触层不但要求有优良的导电性，而且要求与 $CuInSe_2$ 层之间对于多数载流子空穴有很好的欧姆接触，对于少数载流子电子有很低的复合率，在吸收层的沉积过程中不发生反应。Mo 是目前为止最好的选择，其典型的厚度为 1mm，对应的方阻为 0.1～0.2Ω/□。磁控溅射沉积的 Mo 层是柱晶状结构，给 Na 从衬底向上扩散提供了通道。在 Mo 和 $CuInSe_2$ 层之间会形成 $MoSe_2$ 层，由于 Mo/CIS 之间有一个弱的肖特基结，而 Mo/$MoSe_2$/CIS 则完全是欧姆接触，故 $MoSe_2$ 层的存在可改善能带结构，而且能形成背电场，有利于载流子的输运。缺点是对光的反射系数较低。

③ 光吸收层。对于薄膜太阳能电池来说，吸收层的吸收系数、带隙宽度和少子寿命是三个重要指标，这也是 $CuInSe_2$ 非常适合于薄膜太阳能电池的原因。与 Si 和 GaAs 等元素或二元化合物半导体相比，$CuInSe_2$ 由于组分较多，其制备难度更大，但它也有自己的优势，即使组分偏离化学计量比在一定的组分范围内，$CuInSe_2$ 也能保持结构和性能基本不变，对成分的偏离有较高的耐受度。

④ 缓冲层。缓冲层是介于吸收层和透明导电窗口层之间的过渡层。从电学角度看，由于缓冲层是高阻的，介于透明导电层和吸收层之间，可以防止分流（shunting），即电池“漏电”。从晶体学和化学角度看，缓冲层用于缓解吸收层和窗口层的晶格失配以及阻碍元素互扩散。目前，最高效率的 $CuInSe_2$ 太阳能电池采用 CdS 和本征 ZnO 做为缓冲层。

ZnO 的（002）面和 $CuInSe_2$ 的（112）面的晶格失配为 11.4%，而 CdS 的（002）面和 $CuInSe_2$ 的（112）面的晶格失配只有 0.6%。CdS 还能起到钝化界面和调整能带的作用。调整能带主要指可以促进 p 型 $CuInSe_2$ 薄膜表面形成反型层。此外，在溅射沉积窗口层时，CdS 还可以保护 $CuInSe_2$ 薄膜不被高能粒子轰击而被破坏。由于 Cd 污染环境，所以人们也尝试开发无 Cd 的缓冲层以替代 CdS，避免用溶液法制备该层，以提高整条 CIS 生产线的兼容性。目前，可用来代替 CdS 作为缓冲层的材料有 ZnS、Zn（O,S,OH）$_x$、In_2S_3、In_x（OH,S）$_y$、In_2Se_3 等。但是，其中一些材料的化学稳定性还存在问题，需要进一步研究。

⑤ 窗口层。ZnO 是一种合适的电池窗口层，大面积 ZnO 薄膜的电阻大约为 5～$10^{-4}\Omega cm$。目前，ZnO 薄膜的导电性已不能得到更大的提高，因为更高浓度的掺杂将导致电子的迁移率下降，以及由于自由载流子对光的吸收而引起的光透过率的下降。CIS 电池的窗口层一般由两层 ZnO 组成，第一层是本征 ZnO 层（i-ZnO），在 CdS 和掺杂 ZnO 层之间起到带隙过渡作用，并且由于具有高阻特性，载流子寿命较长，该层一般用射频磁控溅射方法沉积。第二层是重掺杂的 ZnO 层，掺杂元素为 Al 或 Ga，最常用的是 ZnO:A1，其带隙较宽为 3.3eV，有很高的透光率及电导率，是理想的透明导电氧化物，通常采用磁控溅射的方法制备。目前，ZnO:Al 窗口层的研究主要集中在降低沉积温度、提高电导率和光透过率、减小薄膜厚度等方面。从长远看来，ZnO 还是有可能被其他具有高迁移率（低的电子有效质量）的材料所代替。

2. 能带图

ZnO 和 ZnO:A1 层由于带隙较宽（3.2eV），大部分光子都可透过这两层。CdS 层带隙稍窄（2.4eV），但由于很薄，所以对入射光的吸收较少，大部分入射光都能到达吸收层而被吸收。n 型 CdS 和 p 型 CIGS 在形成异质结时，由于禁带宽度失配，费米能级要趋于统一，导致能带发生弯曲，并且由于二者电子亲和势不同，造成界面处能带不连续，出现尖峰和凹坑。

图 4-43 所示为 ZnO/CdS/Cu（In,Ga）Se_2 异质结太阳电池的能带图，主要集中于异质结部分的能带图，而没有画出位于吸收层背面的 Mo 和 Cu（In,Ga）Se_2 之间的接触。图中给出了 Cu（In,Ga）Se_2 吸收层、CdS 缓冲层和 ZnO 窗口层的导带能 E_c 和价带能 E_v，其中 ZnO 窗口层由高 Al 掺杂（ZnO:Al）层和未掺杂（i-ZnO）层组成。原则上，对多晶半导体应该给出二维或者三维的能带图，但在此我们忽略了这些半导体材料的多晶特性。目前，即使在一维的结构模型中，能带中一些重要的细节也仍然不是很清楚，有待进一步研究。

图 4-43 所示能带图中的一个重要特征是在 Cu（In,Ga）Se_2 吸收层的顶部有一个 10～30nm 厚的表面缺陷层（SDL），其物理本质目前尚不清楚。研究发现，Cu（In,Ga）Se_2 表面的带隙大于体材料的带隙，这种性质以及界面复合与太阳能电池的性能有很大的关联。

构成异质结的不同材料之间的能带的不连续值，是能带图中最为重要的量。不同的半导体材料 a 与 b 之间的价带不连续值 ΔE_v^{ab} 通常称为价带阶，一般用光电子能谱来确定。在[011]取向的 Cu（In,Ga）Se_2 单晶和室温下用 PVD 沉积的 CdS 之间形成的价带阶为 $\Delta E_v^{ab}=-0.8\pm0.2\text{eV}$（CdS 禁带宽度 $E_g^{\text{CdS}}=2.4\text{eV}$，$CuInSe_2$ 禁带宽度 $E_g^{\text{CIS}}=1.05\text{eV}$，因此 $\Delta E_c^{ab}=E_g^{\text{CdS}}-E_g^{\text{CIS}}+E_v^{ab}=0.55\text{eV}$）。对多晶 Cu（In,Ga）$Se_2$ 和 CdS 薄膜之间的不连续性研究发现，这些值在−0.6eV 和−1.3eV 之间有一个明显的中值，约为−0.9eV，这个值对应于 0.45eV 的导带阶。同时，导带阶 ΔE_c^{ab} 能够在很大程度上影响器件的电子性能。在

ZnO/CdS/Cu（In,Ga）Se_2异质结中，正的导带阶ΔE_c^{ab}意味着CdS的导带最小值要高于Cu（In,Ga）Se_2的导带最小值。根据Wei和Zunger的计算结果，ΔE_v^{ab}的理论值为1.03eV，由此可以得到$\Delta E_c^{ab}=0.3\text{eV}$。有研究指出，如果$\Delta E_c^{ab}$大于0.5eV，将阻碍吸收层中光生电子的收集，短路电流和填充因子将急剧下降，而当ΔE_c^{ab}较小时，电子在界面上的输运可以通过热电子发射来实现。

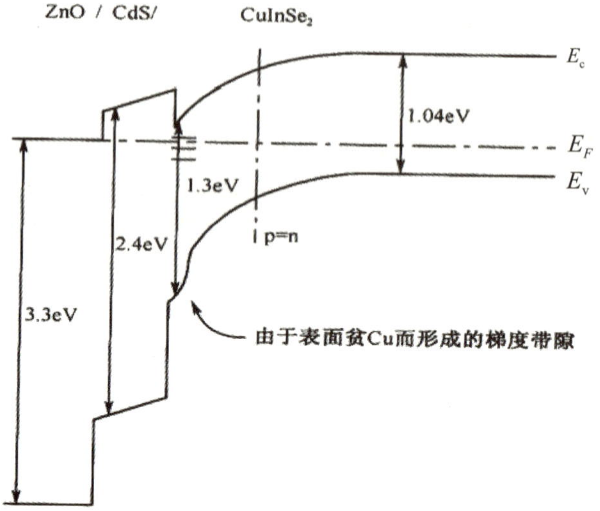

图4-43　ZnO/CdS/Cu（In,Ga）Se2异质结在偏压下的能带图

最近的研究发现，在贫Cu的多晶$CuInSe_2$薄膜和化学水浴沉积的CdS表面之间的价带阶$\Delta E_v^{ab}=-0.8\text{eV}$。$CuInSe_2$表面禁带宽度可以用逆转光发射谱测出，将结果与CdS的光电子谱结合起来研究，发现导带阶$\Delta E_c^{ab}=0$。其原因是由于S/Se的混合，沉积出来的CdS材料的能隙$E_g=2.2\text{eV}$，而$CuInSe_2$表面禁带宽度为1.4eV，因此，$\Delta E_c^{ab}=E_g[\text{Cd(Se,S)}]-E_g^{\text{surf}}[\text{CuInSe}_2]+\Delta E_v^{ab}=0$。

3. 未来的发展趋势

CIGS电池在国际上仍然是一个活跃的研究领域。加强对CIS/CIGS薄膜材料体系和制备工艺的基础研究，注重材料的器件化应用，加深对基础研究和应用研究中的基本物理过程的理解，都将进一步提高器件的性能，推动CIS/CIGS太阳电池的商业化应用。今后，CIS/CIGS太阳电池的发展方向可能会朝着以下几个方面进行。

① 轻质柔性基底。CIS/CIGS基太阳电池的基底从刚性的玻璃基底转向轻质柔性的基底，将开拓新的市场和应用领域,，而且，就降低成本的转动工艺（roll-to-roll processing）而言，柔性的基底的使用也是颇具优势的。塑料和金属箔片都可以用来做为CIS/CIGS基太阳电池的柔性基底，图4-44所示为一种针对太空使用的柔性钛基底CIGS太阳电池实物图片。

塑料柔性基底一般不能承受CIGS制备过程中高的基底温度，温度过高会使基底收缩、翘曲、脱气，甚至失去柔性。但是，降低制备过程中基底的温度又会在一定程度上牺牲器件的效率。目前，基于塑料柔性基底的CIGS太阳电池取得的最高效率是15%，它是通过聚酰亚胺箔片基底实现的。

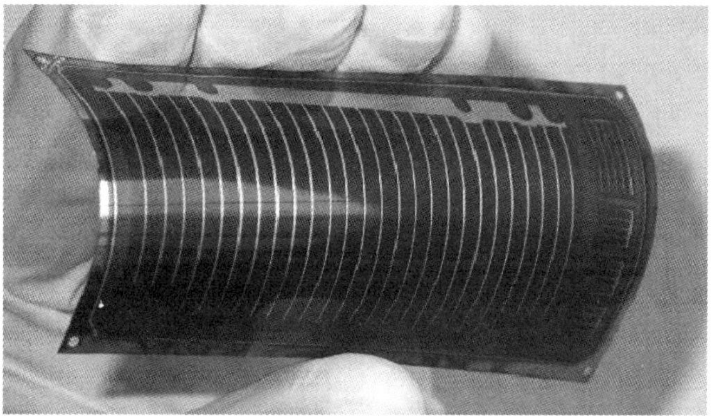

图 4-44　用于太空中的柔性钛基底 CIGS 太阳电池

金属箔片基底由于具有导电性，对太阳能电池的单片集成提出了新的挑战。有的金属能够扩散到吸收层，这会降低电池的性能。可以通过研发绝缘层或扩散阻挡层得以解决，也可以直接使用叠层电池结构。

② 无 Cd 电池。Cd 是一种有害物质，因此无 Cd 的太阳电池更能够被人们接受，且器件中实现无 Cd 化可以降低在安全测试环节的的成本。欧盟要求，2006 年 7 月以来，禁止将包括 Cd 在内的若干种重金属引入到电子器件中。通过大量的研究，目前已有一系列的无 Cd 材料可以代替 CdS 作为 CIGS 太阳电池的缓冲层。

对于采用化学水浴法沉积薄膜而言，CdS 缓冲层可以由 ZnS、$Zn(O,S,OH)_x$、In_2S_3、$In_x(OH,S)_y$、In_2Se_3 等材料代替。但是，对这些替代材料而言，沉积过程中的工艺参数要求更加严格，针对不同的材料，工艺参数都要做相应的变动和调整，这不利于电池性能的高度可重复性；而且，缓冲层的改变对电池的稳定性有一定的影响，其中的机理也尚不清楚。新型的化学沉积方法也得到了一定的发展，例如离子层气体反应方法已经被成功地用来制备 CdS 缓冲层的替代材料。用这种方法制备的 ZnO 薄膜，在电池中既作为缓冲层又作为窗口层中的本征层。

一般说来，湿法化学沉积的成本比其他的沉积方法要便宜得多。然而，在电池的制备过程中，缓冲层是唯一要用到湿法沉积的部分。这意味着仅仅因为缓冲层的沉积，不得不增加湿法沉积设备，而且，这唯一的一步湿法沉积，也不利于电池片生产过程中的流水作业。由此，干法制膜的方法自然被提出来，最成功的方法是金属有机物化学气相沉积（MOCVD）和原子层化学气相沉积（ALCVD）。MOCVD 方法只适用于小尺寸的电池片，制备出的电池效率较高；ALCVD 方法可以用于生产相对大尺寸的电池片，如 $30\times30cm^2$ 以上，但 ALCVD 方法的生产效率相对较低，提高效率的一种办法便是同时在大量的基片上制备电池片。

③ 无 In 吸收层。由于 In 在自然界中的含量较少，属于资源稀有元素，同时被光电子、显示等领域利用。从 CIGS 电池的长远发展来看，In 的缺乏必然是面临的问题之一，迫使人们寻找无 In 的吸收层。$Cu_2ZnSn(S,Se)_4$ 是能用做 CIGS 电池吸收层的可选材料之一，它具有锌黄锡矿的结构，可以通过用 Zn 取代黄铜矿中的一半 In 原子，而用 Sn 取代另一半 In 原子而得到，且其制备方法可以沿用制备黄铜矿的方法，是一种值得关注的无 In 吸

收层用材料。

④ 新型的背接触。对于目前的 CIGS 电池结构和制备方法来说，Mo 是最理想的背接触材料。但 Mo 的耐腐蚀性差，会降低器件的性能，缩短器件的寿命。研究表明，Mo 基合金比纯 Mo 更能够改善器件的稳定性。Mo 的另一个弊端是它对光的反射较弱。但是，与 Mo 相比，其他金属材料用于 CIGS 电池受到限制，因为它们在吸收层的制备过程中不稳定。钨（W）虽然能形成好的欧姆接触，但其光学性质更差。钽（Ta）和铌（Nb）有较高的光反射率，初步研究表明它们是可用于 CIGS 电池的接触层材料。

⑤ 双面结构和上层结构。在大部分 CIGS 电池结构中，不透明的金属背接触层被 TCO 薄膜代替，这种双面结构（如图 4-45 所示）在某些太阳能电池上有一定的优势。在目前的太阳能电池结构中，从背接触入光的电池效率较低，因为载流子是在场区的外面产生的。

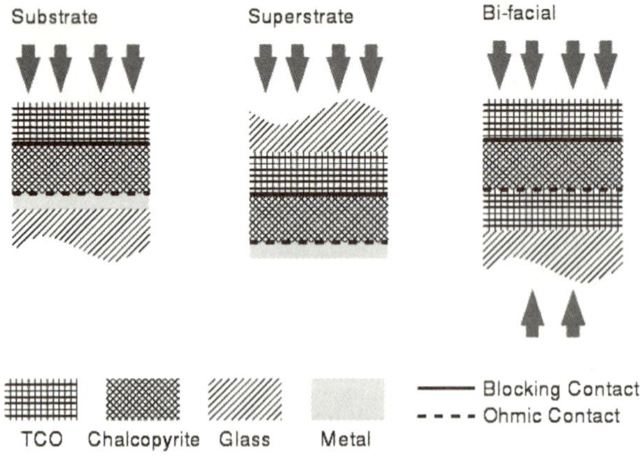

图 4-45　CIGS 电池结构的截面示意图

在传统的太阳电池组件结构中，不透明的背接触层被沉积在玻璃基片上，光从透明的封装材料入射到吸收层而被吸收。如果先沉积透明的背接触材料，则光可以从基片射入，这种结构的优势在于电池片可以用不透明的、轻质的、低成本的材料进行封装。

思考简答题

1. 与硅基材料相比，GaAs 作为太阳能电池材料有哪些优缺点？
2. 简述 GaAs 多结叠层太阳能电池的工作原理。
3. 作为一种高效的化合物太阳能电池材料，CIGS 有哪些优点？
4. 阐述基于 CIGS 材料的典型太阳能电池中各层材料的主要功能。
5. 试述 CIGS 电池的未来发展趋势。

第 5 章 有机太阳能电池材料及其应用

5.1 概述

5.1.1 有机太阳能电池材料及器件的研究背景

在量产的太阳能电池里，95%以上是硅基的，而剩下的 5%也是由其他无机材料制成的。目前，无机太阳能电池的制备工艺趋于成熟，产品早已商品化，电池的能量转换效率已达到 40.7%以上。但是，无机半导体材料本身的加工工艺非常复杂，材料要求苛刻且大面积生产成本居高不下。与此同时，无机太阳能电池的转换效率已基本达到极限值，要想进一步提高受到极大的挑战。

有机太阳能电池（organic solar cells-OSC）是在无机半导体光电池的基础上，结合近几年来兴起的有机高分子半导体材料和相关电子转移理论而发展起来的。有机材料具有它所固有的特点和优点，如材料来源广泛且本身的生产条件相对温和、有机分子的化学结构容易修饰等。因此，用有机材料来制作光电池时，满足成本低、耗能少、制作方便和易于得到大面积柔性器件的要求，拥有成本上的优势以及资源广泛分布性等的优势。2000 年诺贝尔奖获得者 Alan. J. Heeger 等发现的共轭有机聚合物，是低成本太阳能电池的主体材料首选，这类有机聚合物具有可与铜相媲美的导电性，目前已成为国内外研究的热点之一。

有机太阳能电池的研究起步较晚。总体来说，有机太阳能电池能量转换效率低、寿命短，全固态有机太阳能电池的光电转化效率小于 6%，而无机太阳能电池的能量转换效率普遍高于 10%。到目前为止，对有机太阳能电池的基本物理过程和影响因素的研究还不是很透彻。从发展的趋势来看，有机太阳能电池的前途是光明的。随着太阳能电池制造技术的改进以及新的光电转换装置的发明，人们预测，在未来 5～10 年，第一代有机太阳能电池可进入市场。

5.1.2 有机太阳能电池的研究进展

目前，改善器件性能、降低制造成本、提高能量转换效率以及寿命是有机薄膜太阳能电池发展的主要方向，同时也是阻碍有机太阳能电池产业化的瓶颈。有机太阳能电池按材料主要分为两大类：有机小分子太阳能电池和有机聚合物太阳能电池。

1. 有机小分子太阳能电池研究进展

早在 1970 年前后，人们就观察到单层有机小分子材料的光生伏特效应，但当时能量转换效率都很低。1986 年，C. W. Tang（邓青云博士）报道了采用有机供电子体/受电子体（Donor/Acceptor）平面异质结（Planar Heterojunction），做成了光电转换效率（PCE）为 1%的电池。引入双层异质结概念是有机太阳能电池的一个重要突破。此后，通过使用性能更好的材料和优化的器件结构，有机太阳能电池的光电转换效率得到了稳定的提高。目前，大多数的研究工作集中在提高能量转换效率上，如引入缓冲层、掺杂有机半导体和进行器件结构的改进等。

为了提高激子的分离效率，2000 年，Peumans 等人提出采用 BCP 作为激子阻挡层，减少激子在阴极淬灭的同时避免阴极在蒸发过程中对有机层造成损伤，采用 CuPc/C_{60}/BCP 结构，电池效率可以达到 3.6%。J. G. Xue 等人 2004 年报道了采用类似结构的器件，效率可以达到 4.2%。随后 Alq_3、PBD、CuPc、Bphen、TPBi 等材料都被尝试作为激子阻挡层，而最常采用的是 BCP 和 Bphen。最近，人们将研究重点转向 ITO/Donor 界面，通过引入阳极缓冲层提高电池的性能，常用的阳极缓冲层材料为 PEDOT:PSS、MoO_3 和 V_2O_5 等。

有机半导体材料相对于无机半导体材料的最大差别，就是载流子迁移率很低，一般来说要低几个数量级。W. B. Chen 等人在 CuPc 中掺杂 Pentacene 来提高载流子迁移率使电池效率由 1.73%提高到 3.06%；M. Y. Chan 等人利用荧光染料 rubrene 对 460～530nm 光的吸收提高了电池的光吸收效率，获得了效率为 5.58%的电池性能；C. M. Yang 等人选用磷光材料 Ir（mppy）$_3$，提高材料中三线态激子的数目，使激子扩散长度增加，光电响应得到提高。通过掺杂，可以实现不同材料对太阳光谱吸收的互补，提高电池对太阳光的吸收效率。由于掺杂过程较难控制，人们提出在 D/A 界面处加入一薄层的 HOMO 能级较低的材料来代替掺杂，以期获得较高的开路电压，如 Murata 等人在并五苯/C_{60} 界面处引入 CuPc 薄层，电池效率增加到 1.97%。

共蒸有机小分子供电子体和受电子体材料形成的混合体相异质结结构，也是一个提高电池效率的方法。Gebeyehu 等人利用小分子材料制备了 ZnPc:C_{60} 体相异质结有机光伏（OPV）器件，光电转换效率达到了 3.37%。Forrest 小组系统研究了 CuPc:C_{60} 体相异质结电池，光电转换效率达到 5.0%。相比于在匀质的供电子体和受电子体层间形成的平面异质结，体相异质结延长了光电流产生层的厚度，允许激子到达最近的 D/A 界面并得以高效地分离。体异质结型光电池的性能都与其结构及混合层中载流子迁移率有着紧密的关联。在混合层中，降低载流子迁移率（由分子级别的内部混合结构所致）导致光生载流子重新复合。Leo 等人在优化 ZnPc 和 C_{60} 比例的基础上，研究了基板加热处理对 ZnPc:C_{60} 混合薄膜形貌和电池性能的影响，发现当加热温度为 110℃时，效率从 1.59%增加到 2.56%。

级联结构的有机太阳能电池是近年来国内外研究的一个重要方向，通过级联将很多超薄的有机光电池堆叠起来，已被证实为一种提高电池效率的有效途径。2004 年，Yakimov 等报道了第一个级联结构的小分子有机太阳能电池，所有子电池都是基于 CuPc/PTCBI 异质结。2005 年，Xue 等研究了基于 CuPc/C_{60} 异质结的串联电池性能，通过优化各个有机层的厚度，效率可达到 5.7%。2010 年，Cheyns 等制备了基于不同给体材料的串联电池。由于 SubNc 和 SubPc 之间的互补吸收以及较低的 HOMO 能级，使得串联电池的开路电压达到 1V，效率最高为 5.15%。

在过去的几年间，小分子有机太阳能电池的效率通过持续的研究，已经有了较大程度的提高。无论是双层平面异质结器件，还是共蒸体异质结的分子器件，都在不断地进步和发展，电池的转换效率已达到 5%左右。

2. 有机聚合物太阳能电池研究进展

在 1990 年前后，基于共轭高分子体系的太阳能电池开始出现。第一个由单层共轭高分子所构成的聚合物太阳能电池是以 PPV 为基础的电池。1992 年，Sariciftci 等人发现共轭聚合物 MEHPPV 与 C_{60} 之间存在光诱导电荷转移现象，并首次将聚合物运用到双层电池结构中，与单层 MEH-PPV 光电池相比，光电流增加了 20 倍以上，效率增加了一个数量级以上。这引起了全世界的关注，人们开始了对 C_{60}/polymer 电池的探索。

几年后，类似于共蒸发沉积的结构，Heeger 等用 MEHPPV 和 C_{60} 衍生物混合制作单层太阳能电池，形成电子给体材料和受体材料连续的互穿网络结构，使载流子的复合几率大大减小，光电转化效率达到了 2.19%。聚合物体相异质结是通过在溶液中混合具有电子给体和电子受体性质的两类分子，经旋涂或浇注工艺而得到的有机分子固态混合膜。目前，聚合物太阳能电池多采用这种体相异质结的结构。图 5-1 给出了共轭高分子 PPV 系列与 C_{60} 间的光诱导电子转移及相关能级图，而图 5-2 给出了平面异质结与体相异质结电池的结构轮廓，从中可以看出二者间的异同。

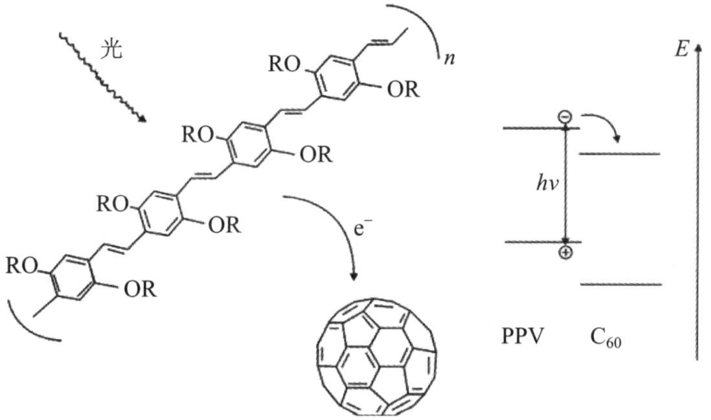

图 5-1　共轭高分子 PPV 系列与 C_{60} 间的光诱导电子转移及相关能级图

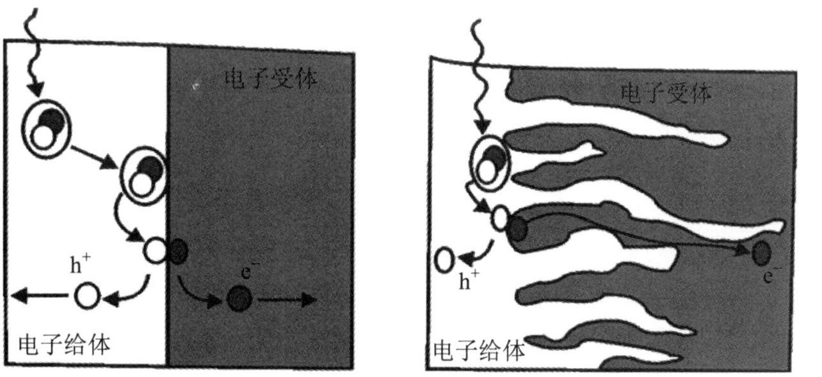

图 5-2　平面异质结与体相异质结电池的结构与形貌比较

此外，通过对电极的修饰也能提高聚合物太阳能电池的转换效率。在金属阴极和光敏层之间插入一薄层的 LiF（约 0.6nm），能够使光敏层和阴极之间形成更好的欧姆接触，有利于提高光伏器件的填充因子 *FF* 以及稳定开路电压 V_{OC}。

在聚合物太阳能电池中，受体材料一般为 C_{60} 的衍生物 PCBM。这是由于，这类材料具有较高的电子亲和能和电子迁移率（可高达 $1cm^2/V \cdot s$），为了获得较大的开路电压和实现较好的光诱导电荷转移，要求电子给体材料的能级与 PCBM 的能级匹配。常用的电子给体材料为 MEH-PPV、MDMO-PPV 和 P3HT。聚合物太阳能电池的性能受其活性层形貌的影响较大，理想的活性层形貌应该是具有最大的激子分离界面的同时，形成连续的载流子传输通道，这就要求两种组分形成一定尺寸的聚集态。为了提高聚合物太阳能电池的性能，科学家们提出了一系列控制活性层形貌的方法。

器件热处理是一个重要而必需的环节，因为它可以通过高温促使聚合物从无定形态转变成晶态，从而提高光生载流子在聚合物中的迁移速度，使PCE得到很大的提高。然而，过高的处理温度也会影响薄膜形态和形貌的稳定性，不利于器件性能的提高。

在聚合物体相异质结有机太阳能电池中，要做到给、受体材料的真正均匀共混是非常困难的，尤其是有机给体材料与无机纳米态受体材料共混更是如此。解决此类问题，一是采用各种特殊的实验方法，如长时间机械搅拌、超声波处理或对其中某种材料进行化学修饰等；二是选择合适的共溶剂。

光电转化活性层对太阳光谱的吸收程度，会直接影响光伏电池的转化效率，而目前还未找到光谱响应范围完全与太阳光谱匹配的电子给体材料。即使应用最广泛的MEH-PPV、MDMO-PPV和P3HT三种电子给体材料也达不到完全匹配的要求（三种材料的能隙E_g分别为2.4eV、2.2eV和1.9eV，而太阳光谱能量主要集中在700nm左右（约1.8eV）的近红外区）。鉴于上述原因，很多研究人员在设计、合成具有低能隙的给体材料方面做了大量的研究工作，取得了一定的研究成果。2001年，Duren等应用低能隙聚合物（PTPTB，$E_g=1.6\text{eV}$）来扩大光谱响应，提高光子的富集效率，所得器件的FF为0.35，V_{OC}为0.7V，PCE为0.34%。曹镛研究小组从2000年开始聚合物太阳能电池的研究工作，并在新型电子给体材料的设计、合成方面取得了不错的研究成果。其中，所合成的一系列新型窄带隙芴基共聚物，光谱响应区可接近或超过700nm，与PCBM共混制备的太阳能电池具有低漏电流、高光强电灵敏度、高开路电压等优点，同时，电流随光强呈线性增长，高光强下PCE基本没有下降，表现出了良好的应用前景。

基于电子给/受体共混体系制备的体相异质结型有机太阳能电池是一种低能耗、高效率的有机光伏器件，发展潜力巨大。作为器件的核心，光电转化活性层的质量优劣，会直接决定聚合物体相异质结器件的PCE。从目前来看，众多研究人员在该领域已经取得了较大进展，但是，仍有很多关键技术和问题亟待解决。以下两方面将是今后的研究重点及趋势：

① 充分利用有机材料容易进行分子水平上的裁减和设计的特点，根据能带隙控制工程，设计、合成出低能隙的电子给体材料，同时，要求该材料应能尽量满足好的溶解性及加工性、高的电子亲和能、链结构有序及高的载荷迁移率等条件；

② 进一步加强对聚合物太阳能电池光电转化机理的研究，尤其对活性层中光子的吸收、激子产生、激子分离、载流子传输等过程机理的深入研究。

5.2 有机半导体材料物理基础及太阳能电池原理

5.2.1 有机半导体材料物理基础

1. 有机半导体材料的能带结构

无机半导体的原子是周期性重复排列的，这些原子形成晶体后，外层电子会出现较大的交叠。这种交叠使得外层电子不再局限于某一个特定的原子上，而是可以转移到其他原子上。根据能带理论，这些外层电子能够在整个晶体中做类似自由电子的运动，即电子具有共有化运动特征。

有机材料中的情况与无机半导体材料不同。有机分子之间是通过较弱的范德华力相互作用形成固体，其结构是松散、无定型的。由于整个固体内的分子不再保持周期性排列的结构，电子不在其中做离域的共有化运动，较弱的分子间相互作用使得电子局限在分子上，不易受其他分子势场的影响，因此，有机材料不形成和无机晶体半导体那样的能带结构。为了便于研究，福井谦一借用无机材料的能带结构，提出了有机材料分子的能带理论——前线轨道理论。分子轨道理论特别关注两个特殊的分子轨道：最高占有分子轨道（highest occupied molecular orbital，HOMO）和最低未占有分子轨道（lowest unoccupied molecular orbital，LUMO），如图 5-3 所示。

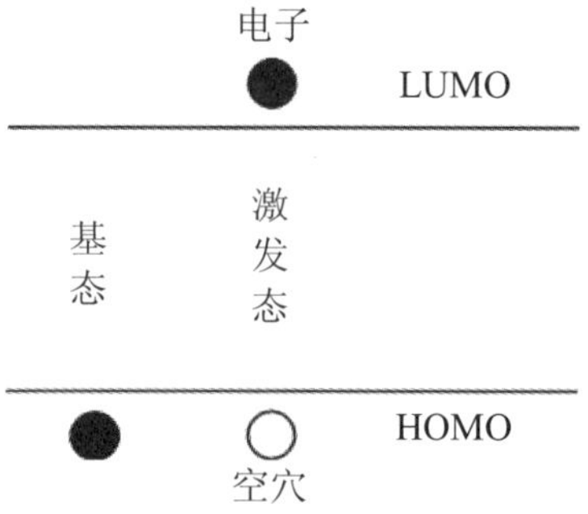

图 5-3　有机分子的能带结构

当分子处于基态时，电子将所有能量低于或等于 HOMO 的分子轨道填满；当分子受激发时，处于 HOMO 上的电子就能够克服 HOMO 和 LUMO 之间的能级差，跃迁到 LUMO 上。与无机半导体的能带比较，可以把有机分子的 HOMO 和 LUMO 能级分别比作价带顶和导带底，由于 HOMO 和 LUMO 之间没有其他的分子轨道，电子不可能处于它们之间的任何能量状态，因此 HOMO 和 LUMO 之间的能隙就类似于无机半导体材料中的“禁带”。

2. 载流子输运特性

刻画半导体电荷传输能力最重要的物理量就是载流子迁移率 μ，其定义为电荷漂移速度 v 与驱动电场 F 的比值

$$\mu = v / F \qquad (5\text{-}1)$$

室温下无机半导体的迁移率很高，能够达到 $10^3 \mathrm{cm}^2 / \mathrm{V \cdot s}$ 以上，而只有很少的几种有机半导体能够达到实际应用的最低标准 $1\mathrm{cm}^2 / \mathrm{V \cdot s}$ 以上的迁移率。因此，搞清楚有机材料内特殊的载流子传输机制，寻找具有高迁移率的有机功能材料，对提高有机材料的载流子迁移率，扩展其应用范围，无疑是十分必要的。

对有机材料中载流子传输的研究可以追溯到 60 多年前有机晶体半导体特性刚被发现的时候。在 20 世纪 60 年代，纯度及分子有序度一开始就被认为是影响性能的重要因素，人们在改善这些性质方面做了大量的工作。

有机小分子半导体是通过分子间 π 电子云的重叠来实现电荷转移的。在共轭聚合物半导体中，π 电子在共轭链内是离域的，所以 π 电子在链内的转移比较容易实现，而聚合物

链间的相互作用相对弱得多，π 电子在链间的转移比较困难。根据有机半导体的特点，其电荷输运的机理可用下述三种模型来解释。

（1）能带模型

这是沿用无机半导体处理问题的理论。通常采用三个假设：① 周期势中的电子近似；② 忽略原子的多重结构；③ 将电子-晶格的相互作用作为微扰来处理。运用无机半导体能带模型分析有机材料的能带结构有一定的局限性，因为有机材料的载流子迁移率很低。当载流子的迁移率低于100cm^2 / V·s 以及载流子的平均自由程小于热电子波长时，电子-晶格间的相互作用强，因而不能作为微扰来处理。从理论上讲，有机材料的载流子传输是不适合用能带模型来描述的。但是，在处理有机薄膜太阳能电池的物理过程时，运用能带模型来描述不但简化了处理问题的方法，而且确实能解决许多实际问题，比如有机层之间的能级匹配、载流子阻挡层的选用等问题。

（2）跳跃模型

在有机化学中，人们常把失去电子能力强的分子称为“供电子体（donor）”，而把得到电子能力强的分子称为“受电子体（acceptor）”。当有机分子相互堆积组成固体后，其中的供电子分子失去电子后，其 HOMO 轨道就空出来，这相当于在 HOMO 轨道上产生了一个“空穴”，其他分子上的电子就可以跳跃到这个分子的 HOMO 轨道上，这就好像是空穴在跳跃（hoping）。相同地，有机固体中的受电子体得到一个电子后，分子的 LUMO 轨道上就填充了一个电子，这个电子可以再跳跃到其他分子空着的 LUMO 轨道上。在非常无序的有机材料中，载流子高度局域化，其传输可以通过在局域态之间跳跃进行。

（3）极化子模型

低温下，当晶格振动可以被忽略的时候，电荷是非局域的，此时主要是连贯能带型的传输。由于晶格振动散射的加剧，迁移率随着温度的升高而降低。高温下，当晶格周期性被严重破坏的时候，电荷变得局域化，从而电荷传输变成在局域态之间跳跃前进。这种情况下，振动声子对电荷传输起到热激活的作用，迁移率随温度升高而增大。因而，在迁移率与温度的关系上，就可能出现“能带机理”到“跳跃热激活机理”的转变。实际上，这两种传输机理可以合并在传统的小极化子理论中。在这一理论中，载流子在传输的同时，极化周围的电子、原子或整个分子并带着这种极化场一起运动。

有机半导体分子间振动愈加剧烈，对分子间的电子耦合程度的扰动就愈大，即具有很强的非局域电子-声子耦合。研究表明，非局域电子-声子耦合进一步使载流子局域化，导致更强的能带变窄现象。总之，有机半导体中普遍存在电荷局域化的特性。

3. 影响迁移率的因素

电荷在分子之间传导时，可受各种机理影响，如分子堆积的方式、无序与杂质、场强、温度与压强等。电荷传输具有明显的各向异性，这表明电荷的传输效率与单晶结构亦即分子堆积方式密切相关。理论上讲，堆积方式不仅决定了分子间电子耦合的强弱，而且决定了电荷传输通道的通畅性。决定分子间相对位置的因素很多，其中最主要的是弱的范德瓦尔斯相互作用。如果分子具有偶极矩或四极矩等，则库仑相互作用也很重要。另外，分子的形状大小等也都有贡献。

温度效应是研究最广泛的影响迁移率的因素。一般来讲，温度可能阻碍电荷传输，也可能促进传输，这取决于具体的温度、能阱的多少等。电场对导电性的影响在有序和无序体系中是不同的。在单晶中，当室温下电荷迁移速度很小时，迁移率与电场无关。但是在低温下，电荷迁移速度大，迁移率随着电场的增大而降低。对无序体系，高场下，迁移率会随电场增大而增大。单晶中的研究表明，加压能够使晶格长度缩短几个百分点，分子间距的缩短会增加分子间的电子耦合，从而提高迁移率。

分子间相互作用和分子与衬底的相互作用及其竞争，决定了分子薄膜的形貌。在光伏器件中使用不同的绝缘衬底，会改变薄膜的表面形貌以及改变材料的内部极化状态，从而改变有机材料的电荷输运特性。

5.2.2　有机太阳能电池工作原理

目前，无机太阳能电池的理论研究已经比较成熟，而有机半导体体系的电流产生过程仍有许多值得探讨的地方。在无机半导体太阳能电池中，电池的工作原理是基于半导体的异质结或金属半导体界面附近的光生伏特效应，所以太阳能电池又称为光伏电池，它的核心部分类似于一个面积很大的 p-n 结平面二极管。光生伏特效应是指，光激发产生的“电子-空穴对”被各种因素引起的静电势能分离而产生电动势的现象。

对于由n型和p型半导体材料组成的高聚物体系而言，本质上可以获得象无极半导体一样的p-n结。当光与给体和受体相互作用时，电子就能够从低的分子轨道提升到高的分子轨道。由于有机材料电荷的局域性，光激发后将主要产生激子（束缚在一起的“电子-空穴对”），因此要获得电流必须首先将激子拆分。在没有外界的影响下，弛豫过程随后产生，在此期间电子和空穴复合，导致能量发射——通常是以产生比原跃迁波长更长的光的形式而发射。但如受体存在，电子就向受主传输，从而发生电荷分离。所以，聚合物p-n结光电池的基本工作原理可以这样描述：共轭高分子层吸收可见光产生“电子-空穴对”，它们在外加电场的作用下相互分离，分别向正极和负极迁移从而产生光电流，这个过程也叫光电导过程。光伏效应的基本过程包括：① 有机光敏材料吸收光子形成激子；② 激子向给体和受体的异质结界面处运动；③ 激子在异质结界面处分离成自由电子和空穴；④ 电子和空穴发生迁移并被电极收集。图5-4给出了有机太阳能电池的基本物理过程。

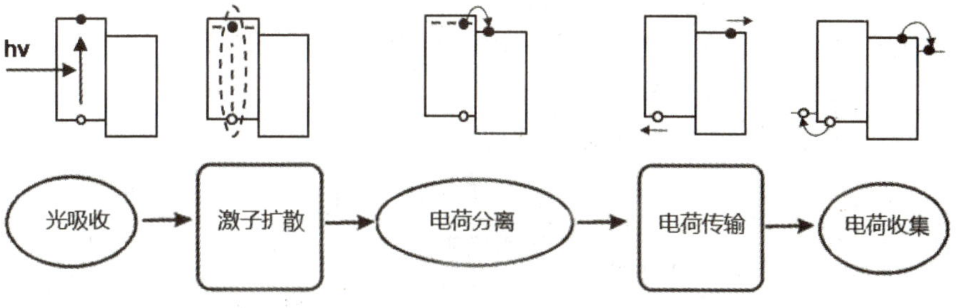

图 5-4　有机太阳能电池的工作原理图

由上可知，有机太阳能电池的基本工作原理与无机太阳能电池相似，都是基于半导体材料的光生伏特（photovoltaic）效应，因而有机太阳能电池又叫有机光伏器件（OPV-organic photovoltaic）。一般认为，OPV 的物理过程包括：光的吸收、激子的产生、激子的扩散、电荷的分离与传输、电荷在电极处的收集。下面对图 5-4 所示进行较为详细的描述。

① 当一束光照射到太阳能电池时，只有光子能量 $h\nu$ 大于材料禁带宽度 E_g 的光子才

会被半导体材料吸收，激发一个电子从价带跃迁到导带，而在价带处留出空位，这一空位称之为“空穴”且带有正电荷。在传统的半导体中，被激发的电子和形成的空穴，成为自由载流子并在电场的作用下向相反的电极方向移动。在有机太阳能电池中，入射光子激发而形成的电子和空穴以束缚态的形式存在，称之为“激子”，呈电中性，其迁移对电流无任何贡献。在这一阶段，能量的主要损失途径是 OPV 器件的反射以及光子对器件的加热。通常来说，由于有机材料的 HOMO 和 LUMO 之间的能量间隔较大，太阳光谱中具有较低能量的光子都无法使有机分子激发产生激子。所以，在 OPV 的研究中，有许多研究都是集中在如何获得具有较窄能量间隔的有机光电材料上。

② 激子产生后，由于浓度的差别会产生扩散运动，激子到达分离界面后被拆分为电子和空穴（通常激子可以被电场、杂质和适当的界面所分离）。在这一过程中，影响激子分离效率的因素是激子的寿命和激子的扩散长度。当激子寿命和扩散长度都较长时，激子就有机会在复合之前达被分离的界面。因此，选用激子扩散长度长的材料或让分离界面靠近激子产生的位置，都可以有效地提高激子分离的效率。采用给体材料和受体材料共同蒸发的方式来形成体异质结的结构，可以使分离激子的界面接近激子产生的位置。

③ 激子被分离后，自由载流子必须被分开且被两个电极分别收集，才能够形成最终的光电流。虽然激子在界面分离后形成的自由载流子的浓度梯度可以分离电子和空穴，但更加有效的载流子分离还是需要电场的作用。由于 OPV 的整体厚度较薄，由两个电极功函数差异建立起来的内建电场可以足够强，因而能有效地分离自由载流子。在这一过程中，由于界面拆分获得的电子和空穴都集中在界面附近，它们再次复合的几率还是很大的。另外，由于有机材料的导电性通常都较低，自由载流子在向两端电极移动的过程中，会有机被陷阱俘获而损失。因此，提高有机半导体的导电性，也能有效地提高 OPV 的能量转换效率。

与晶体硅太阳能电池相比，在转换效率、光谱响应范围、电池的稳定性方面，有机太阳能电池还有待提高。OPV 光电转换效率受到制约的机制主要是：

① 半导体表面和前电极的光反射；

② 禁带越宽，没有吸收的光传播越大；

③ 由高能光子在导带和价带中产生的电子和空穴的能量驱散；

④ 光电子和光空穴在光电池光照面和体内的复合；

⑤ 有机染料的高电阻和低的载流子迁移率。

上述损失都是由有机材料自身的性质所导致的。一方面，高分子材料大都为无定型，即使有结晶度，也是无定型与结晶形态的混合，分子链间作用力较弱，这使得电子局域在分子上，不易受其他分子势场的影响。光照射后生成的光生载流子主要在分子内的共轭价键上运动，而在分子链间的迁移比较困难，使得高分子材料载流子的迁移率 μ 一般都很低，$\mu = 10^{-6} \sim 10^{-1} \mathrm{cm^2 / V \cdot s}$。另一方面，通常高分子材料键分子链的 E_g 范围为 7.6～9eV，共轭分子 E_g 范围为 1.4～4.2eV，与 Si、Ge 等相比，E_g 较高，因此，有机太阳电池与无机太阳电池载流子产生的过程有很大的不同。有机高分子的光生载流子不是直接通过吸收光子产生，而是先产生激子，然后再通过激子的分裂产生自由载流子。

通过上面的分析可以看出，若想提高 OPV 的能量转换效率，必须考虑以下几方面的因素：

① 有机太阳能电池对太阳光的有效吸收必须尽可能地大，即提高太阳光的吸收效率，一方面可以拓宽器件吸收光谱的范围，另一方面，增加器件对太阳光的吸收强度；

② 尽可能减少激子的复合几率，提高激子的分离效率；

③ 提高光生载流子的迁移率，避免载流子在传输过程中的复合。

5.2.3　有机太阳能电池内部的电荷转移过程

自从 1986 年 C. W. Tang 首次报道了双层有机太阳能电池（ITO/CuPc/PV/Ag）之后，其提出的电荷转移理论已被人们普遍接受。在此理论模型中，Tang 认为当供电子体和受电子体结合后，其界面处出现类似 p-n 结结构的接触，同时形成了内建电场。受到光照激发后形成的激子，绝大多数在 D/A 界面处分离形成电子和空穴，在内建电场和异质结能级补偿的联合作用下，电子和空穴分别在 Donor 层和 Acceptor 层中传输并最终被阴极和阳极吸收形成外电流。据此，有机太阳能电池的电荷转移过程可以用四个重要的效率来描述，如图 5-5 所示。其中，η_A 为光吸收效率，表示有机材料分子吸收光子产生激子的效率；η_{ED} 为激子扩散效率，表示材料中激子运动到 D/A 界面处且未复合的效率；η_{CT} 为电荷转移效率，表示激子在界面处的内建电场和能级补偿作用下，分离为电子和空穴的效率；η_{CC} 为载流子收集效率，表示电极收集得到载流子的效率。

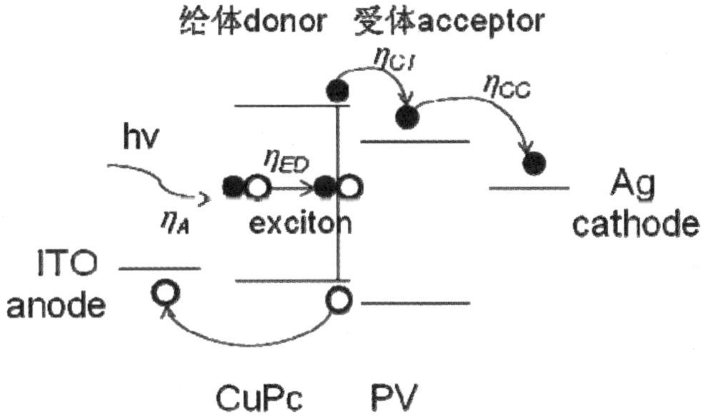

图 5-5　光诱导电荷转移过程示意图

由于电极与所接触材料之间存在显著的能级差，对于大多数工艺优化的器件来说，这种能级差所产生的内建电场足以有效地提高电极收集电荷的能力。所以，通常情况下人们假设 η_{CC} 约为 100%。同时，由于激子分离过程，或者说是电荷转移过程的时间范围，通常是在几百飞秒甚至更小的量级，远远小于其他阻碍激子分离的过程时间，所以可以近似地认为 η_{CT}=100%。因此，对于绝大多数有机太阳能电池来说，激子扩散效率 η_{ED} 是限制光电转换效率提高的最主要因素。提高 η_{ED} 的方法主要有三种：第一，提高载流子的迁移率，包括使用新的高迁移率的材料；第二，通过掺杂或是制成混合异质结结构，为载流子提供额外的扩散通道等；第三，降低材料的陷阱数量，包括优化工艺技术，增加材料纯度等。

1. 光学界面效应

η_A，η_{ED} 主要是由材料的光学性质、激发态波长 λ、器件薄层的厚度和结构所决定的。其中，光学电场强度 $E(x)$（optical electric field amplitude）是表征 η_A、η_{ED} 的重要参数。

假设各向同质和各项同性的材料用复折射率 $\bar{n}$ 来描述，界面为光学平整，在这种情况下，因为在每个界面处的电场的切线分量的连续性，所以光的传播可以用一个 2×2 的矩阵来描述。为了计算入射到 PV 活跃区域平面波的光学场，假设多层结构是被嵌入到两个半无穷界面之间（j=0，j=m+1）（如图 5-6 所示），活跃区域的多层结构由许多单层组成（j=1，2，…，m），每层的厚度为 d_j，与波长有关的复折射率则为 $\bar{n}_j = n_j + i \cdot k_j$。

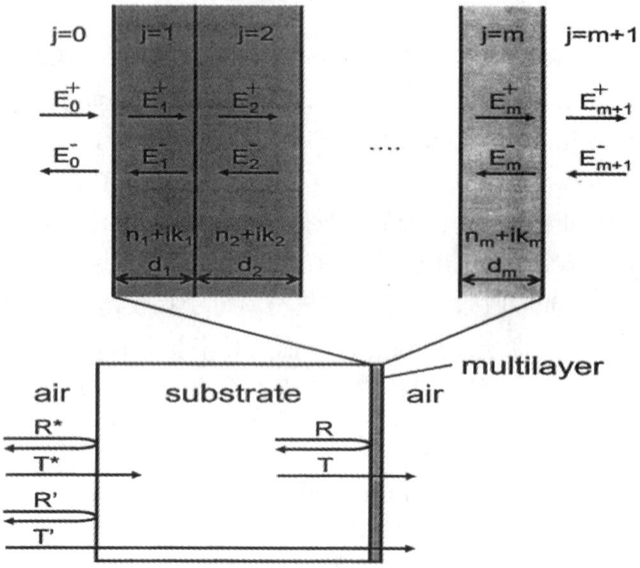

图 5-6　光学界面效应所假设的多层结构示意图

在 j 层和 k 层界面，光场的传播用界面矩阵 I_{jk} 来描述，见公式（5-2）。$\bar{E}_j^{\pm}$，$\bar{E}_k^{\pm}$ 分别是在 j，k 层沿正负方向传播的光电子场强。$r_{jk} = \left(\bar{n}_j - \bar{n}_k\right) / \left(\bar{n}_j + \bar{n}_k\right)$ 和 $t_{jk} = 2\bar{n}_j / \left(\bar{n}_j + \bar{n}_k\right)$ 分别是 Fresnel 复反射系数和复传播系数。

$$\begin{bmatrix} \bar{E}_j^{+} \\ \bar{E}_j^{-} \end{bmatrix} = I_{jk} \begin{bmatrix} \bar{E}_k^{+} \\ \bar{E}_k^{-} \end{bmatrix} = \begin{bmatrix} \dfrac{1}{t_{jk}} & \dfrac{r_{jk}}{t_{jk}} \\ \dfrac{r_{jk}}{t_{jk}} & \dfrac{1}{t_{jk}} \end{bmatrix} \begin{bmatrix} \bar{E}_k^{+} \\ \bar{E}_k^{-} \end{bmatrix} \tag{5-2}$$

光在 j 层传播会被材料吸收，从而发生一个相移，这个相移用矩阵 Lj 描述

$$L_j = \begin{bmatrix} e^{-i\xi_j d_j} & 0 \\ 0 & e^{-i\xi_j d_j} \end{bmatrix} \tag{5-3}$$

式中，$\xi_j = (2\pi / \lambda)\bar{n}_j$。

最外面的两个层 j=0 和 j=m+1 层的光电场通过传播矩阵 S 来联系。

$$\begin{bmatrix} \bar{E}_0^{+} \\ \bar{E}_0^{-} \end{bmatrix} = S \begin{bmatrix} \bar{E}_{m+1}^{+} \\ \bar{E}_{m+1}^{-} \end{bmatrix} \tag{5-4}$$

其中，

$$S=\begin{bmatrix} S_{11}\,S_{12} \\ S_{21}\,S_{22} \end{bmatrix}=(\prod_{n=1}^{m} I_{(n-1)n}\cdot L_n)\cdot I_{m(m+1)} \tag{5-5}$$

反射系数和传播系数分别为 $r=\overline{E}_0^-/\overline{E}_0^+=S_{21}/S_{11}$， $t=\overline{E}_{m+1}^+/\overline{E}_0^+=S_{11}^{-1}$。则整个多层结构的吸收效率为：

$$\eta_A=1-T-R \tag{5-6}$$

式中， $T=|t|^2\,\overline{n}_{m+1}/\overline{n}_0$； $R=|r|^2$； T 和 R 分别是多层结构的传播率和反射率。因为器件结构通常由厚度 0.1～1mm（≫λ）的基片支撑，因此要考虑在空气/基片和基片/多层结构的界面处，基片对 T 和 R 的影响。所以对上述的 R 和 T 进行修正。

$$R'=\frac{R^*+R}{1+R^*R} \tag{5-7a}$$

$$T'=\frac{T^*T}{1+R^*R} \tag{5-7b}$$

式中

$$R^*=\left|\frac{1-\overline{n}_0}{1+\overline{n}_0}\right|^2 \tag{5-8a}$$

$$T^*=\left|\frac{2}{1+\overline{n}_0}\right|^2 \tag{5-8b}$$

$\overline{n}_0$ 是基片的折射率，则整个器件（考虑基片）的吸收效率为 $\eta_A=1-T'-R'$。为了获得 j 层内的电场分布，可以把 S 矩阵写成： $S=S_j^-L_jS_j^+$。其中

$$S_j^-=(\prod_{n=1}^{j-1} I_{(n-1)n}L_n)\cdot I_{(j-1)j} \tag{5-9}$$

$$S_j^+=(\prod_{n=j+1}^{m} I_{(n-1)n}L_n)\cdot I_{m(m+1)} \tag{5-10}$$

在 j 层左边界面处，正方向的光场与入射平面波的关系为

$$\frac{\overline{E}_j^+}{\overline{E}_0^+}=t_j^+=\frac{\dfrac{1}{S^-_{j11}}}{1+\dfrac{S^-_{j12}S^+_{j21}}{S^-_{j11}S^+_{j11}}e^{i2\xi_j d_j}} \tag{5-11}$$

同理，j 层左边界面负方向的光电场与入射平面波的关系为

$$\frac{\overline{E}_j^-}{\overline{E}_0^+}=t_j^-=t_j^+\frac{S^+_{j21}}{S^+_{j11}}e^{i2\xi_j d_j} \tag{5-12}$$

则用入射波 $\overline{E}_0^+$ 来表示 j 层内任何一处的电场的公式为

$$\overline{E}_j(x)=\overline{E}_j^+(x)+\overline{E}_j^-(x)=(t_j^+e^{i\xi_j x}+t_j^-e^{-i\xi_j x})\overline{E}_0^+ \tag{5-13}$$

在某一位置的平均吸收功率为

$$Q_j(x)=\frac{4\pi c\varepsilon_0 k_j n_j}{2\lambda}\left|\overline{E}_j(x)\right|^2 \tag{5-14}$$

式中，c 是光速；ε_0 是自由空间的介电常数。

2. 激子扩散

在太阳能电池的活跃层中，有机光敏材料吸收光子产生激子。然后，激子将朝给电子体和受电子体异质结处扩散。在连续稳定状态下的激子扩散方程为

$$L_D^{j\,2}\frac{\partial^2 p}{\partial x^2}-p+\tau_j G_j=0 \tag{5-15}$$

式中，p 是激子密度；$L_D^j=\sqrt{D_j\tau_j}$ 是 j 层材料的激子扩散长度；D_j 是激子扩散率；τ_j 是激子的寿命；$G_j(x)=(\lambda/hc)\cdot Q_j(x)$ 是激子的产生率。解该方程必须考虑三个边界条件：① 零表面复合速度的理想非淬灭界面；② 表面复合速度无穷大的淬灭表面；③ 有限大复合速度的界面。如图 5-7 所示为第一种边界条件对应$\partial p/\partial x=0$的情况。激子数量没有变化，实际上是激子的产生速度等于激子的消失速度，二者达到动态的平衡。$x=-d$ 处即为符合此类边界条件的边界。第二类边界条件对应 $p=0$ 的情况，即不存在激子在该界面。符合该边界条件有两种情况：① 有机 D/A 界面，在此界面处激子分离为电子和空穴，并在材料内部形成光电流；② 导致激子淬灭的边界（如有机/金属界面），在这种情况下激子发生非辐射复合，不产生光电流。第三类边界条件应用于激子分离时只发生轻微热辐射的界面。在 j 层，由于激子分离扩散而形成的从 D/A 界面到其他界面的光电流密度为

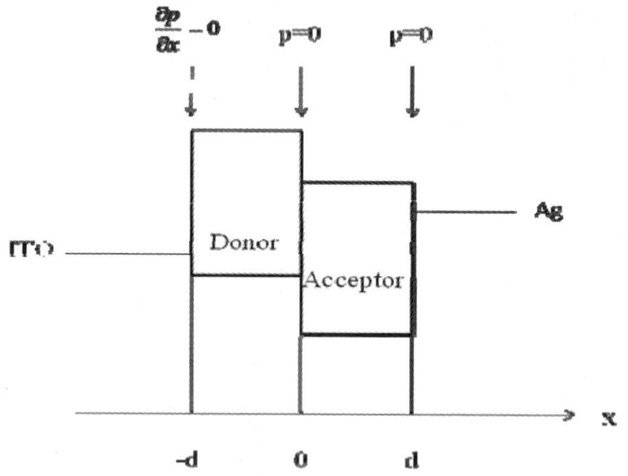

图 5-7　太阳能电池光敏层界面示意图

$$J_j=q\frac{L_D^{j\,2}}{\tau_j}\left|\frac{\partial p}{\partial x}\right|_{x=x_{\mathrm{DA}}} \tag{5-16}$$

其中，x_{DA} 是 DA 结的位置。在 j 层的外量子效率 η_{EQE}^j 可以通过关系式

外量子效率=光电流/入射光子流

得到

$$\eta_{EQE}^{j}=\frac{J_j/q}{\frac{1}{2}n_{\text{glass}}c\varepsilon_0\left|\overline{E}_0^{+}\right|^2/h\nu} \tag{5-17}$$

假设$\eta_{CC}\eta_{CT}=1$，由于公式（5-15）中的$G_j(x)\infty\left|\overline{E}_0^{+}\right|^2$，所以在公式（5-16）中$J_j\infty\left|\overline{E}_0^{+}\right|^2$，因为在公式（5-17）中的$\eta_{EQE}^{j}$与入射光无关，通过把每个有机层的$\eta_{EQE}$相加，可以得到整个器件的外量子效率。同样，使用上述光学传输矩阵理论可以求解出有机光敏材料的激子扩散长度。

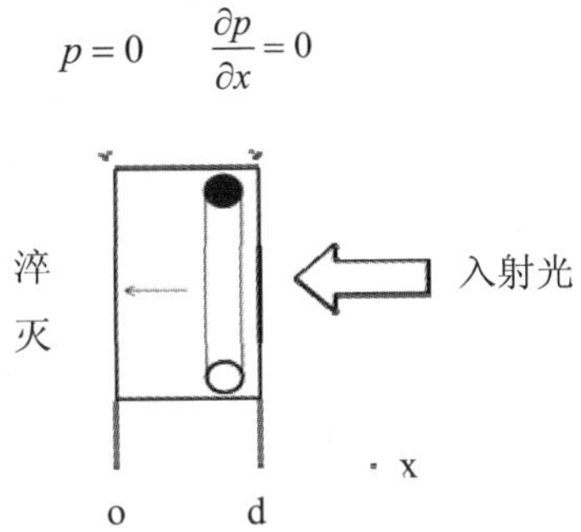

图 5-8　一个有机层内部激子产生到淬灭示意图

求L_D^j的具体方法如下：假设一个有机层有一个淬灭界面和一个非淬灭界面，有机层的厚度为 d，整个有机层有一个统一的激子产生率G_0（G_0实际上是变化的，统一激子产生率的假设只适用于足够薄的界面和激子吸收可忽略的界面），所需的边界条件为：

$$\begin{cases} p(x=0)=0 \\ \left.\dfrac{\partial p}{\partial x}\right|_{x=d}=0 \\ G(x)=G_0 \end{cases} \tag{5-18}$$

使用式（5-18）的边界条件解方程式（5-15），得到激子到达淬灭界面的效率为

$$\eta_{ED}=\frac{L_D}{d}\cdot\frac{[1-\exp(-2d/L_D)]}{[1+\exp(-2d/L_D)]} \tag{5-19}$$

假设忽略激子的吸收，则 PL 光谱与激子平均密度成正比。通过测出有淬灭层的 PL 光谱信号（PL_1）和无淬灭层的 PL 光谱信号（PL_2），利用公式$\eta_{ED}=1-PL_1/PL_2$（η_{ED}是厚度的函数）可以求出η_{ED}。把η_{ED}代入公式（2-19），就可以求出L_D。

5.3　有机太阳能电池材料与器件

5.3.1　常用的有机太阳能电池材料

有机太阳能电池材料的特点在于有机化合物的种类繁多，有机分子的化学结构容易修饰，化合物的制备提纯加工简便，可以制成大面积的柔性薄膜器件，拥有未来成本上的优势以及资源分布的广泛性。

有机太阳能电池材料与无机半导体材料的区别在于：① 光生激子是强烈地束缚在一

起的，一般不会自动地离解成自由的电子和空穴；② 载流子以跳跃的方式在分子间传输，而不是像无机材料那样是在能带间传输，所以迁移率较低；③ 和太阳光谱相比，吸收光谱范围较窄，但光的吸收系数较高；④ 在有氧、有水的条件下不稳定等。这些因素对有机太阳能电池的应用有很大的影响。

目前运用较多的材料主要分为四大类：有机小分子化合物、有机大分子化合物、D-A二元体系、叶绿素模拟材料。

1. 有机小分子材料

有机小分子材料拥有一个共同的电子结构，即共轭二电子。由碳原子的单键和双键交替形成的体系被称为共轭体系。在共轭体系中，每个碳原子有三个等价的相互作用较强的δ电子和一个相互作用较弱的π电子，且π电子与三个δ电子所在的平面是垂直的。由于共轭二电子之间的相互作用较弱，它们会形成能量间隔较大的成键态和反键态，分别对应于HOMO和LUMO。

有机小分子化合物使用的历史已经很久，有很多材料都能够制备出性能较好的OPV器件。常见的有机小分子材料包括：酞菁、卟琳、菁、苝类化合物和富勒族及其衍生物等。酞菁类（MPC，M=Cu、Zn）化合物的热稳定性及化学稳定性很好，属典型的p型半导体，具有离域的平面大π键，在600～800nm的光谱区域内有较大吸收。其合成已工业化，是太阳能电池制备中很受重视、研究得最多的一类材料。早在20世纪50、60年代，人们就探讨了影响金属酞菁光电效应的各种因素，如中心金属离子、掺杂及环境气氛等。卟琳化合物具有良好的光、热稳定性，是较好的光敏染料。但是，由于卟琳具有非常大的电阻和相对较大的氧化电势，其光电性能比酞菁要差许多。菁染料容易合成、价格便宜，是良好的光导体，并在溶剂中具有良好的溶解度，应用起来很方便。菁染料分子含有较长的多甲川共轭链，吸收光谱的可调范围十分广泛，在可见光范围及红外范围吸收强度高。然而，菁也存在明显的缺陷，其光稳定性较差，且甲川基链越长，染料的稳定性越差。苝类化合物是典型的受电子体，也就是n型半导体材料，具有较高的电荷传输能力，在400～600nm光谱区域内吸收较强，图5-9所示为目前被广泛用做有机太阳能电池的光活跃层材料。富勒族及其衍生物也是典型的n型有机半导体，具有很高的电子迁移率和较长的激子扩散长度，如C_{60}的电子迁移率为$5.1\times10^{-2}cm^2/Vs$，激子的扩散长度为400Å，而且在300～700nm的光谱区域内有较强的吸收。图5-10所示为几种常用的激子阻挡层材料，包括BCP，BPhen，TPBi等。这些材料多有较宽的禁带，可以起到防止激子在电极附近淬灭的作用。

近年来，材料研究的重点是不断提高其导电性和稳定性。出现了以下几类应用于有机太阳能电池的材料，如低聚体（oligomer）、枝状分子（dendritner）和液晶材料。总体来说，这些材料的出现都是为了满足提高材料稳定性、增加光谱响应范围或提高材料导电性的要求。

2. 有机高分子材料

聚合物太阳能电池材料都具有π-π^*共轭体系，存在较宽的π和π^*能带，可通过掺杂或化学分子修饰来调整材料的电导性，使其带隙降低，有效吸收太阳光。同时，它们又具有可弯曲性、易加工成型、不易结晶、优良的机械性能和良好的成膜性，因而能制备大面积的柔性器件。迄今为止，典型的聚合物太阳能电池材料有下面几类：

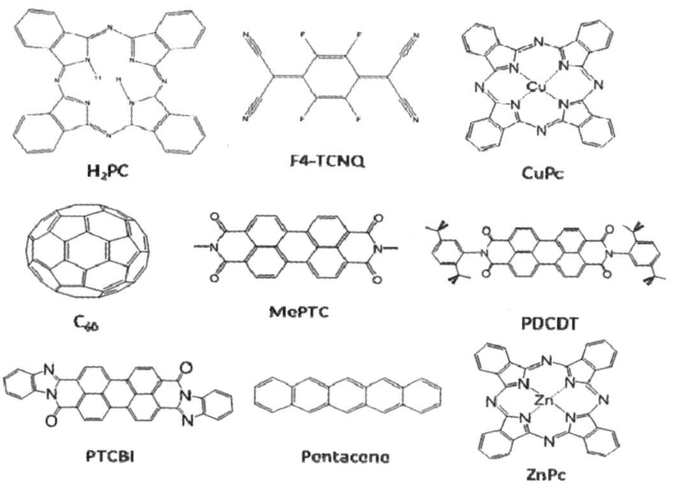

图5-9　光活跃层有机小分子半导体材料的分子结构

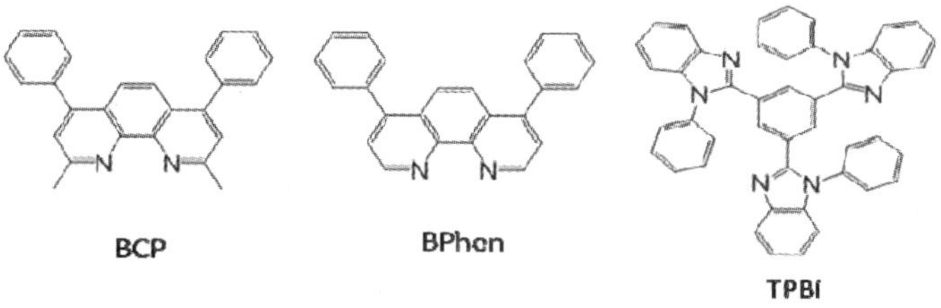

图5-10　几种常用的EBL材料分子结构

第一，聚噻吩（PAT）衍生物。由于聚噻吩类化合物具有良好的溶解性，所以很容易形成光学薄膜。也可以通过取代反应来修饰聚合物而改变其性能，使其带隙降低并在红外区吸收，与太阳光谱匹配较好。与其他聚合物相比，这类聚合物具有较高的光化学稳定性，对光的转换比较有利，并且具有较高的空穴迁移率，可以用做空穴传输材料，因此在有机太阳能电池方面应用很广。

第二，聚对苯乙烯（PPV）衍生物。聚对苯乙烯是一维共轭聚合物，其优点有：大的三阶非线性光学极化率、极快的响应速度、高的光致和电致发光效率、高增益的激光行为。近年来，PPV 在光电转化领域内备受关注，在 ITO/PPV/Mg 和 ITO/PPV/Al 等器件中，开路电压可达 1.2 V。常见的 PPV 衍生物有：RPPPV、MEH-PPV、CN-PPV 和 DMOS-PPV，其中，MEH-PPV 成为最引人注目并被广泛应用的一类，具有较好的溶解性、较强的吸收峰及较大的吸收系数，在吸收峰最大值（498nm）处 200nm 厚的薄膜吸收可达到 90%。

第三，含有富勒烯的聚合物。富勒烯和它的衍生物的光化学和物理性质得到了人们的广泛研究，由于其本身的优异性质，近年来人们把它和性能同样优异的聚合物共掺杂，取得了越来越好的成果。

除了以上介绍的几类聚合物外，还有一些聚合物也可以作为有机太阳能电池材料，包括聚对苯（PPP）衍生物、聚苯胺（PANI）、聚（2，5-吡啶）乙炔（P2VP）等。

过去的近 20 年间，人们对采用有机高分子材料（共轭聚合物）制成的各种光电器件尤其是光电二极管（OLED）进行了大量的研究，使得 OPV 自 20 世纪 90 年代起得到了迅猛的发展。常用的几种有机共轭聚合物材料的分子式如图 5-11 所示。

2003 年，Padinger 等人将热稳定性较好、玻璃转化温度 T_g 较高的聚 3-乙基噻吩（P3HT）:PCBM 共混体系，在高于其 T_g 温度下经过退火处理，迫使聚合物链沿着电场定向排列，大大提高了结构有序度和载流子的传输能力，使得光电转换效率由 0.4%提高到 3.5%。2007 年，Kim 等人利用旋涂的方法制作了两层级联结构的太阳能电池，其顶电池使用的是 P3HT:$PC_{70}BM$ 混合异质结结构，底电池使用的是 PCPDTBT:PCBM 混合结构，光电转换效率最高达到了 6.7%，开路电压 V_{OC} 到达了 1.15V。2009，Yang Yang 等人制成的 $PC_{70}BM$:PBDTTT 混合异质结电池，最高效率达到了 7.4%。聚噻吩衍生物不仅共轭程度高、具有较高的导电率、易于合成，还具有较好的环境稳定性和热稳定性。

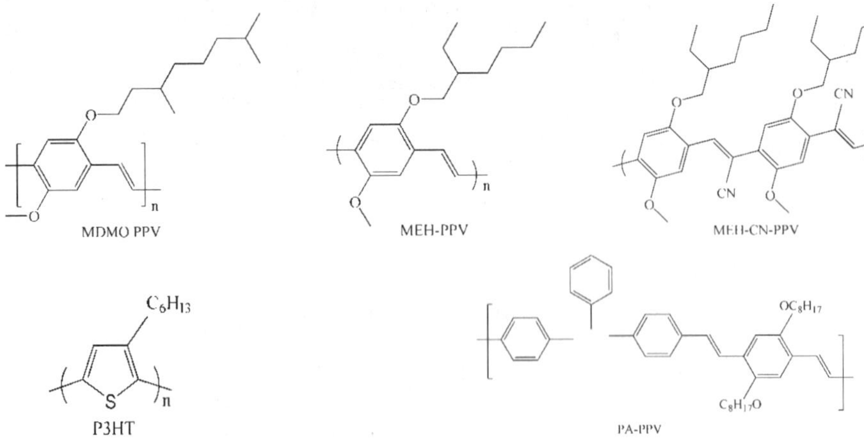

图5-11　常用有机聚合物太阳能电池材料

3. D-A二元体系

共轭聚合物/C_{60}是通过物理复合手段获得的微相分离的互渗双连续网络结构，这种结构对复合膜的形态非常敏感，制成的膜还存在一定的结构缺陷，有时会出现两相分离的区域，从而降低了电荷分离效率。后来研究发现，将给体和受体通过共价键连接，可以很简单地获得微相分离的互渗双连续网络结构，能够克服以上缺陷，开发出基于单一有机化合物的OPV器件。

2001年，荷兰的J. Janssen等人合成了侧链上悬挂着C_{60}的共轭聚合物（图5-12），并将其制作成OPV器件，测得在480nm处的IPCE为6%，开路电压达到0.83V，最大短路电流为 $0.42mA/cm^2$。2002年，Otsubo将齐聚噻吩连接到C_{60}上（图5-13），发现噻吩链越长、共轭

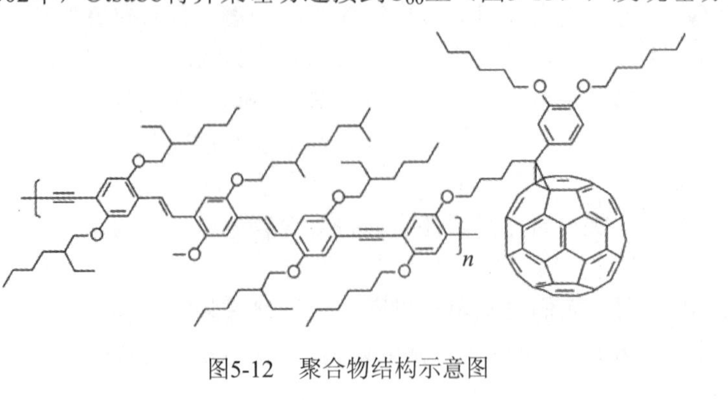

图5-12　聚合物结构示意图

程度越高、氧化电位越低，稳定光诱导电荷转移生成的正离子自由基的能力越强，制成的OPV器件光电转换效率最高为0.4%。曹镛教授小组合成了四种C_{60}衍生物PCBB、PCBM、BMFC、MEHPFP并分别与MEH-PPV制成电池，得到的光电转化效率依次为PCBB>PCBM>BMFC>MEHPFP，他们认为PCBB和MEH-PPV有更好的相溶性，因此能形成较好的互穿网络，得到的最高效率为2.84%。后来，他们通过叠氮烷烃与C_{60}合成了MPHAC、MPDAC、DMDPDAC，虽然溶解性能有所改善，但是所得到的电池性能较差，光电转化效率最高只有0.37%。

4. 叶绿素模拟材料

植物的天然叶绿素能将太阳能转化成化学能储存，其中关键的一步就是叶绿素分子受到光激发后产生电荷分离态，并且电荷分离态的寿命可长达 1s。电荷分离态存在时间越长就越有利于电荷的输出。美国阿尔贡国家实验室的工作人员合成了具有如下结构的化合物C-P-Q。卟啉环吸收太阳光并将电子转移到受体苯醌环上，然后胡萝卜素也可以吸收太阳光，将电子注入卟啉环，最后正电荷集中在胡萝卜素分子上，负电荷集中在苯醌环上，电荷分离态的存在时间长达 4ms。卟啉对太阳光的吸收远大于胡萝卜素，如果将该分子制成极化膜附着在导电高分子膜上，就可以将太阳能转化为电能。根据美国光热公司 A. M. Marks 等人的理论计算，这种塑料薄膜光电池可以将太阳光的 60%～80%转变为电能。虽然这一设计仅是一种理论模型，在技术上实现有不小的难度，但为太阳能电池的研究发展提供了新思路（如图 5-14）。

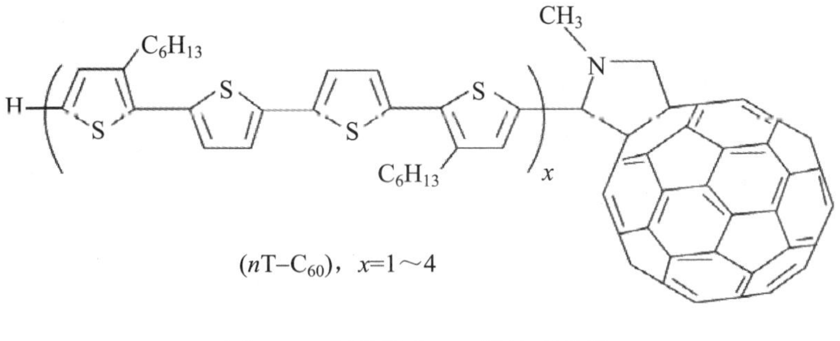

(nT–C_{60})，x=1～4

图5-13　齐聚噻吩-C60结构示意图

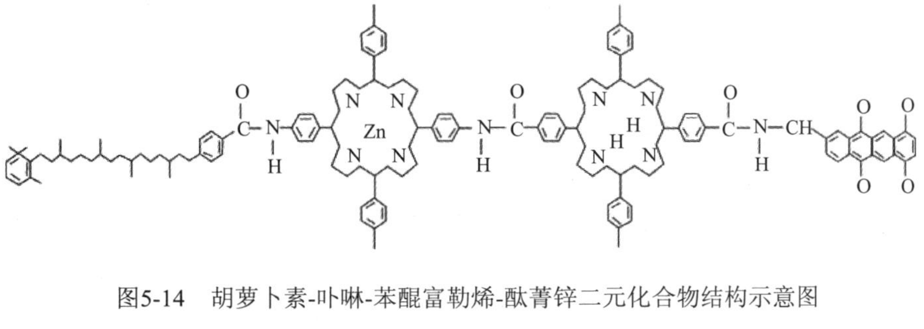

图5-14　胡萝卜素-卟啉-苯醌富勒烯-酞菁锌二元化合物结构示意图

5.3.2　有机太阳能电池结构

有机太阳能电池按结构分类，可分为单质结结构、双层异质结结构、体质结结构、级联结构、分子 D-A 结构、多层结构和染料敏化型结构。

1. 单质结结构有机太阳能电池

单质结有机太阳能电池是研究得最早的电池，其结构就是两个电极之间夹着一层有机材料。单层器件结构如图 5-15 所示，其内建电场起源于两个电极的功函数差异或者金属-有机染料接触而形成的肖特基势垒。该电场使得材料吸收光子产生激子分离，产生载流子。电子从低功函数的金属电极穿过有机层到达高功函数电极，从而产生光电压形成光电流，其光伏特性取决于载流子的浓度。这种结构的特点是工艺简单。然而缺点也很明显，如吸收光谱太窄、光作用区很薄、激子的扩散长度很短，使很多的光生载流子在通过有机或聚合物层时复合，导致效率较低。对单层结构电池来说，入射到电池光电导层的光强有很大部分被反射掉，这降低了光电池的能量转换效率。因此，需要优化电池的表面结构，使电池表面反射的光重新进入电池。目前，发现对有机材料进行 I_2 等掺杂可提高有机材料的电导率，通过表面离子极化激发技术提高光吸收量，可以提高电池的光电转换效率。此外，可以使用低串联电阻和小覆盖面的金属作为前电极，以获得大的填充因子和高的光电流。

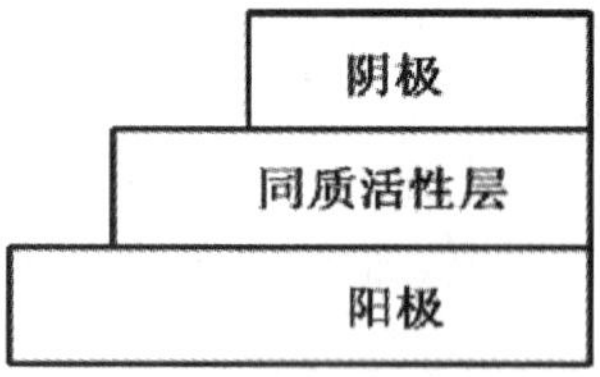

图5-15 单层器件结构

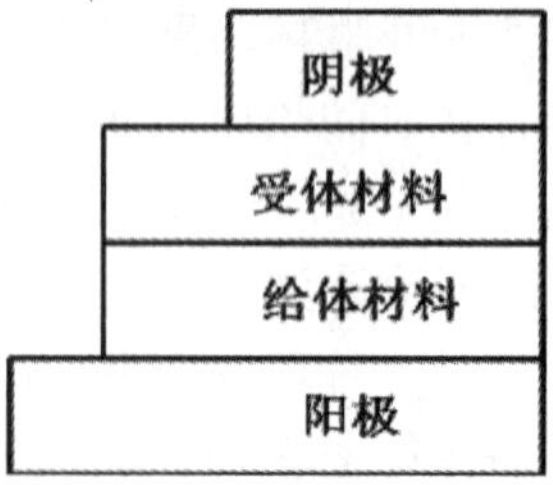

图5-16 双层异质结器件结构

2. 双层异质结有机太阳能电池

双层异质结器件也称为 p-n 异质结器件，它是将给体材料与受体材料分层排列在阳极和阴极之间，构成平面型 D/A 界面，如图 5-16 所示。因此，电池的光电转换性能是由两种聚合物材料形成的界面而非由电极/聚合物材料形成的接触而定。由于有机半导体之间的化合键作用，D/A 界面的表面态减少，从而降低了表面态对载流子的陷阱作用。界面区域是光生电荷的主要产区，与电场几乎无关，电极仅仅提供欧姆接触，这使得双层器件有较高的填充因子。

另外，在双层器件中，电子给体与电子受体材料界面处的超快速光诱导电荷转移过程，可以大大提高器件的效率。光诱导电荷转移过程在前面部分已有介绍。

与单层器件相比，p-n 异质结器件的性能有很大的提高，其最大优点在于同时提供了电子和空穴传输材料。当激子在 D/A 界面处分裂后，电子在 n 型受体材料中传输，空穴在 p 型给体材料中传输。这样，就降低了自由电荷重新复合的机会，提高了激子的分离效率。另外，通过合理选择聚合物材料，可以制造出宽光谱范围响应的器件，将各种染料掺杂在器件中可提高光生带电载流子的产率。

双层器件也有它自身的缺点。由于有效的电荷分离只发生在 D/A 界面处，即在接近于激子扩散途径或空间电荷区附近，而在远离 D/A 界面处产生的激子就会在扩散到异质结界面处之前复合掉，同时，较小的电荷分离区域限制了吸收光子的数量，所以这类太阳能电池的光电转换效率仍有待提高。其中，增加 D/A 界面对提高太阳能电池转换效率尤为重要。

3. 体相异质结有机太阳能电池

针对单异质结器件 D/A 界面面积有限，不能有效利用光吸收形成激子的问题，人们提出了另外一种解决器件厚度和激子扩散长度之间矛盾的方法——体相异质结结构，也叫做 p-n 本体异质结太阳能电池。其器件结构如图 5-17。

采用体相异质结结构可以增加器件 D/A 界面的面积，有效提高器件效率。但由于体异质结薄膜的微观结构不是均一的，相分离是不连续的，实际上，互穿网络的微观结构是无序的，两种组分可能是以孤岛的形式存在，网络之间存在大量缺陷，从而阻碍了电荷的分离和传输。体相异质结太阳能电池由于受载流子传输特性的限制，对材料的形貌、颗粒的大小较为敏感，因此填充因子相应较小。因此，形成双向连续、相互贯穿的有效的体异质结网络，成为进一步提高体相异质结构太阳能电池效率的限制因素。

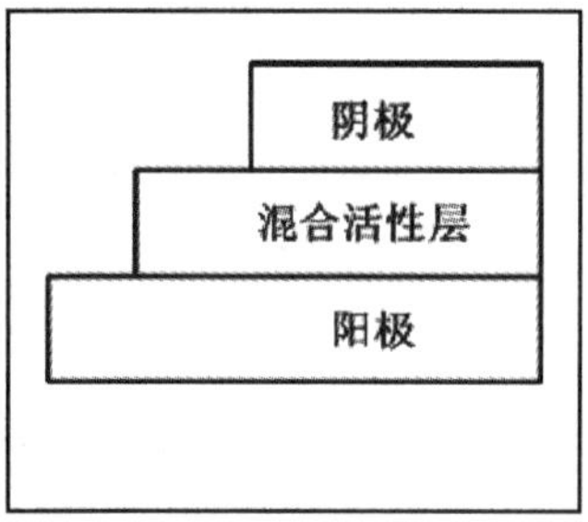

图5-17　体相异质结器件结构

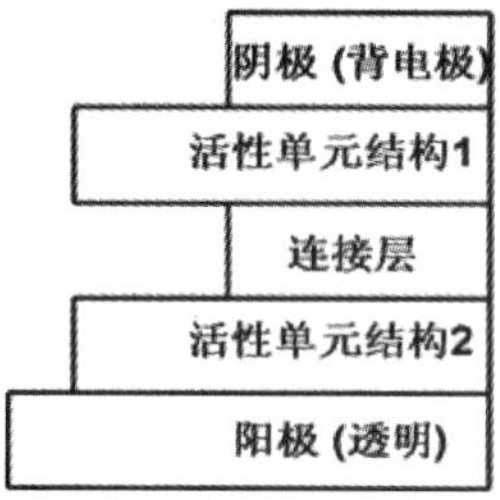

图5-18　级联器件结构

4. 叠层结构有机太阳能电池

叠层（级联）结构如图 5-18 所示，它是将两个或多个器件单元用串联的方式做成的叠层电池。这种结构可以拓宽吸收光谱的范围，提高太阳能电池的开路电压和能量转换效率。太阳光谱的能量分布很宽，而单一材料的吸收范围有限，因此只有部分太阳光能量被吸收。另外，电池中没有被吸收的太阳光能量可使材料产生热效应，使电池性能退化。叠层结构很好地解决了这两个问题，它可以利用不同材料的不同吸收范围，增加对太阳光谱的吸收，提高效率和减少退化。由于串联的缘故，叠层结构电池的开路电压一般都比子单元结构的开路电压大（理想情况下，总的开路电压等于各个子单元开路电压之和）。光生电流是叠层结构电池转换效率的主要限制因素。合理地选择各个子单元器件的能隙宽度和厚度，保证各个子单元器件之间的欧姆接触，是提高叠层电池转换效率的关键。2007 年，Science 报道了一个采用窄能隙结构单元作为第一层的级联器件，其性能参数为（AM1.5）：短路电流密度 J_{SC} 为 $7.8\text{mA}/\text{cm}^2$，开路电压 V_{OC} 为 1.24V，填充因子 FF 为 0.67，功率效率 η_P 为 6.5%，这是目前该种结构有机太阳能电池的最好水平。

5. 分子 D-A 结构有机太阳能电池

分子 D-A 结构属于单层结构器件，但它又区别于单层器件。它是将具有电子给体性质的单元以共价键方式连接到受体聚合物或者小分子上，形成分子 D-A 结材料，即同质双极材料。以这种材料为活性层制作的单层器件，称为单层分子 D-A 结器件，结构如图 5-19 所示。分子 D-A 结构的激子解离机制与单层 Schottky 器件不同，激子解离的动力来源于光诱导下分子内由于给体和受体的同时存在而产生的化学势梯度，而该化学势梯度又主要取决于分子内 D 基团与 A 基团的链接模式，这不但促进了分子内得激子解离，同时也驱动了电荷的迁移；而 D 与 A 的连接模式一方面与它们各自的电子结构特性有关，另一方面受他们之间的距离、比例、相对空间位置等的影响。理想状态下，D-A 结器件在分子内产生激子解离，可从根本上避免给体材料和受体材料之间的相分离，以及由于给体或受体分子的聚集现象而导致的电荷分离效率降低的问题。但是，与相应的本体异质结器件相比，在 D-A 分子内伴随着光诱导电荷转移的发生，使得电荷复合几率也得到增强。

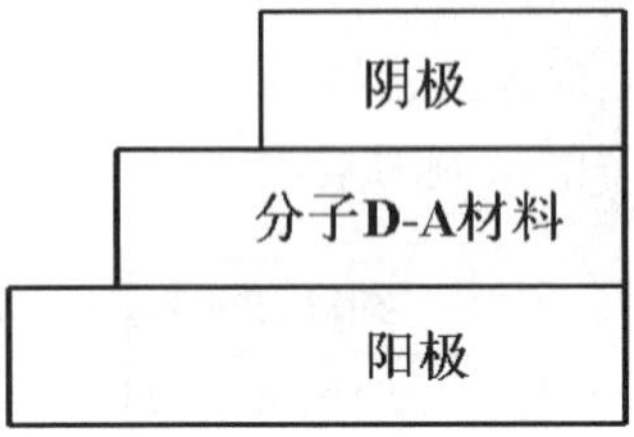

图5-19　分子D-A结构

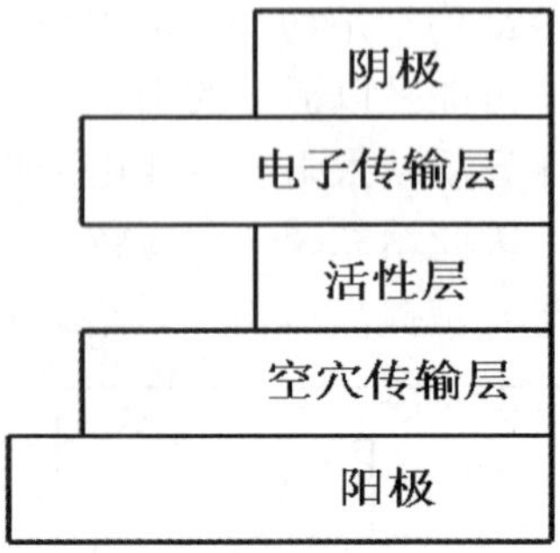

图5-20　多层结构

6. 多层结构有机太阳能电池

多层结构有机太阳能电池将光吸收过程和载流子的传输过程有效分开，结构如图 5-20 所示。在这种结构中，染料吸收的光子只有 10%产生了光量子，其他大部分则由于辐射和非辐射而淬灭，因此这种电池的效率很低，内量子效率只有 10%，总能量转化效率远低于 1%。但多层结构有机太阳能电池的生产成本低、实用性强，因此仍具有很大的研究价值。

5.4　有机太阳能电池制备工艺

5.4.1　制备工艺流程

由于有机薄膜太阳能电池具有巨大的应用前景，要实现产业化就要求其制备工艺简单，以降低生产成本，这促进了人们对制备工艺的研究。有机太阳能电池的制备工艺流程主要包括以下几个过程：① ITO 玻璃的清洗及预处理；② 有机薄膜的制备；③ 金属电极的制备。

1. ITO 表面处理工艺

（1）ITO 基板清洗

基片为镀有均匀 ITO 膜的玻璃衬底。ITO 与有机功能层间的界面对器件光伏性能的影响至关重要，基片表面的平整度和清洁度对其后有机材料的成膜性影响很大，不洁的表面会引入势垒和杂质能级，降低器件的稳定性。因此，在基片使用之前，必须对其进行彻底清洗。所有的清洗过程均在超声容器中完成，利用超声波的高效去污功能提高玻璃表面的清洁度。

清洗步骤如下：

① 将 ITO 玻璃在碱性洗涤剂中超声清洗 15～20min，并用无尘布擦洗 ITO 表面，然后用去离子水冲洗基片；

② 丙酮超声 15min，再用去离子水冲洗基片；

③ 无水乙醇超声 15min，再用去离子水冲洗基片；

④ 去离子水超声 15min，再用去离子水冲洗基片；

⑤ 将基片放入装有干净去离子水的烧杯中，用锡箔纸封住杯口。

（2）ITO 表面等离子体处理

表面处理的主要目的是为了提高 ITO 的功函数、去除基片表面吸附的气体和杂质。常见的表面处理方法有：紫外臭氧处理、酸处理、O_2、Ar 等离子体处理、SF_6 等离子体处理等，其中以 O_2 等离子处理最为常见。由于在对 ITO 清洗的过程中要用到有机溶剂，因此 ITO 表面往往有很多的碳残留。O_2 等离子具有强氧化性，能有效去除残留的碳原子，同时表面碳粘污的去除也被认为是改变 ITO 功函数的主要原因之一。

典型的处理过程为：待预处理室真空度为 3Pa 以下时，充入 O_2 直至压强为 25Pa；开启离子轰击电源，调整轰击电压为 250V 处理 5 分钟时间；关掉轰击电源，冷却 15 分钟。

2. 有机薄膜制备工艺

有机薄膜的制备是十分关键的，薄膜质量的好坏直接影响着 OPV 器件的效率。有机小分子常用真空蒸镀的方法，而有机聚合物材料常用旋涂的方法制备薄膜。随着器件应用发展的需要，相继出现了其他的制备工艺，如有机蒸汽喷印、有机气相沉积、丝网印刷和喷墨打印等。

（1）真空蒸发镀膜

真空蒸发镀膜常用来制备有机小分子材料，其制备的薄膜均匀致密。该方法具有简单便利、操作容易、成膜速度快、效率高等特点，是薄膜制备中使用最为广泛的技术。真空蒸发沉积过程由三个步骤组成：① 蒸发原材料由凝聚相转变成气相，② 在蒸发源与基片之间蒸发粒子的输运，③ 蒸发粒子到达基片后凝结、成核、长大、成膜。真空蒸发镀膜的真空度要求比较高，当真空腔体内气体分子很少的时候，不会使加热到高温的有机材料被氧化，同时保证大部分有机分子在飞往基片表面的过程中不碰到其他气体分子而保持直线运动，最后沉积到基片表面。

表 5-1 有机材料蒸镀参数表

材料	蒸发压强（Pa）	蒸发温度（℃）	蒸发速率（Å/10s）
并五苯	1.2×10^{-4}	80～90	3
CuPc	2.0×10^{-4}	270～300	5
SubPc	1.9×10^{-4}	134～152	2～3
C_{60}	1.5×10^{-4}	286～350	3
BPhen	6.5×10^{-5}	92～98	3～4
Rubrene	1.4×10^{-4}	99～128	3

有机材料的具体蒸镀过程为：加热有机材料至特定温度，通过控制温度调节材料的蒸发速度，利用晶体振荡器监控生长厚度。在蒸镀过程中，由于有机材料容易分解，因此要严格控制蒸镀温度。为避免薄膜的质量对器件性能的影响，蒸镀有机材料的过程中，要严格控制升温速度，确保蒸发速率保持恒定，薄膜均匀生长。表 5-1 所示为常用有机太阳能

电池材料的蒸镀工艺参数。

（2）旋涂

旋涂制备聚合物薄膜具有工艺简单、成本低廉、便于操作等优点。

旋涂一般包括三个步骤：配料、高速旋转、溶剂挥发成膜。配料又可分为静态配料和动态配料。静态配料是直接把溶液滴于基片的中央，可根据溶液的浓度和基片的面积确定所滴溶液的量；动态配料是在基片低速旋转的同时滴下溶液，该方法可利用旋转将材料涂满基片，并且不需要事先将基片整体浸润而节省材料。配料完成后开始加速至相当高的转速，使涂层变薄以达到所需要的厚度。高速旋转后，通常要把薄膜在真空条件下进行干燥，增加薄膜的物理强度。具体过程如图 5-21 所示：在最初旋涂阶段，聚合物和溶剂均被甩出基片（i）、（ii）；薄膜分为两层，且随着溶剂的蒸发而变薄（iii）；聚合物的界面开始改变（iv）；最终，形成相分离的薄膜（v）、（vi）。该法原料使用效率低，90%以上的材料被浪费，同时，无法进行大面积制备薄膜。

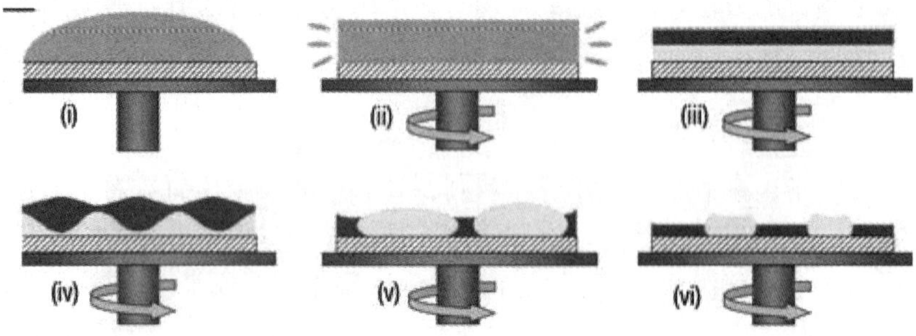

图 5-21　旋涂工艺的过程示意图

旋涂在制备单层聚合物薄膜中发挥出它独特的优势，但在多层聚合物薄膜制备中却遇到一些问题，在旋涂次层聚合物层时很可能把前一层溶解。解决的办法就是选择不同的有机溶剂，次层聚合物的有机溶剂不溶或难溶前层聚合物。

（3）喷墨打印

在聚合物材料制备技术中，喷墨打印无需掩模板，可以非接触式打印图案，费用低，效率高，因此可大大提高原材料利用率。喷墨打印技术早在 19 世纪就已经被发现，但真正投入广泛使用是 20 世纪 70 年代之后。在喷墨打印过程中，控制溶剂的挥发非常重要，它直接影响着薄膜的均匀性。由于尺寸效应，喷墨微滴的挥发机制和宏观液体完全不同，喷墨微滴干燥的时间非常短。同时，由于液滴与界面的接触角以及边缘与中心挥发速度的不同，导致液滴形成的高分子薄膜厚度一致型欠佳。人们通过制备缓冲层多滴沉积、优化挥发条件、后续处理等方式来提高薄膜厚度的均一性。在工艺方面，存在以下几个关键技术问题：① 墨水的研制；② 打印头与打印系统的设计；③ 溶剂蒸发的控制等。

（4）有机蒸汽喷印

有机蒸汽喷印（简称 OVJP）最早是 2004 年美国普林斯顿大学 Forrest 等人报道的。有机蒸汽喷印是一种直接、高效和快速沉积有机半导体薄膜的新方法。有机分子在高温的腔室内升华，从腔外注入热的惰性传输气体（如 N_2）等，在腔内形成高温高压的有机分子和惰性气体的混合气体。有机分子气体在惰性传输气体的带动下通过微型喷嘴喷涂到腔外温度较低的基片上，有机气体分子遇冷很快凝聚形成一层有机分子薄膜。有机蒸汽喷印制备有机半导体薄膜工艺简单，与真空蒸发镀膜和旋涂制膜相比更节省原材料。与喷墨印刷相比它是一种干法气相制膜过程，用惰性传输气体代替了液体溶剂，直接把有机气体分子喷涂到基片上。

有机分子和溶剂的不相容性和其他问题限制了喷墨打印的应用，这种新的制备薄膜的方法避免了这个问题。有机气相喷印可以直接喷印图案，不需要掩模板，薄膜的厚度和面积可以通过调节腔外的喷嘴直径、喷嘴距基片的距离、腔内外的压强差和有机分子和传输气体分子的质量比来控制。这些因素直接影响着薄膜的厚度和大小。其他条件不变的情况下，大的喷嘴直径得到的薄膜厚度和宽度较大，喷嘴离基片的距离越小薄膜的均匀性越好，边界影响越小。有机气相喷印不仅用于有机薄膜太阳能电池的制备，也可以用于有机薄膜晶体管、OLED 等的制备。

（5）有机气相沉积

有机气相沉积最早的文献报道是在大气压下沉积有机盐 DAST 非线性光学薄膜，它是一种经济、快速、可大面积生长小分子和聚合物有机薄膜的方法。沉积薄膜原理与有机气相喷印有些相似，有机分子在高温的腔室内升华，从腔外注入热的情性传输气体（如 N_2）等。

惰性传输气体把有机蒸汽分子传输到较冷的旋转基片上，有机气体分子遇冷沉积成薄膜。接近升华点时，有机材料的蒸汽压随温度变化很快，改变蒸发源的温度来精确控制有机气体分子的传输率是很困难的。如果蒸发源温度控制在一定的范围之内，可以精确控制惰性气体的流量来改变有机分子气体在气流中的含量。

在有机气相沉积中，影响薄膜厚度的因素主要有蒸发源温度、腔内蒸汽压、惰性传输气体的流量、基片温度和基片距蒸发源的距离等。

（6）丝网印刷

丝网印刷是广泛用于印刷工业的一种印刷工艺，后来应用到印刷电路、太阳能电池、碳纳米管的制备等。由于旋涂法制备聚合物薄膜时大部分材料被浪费掉了，而丝网印刷克服了旋涂工艺中有机材料利用率低的缺点。丝网印刷首先要选择合适的丝网制备网版，根据印刷浆料来选择丝网材料、厚度和目数，丝网材料必须要耐有机溶剂。丝网的厚度和目数直接决定着所印有机薄膜的厚度和图案精度，丝网的直径不超过所印最细线条宽度的 1/3，丝网的开孔至少为浆料介质中颗粒尺寸的 2.5 倍，以保证印刷浆料的良好通透性和附着均匀性。制版是在丝网上涂感光胶，掩模、曝光等获得所需要的印刷图案。浆料的配制也是很关键的，合适粘度的浆料是得到均匀薄膜的前提条件之一。

要想印刷出高质量的有机薄膜，除刚才提到的丝网和浆料外，在印刷过程中需要注意的因素很多，如刮板的速度、角度和力度，丝网的张力和洁净度，刮板到丝网之间的距离，基片的平整度等。

3. 金属薄膜电极的形成工艺

有机薄膜太阳能电池器件的金属电极制备是在真空镀膜设备内，通过高温蒸镀完成的。为了得到连续的高质量的金属薄膜，腔体压强一般低于 10^{-3}Pa，膜厚一般都控制在 100nm 以上，这样才能保证得到高质量的金属电极，保证金属电极具有良好的导电性。在金属蒸镀的过程中，使用掩膜板来控制器件的有效面积。

根据有机太阳能电池能带模型，有机物的 LUMO 能级与金属费米能级的能量差决定了电子注入的能力，因而易采用低功函数金属，以改善电子注入情况。常用的金属电极一般为金属 Au，Ag 和 Mg。

图 5-22 所示为典型有机太阳能电池的制备工艺流程示意图，根据所制 OPV 器件结构和材料的不同，制备过程也有差异。

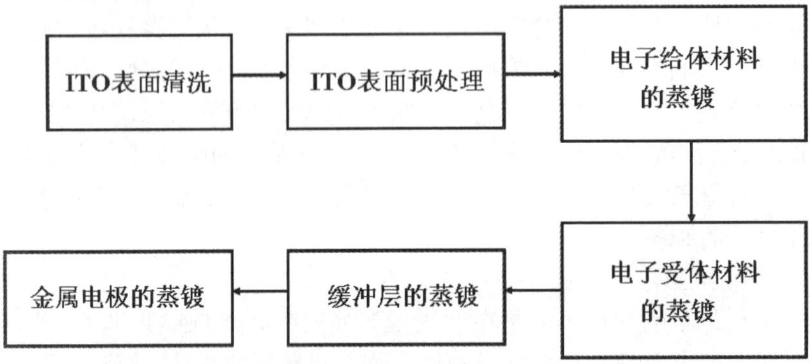

图 5-22　典型有机太阳能电池器件的制备工艺流程

5.4.2　电池的制备系统

有机太阳能电池的制备系统如图 5-23 所示。它主要由两部分组成，一是控制部分，二是蒸镀部分。控制部分是由真空显示台、温控电源、样品架升降电源、机械泵电源、分子泵电源、离子轰击电源、金属蒸发源和快门控制电源等组成，其主要作用是在整个器件制备过程中，调控和显示蒸发速度和蒸发温度等参数。蒸镀部分主要是由预处理腔、有机蒸镀腔、金属蒸镀腔、冷却设备、封装腔、三个机械泵、两个分子泵和晶体振荡器等组成，其主要作用是制备薄膜太阳能电池。

1—仪器控制台；2—传送杆；3—O_2气储气罐；4—预处理室；5、8、10—挡板阀；6—有机薄膜镀膜室；7—涡轮分子泵；9—金属电极蒸镀室；11—封装室；12—膜厚动态监控仪；13—直联泵（分子泵前级）

图 5-23　有机太阳能电池制备用蒸发镀膜系统

图中 4 室为离子轰击室，主要功能是对 ITO 基板进行 O_2 离子轰击，完成基板的预处理。6 室为有机薄膜镀膜室，配备有涡轮分子泵 7 作为主泵、直联泵 13 作为分子泵前级，主要完成在真空条件下将有机材料热蒸镀到 ITO 基板上。9 室为金属电极蒸镀室，主要功能是蒸镀金属电极到基板。11 室为器件封装室，可实现在 N_2 环境下对器件进行封装。

5.4.3　主要符号

本章所述中主要的符号表意如下：

P3HT——聚 3 已基噻吩

C_{60}——富勒烯

PCBM——苯基C61丁酸甲酯

MoO_3——三氧化钼

ITO——氧化铟锡

PEDOT——聚3,4-乙撑二氧噻吩

Bphen——4,7-二苯基邻菲咯啉

Ag——银

A——受体（acceptor）

D——给体（donor）

IPCE——外量子效率（Incdent photo-current conversion efficiency）

I_{SC}——短路电流（short circuit current）

V_{OC}——开路电压（open circuit Voltage）

FF——填充因子（Fill factor）

H——光电转换效率

思考简答题

1. 请阐述有机太阳能电池的工作原理。
2. 制约有机太阳能电池性能的因素有哪些？
3. 根据有机太阳能电池的电荷转移机制，提高其光电转换效率的方法有哪些？
4. 简述有机太阳能电池材料与无机太阳能电池材料的主要区别。

第 6 章　染料敏化太阳能电池材料及其应用

6.1　染料敏化太阳能电池

6.1.1　概述

染料敏化太阳能电池（Dye-sensitized Solar Cells，DSCs）的发展历史最早可以追溯到 19 世纪。1837 年，Vogel 发现用染料处理卤化银颗粒，其光谱响应从 460nm 拓展到红光甚至红外光，这是染料敏化半导体材料的最早报道。1887 年，Moser 在赤藓红染料敏化卤化银电极上观察到了光电响应现象，并将染料敏化概念引入到光电效应中。1949 年，Putzeiko 等人将罗丹明 B、曙红、赤藓红、花菁等有机染料吸附于 ZnO 上，观察到了光电流响应。1968 年后，染料敏化半导体的相关机理受到关注。Gerischer 等采用玫瑰红、荧光素以及罗丹明 B 敏化单晶 ZnO 电极，发现敏化电极光电流谱与染料吸收光谱在形状上基本一致。科学家也进一步研究了光诱导下有机染料与半导体之间的电荷转移反应，并提出了染料敏化半导体光敏电流的产生机理，从而构成了光电化学电池的理论基础。此后，有机染料敏化半导体的研究非常活跃，Gerischer、Memming、Hauffe、Bard 等大量研究了各种有机染料与 ZnO、SnO_2、TiO_2、CdS、WO_3、Fe_2O_3、Nb_2O_5、Ta_2O_5 等半导体薄膜间的光敏化作用。这些早期的研究主要集中在表面光滑的半导体材料表面，而这种吸附于光滑半导体表面的单层染料（即使是消光系数最高的一类染料）敏化的光捕获效率远远小于 1。采用多层染料来增加光捕获率，事实表明也是不成功的。1991 年前，也有报道通过提高半导体表面粗糙度以增加染料吸附量，并让染料与氧化还原电解液直接接触的思路，但其光电转换效率仍然低于 1%，并且染料不稳定。

1991 年，瑞士洛桑高等工业学校（EPFL）M. Grätzel 教授领导的小组在染料敏化太阳能电池研究中取得了突破性进展，他们用具有高比表面积的纳米多孔 TiO_2 代替传统的平板电极，形成约 10 微米厚的光学透明膜，然后浸渍染料，开发出一种光电转换效率达 7.1%（AM1.5）、电流密度达 12mA/cm^2 的 DSCs。此后，经过近 20 年的发展，DSCs 光电转换效率已经超过 11%（如图 6-1 所示），达到了非晶硅（a-Si）薄膜太阳能电池的水平。

与硅基太阳能电池技术相比，DSCs 的最大优势首先在于其极低的制造成本和投资成本，电池模块制作相对简单，易于实现。

实验室内制造 DSCs 的基本流程为：

① 以纳米晶 TiO_2 浆料在透明导电玻璃上制作光阳极；

② 将光阳极浸泡在染料溶液中，使染料分子吸附于 TiO_2 纳米晶表面；

③ 制作具有良好空穴收集能力的对电极；

④ 在光阳极和对电极间注入电解质溶液；

⑤ 引出电极；

⑥ 性能测试。

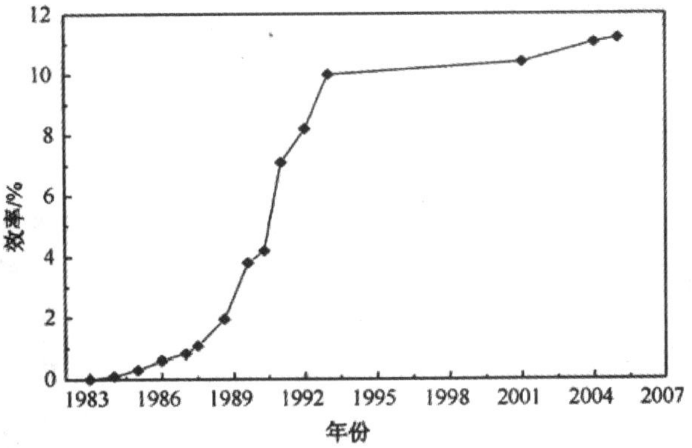

图 6-1　小面积 DSCs 的光电转换效率变化图

第一，上述步骤都能以较低的成本实现。

第二，DSCs 的输出功率不但不随温度升高而降低，而是随温度升高增大（参见图 6-2）；相反，晶体硅太阳能电池的输出功率随温度升高而降低。这表明 DSCs 在高温天气环境下仍然可以保持较好的性能。

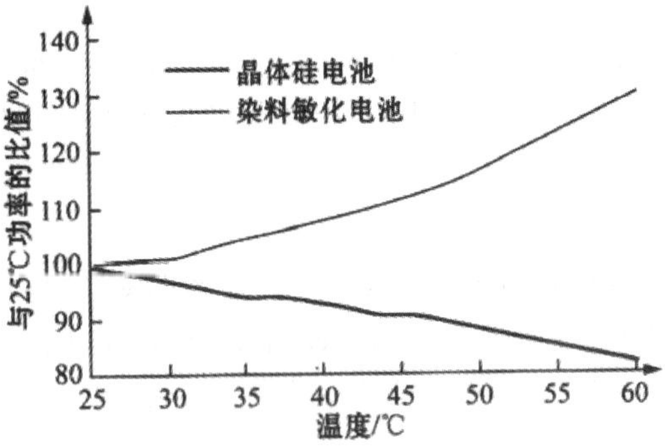

图 6-2　两种太阳能电池输出功率随温度的变化

第三，DSCs 的弱光性能比晶体硅太阳能电池好，这使 DSCs 作为光伏玻璃幕墙应用时，可以同时吸收室外和室内光线。原则上，由于其弱光性好，DSCs 不但可以在太阳光照射下发电，也可以在月光照射下发电。

由于具有上述优点，自 1991 年 Gratzel 等人开创性的工作以来，DSCs 吸引了一大批科学家的关注，欧洲、日本、韩国、中国、澳大利亚等国都有较多的 DSCs 研究小组开展相应的工作，这使该领域近年来得到了快速的发展。图 6-3 所示为近年来该领域所申请的专利数量，由此可见 DSCs 技术发展非常迅速。

由于具有较低的投入成本和较高的转换效率，DSCs 逐渐受到光伏行业的重视。2003 年，澳大利亚 Dyesol 公司实现了 DSCs 的产业化，制作了 DSCs 组件并应用到一体化光伏建筑（BIPV：Building integrated photovoltaics）中。2007 年，英国的 G24 Innovations 公司将卷对卷技术应用到 DSCs 组件的生产中，并实现了当年产能达到 25MW。采用该技术生产的 DSCs 组件厚度小于 1mm，并推出便携式太阳能充电器产品，可以在室外或室内为手机、笔记本电脑、mp3、数码相机等进行充电。

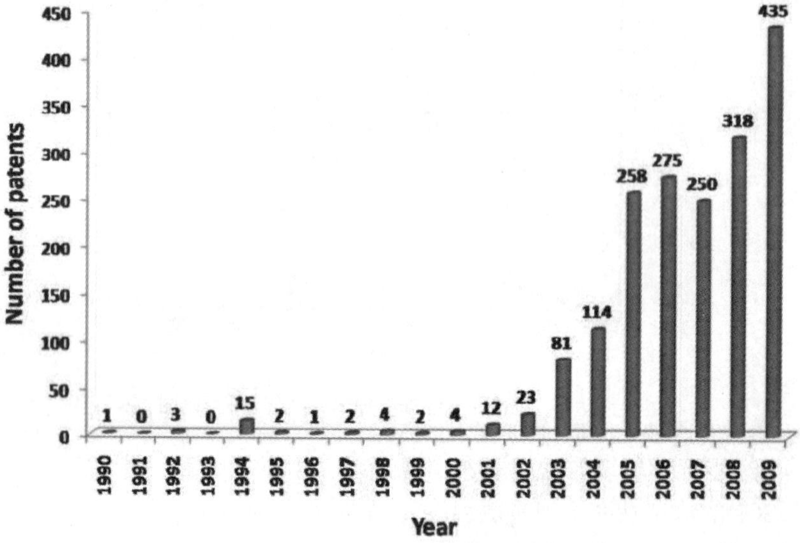

图 6-3 近 20 年来 DSCs 领域的专利数量（重画）

此外，一些大的跨国公司，如 BASF，Bosch，Toyota、Sharp、Panasonic、Sony、Fujikura、Samsung 等，都对 DSCs 表示了强烈的兴趣。其中，Sony 和 Sharp 已经开发出具有知识产权的 DSCs 技术和产品，并采用了柔性电池和玻璃衬底的薄膜电池两种封装形式。

6.1.2 结构与工作原理

染料敏化太阳能电池（DSC 或 DSCs）的基本结构如图 6-4 所示，主要包括光阳极（Photoanodes）、染料（Dyes）、电解质（Electorlytes）、对电极（Counter Electrodes）四部分。其中，光阳极为整个 DSCs 器件的核心，它包括介孔氧化物膜层和支撑层。介孔氧化

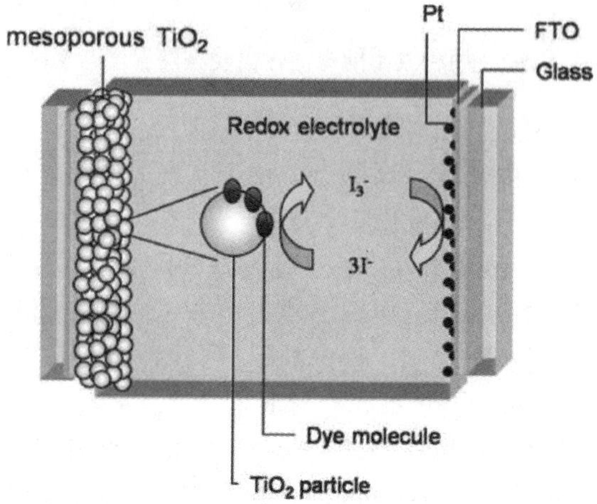

图 6-4 DSCs 结构示意图

物膜层一般由 TiO_2 纳米颗粒（典型尺寸为 10～30nm）烧结而成，其厚度约 10μm，孔隙率为 50%～60%。支撑层最常用的衬底为带有 F 掺杂 SnO_2 薄膜的透明导电玻璃（FTO）。

染料分子一般以单层形式吸附于介孔氧化物层表面。O’Regan 等人的研究工作提供了基于介孔 TiO_2 电极的 DSCs 在普通工作条件下的一些典型参数：① 在正常工作条件下，每个 TiO_2 颗粒中大概有 10 个电子；② TiO_2 中大于 90%的电子被捕获，而不到 10%的电子位于其导带上；③ 在一个约 18nm 的 TiO_2 颗粒上大约有 10000 个 H^+吸附位点；④ 在一个约 18nm 的 TiO_2 颗粒表面大概有 600 个染料分子；⑤ 每个染料分子每秒吸收一个光子；⑥ 电子注入到 TiO_2 颗粒的流量大概是 $600s^{-1}$；⑦ 在工作条件下，大概每 150 个 TiO_2 颗粒中有 1 个染料处于氧化态；⑧ 电解液中溶质的总体积分数为 10～20%；⑨ TiO_2 颗粒周围的每个孔隙中，大概有 1000 个 I^-和 200 个 I_3^-；⑩ I_2 浓度小于 1μM，即每 10000 个 TiO_2 颗粒中大约有 1 个自由 I。

在光辐照下，染料分子被激发产生光生电子与空穴，电子被注入到氧化物导带，染料处于氧化态。染料再被电解液（电解液一般为含碘化物/三碘化物氧化还原对的有机溶液）中的氧化还原对还原到基态，同时电解液中的 I^-被氧化形成 I_3^-离子，并通过电解液扩散至对电极（对电极一般为镀有很薄 Pt 催化剂薄膜的导电玻璃）。在阴极，I_3^-得到电子被还原为 I^-。DSCs 工作中的电子转移过程更复杂，图 6-5 较详细地给出了 DSCs 中电子转移的示意图。图中的 0、2、3、4、7 是能提供对外输出的有效电子转移途径，但实际上在发生有效电子转移时也伴随有损失反应（loss reations）1、5、6。反应 1 为处于激发态的染料直接复合还未注入 TiO_2 导带的电子。反应 5、6 分别为已注入到 TiO_2 导带的电子与处于氧化态的染料、电解液中的受主复合。原则上，电子转移到 I_3^-既可能在纳米晶氧化物与电解液的界面上发生，也可能在暴露给电解液的阳极接触区（通常为 F 掺杂的氧化锡薄膜）发生，后者一般都通过在阳极表面沉积致密的阻挡层来避免。

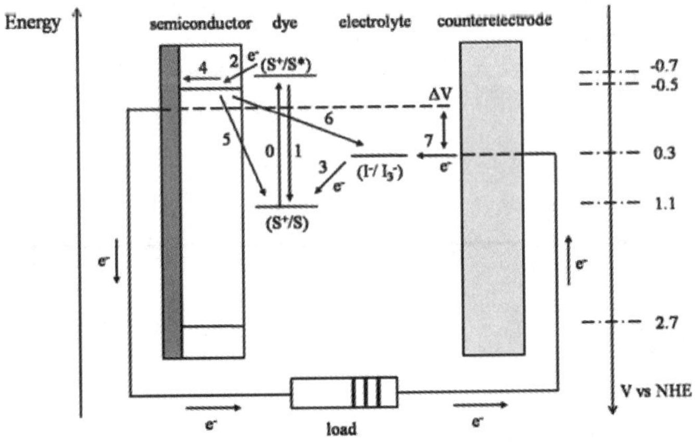

图 6-5　DSCs 中电子转移过程示意图

在 DSCs 内所发生的上述过程可以用以下表达式进行较为详细的描述：

① 染料分子受光照激发，由基态（S）跃迁到激发态（S*）：

$$S + h\nu \rightarrow S^* \tag{6-1}$$

② 激发态染料分子（S*）将电子注入到半导体颗粒（如 TiO_2）的导带（cb）：

$$S^* + TiO_2 \rightarrow TiO_2^-(cb) + S^+ \tag{6-2}$$

③ 半导体颗粒导带（cb）中的电子扩散至导电玻璃导电面，然后流入到外电路：

$$TiO_2^- \rightarrow e^- \tag{6-3}$$

④ 氧化态染料分子（S^+）被电解液中的还原剂（I^-）还原，回到基态，还原剂被氧化为I_3^-：

$$S^+ + \frac{3}{2}I^- \rightarrow S + \frac{1}{2}I_3^- \tag{6-4}$$

⑤ I_3^-扩散至对电极，得到电子被还原：

$$e + \frac{1}{2}I_3^- \rightarrow \frac{3}{2}I^- \tag{6-5}$$

⑥ 激发态染料分子中的电子与染料分子中的空穴复合，回到基态：

$$S^* \rightarrow S \tag{6-6}$$

⑦ 半导体颗粒导带（cb）中的电子与氧化态染料分子（S^+）复合：

$$S^+ + TiO_2^-(cb) \rightarrow TiO_2 + S \tag{6-7}$$

⑧ 半导体颗粒导带（cb）中的电子与I_3^-复合：

$$TiO_2^-(cb) + I_3^- \rightarrow 3I^- + TiO_2 \tag{6-8}$$

很显然，DSCs 的工作原理与单晶硅太阳能电池的工作原理有显著的不同，二者的主要区别总结如表 6-1 所示。

表 6-1　DSCs 与单晶硅太阳能电池工作原理比较

染料敏化太阳能电池 DSCs	单晶硅太阳能电池
光子被染料分子吸收，光生载流子通过 TiO_2 半导体光阳极和电解液传输	光子吸收和光生载流子传输均在同种材料中进行
光生载流子分离在染料/半导体界面与染料/电解液界面发生	光生载流子分离由结区电场驱动
电子在多孔光阳极半导体材料中输运，空穴在电解液中输运	光生电子和空穴在同种材料中输运

6.2　光阳极材料

6.2.1　概述

光阳极是 DSCs 的关键组成部分。1991 年，M. Gratzel 教授等人对 DSCs 发展的主要贡献之一就是：以纳米晶 TiO_2 制作多孔光阳极，显著提高了 DSCs 的光电转换效率。DSCs 光阳极的主要功能包括：采光（light harvesting）、电子注入、电子收集。

为了理解 DSCs 对光阳极的基本要求，这里将简单讨论光阳极半导体参与的电子转移过程动力学。Lindquist 和 Peter 等人建立了 DSCs 的连续性方程，以描述其中的电子产生、扩散、捕获过程，方程为：

$$\frac{\partial n}{\partial t}=\eta_{\text{inj}}I_0\alpha\mathrm{e}^{-\alpha x}+D_n\frac{\partial^2 n}{\partial x^2}-\frac{n(x)}{\tau_n}=0 \tag{6-9}$$

并建立了其边界条件

$$n(0)=n^0\exp(\frac{qU}{k_BT}) \tag{6-10}$$

$$\frac{dn(d)}{dx}=0 \tag{6-11}$$

式中，n 为电子浓度；η_{inj} 为电子注入效率；I_0 为入射光通量；α 为光吸收系数；D_n 为表观扩散系数；τ_n 为电子有效寿命；d 为多孔膜厚；n^0 为暗电流密度；q 为电子电荷；U 为电压；k_B 为波尔兹曼常数；T 为温度。求解该方程，可得到电流密度与电压的关系

$$j(U)=q\eta_{\text{inj}}I_0L\alpha\frac{-L\alpha\cosh\left(\frac{d}{L}\right)+\sin\left(\frac{d}{L}\right)+L\alpha e^{-d\alpha}}{(1-L^2\alpha^2)\cosh\left(\frac{d}{L}\right)}-qD_n\frac{\sinh\left(\frac{d}{L}\right)}{L\cosh\left(\frac{d}{L}\right)}(e^{\frac{qU}{k_BT}}-1) \tag{6-12}$$

式中，电子扩散长度 L 为

$$L=1/\sqrt{D_n\tau_n} \tag{6-13}$$

很显然，为了采光最大化，I_0、α 越大越好，这就要求光阳极：① 未敏化半导体多孔膜具有好的透明度，以保证光子能穿过半导体材料到达染料分子，即具有大的入射光通量 I_0；② α 与燃料的有效分子浓度成正比，后者由半导体多孔膜的比表面积决定，而半导体多孔膜具有足够大的比表面积，以使表面吸附染料在工作光谱范围内的吸收率大于 1。

为了使电子注入效率 η_{inj} 最大化，要求光阳极半导体材料的导带具有比 dye$^{+/*}$更正的电位（在能量上，光阳极的未占据能级低于处于激发态的染料分子能级，参见图 6-6），光阳极半导体材料导带具有高密度的未占据态。这将有助于激发态染料分子尽可能将电子注入到光阳极半导体材料中。

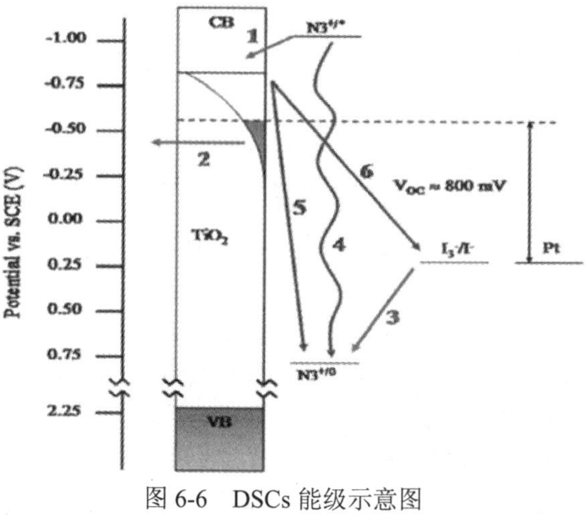

图 6-6　DSCs 能级示意图

在电子与被氧化染料复合几率很小而可忽略的情况下，电子收集效率取决于电子扩散的有效速率与电子有效寿命 τ_n 之间的竞争。电子扩散速率取决于扩散系数 D_n 和扩散距离 L，即扩散速率约为 D_nL^2。根据 Einstein 方程，扩散系数名义上随导带内电子的迁移率而变化。实际上，扩散系数很大程度上是由导带边低能态间电子的捕获与热释放过程决定的。

因此，理想的光阳极将具有这些特点：① 实现快的电子传输；② 高透明度；③ 高且可调表面积；④ 高孔隙率；⑤ 制备方法低成本、可批量化、材料通用性强等。DSCs 光阳极一般由透明导电玻璃和透明多孔半导体膜组成，其中用于制作多孔半导体膜的氧化物材料，主要有 TiO_2、ZnO、SnO_2、Nb_2O_5 等二元氧化物半导体和 $SrTiO_3$、Zn_2SnO_4 等三元氧化物半导体。在这些氧化物半导体材料中，由于制备工艺简单、价格低廉、化学稳定性高、无毒性等显著优点，纳米 TiO_2 被广泛用做 DSCs 多孔光阳极的半导体材料，而基于纳米 TiO_2 的多孔光阳极在 DSCs 应用中的效率也最高。

6.2.2 TiO_2 半导体材料

1. TiO_2 晶体结构与物性

作为宽带隙的半导体材料，TiO_2 常见的晶型有两种：锐钛矿（Aantase）和金红石（Rutile），其基本物性参数如表 6-2 所示。需要说明的是，表中给出的数据为块材 TiO_2 的基本物性参数，当 TiO_2 的尺度进入到纳米量级时，其物性参数将与表中数据有所差别。例如，晶粒尺度小于 10nm 后，纳米晶锐钛矿 TiO_2 的带隙宽度将略大于 3.20eV。表 6-2 表明，锐钛矿 TiO_2 是一种亚稳结构，在较低温度下可以稳定存在，但经过约 500℃的高温后，将发生相变，而转变为热力学更稳定的金红石结构。

表 6-2　锐钛矿 TiO_2 和金红石 TiO_2 的基本物性参数

晶　型	锐钛矿	金红石
密度 g/cm^3	3.79	4.13
能隙（eV）	3.20	3.03
折射率（RI）	2.52	2.71
介电常数	31	114
熔点	约 500℃以上相变	1858℃

两种晶型 TiO_2 的结构如图 6-7 所示，相应的晶体结构参数如表 6-3 所示。锐钛矿 TiO_2 和金红石 TiO_2 的晶胞中，每个 Ti 原子与 6 个 O 原子配位，每个 O 原子与 3 个 Ti 原子配位。二者的基本结构单元都是略微畸变的 TiO_6 八面体结构：两个 Ti-O 键稍长于其余四个 Ti-O 键，部分 O-Ti-O 键角偏离 90º，其中，锐钛矿结构中畸变量大于金红石结构（参见表 6-3 和图 6-7）。此外，这两种结构中，TiO_6 八面体的堆积方式明显不同：金红石 TiO_2 八面体结构单元以共角的方式相互链接堆积，锐钛矿 TiO_2 八面体结构以共边的方式堆积。TiO_6 八面体结构的不同堆积方式和晶体结构参数，导致了两种 TiO_2 具有显著不同的性能，主要

表现在以下几个方面：

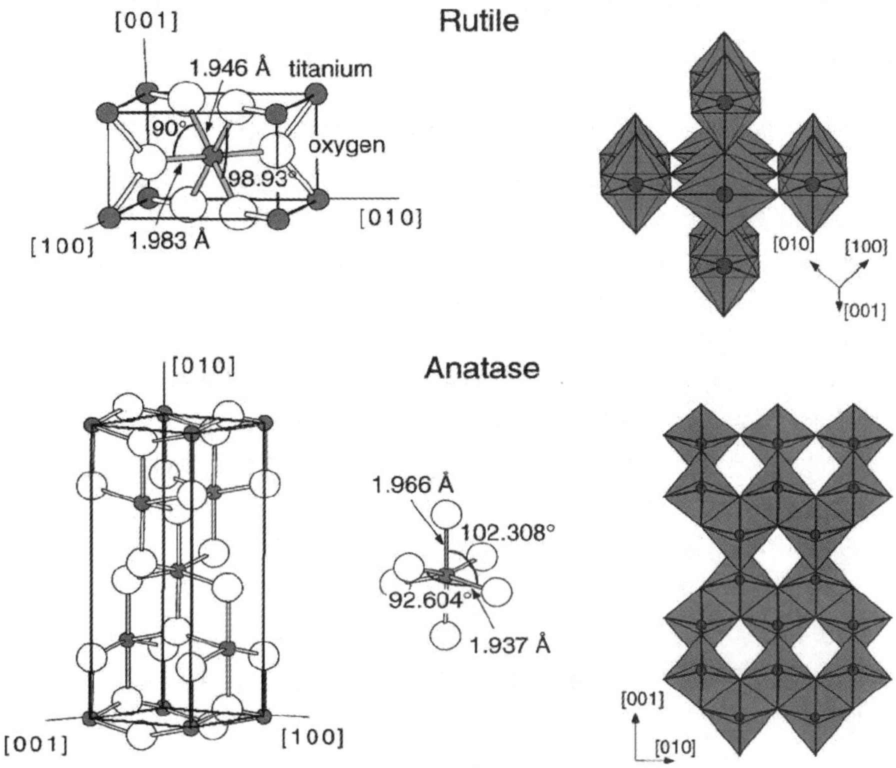

图 6-7 金红石 TiO_2 和锐钛矿 TiO_2 的晶体结构

表 6-3 锐钛矿 TiO_2 和金红石 TiO_2 的晶体结构参数

晶 型		金红石型	锐钛矿型
晶 系		四方晶系	四方晶系
点阵常数	a（Å）	4.593	3.782
	c/a	0.644	2.512
空点点群		$P4_2/mnm$	$I4_1/amd$
分子体积（$Å^3$）		31.2160	34.061
Ti-O 键长（Å）		1.946，1.983	1.937，1.966
O-Ti-O 键角		90°，98.93°	92.604°，102.308°

① 导带电子有效质量不同。与金红石 TiO_2 相比，锐钛矿 TiO_2 的导带电子有效质量更小，约为金红石 TiO_2 导带电子的 1/20。这意味着，锐钛矿 TiO_2 导带电子的迁移率更高，这一特点使得锐钛矿 TiO_2 在需要导带电子参与的场合，显示出更大的优势。例如，在光催化反应中，在有效光源激发下，激发到锐钛矿 TiO_2 导带的电子将有更大的几率移动到表面

参加光催化反应，从而使锐钛矿 TiO_2 比金红石 TiO_2 具有更高的光量子效率。而在 DSCs 应用中，由于锐钛矿 TiO_2 导带电子的迁移率更高，由染料注入到 TiO_2 导带的电子就更容易迁移到电极，这将降低迁移过程中被 I_3^- 复合的几率，有助于 DSCs 获得更高的光电转换效率。

② 表面吸附性能不同。锐钛矿 TiO_2 和金红石 TiO_2 在表面特性上也有很大的不同：金红石 TiO_2 表面对 O_2 的吸附能力更差，而锐钛矿 TiO_2 表面更容易完成羟基化。在光催化反应中，TiO_2 表面的 Ti^{4+} 捕获来自内部的光生电子后被还原为 Ti^{3+}，Ti^{3+} 然后将这个电子转移给表面吸附的 O_2，O_2 被还原形成 O_2^{-*} 活性基团。同时，TiO_2 表面的氧位点将光生空穴捕获，然后将空穴转移给表面的 OH^-，形成 OH^* 活性基团。相对于锐钛矿 TiO_2，金红石型 TiO_2 表面的羟基浓度更低，表面吸附的 O_2 更少，能产生的活性基团 O_2^{-*} 和 OH^* 更少，从而光催化活性较低。在 DSCs 应用中，光阳极半导体材料表面对染料的吸附能力越强，则越有利于提高 DSCs 对光子的捕获能力，从而提高 DSCs 的光电转换效率。锐钛矿 TiO_2 更强的表面吸附能力，意味着在 DSCs 光阳极中，染料分子在锐钛矿 TiO_2 表面具有更大的覆盖度，进而更容易获得更高效率的 DSCs。

③ 电子结构不同。锐钛矿 TiO_2 的带隙宽度（3.2eV）大于金红石型 TiO_2 的带隙宽度（3.0eV），前者也有更高的导带边能量 E_c（见图 6-8）。这意味着：在相同的导带电子注入浓度下，锐钛矿 TiO_2 光阳极具有更高的费米能和更大的 DSCs 开路电压（V_{oc}）；同时，金红石 TiO_2 可吸收近紫外光区约 4%的光子，由此产生的空穴具有强氧化性，而降低染料分子的长效稳定性。

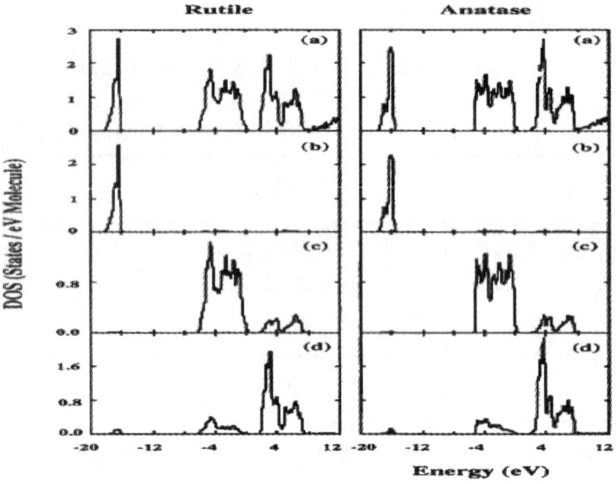

（a）总态密度；（b）O2s；（c）O2p；（d）Ti3d

图 6-8 金红石 TiO_2 和锐钛矿 TiO_2 的态密度

虽然金红石型 TiO_2 相对于锐钛矿型 TiO_2 在热力学上具有更稳定的晶体结构，但鉴于上述三个方面的优点，锐钛矿型 TiO_2 是最适于用作 DSCs 光阳极半导体材料的晶体结构。如果不进行特殊说明，下面所涉及的 TiO_2 都为锐钛矿结构。

2. 纳米晶介孔 TiO_2 光阳极

纳米晶介孔 TiO_2 光阳极是最常用的一种 DSCs 用光阳极，其基本制作程序是：先制备纳米晶 TiO_2，再添加一定的聚合物添加剂得到纳米晶浆料；将浆料以刮刀涂覆法（doctor blading）或丝网印刷（screen printing）技术沉积在导电玻璃上；然后在 450℃左右的大气环境中烧结，以去除有机成分，得到纳米晶介孔 TiO_2 光阳极。空隙率可以通过聚合物的添加量得到改善，理想的空隙率是 50%～60%，空隙率太高会导致颗粒间的互联减少和电荷收集效率降低。

对 DSCs 光阳极而言，合成尺度可控的纳米晶 TiO_2 是决定其性能的关键。合成纳米晶 TiO_2 最常用的办法是钛醇盐水解法（钛醇盐在酸或碱的催化下水解，然后再水热生长和晶化），其工艺条件（包括水解速度、pH 值、温度、水含量等）将显著影响纳米晶形状、尺度和性能，其中，在酸性条件下水解制备的锐钛矿纳米晶 TiO_2 主要暴露（101）晶面。所用酸的种类不同，也将影响（101）晶面在纳米晶表面中的比例。由于在乙酸中（001）晶面生长更快，而导致在乙酸中水解制备的锐钛矿纳米晶 TiO_2 的（101）晶面所占的比例约为硝酸中水解的三倍。在纳米晶 TiO_2 制备工艺中，水解时的 pH 值还将影响最终制成的光阳极性能。在 DSCs 应用中，相对于酸性水解环境，在碱性水解环境下制备的纳米晶 TiO_2 所制作的多孔光阳极，具有更低的载流子复合率和更高的 V_{oc}，但后者对染料的吸附能力偏低。

自 1991 年以来，DSCs 用介孔 TiO_2 电极在光吸收、光散射、降低载流子复合率、改善界面能上进行了很多的改进。就 DSCs 应用而言，介孔 TiO_2 电极的结构如下图 6-9 所示，主要由以下三层构成：

① TiO_2 阻挡层：涂敷于透明导电玻璃板上的厚度约 50nm 的 TiO_2，以阻止电解液中的氧化还原对离子与导电玻璃板直接接触。该层可以用化学浴、雾化分解（spray pyrolysis）、溅射等方法沉积。

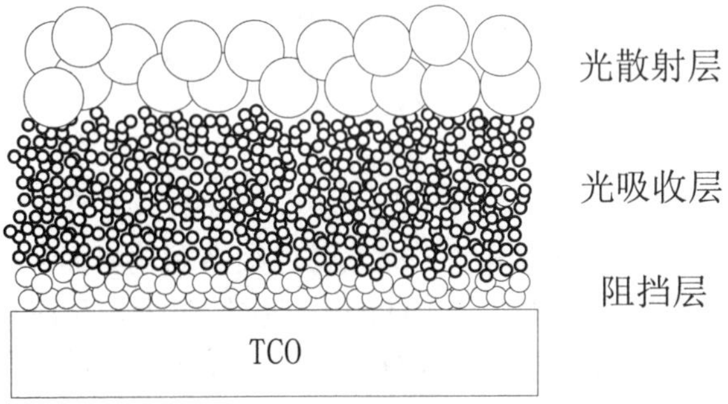

图 6-9　介孔 TiO_2 电极结构示意图

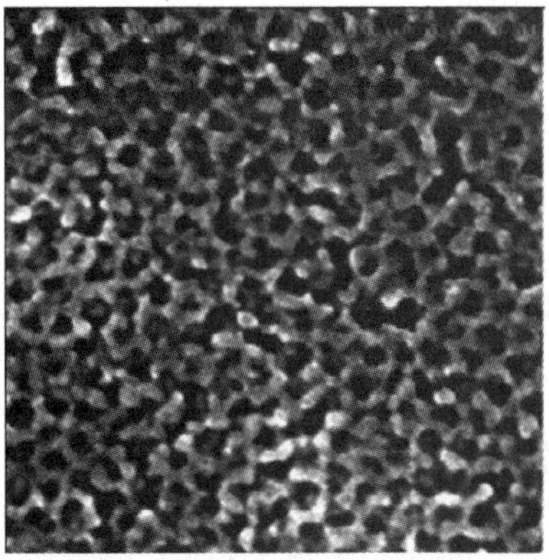

图 6-10　光吸收层的 SEM 形貌图

② 光吸收层：由颗粒尺度约为 20nm 的 TiO_2 纳米颗粒组成，具有很高的比表面积，是一层介孔 TiO_2 厚膜，其厚度约为 10μm，位于阻挡层上。图 6-10 为一典型介孔 TiO_2 电极光吸收层的 SEM 形貌图，图中平均孔洞尺寸约为 7nm。该层是决定介孔 TiO_2 电极性能最关键的膜层，主要用于吸附染料敏化剂，而从染料中激发的电子经过该层的 TiO_2 纳米晶表面向透明导电玻璃电极传输。

③ 光散射层：由颗粒尺度约为 400nm 的 TiO_2 颗粒组成的多孔层，膜层厚度约 3 μm，位于光吸收膜层之上。光子进入光散射层后，在散射层的孔洞内发生多次反射，可显著延

长光在膜层内的传播路径，其作用是显著增强光的吸收，尤其是对红光区和红外光区的吸收。介孔 TiO_2 厚膜中相似尺寸的孔洞也能形成光散射。

介孔 TiO_2 层可能含有杂质或在表面有残余碳 C，这可能会降低染料的吸附量或增加电子传输过程中被空穴复合的几率，从而降低电极的效率。为了进一步提高介孔 TiO_2 电极的效率，有人提出在光吸收层的 TiO_2 纳米颗粒表面增加一层超薄 TiO_2 层，即将制成的介孔 TiO_2 电极在 $TiCl_4$ 水溶液中进行化学浴沉积处理，然后再进行热处理，其结果是在介孔 TiO_2 上生成一层厚度约为 1nm 的超纯 TiO_2 壳层。超薄 TiO_2 层至少具有三个方面的作用：① 可以提高介孔 TiO_2 层中 TiO_2 颗粒的表面粗糙度，并有助于提高对染料的吸附量。② 可降低 TiO_2 的受主能级，从而有助于提高注入效率。③ 能显著改善电子寿命，导致电子在介孔 TiO_2 电极中的扩散长度提高。

纳米晶介孔 TiO_2 电极目前仍然是 DSCs 最成功的关键因素之一，其制备工艺相对简单、材料成本低、可批量化、具有非常好的化学稳定性。尽管如此，这种纳米晶介孔 TiO_2 电极也有不足之处：① 孔隙率偏低；② 有限的材料通用性；③ 相对繁琐的纳米晶 TiO_2 颗粒合成工艺；④ 不适于垂直吸附的大分子光捕获剂（如卟啉低聚物—porphyrin oligomers）作为燃料敏化剂；⑤ 最主要的弱点：纳米晶多孔 TiO_2 电极具有非常小的表观电子扩散系数，这导致缓慢的电子传输（参见图 6-11），从而显著限制了氧化还原对的可选择范围，这是目前 DSCs 光电压难以提高的原因所在。

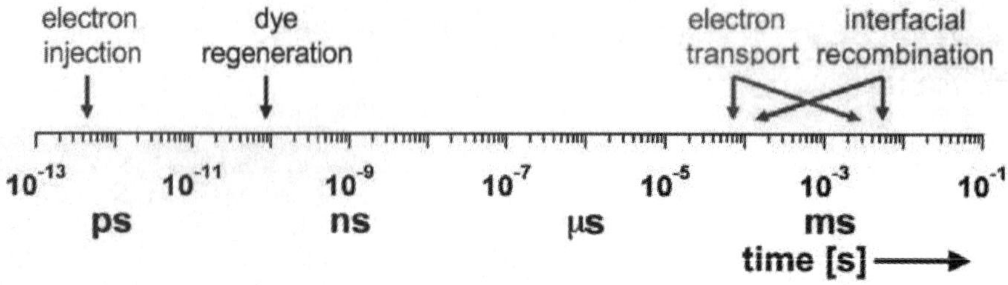

图 6-11　电子注入和电子传输的时间

3. TiO_2 纳米管及其光阳极

在介孔 TiO_2 中，电子穿过纳米颗粒构成的随机网络传输，必须跨过很多颗粒界面，扩散阻力较大。我们知道，一维纳米结构从理论上讲应该具有更低的电子扩散阻力，从而有利于电子的传输与收集。近年来，人们通过多种方法制备了 TiO_2 纳米管（TONT）结构，并将其用于 DSCs 的光阳极，以进一步提高 DSCs 的效率。

阳极氧化法作为一种广泛用于制备 Al_2O_3 纳米管阵列的方法，最近被用于制备 TONT 阵列。典型的制备工艺中，高纯 Ti 箔用作阳极，Pt 电极用作阴极，以氟盐有机溶液或水溶液作为电解液，在室温下进行恒压阳极氧化，然后进行热处理（300℃～700℃）。TONT 的直径可以通过改变阳极氧化电压进行调整。在 H_3PO_4/HF 水溶液电解液中，提高阳极氧化电压可以将 TONT 的直径从 10nm 提高到 100nm。延长阳极氧化时间，TONT 的长度也会逐渐增加。延长阳极氧化时间至一定值后，TONT 达到极限长度，并与电解液的成分密切相关。HF 酸电解液中制备的 TONT 长度约为 500nm。在氟离子电解液中添加 $(NH_4)H_2PO_4$，可以使 TONT 的长度最大延伸至 4μm。而采用粘度更大的甘油或乙二醇代替水作为电解液的溶剂，则将 TONT 的长度提高至 6.1μm，而且纳米管管壁更光滑。

阳极氧化法制备的 TONT 阵列具有长径比大、排列规则、结构可靠性好等优点（参见图 6-12）。纳米管阵列大长径比特征有利于对入射光的捕获，从而提高 TiO_2 电极的光电转换效率。

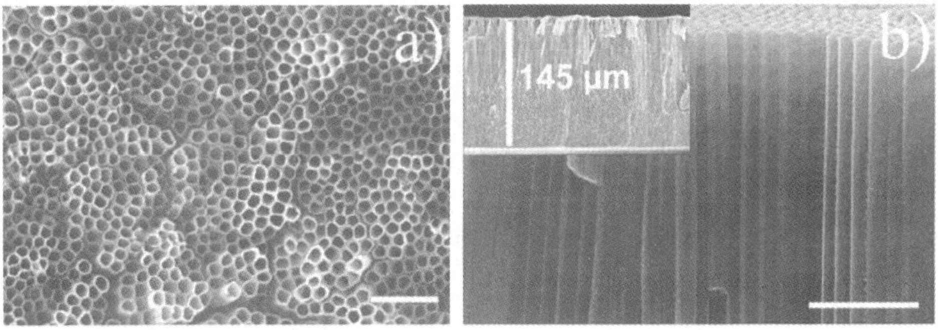

（a）俯视图　　（b）侧视图

图 6-12　在乙二醇/HF 溶液中阳极氧化得到 TONT 阵列的 SEM 图

C. A. Grimes 等人基于阳极氧化法制备了高度有序的透明 TONT 阵列膜，并将其用于制作 DSCs 的光阳极。作者首先在导电玻璃上采用射频溅射法沉积了一层 500nm 的 Ti 膜，沉积时基片温度为 500℃；然后，在约 5℃的 0.5%氢氟酸加乙酸电解液中以 12V 的电压进行阳极氧化；最后，得到厚度约为 360nm 的 TONT 阵列。图 6-13 为制备的 TONT 阵列的场发射扫描电镜侧视图，其中，TONT 阵列的孔径约为 45nm，壁厚约为 7nm。为了提高管壁的结晶度，将阳极氧化后的 TONT 阵列在 450℃的氧气氛中进行退火。中高温退火处理将显著提高 TONT 阵列管壁的结晶度，从而提高其可见光透过率。图 6-14 对比了制备 TONT 阵列膜的几个主要工艺步骤中膜的透明性。图 6-14 表明：阳极氧化后的 TONT 阵列膜透明性较差，而经过高温氧气氛退火后，膜的透明性显著提高。这将有助于光线更多地进入 TONT 阵列膜的孔洞内部，从而提高吸附有染料的 TONT 阵列光阳极对光线的吸收。为了提高染料分子在孔壁上的吸收比例，C. A. Grimes 等人进一步将 TONT 阵列膜在 0.2 M 的 $TiCl_4$ 溶液中进行浸渍处理，然后于大气气氛下进行 450℃退火。

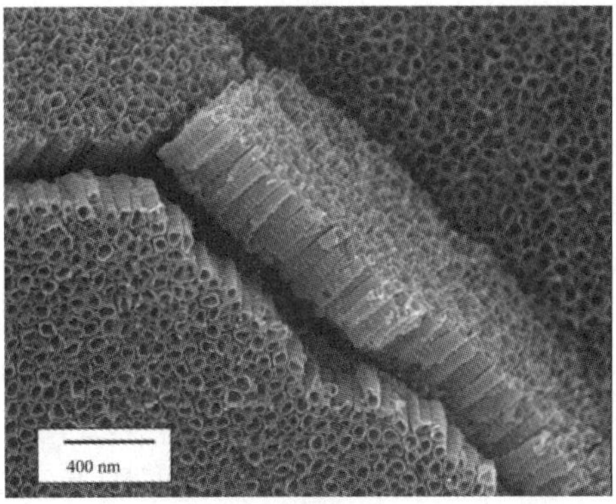

图 6-13　Ti 膜在 0.5%氢氟酸加乙酸电解液中以 12V 阳极氧化后的 TONT 阵列 FESEM 图

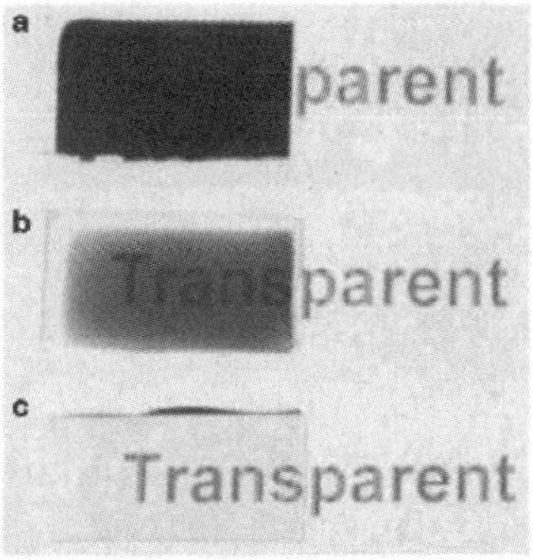

图 6-14　透明 TONT 阵列膜的透明性比较：（a）Ti 膜　（b）阳极氧化后的 TONT 阵列膜　（c）退火后的 TONT 阵列膜

C. A. Grimes 等人用钌基染料 $RuL_2(NCS)_2$，测试了 TONT 阵列膜用作光阳极时 DSCs 在 AM1.5 辐照条件下的光电转换效率，图 6-15 为其 I-V 特性曲线。TONT 阵列膜光阳极的短路电流为 7.87mA/cm^2，开路电压为 0.75V，总的转换效率为 2.9%。虽然这与纳米晶介孔 TiO_2 光阳极相比效率偏低，但 C. A. Grimes 等人证实，由于纳米管壁提供了一维的电子传输通道，使沿该通道传输的电子与氧化还原对携带的空穴复合的几率降低，从而使电子具有更长的扩散寿命。这意味着 TONT 阵列膜在光生电子收集效率上具有显著的优势。

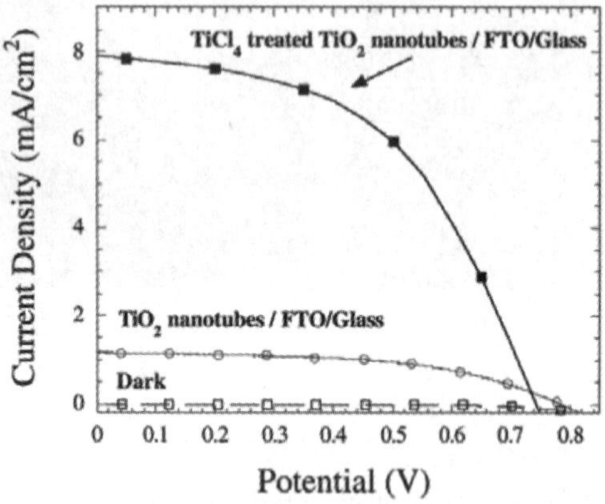

图 6-15　基于 TONT 阵列膜光阳极在 AM1.5 条件下的 I-V 曲线

一般而言，在 Ti 膜或 Ti 箔上阳极氧化生长得到 TONT 阵列时，由于 Ti 衬底的存在，导致这种方法制备的 TONT 阵列用于 DSCs 光阳极时，需要从对电极一侧入射光源。这意味着光到达光阳极时，将穿过对电极和含碘离子氧化还原对的电解液，这会导致光强度的明显衰减。其次，由于 Ti 衬底上阳极氧化生长 TONT 阵列时，TONT 与 Ti 衬底间将保留一层致密的阻挡层，这将导致电子传输阻力增大。后来人们在阳极氧化制备 TONT 阵列技术的基础上，采用两步阳极氧化法发展出无支撑的 TONT 阵列。其典型的制备工艺包括四个步骤（如图 6-16 所示）：首先，在 Ti 箔等衬底上阳极氧化得到厚度从几微米到几十微米、管壁为无定型 TiO_2 的 TONT 阵列；其次，将无定型 TiO_2 的 TONT 阵列在 330～500℃的高温下进行氧气氛退火 2h 左右；第三，在相同的电解液中以 12V 的电压进行第二次阳极氧化，在晶化的 TONT 阵列与 Ti 衬底间生长一层无定型的 TONT 阵列层；最后，利用晶化 TiO_2 和无定型 TiO_2 在 H_2O_2 环境下抗腐蚀能力的显著差异，将第三步后的样品在 5%的 H_2O_2 环境下进行处理，以溶解掉无定型的 TONT 阵列层，从而得到无支撑、孔壁晶化的 TONT 阵列膜。

北京大学采用该方法制备了厚度高达25μm的无支撑TONT阵列膜（如图6-17所示），以此为光阳极的DSCs的光电转换效率高达5.5%。

制备 TONT 的另一种方法是碱溶液水热法。其典型工艺如下：将 5mg TiO_2 加入 20ml 10 M 的 NaOH 溶液中，然后在 110℃恒温 20h。收集的粉体经过 0.1M 盐酸冲洗、去离子水反复冲洗后再进行适当热处理，就得到直径约为 8nm、长度约为 100nm 的 TONT。该方法中，TiO_2 原料性质（晶型、晶粒尺度）对 TONT 的结构没有明显影响，但 NaOH 溶液浓度必须大于 5M，水热温度也不能低于 110℃。后续研究表明，该方法中，TiO_2 首先被 NaOH 溶液溶解并在水热条件下形成 $H_2Ti_3O_7$ 纳米带；然后纳米带在酸的质子化作用下形成纳米管；

热处理再使管壁由 $H_2Ti_3O_7$ 转化为晶型 TiO_2。用这种方法制备的 TONT 长度有限，而且难以获得规则排列的阵列，从而难以发挥 TONT 作为一维电子传输通道的优势，因此在 DSCs 光阳极的应用中并不常见。

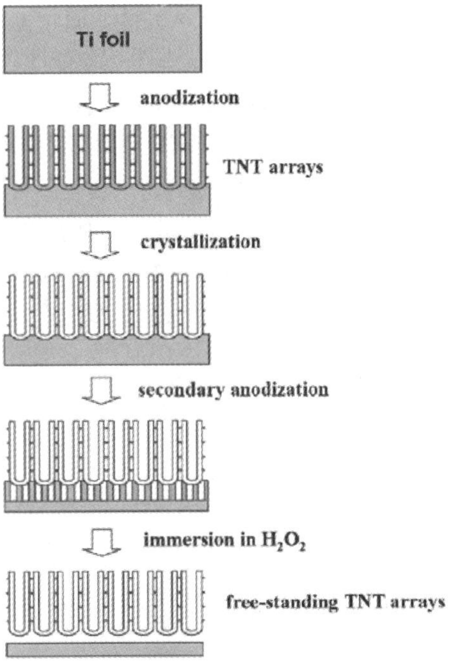

图 6-16 无支撑 TONT 阵列的两步法制备工艺流程示意图

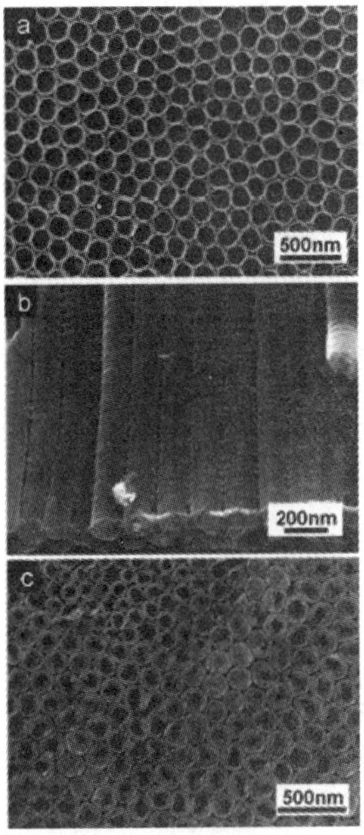

（a）顶部；（b）侧面；（c）底部

图 6-17 两步法制备的无支撑 TONT 阵列 SEM 形貌图

6.2.3 其他氧化物半导体材料

除了 TiO_2 以外，ZnO、SnO_2 等都可以用做 DSCs 的光阳极材料。下面，将简要介绍这两类材料的在光阳极中的应用。

1. ZnO 光阳极

与锐钛矿 TiO_2 相比，ZnO 具有相似的带隙宽度和导带边，但 ZnO 具有更高的电子迁移率，这有利于电子传输。相对于 TiO_2 而言，ZnO 的最大问题在于其化学稳定性差，ZnO 在酸性和碱性环境条件下，都会被溶解。

但是，由于 ZnO 自身具有的两个特点，使其作为 DSCs 光阳极的研究受到了广泛的关注：① ZnO 容易获得不同形貌的纳米结构（如纳米颗粒、纳米棒、纳米管、纳米花、纳米带、树枝状纳米结构等）；② ZnO 易于实现晶化。第一个优点为人们在控制电子传输通道和光阳极的比表面积等方面，提供了更多的选择性。第二个优点保证了光阳极半导体材料具有更好的电性能。

ZnO 多孔电极制备可以采用与 TiO_2 介孔电极类似的方法。日本的 Saito 等人以粒径为 20nm 的 ZnO 纳米颗粒为原材料，采用刮刀涂覆法或丝网印刷法，在透明导电玻璃上制备 ZnO 介孔电极，并以最常用的 N719 染料为敏化剂，在 60℃、0.3mM 的 N719 乙醇溶液中，进行 90min 的染料吸附，最终制成 DSCs，并在 AM1.5（100 mWcm^{-2}）辐射条件下测试电池性能，发现该 DSCs 的光电转换效率高达 6.6%。

在 ZnO 光阳极的制备中，染料吸附工艺需要精确控制，以免 Zn^{2+}与 N3 或 N719 等染料分子形成难溶的络合物，避免部分吸附于 ZnO 表面的染料分子失活，而使 DSCs 的光电转换效率降低。解决这一难题的一种思路是：发展出不容易与 Zn^{2+}形成络合物的有机染料。遗憾的是，到目前为止该思路并没有取得很好的结果。后来，Park 等人在 ZnO 表面涂覆 SiO_2 壳层，以提高 ZnO 光阳极的化学稳定性。这种方法制备 ZnO 光阳极的 DSCs 转换效率高达 5.2%，而没有 SiO^2 保护层的 ZnO 光阳极在相同条件下的转换效率不到 1%。

电沉积方法也被用于 ZnO 光阳极的制备。在含 Zn 盐的水溶液中，硝酸根离子或溶液中的氧、或过氧化氢，按以下方程式在阴极接受电子后被还原，而产生氢氧根离子，氢氧根离子再按以下反应式与 Zn^{2+}结合，并经脱水反应后，在阴极沉积出 ZnO。

$$NO_3^- + H_2O + 2e^- \rightarrow NO_{2-} + 2OH^- \qquad (6\text{-}14)$$

$$O_2 + 2H_2O + 4e^- \rightarrow 4OH^- \qquad (6\text{-}15)$$

$$H_2O_2 + 2e^- \rightarrow 2OH^- \qquad (6\text{-}16)$$

$$Zn^{2+} + 2OH^- \rightarrow Zn(OH)_2 \rightarrow ZnO + H_2O \qquad (6\text{-}17)$$

在 ZnO 的电化学沉积方法中，只要溶液温度高于 40℃，就可以得到高度晶化的 ZnO 膜。人们甚至用这种方法在单晶衬底上进行 ZnO 的异质外延。例如，在单晶 GaN 衬底上，采用电沉积外延生长 ZnO 膜，即使膜厚超过 1μm，ZnO 的单晶结构特征仍然也可以保持完好（见图 6-18 所示）。

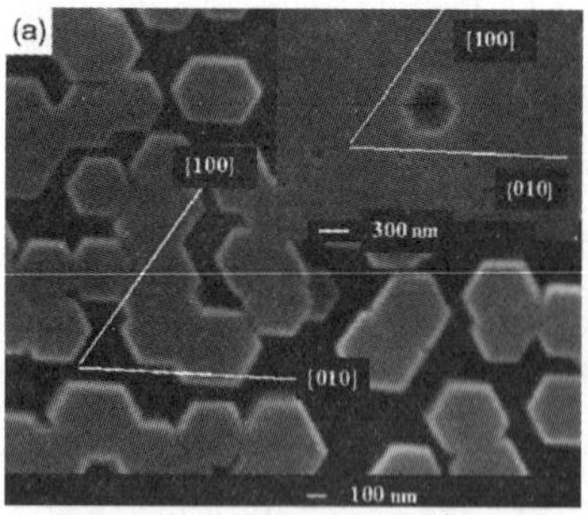

图 6-18 电沉积法外延单晶 ZnO 膜的 SEM 形貌图

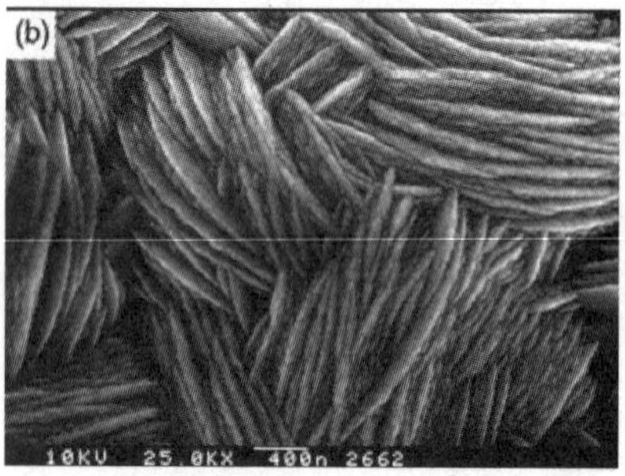

图 6-19 电沉积法制备的 ZnO/TSPCSi 复合膜的 SEM 形貌图

由于可以在低的工艺温度下得到高度晶化的ZnO膜，且制备成本低，这意味着采用成熟的电镀工艺，就可以在塑料等柔性衬底上大面积制备高度晶化的ZnO膜。但是，电沉积法制备的ZnO膜具有高度晶化的特点，意味着膜的比表面积偏低，这不符合DSCs光阳极高比表面积的要求。提高电沉积法ZnO膜比表面积的有效方法是：在电沉积的电解液中加入水溶性酞菁染料，电沉积工艺后得到染料分子与ZnO晶粒共存的ZnO/染料复合膜（如图6-19所示）。染料分子的存在不但改变了膜的形貌，也使ZnO的晶粒取向特征发生了变化。无染料分子存在时，电沉积ZnO晶粒的c轴与衬底垂直；而有染料分子TSPCSi存在时，ZnO晶粒c轴与衬底平行。通过改变染料的种类和调节电沉积工艺，可以改变ZnO/染料复合膜中ZnO晶粒的形态，甚至可以得到多孔的ZnO晶化膜。

用电沉积法制备的 ZnO/曙红 Y（eosin Y）复合膜在 ZnO/染料复合膜中最有代表性。在含少量（如 0.5μM）曙红 Y 的 0.1M $Zn(NO_3)_2$ 水溶液中进行恒电位电沉积，可以得到深红色的复合膜。改变 Zn 盐的种类，如采用富含氧或 H_2O_2 的 Zn 盐溶液，可以得到曙红 Y 含量高达 40%、ZnO 为单晶结构的 ZnO/曙红 Y 复合膜。将该复合膜在 pH 为 10.5 的 KOH 水溶液中浸泡，以去除曙红 Y，可以得到多孔的 ZnO 膜。图 6-20 所示为这种方法制备的多孔 ZnO 膜的扫描电镜形貌照片，从膜顶部可以看到明显的孔洞结构特征。膜主要由大量与衬底几乎垂直的 ZnO 纳米线和纳米线间的孔洞构成，其中，纳米线间相互有序连接，形成单晶 ZnO 孔壁。图 6-21 给出了多孔 ZnO 孔壁的 TEM 分析结果，选区电子衍射（SAED）和高分辨率透射电镜（HRTEM）都清晰地证实了孔壁的单晶特征。

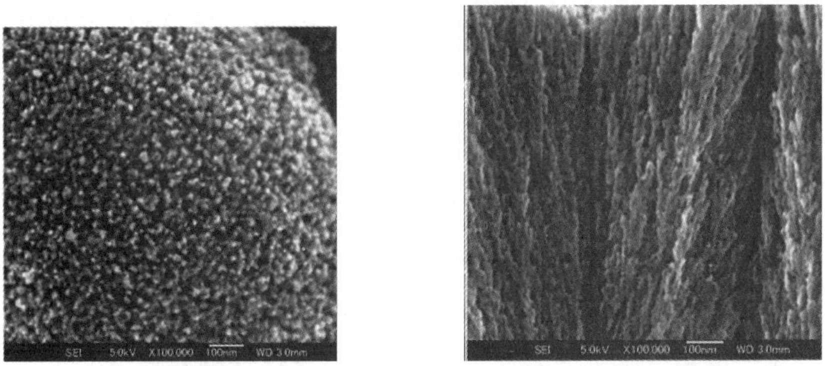

（a）膜顶部　　　　（b）膜侧面

图6-20　电沉积法制备的ZnO多孔膜SEM形貌图

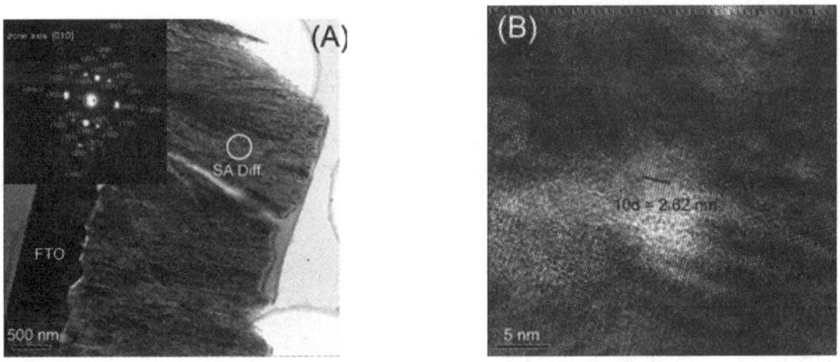

（a）SAED　　　　（b）HRTEM

图 6-21　电沉积法制备 ZnO 多孔膜的 TEM 分析

以阴极电沉积制备的多孔 ZnO 膜，孔壁高度晶化，膜厚可以达到几微米且具有很大的比表面积，这对制作 DSC 光阳极非常有利。3～5μm 厚的多孔结构保证了非常高效的光捕获，入射光将几乎被全部吸收，而高度晶化的孔壁，将有利于光生电子的快速输运，从而大大降低电子输运过程中被空穴复合的几率，这将保证入射光子-电流转换效率（IPCE）高达 90%以上。图 6-22 对比了电沉积法制备的多孔 ZnO 膜与高温烧结法制备的纳米晶多孔 ZnO 膜的光电流暂态谱。电子在高温烧结法制备的纳米晶多孔 ZnO 膜中传输时，电子传输路径中必须跨越纳米晶晶界，晶界有电子陷阱的作用，从而降低了电子传输速度。与此不同的是，电沉积法制备的多孔 ZnO 膜孔壁为多根纳米线互连的单晶，电子传输路径中几乎不会遇到晶界等电子捕获中心，电子可以很快传输到透明导电玻璃电极而被有效收集。如果对电解质溶液选择合适的染料和氧化还原，电子扩散长度最大可以达到 20μm。该尺寸远远大于多孔 ZnO 膜的厚度，而使电子收集效率达到近 100%。

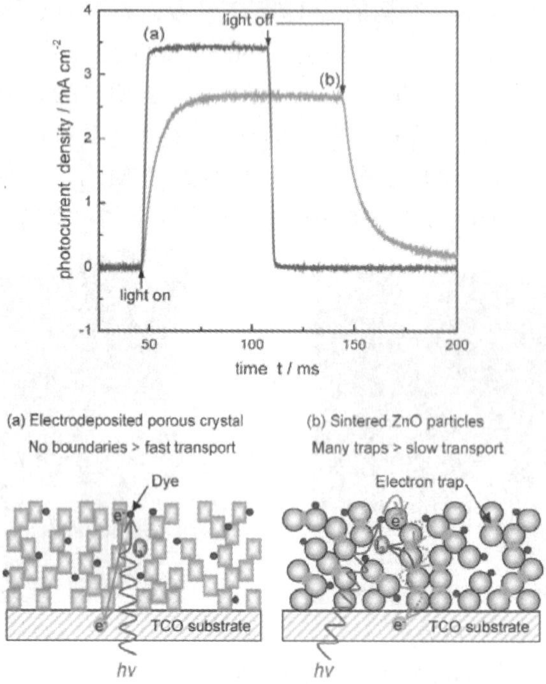

图 6-22

（a）电沉积法制备的多孔 ZnO 膜

（b）高温烧结法制备的纳米晶多孔 ZnO 膜的光电流暂态谱以及电子传输路径示意图

基于这种多孔 ZnO 膜，以吸附的曙红 Y 为染料敏化剂，制作的 DSCs 在 AM1.5（100mW cm^{-2}）条件下的光电转换效率达到 2.7%。这一结果低于上述理论分析的预期，主要原因是由于曙红 Y 染料的光谱吸收带宽太窄，并不是最佳的 ZnO 染料。如果能开发出吸收带宽更宽的 ZnO 染料，将有望大幅度提高基于电沉积多孔 ZnO 膜 DSCs 的光电转换效率。例如，采用具有更宽吸收谱的 D149 染料，其光电转换效率则可以提升至 5.56%。关于 ZnO 光阳极适用的染料，将在下一节详细介绍。

2. SnO_2 光阳极

SnO_2 是一种具有很好化学稳定性的半导体材料，其导带边低于锐钛矿 TiO_2 约 0.5eV。更低的导带边意味着所使用的染料分子 LUMOs 轨道能级可以更低。对染料分子 LUMOs 轨道能级的要求，正是适于 TiO_2 光阳极的染料有限的重要原因。

以 D149 有机染料敏化的 SnO_2 基 DSCs 的光电转换效率可以达到 2.8%。如果在介孔 SnO_2 表面覆盖一层 ZnO、MgO 等金属氧化物，其光电转换效率进一步得到提高。例如，用 ZnO 表面涂覆的 SnO_2 光阳极制备的 DSC 电池的光电转换效率高达 6.3%。

6.3　染料

6.3.1　概述

染料在 DSCs 中主要起捕获光子并产生光子载流子的作用。染料敏化剂的光敏化过程如图 6-23 所示。图中，HOMO 和 LUMO 能级的定义已经在上一章中有比较详细的介绍。在入射光子的作用下，电子从染料分子的 HOMO 能级跃迁到 LUMO 能级，而一般染料分子的 LUMO 能级波函数与光阳极半导体导带交叠，跃迁到 LUMO 能级的电子快速注入到 TiO_2 导带，形成光生电流。

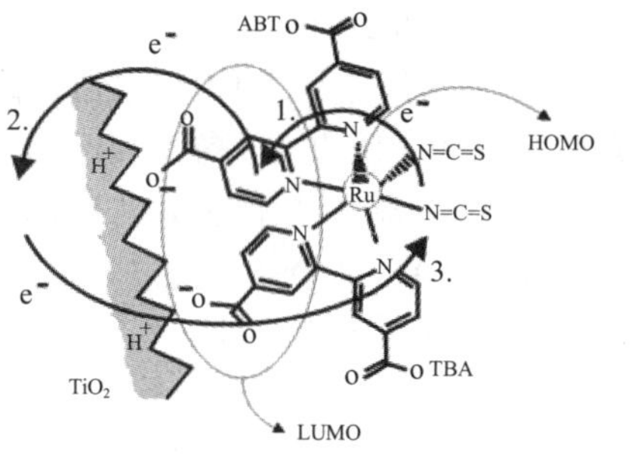

图 6-23　染料分子的光敏化原理示意图

作为 DSCs 最关键的材料之一，染料敏化剂应该具备以下特征：

① 光吸收性能：染料敏化剂的吸收谱应该覆盖整个可见光区，甚至进入近红外区；

② 分子结构. 染料敏化剂应该有能够将染料分子牢固锚接在半导体表面的锚定基团，如-COOH、-PO_3H_2、-SO_3H 等；

③ 能级特征：对于 n 型半导体光阳极，染料敏化剂的激发态能级应该比光阳极半导体材料的导带边高（参见图 6-5），以便于染料敏化剂激发的电子能注入到光阳极半导体的导带。对于 p 型半导体光阳极，敏化剂的 HOMO 能级应该具有比 p 型半导体的价带能级更低。为了染料的再生，染料敏化剂的氧化态能级应该比电解质还原电位更正（电极电位更高，见图 6-5）；

④ 吸附能力：染料分子尽可能在半导体表面形成分散的吸附，而不是在表面形成团聚沉降；

⑤ 稳定性：染料分子应该具有良好的光稳定性、电化学稳定性和热稳定性。

能满足上述要求的染料敏化剂包括：金属络合物（metal complexes）、卟啉（porphyrins）、酞菁（Phthalocyanines）以及无金属离子的有机染料等。

6.3.2　金属络合物

金属络合物是 DSCs 中应用最广泛的染料敏化剂。一般而言，金属络合物光敏化剂一般由一个中心金属离子与至少带一个锚定基团的辅助配位基团组成。在可见光区的光子作用下，因金属到配位基团的电子转移过程（metal to ligand charge transfer：MLCT）而完成对光子的吸收。因此，中心的金属离子是整个络合物敏化剂的核心部分。通过改变辅助配位基团中的子结构（如烷基、烃基、芳基、杂化环等），可以改变金属络合物的光物理性能和电化学性能，进而提高其光伏性能。通过改变金属络合物的结构，可以改变其能级结构，而优化染料光敏化过程中的电子注入动力学和染料分子再生动力学过程。

用于 DSCs 染料敏化剂的金属络合物大致包括钌（Ru）系络合物、锇（Os）络合物、铂（Pt）系络合物、铜（Cu）系络合物等，下面将分别进行简要介绍。

1. Ru 系络合物染料敏化剂

在各种金属络合物中，Ru 系络合物具有最佳的光伏性能，主要表现为：较宽的吸收光谱、与典型光阳极半导体相匹配的激发态能级和基态能级、较长的激发态保持时间、优良的化学/电化学稳定性。在标准测试条件下，几种 Ru 络合物制成的 DSCs 的光电转换效率都在 10%以上。

1979 年，带羧基双吡啶（carboxylated bipyridine）配位基的 Ru 络合物就被用于对 TiO_2 单晶的敏化。1985 年，Desilvetro 等人用带三个羧基双吡啶配位基的 Ru 络合物作为染料，首次实现了“入射光子-电流转换效率（IPCE）”高达 44%。1991 年，O’Regan 和 Grätzel 等人使用光吸收能力更好的三核 Ru 络合物（如图 6-24 所示），再结合介孔 TiO_2 电极和有机电解液，获得了创记录的 7.1%～7.9%的 DSCs 光电转换效率。此后，Grätzel 等人通过改进配位基的结构，以提高 Ru 系染料的性能并获得了一系列的高光伏性能染料。其中，N3 和 N719 是最具代表性的 DSC 染料，其分子结构分别如图 6-25 和图 6-26 所示。新的 Ru 系染料一般都是在这两种染料的基础上，通过改变其配位基结构来进行设计的。作为单核 Ru 系络合物的代表，N3 染料的吸收光谱延伸至 800nm，激发态保持时间达到 20ns，由于具有四个羧基，因而可以与半导体表面形成非常强的吸附。基于 N3 染料制备的 DSCs 的光电转换效率能够达到 10%。

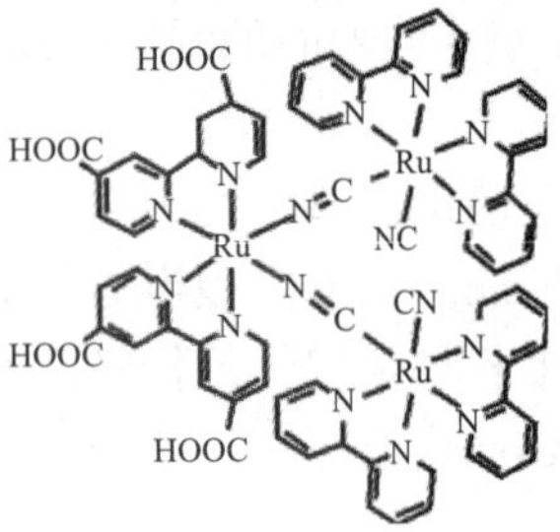

图 6-24　三核 Ru 络合物的分子结构

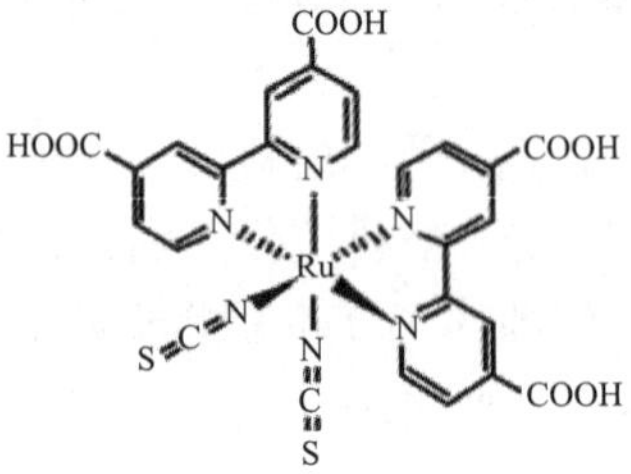

图 6-25　染料 N3 的分子结构

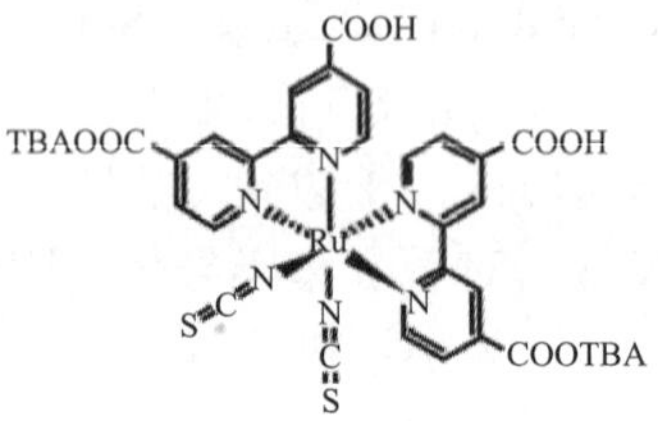

图 6-26　染料 N719 的分子结构

通过改变配位体结构来提高 Ru 系络合物的光谱吸收性能，是提高 Ru 系络合物光伏性能的重要途径之一。在此基础上发展出来的代表性染料为 N749，其分子结构如图 6-27 所示。N749 也称为黑色染料（Black dye），其结构为：一个中心 Ru 离子与三个氰硫基（thiocyanato）配位体和一个含三羧基置换的三吡啶配位体。三羧基置换导致三吡啶的 π^* 能级降低，同时 N749 的配位体结构也导致 t_{2g} 金属轨道能级提高，这使电子转移过程 MLCT 带隙宽度降低，而使其光谱吸收范围一直延伸至 920nm 的近红外区（见图 6-28 所示）。基于 N749 制成的 DSCs，在 AM1.5（100mW cm^{-2}）的测试条件下，其光电转换效率高达 10.4%。

提高Ru系络合物光谱性能的另一个技术途径是增加配位体共轭基团的长度，以提高染料的光捕获效率。例如，在配位体中引入3-methoxystyryl，以延长联吡啶π共轭部分，得到具有光捕获效率的Ru系络合物Z910，其结构式如图6-29所示。基于该染料的DSCs光电转换效率高达10.2%。

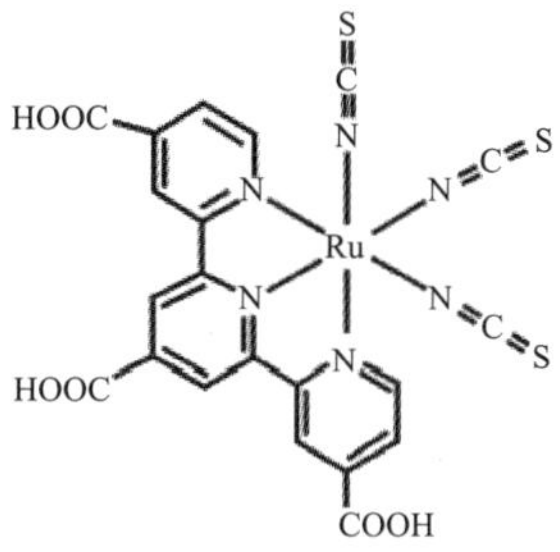

图 6-27　染料 N749 的分子结构

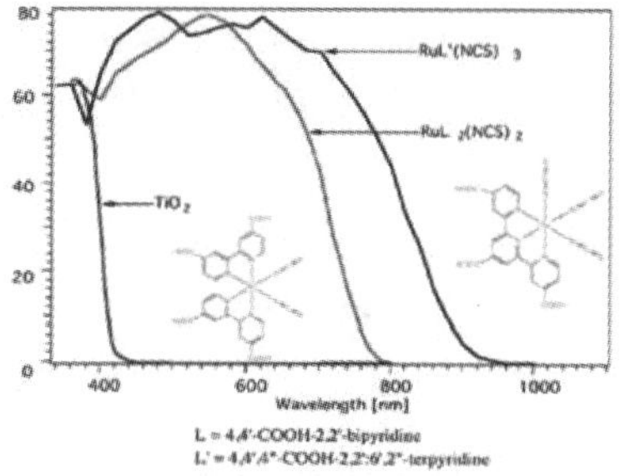

图 6-28　N749 与 N3 染料吸收谱

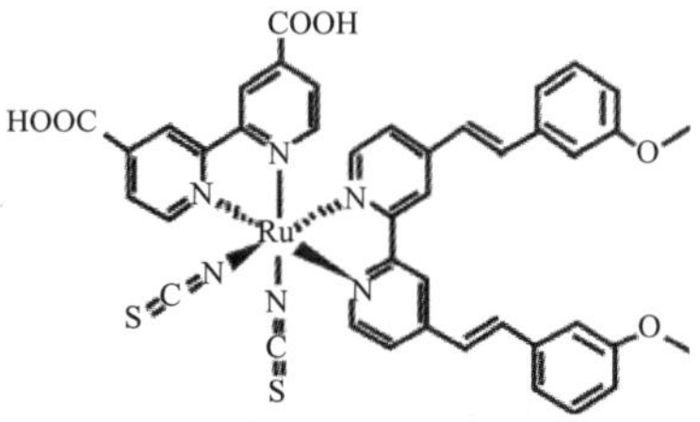

图6-29　染料Z910的分子结构

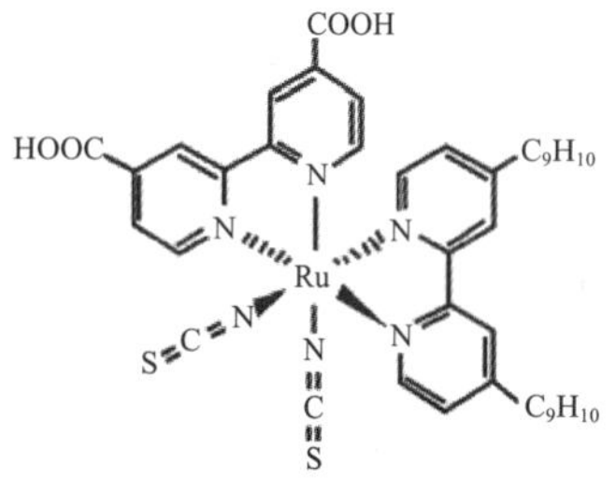

图6-30　染料Z907的分子结构

染料在热稳定性、半导体表面的单分散性、基态/激发态能级等方面的性能参数，也可以通过调节配位基的结构来进行调节。在联吡啶（bipyridyl）配位基上引入两个疏水的烷基，可以得到具有高度热稳定性的Z907染料，其分子结构如图6-30所示。该染料在配合十六烷基磷酸（hexadecyl phosphonic acid）作为吸附剂的情况下使用，其DSCs在长期热应力条件下的光电转换效率达到7%。

将Ru络合物中一个联吡啶配位基用烷基噻吩（alkyl thiophene）、3,4-乙撑二氧噻吩（EDOT：ethylene-dioxythienyl）或咔唑（carbazole）等基团取代，将导致Ru离子中心能级和配位体LUMO能级的提高，从而使电子转移过程MLCT发生红移。依照该思路开发的染料22具有如图6-31所示的分子结构，在完全相同的电池组装工艺和测试条件下，基于N3染料的DSCs效率为7.7%，而基于染料22的DSCs效率为9.0%。

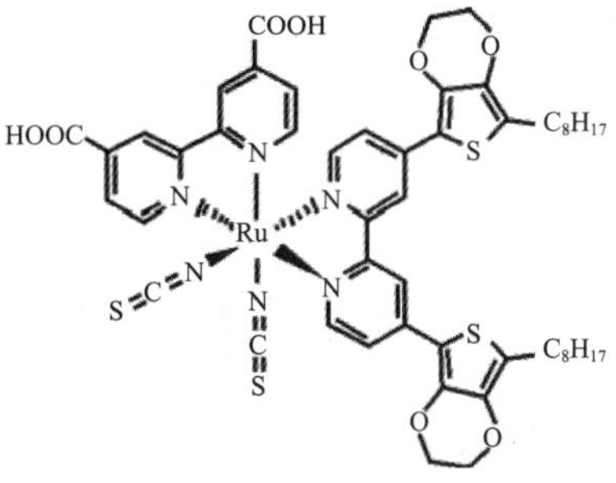

图6-31　染料22的分子结构

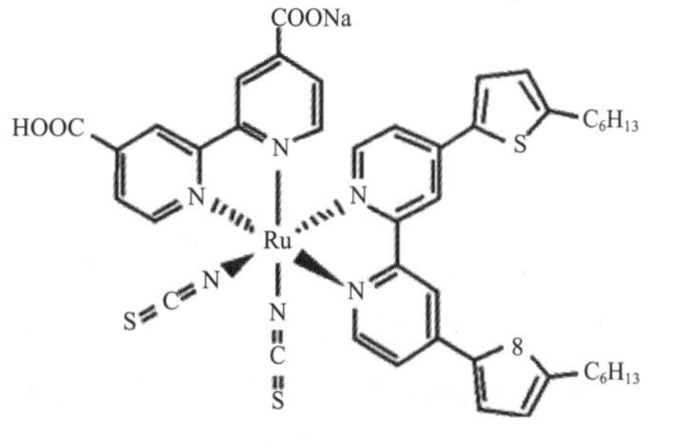

图6-32　染料C101的分子结构

通过在配位体中引入富电子的共轭基团（如烷基噻吩、烷基呋喃（alkyl furan）、烷基硒吩（alkyl selenophene）等，可以开发出一系列的高摩尔吸收系数的多吡啶（polypyridyl）Ru系络合物敏化剂。基于该思路开发的代表性染料为C101，其分子结构如图6-32所示。基于该染料，以乙腈（acetonitrile）电解液制成的DSCs在AM1.5的光照条件下，光电转换效率高达11.0%，而且，基于C101的DSCs还显示了极高的长期稳定性。此外，由于C101染料本身具有高的摩尔吸收系数，TiO_2电极层的厚度可以降低，这将有利于光生电子的收集。在此基础上开发的C103染料（分子结构如图6-33所示），在长期稳定性方面显示了更好的性能。基于C103染料，采用低挥发性电解液组装的DSCs在AM1.5的光照条件下，其效率高达9.6%～10.0%，且在60℃的工作温度下，经过1000h的日光辐照后，电池的性能仍可以稳定保持在90%以上。

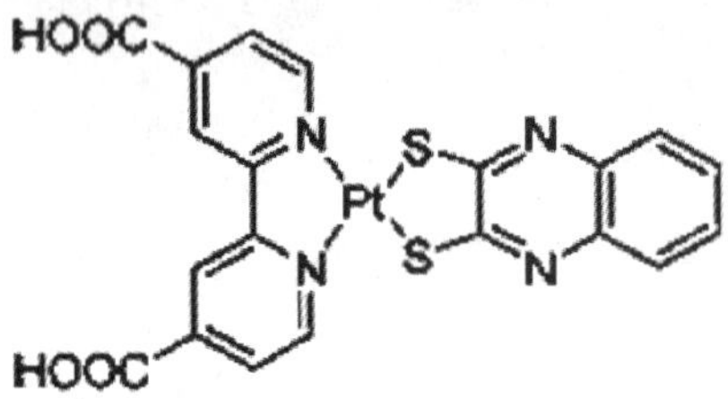

图6-33　染料C103的分子结构

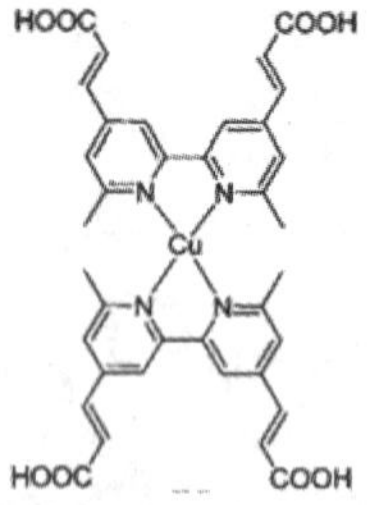

图6-34　Os络合物的分子结构

在大多数高效率的Ru系络合物染料中，基本上都含有氰硫基（SCN）配位基团作为电子施主。但是，SCN却是这类络合物中限制染料化学稳定性最关键的基团。因而，开发无SCN基团的Ru系络合物，成为第二代Ru系络合物的主要发展方向。最近，Grätzel等人开发出一种无SCN的cyclometalate Ru染料，基于该染料的DSCs在AM1.5光照条件下的转换效率达到了10.1%。

2. 其他金属络合物染料敏化剂

Os（II）系络合物具有比 Ru 络合物更窄的电子转移过程 MLCT 吸收带隙。通过以 Os 取代 Ru 络合物中的 Ru 金属离子，就可以得到光谱吸收范围更宽的 Os 系络合物染料。图 6-34 为一种 Os 系络合物染料的分子结构，基于该染料的 DSCs 的吸收光谱可延伸至1100nm，这对于利用太阳光谱近红外光区的光子能量，非常有意义。但是，由于从碘基氧化还原对到 Os 染料阳离子的电子转移较慢，使得基于 Os 系络合物染料的 DSCs 光电转换效率较低。

Pt（II）系络合物作为 DSCs 用染料也引起了人们的关注。这类染料在波长大于 650nm 后的光捕获效率很低，因而基于 Pt 系络合物染料的 DSCs 效率一般也较低。例如，选用如图 6-35 所示分子结构的 Pt 络合物染料，组装成 DSCs 后，在 AM1.5 光照条件下的效率仅仅为 3.0%。通过分子结构优化，以实现展宽其吸收谱带宽、降低其光生载流子复合速率等措施，都没能显著改善 Pt 系络合物作为 DSCs 染料的光伏性能。

Cu（I）系络合物具有与 Ru 系络合物相似的光物理性能，因此也被作为 DSCs 用染料受到人们的重视。但 Cu 系络合物的入射光子-电流转换效率（IPCE）不高，虽然可以通过改变其配位体结构来提高其摩尔吸收系数，但其 DSCs 光电转换效率与 Ru 系络合物相比，仍然有很大的差距。以图 6-36 所示的 Cu 系络合物染料为例，这种络合物具有大的 π 共轭和高的摩尔吸收系数，但相应的 DSCs 效率仅为 2.3%。

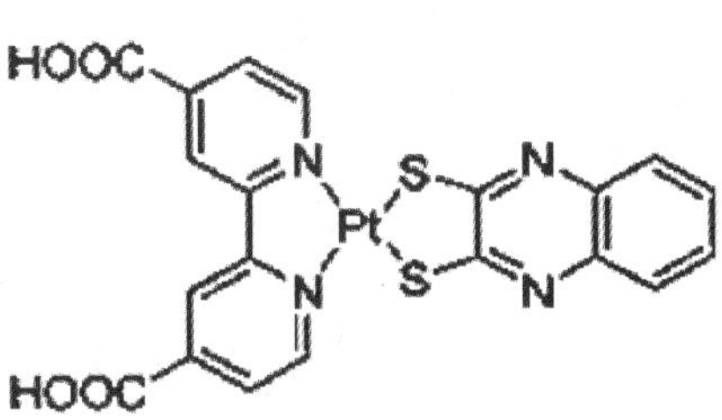

图 6-35　Pt 络合物的分子结构

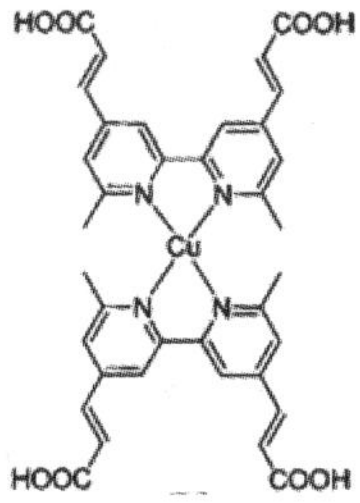

图 6-36　Cu 络合物的分子结构

6.3.3　卟啉和酞菁染料

Ru 系络合物染料的不足之一，是其近红外光区吸收率很低，这不利于对太阳光谱能量的充分利用；而卟啉（Porphyrins）和酞菁（Phthalocyanines）染料在近红外区具有很强的吸收带，且具有较高的化学稳定性、光照稳定性和热稳定性。因此，这两种染料也是 DSCs 用敏化剂的候选。

1. 卟啉染料

由于卟啉具有适当的 LUMO 能级和 HOMO 能级，使其在 400～450nm 波段具有较强的 Soret 吸收带，在 500～700nm 波段有较强的 Q 吸收带；同时，卟啉染料产生的光生电子可以有效地注入到 TiO_2 的导带，因此，卟啉及其衍生物可用做 DSCs 的全光谱吸收染料。

卟啉染料用做敏化剂时，一般都存在半导体表面团聚沉降的问题，一旦染料分子在半导体表面团聚沉降，将导致 DSCs 的效率偏低。图 6-37 给出了一种典型的卟啉染料 Zn-TCPP 染料的分子结构。这种染料在用于 TiO_2 光阳极时，存在因染料团聚而使激发态快速回到基态，从而降低其“入射光子-电流转换效率”（IPCE）。通过改变卟啉的中心金属离子和锚定基团，以提高其在半导体表面的单分散性，可以有效提高卟啉染料的 IPCE。例如，由 Zn 中心离子和羧酸锚定基团构成的卟啉，比由 Cu 中心离子和磷酸酯锚定基团构成的卟啉，具有更高的 IPCE。以图 6-38 所示的卟啉染料组装的 DSCs 的 IPCE 高达 75%，且电池的光电转换效率可以达到 4.8%。

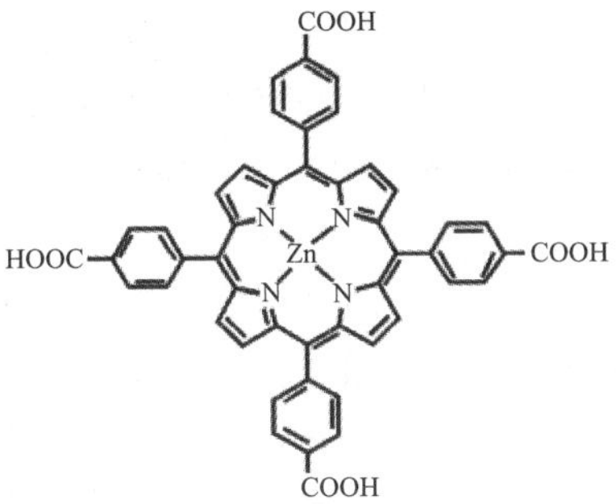

图 6-37　Zn-TCPP 染料的分子结构

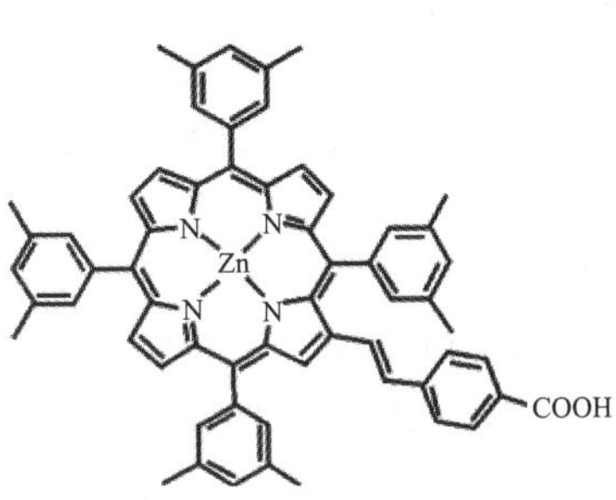

图 6-38　由 Zn 中心离子羧酸锚定基团构成的卟啉染料分子结构

增强卟啉的光谱吸收率，是提高卟啉基DSCs转换效率的另一个重要的技术途径。选择合适官能团取代四苯基卟啉衍射物（*meso*-tetraphenylporphyrins）的β位，以延伸其π结构，将提高其Q吸收带的吸收率。同时，适当取代基团也有助于提高电子从取代基转移至半导体的概率。图6-39是基于该思路开发的一种典型卟啉衍生物染料，基于该染料并采用液体电解液组装的DSCs，在AM1.5的入射条件下IPCE达到了75%，电池效率高达7.1%。

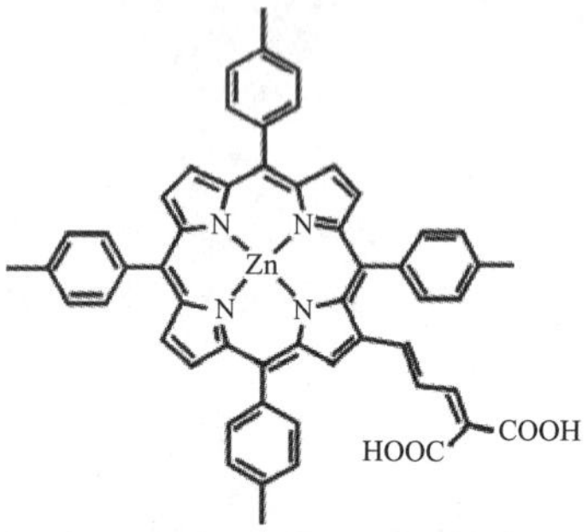

图 6-39 卟啉衍生物染料的分子结构

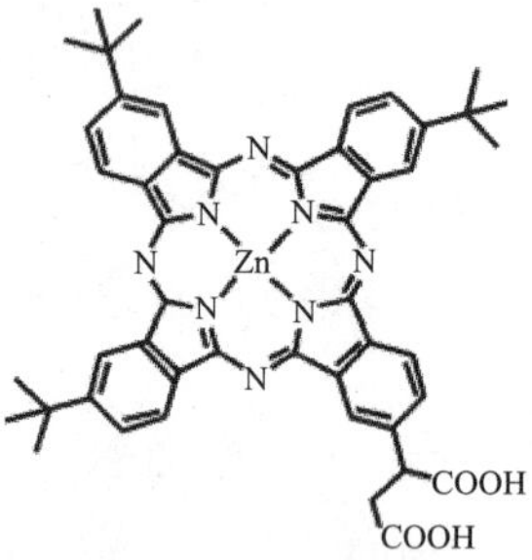

图 6-40 非对称 Zn 酞菁染料的分子结构

与Ru系络合物相比，基于卟啉染料的DSCs开路电压更低。这主要是由于其光生电子寿命太短。通过不同的π结构（如噻吩、呋喃）来取代卟啉分子中β位，可提高基于卟啉染料的DSCs的开路电压。

2. 酞菁染料

酞菁染料在 700nm 附近具有很强的 Q 吸收带，是良好的 DSCs 近红外染料敏化剂。但是，酞菁染料在用做 DSCs 用染料敏化剂时，至少存在两个问题：首先，酞菁染料的溶解性很差，这非常不利于 DSCs 的组装工艺，一般通过改变其分子结构来增强其溶解性；其次，酞菁染料非常容易在半导体薄膜上团聚，一般需要添加辅助吸附剂以避免其团聚。针对这两方面的问题，人们通过优化其分子结构，设计出了单分散性好、电子注入效率较高的非对称 Zn 酞菁染料分子（结构如图 6-40 所示）。基于该染料，采用液体电解液的 DSCs 在 AM1.5 的标准测试条件下的最大 IPCE 达 75%，电池效率大 3.0%。

6.3.4 有机染料

与 Ru 系络合物染料相比，有机染料至少具有以下几个优点：① 分子结构具有多样性，可以有非常大的结构设计空间；② 由于不需要 Ru 等贵、重金属元素，具有明显的成本优势和环境友好性；③ 摩尔吸收系数一般高于 Ru 系络合物，因而在薄膜化 DSCs、固态 DSCs 等新一代 DSCs 器件上具有更大的潜力；④ 在 p 型光阳极的 DSCs 中，显示出比 Ru 系络合物染料更高的效率。

有机染料一般具有图 6-41 所示的典型 D-π-A 结构特征，即由 π 结构桥接的施主基团 D 和受主基团 A 构成。基于该结构模型非常容易设计新型结构的染料分子，以延伸其光谱吸收范围，调控 LUMO 和 HOMO 能级结构，调节分子内的电子转移过程。对 n 型光阳极，光子激发后的激发态有机染料分子通过电子受主基团将电子注入到半导体导带；而对 p 型光阳极，激发态染料分子从半导体价带捕获电子，以完成电荷传输。

由于有机染料分子丰富的结构可设计性，迄今为止，人们已经开发了数百种有机染料，以满足高性能 DSCs 研制的需要。下面将简要介绍几类典型的有机染料。

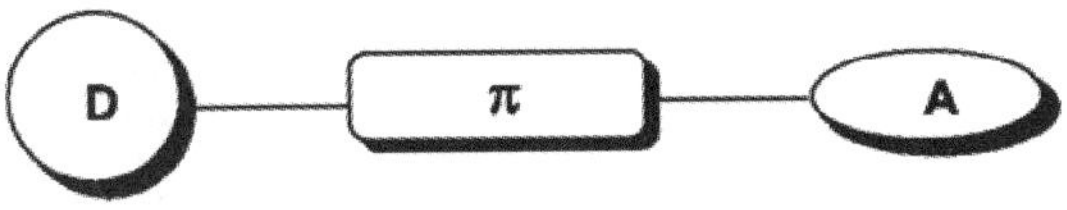

图 6-41 有机染料的 D-π-A 结构示意图

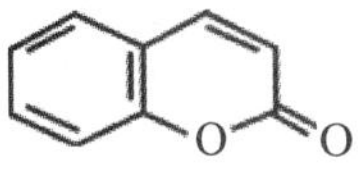

图 6-42 香豆素分子结构

1. 香豆素染料

香豆素（Coumarin）也称为邻氧萘酮，其化学式为$C_9H_6O_2$，其分子结构如图6-42所示。典型的香豆素有机染料一般由香豆素基团、cyanoacrylic酸基和链接二者的π结构构成。其中，香豆素基团起电子施主作用，而cyanoacrylic酸基则由于氰基和羧基有很强的吸引电子能力而起电子受主作用。

最早的香豆素有机染料结构如图6-43所示。这种染料的光谱响应范围太窄，使得基于该染料的DSCs效率远低于Ru系络合物。π结构中乙烯撑（-CH=CH-）（vinylene）的引入，导致染料分子的HOMO能级移向更高能量方向（上移），从而使香豆素的吸收谱红移。但是，乙烯撑基团导致染料分子在TiO_2表面的团聚趋势增大，进而导致电子注入效率降低。为此，在进行基于这类染料组装DSCs时，需要添加吸附剂。图6-44所示为带乙烯撑基团的香豆素染料分子结构图，基于该染料的DSCs在AM1.5光照条件下的效率达6.0%。

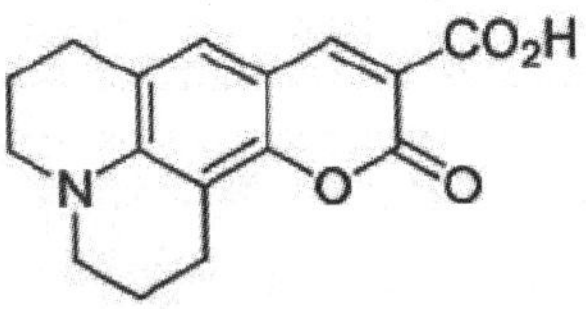

图 6-43 香豆素染料 1 的分了结构

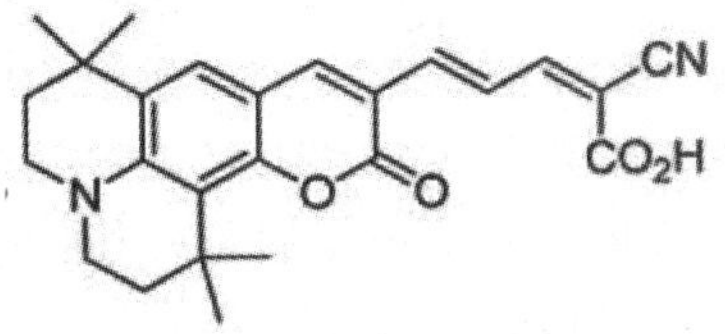

图 6-44 带乙烯撑基团的香豆素染料分子结构

带乙烯撑基团的香豆素染料还存在合成程序复杂、易于已构化等问题。为此，异佛乐酮（isophorone）（结构式如图6-45所示）或噻吩基（thienyl）（结构式如图6-46所示）被引入到π结构中，以改善香豆素有机染料的工艺性以及光伏性能。图6-47为带噻吩基的香豆素染料分子结构，基于该染料的DSCs在AM1.5的光照条件下效率高达6.1%～8.1%。

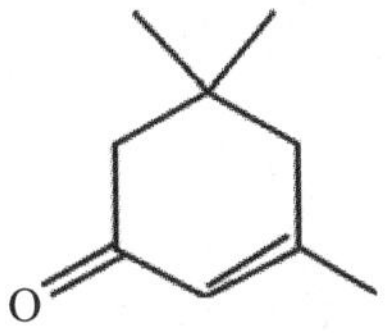

图6-45 异佛乐酮基分子结构

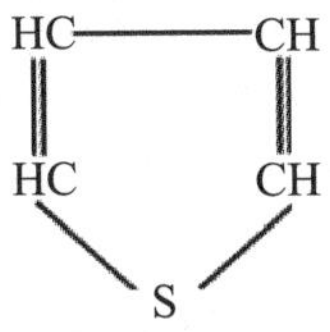

图6-46 噻吩基分子结构

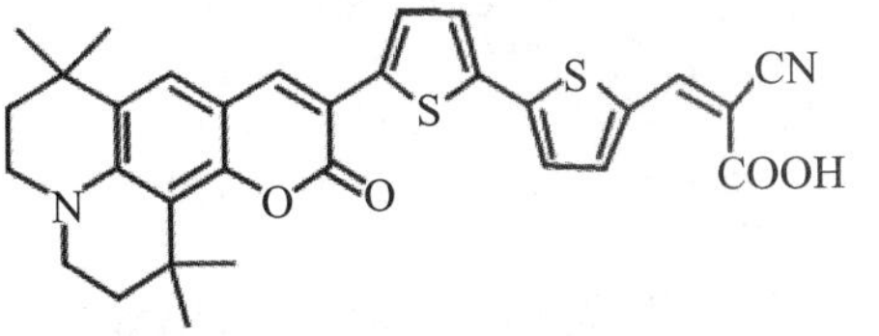

图6-47 带噻吩基的香豆素染料的分子结构

2. 吲哚啉染料

吲哚啉（Indoline）也称为 2,3-二氢-1H-吲哚，其化学式为 C_8H_9N，其分子结构如图 6-48 所示。2003 年，Horiuchi 等人以简单、低成本的合成工艺，合成了如图 6-49 所示的吲哚啉染料 1，基于该染料的 DSCs 效率高达 6.1%。

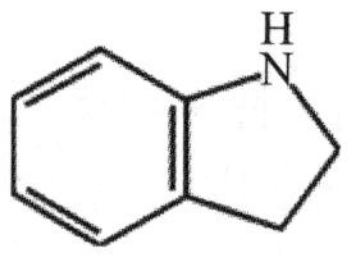

图 6-48　吲哚啉的分子结构

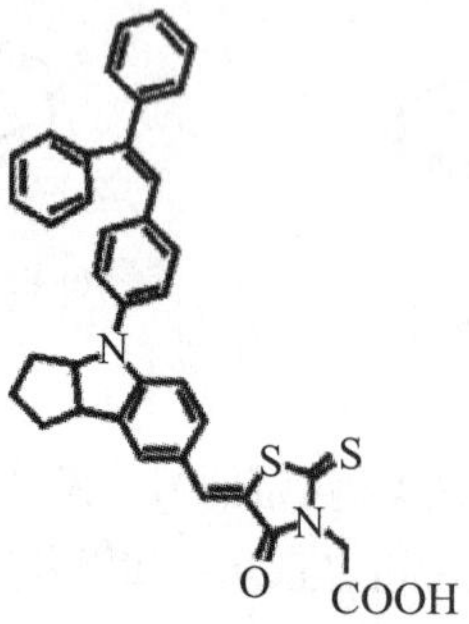

图 6-49　吲哚啉染料 1 的分子结构

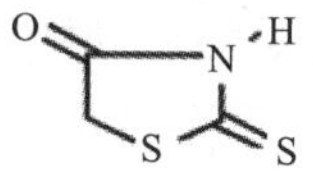

图 6-50　罗丹宁分子结构

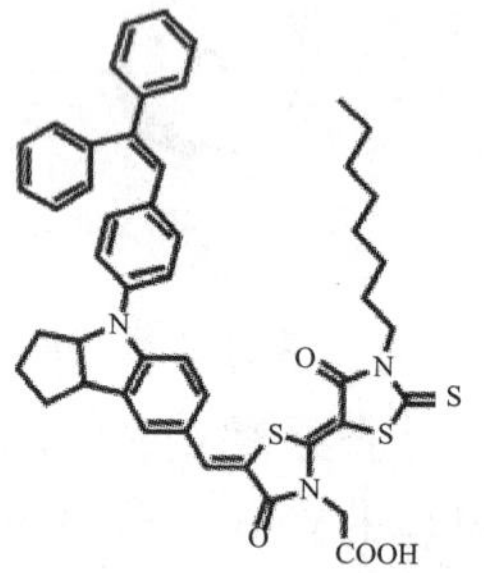

图 6-51　吲哚啉染料 2 的分子结构

为了进一步提高其光伏性能，罗丹宁（Rhodanine）结构（结构式如图 6-50 所示）被引入到吲哚啉中，以延伸其吸收谱波长。同时，在罗丹宁结构中引入辛烷（n-octyl）取代基，以改善染料分子在半导体表面的单分散性。染料分子中的辛烷长链结构，有助于降低注入到 TiO_2 导带中的光电子与电解液中氧化还原对的空穴复合几率，从而使 DSCs 具有更高的开路电压和短路电流。基于该思路开发出的吲哚啉染料 2 的分子结构式如图 6-51 所示，该染料如今已成为效率最高的有机染料之一，基于该染料的 DSCs 效率高达 9.5%。

3. 三芳胺染料

由于三芳胺基（Triarylamine）具有优良的给电子能力和空穴产生能力，带三芳胺基团的三芳胺染料在有机染料家族中一直受到人们的青睐。例如，Sun 等人采用简单的合成工艺得到了结构简单的三芳胺染料 1（如图 6-52 所示），其 DSCs 效率达到 5.1%，而相同组装工艺下 N719 的效率为 6.0%。如果将该染料用于更薄的 DSCs（约 3μm）时，其效率明显优于 N719。这意味着三芳胺染料在固态 DSCs 上更具有潜力。

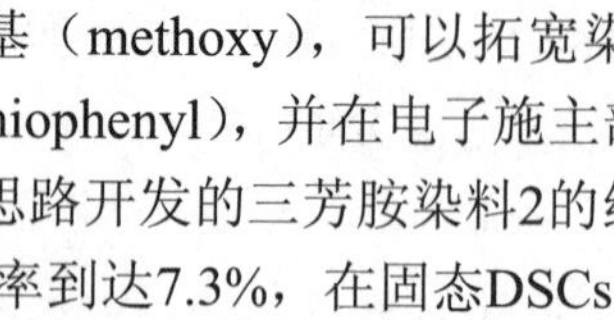

图 6-52　三芳胺染料 1 的分子结构

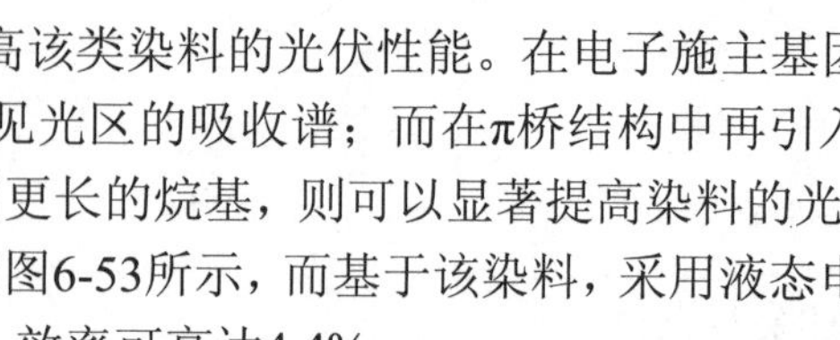

图 6-53　三芳胺染料 2 的分子结构

通过优化其分子结构，可以进一步提高该类染料的光伏性能。在电子施主基团中引入含氧甲基（methoxy），可以拓宽染料在可见光区的吸收谱；而在π桥结构中再引入一个苯硫基（thiophenyl），并在电子施主部分采用更长的烷基，则可以显著提高染料的光电效率。基于该思路开发的三芳胺染料2的结构式如图6-53所示，而基于该染料，采用液态电解液的DSCs效率到达7.3%，在固态DSCs上应用，效率可高达4.4%。

通过裁剪其分子结构，使其具有更稳定的阴离子根和阳离子根，则可以使染料的光照稳定性和温度稳定性得到提高。例如，在噻吩 π 桥结构中引入长的烷基链，可以显著提高染料的稳定性，并使其具有优异的光伏性能。基于该思路开发的三芳胺染料 3 的结构式如图 6-54 所示。基于该染料，采用挥发性电解液的 DSCs 的效率高达 8.6%，而基于该染料并采用无溶剂的离子液体电解液的 DSCs 的效率也达到 7%。更重要的是，采用无溶剂的离子液体电解液，基于该染料的 DSCs 在 60℃工作温度下进行 1000h 光辐照后，其电池效率无明显衰减。

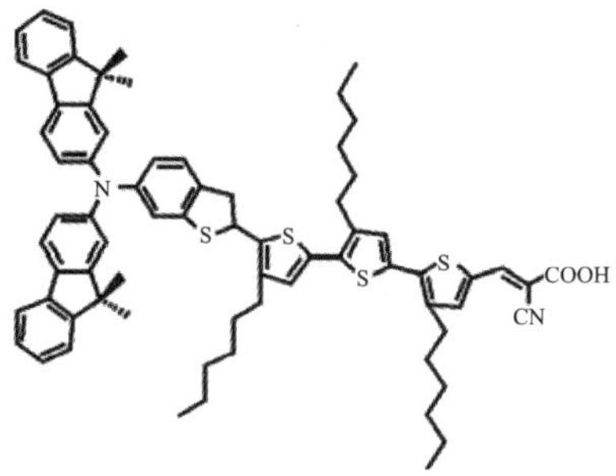

图 6-54　三芳胺染料 3 的分子结构

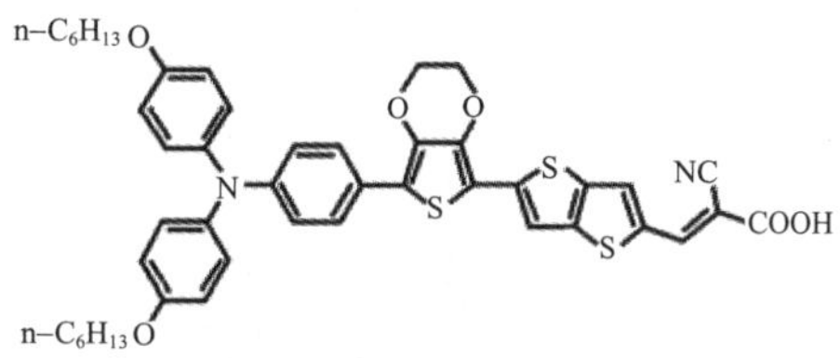

图 6-55　三芳胺染料 4 的分子结构

通过烷氧基（alkoxy）取代三苯胺（triphenylamine）作为电子施主，并调整 π 桥结构，可以开发出更高效率的三芳胺染料。例如，含 3,4-乙撑二氧噻吩（EDOT：3,4-ethylenedioxythiophene）和噻吩并噻吩（TT：thienothiophene）π 桥结构的三芳胺染料 4（结构式如图 6-55 所示），在 440～590nm 波长范围内的 IPCE 高达 90%以上。基于该染料的 DSCs，在 AM1.5 光照条件下，采用液体电解液和无溶剂的离子液体电解液的电池效率，分别高达 9.8%和 8.1%。这也创下了有机染料 DSCs 效率的最新记录。

4. 适于 ZnO 光阳极的有机染料

总体而言，Ru 系染料在 TiO_2 光阳极上取得了很大的成功。但是，这些高效率的染料用于 ZnO 光阳极时，效率都较低。可能的原因是：Ru 系络合物对 ZnO 有溶解作用，这导致 DSCs 组装工艺中，ZnO 浸泡于染料溶液时，染料分子在 ZnO 表面发生团聚而沉降，不容易形成单分散吸附。迄今为止，即使优化染料吸附工艺，Ru 系络合物染料用于 ZnO 光阳极时的最大效率也只有 5%。因此，开发出新型、高效的染料，是 ZnO 光阳极能否成功应用的关键。

近年来，人们在开发适于 ZnO 光阳极的有机染料方面，进行了大量的工作并已经获得了一些较好的结果。图 6-56 给出了三种适于 ZnO 光阳极的吲哚啉染料 D102、D131 和 D149 的性能。这三种染料的峰值吸收 IPCE 都高于 80%，其中，吸收谱最宽的 D149 染料用于 ZnO 光阳极时的效率可以达到 5.56%。从图 6-56 可以看出，D419/ZnO 的响应光谱也在 680nm 左右；而 D419 用于 TiO_2 纳米晶介孔光阳极时，DSCs 效率可以高达 9%。这主要是由于 D419 敏化 TiO_2 后，其响应光谱被延伸至 750nm。从图中的太阳光谱可以看出，光子数在 700nm 附近达到最高，700nm 以后的近红外区光子数仍然很多。如果能将光谱响应范围延伸至近红外光区，充分利用近红外光区的光子，则有利于获得更大的光电流，进而获得更高效率的 DSCs。因此，开发具有更宽光谱范围的有机染料，将是 ZnO 光阳极有机染料未来发展的主要方向之一。

6.3.5　染料分子在半导体表面的吸附

染料分子在半导体表面形成单分散、高覆盖率的吸附，是获得高效率 DSCs 的关键之一。一般而言，染料分子以下面 6 种模式在半导体表面吸附：① 通过链接基团的共价键形式吸附；② 借助于离子交换、正负离子相互作用等形式的静电吸附；③ 氢键作用吸附；④ 长链脂肪酸衍生物在表面的自组装吸附；⑤ 基于范德华力的物理吸附；⑥ 表面孔洞对染料分子的物理固定吸附。

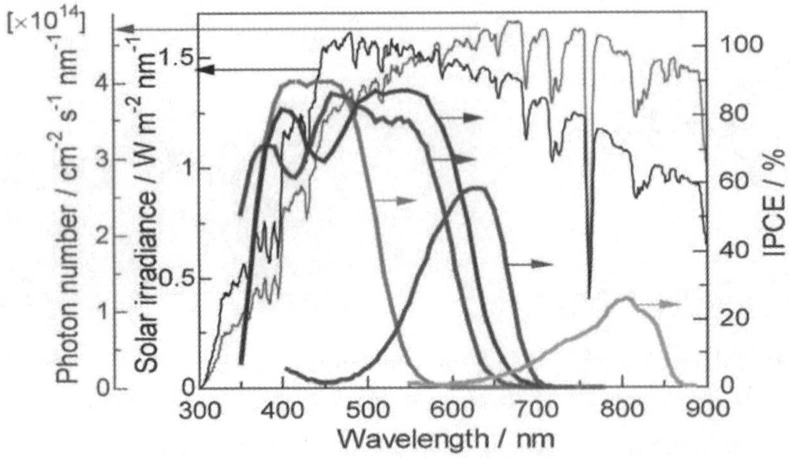

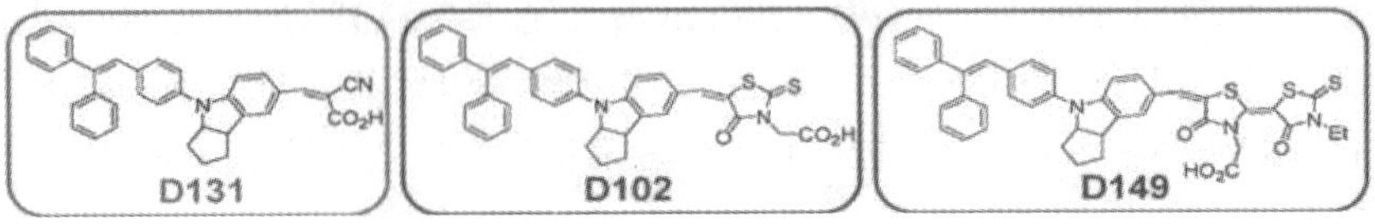

图 6-56　D102、D131 和 D149 的分子结构及其光谱曲线

在这几种模式中，共价键吸附模式将带来染料分子和半导体表面间很强的相互作用，对获得高效率 DSCs 最有益。要实现这种模式的吸附，一般要求染料分子结构中含有能够与羟基发生反应的锚定基团（anchoring groups），锚定基团与半导体表面羟基反应后能形成牢固的共价键。染料分子中最常见的锚定基团为羧基（-COOH），羧基的衍生物（酯基、氯化酰基、乙酸酐、氨基等）也可以用做锚定基团。此外，磺酸根（$-SO_3^-$）和硅烷（$-SiX_3$）也可以用做锚定基团。最近，带磷酸根锚定基团的 Ru 络合物被开发出，并发现这种络合物与 TiO_2 表面的链接强度比 N3 染料高出 80 倍。

在实际应用中，由于合成工艺的简单以及染料分子良好的稳定性等因素，大多数光敏化剂染料分子都以羧酸根（carboxylic acid）作为锚定基团。羧酸根与 TiO_2 半导体表面的结合方式大致有图 6-57 所示的几种模式。从应用的角度看，图 6-57 中的双齿螯合或双齿桥接模式因与半导体表面结合最为紧密，而有利于电子从激发态染料分子注入到半导体导带。具体的结合模式主要由染料分子结构和吸附环境决定。借助于傅立叶转换红外光谱（FTIR）分析，可以判断羧酸根与 TiO_2 的具体结合模式。

6.4　其他材料

6.4.1　对电极

染料敏化太阳能电池（DSCs）结构中，对电极主要起搜集空穴的作用，一般要求具有良好的透明性、对氧化还原对的良好还原能力、较高的电导率。根据所用导电材料的不同，一般可以分为铂 Pt 对电极、碳 C 对电极和聚合物对电极三类。其中，Pt 电极的应用最为普遍。下面简要介绍 Pt 对电极。

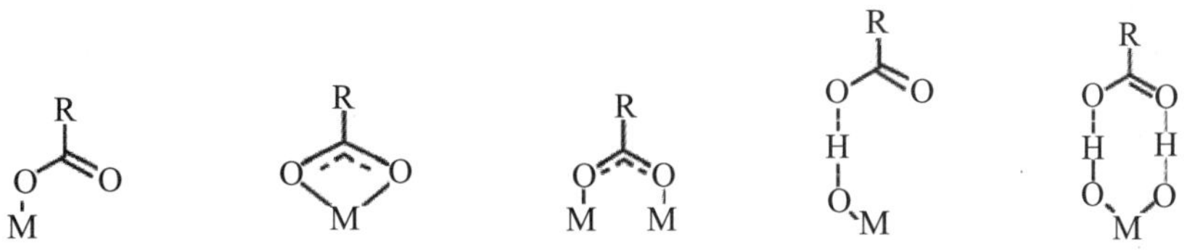

单齿　　双齿螯合　　双齿桥接　　氢键 1　　氢键 2

图 6-57　羧酸根与 TiO_2 表面的结合模式

在标准的碘电解液中，由于掺 F 导电玻璃 FTO（SnO_2：F）具有高达 $10^6\Omega\cdot cm^2$ 的电阻率，不利于电荷传输，而不适于用做 DSCs 的对电极。借助于电沉积、溅射、蒸发等薄膜工艺，在掺 F 导电玻璃表面沉积一层很薄的 Pt 膜，可以显著提高对电极的电导率，并保持对电极良好的透光性。同时，借助于 Pt 金属自身的高效催化能力，很容易将三碘离子还原。

在各种 Pt 沉积工艺中，通过氯化铂 $PtCl_3$ 的热分解，在 FTO 玻璃上沉积纳米 Pt 团簇膜（$5\mu g\ cm^{-2}$），制备出的对电极性能最好，表现为：电阻率小于 $1\Omega\cdot cm^2$、透光性与 FTO 玻璃相当、在碘电解液中的长期稳定性好。因此，该工艺基本上成了制备 Pt 对电极的标准工艺。

6.4.2　电解质

电解质作为 DSCs 的重要组成部分，在很大程度上影响了 DSCs 的效率和使用寿命。自 1991 年以来，人们先后开发了多种电解质，按照其基本形态的不同，DSCs 电解质大致可以分为三类：液态电解质、准固态电解质和固态电解质。下面将分别介绍这三类电解质的基本组成、工作原理及其特点。

1. 液态电解质

液态电解质是在高效率 DSCs 中最早使用的电解质，也是目前电池效率最高的 DSCs 所使用的电解质。液态电解质一般由氧化还原对、溶剂和添加剂组成。

（1）氧化还原对

根据 DSCs 的工作原理，电解液中的氧化还原对（redox shuttle）的作用，主要是将电子从对电极转移至处于氧化态的染料分子，以连接整个电化学回路。在 DSCs 应用中，理想的氧化还原对必须满足以下两个条件：第一，在染料阳离子与光阳极电极电子结合前，还原处于氧化态的染料分子，具备对染料分子快速的再生能力；第二，氧化还原对的氧化态不能截获光阳极中的电子，具备对光阳极电子缓慢的截获能力。

找到能同时满足上述两个条件的氧化还原对，实际上成为了一个非常难以攻破的挑战。目前，所能发现最接近这两个条件的氧化还原对是 I_3^-/I^-。I_3^-/I^- 对大多数染料分子能实现快速的再生，且从 TiO_2 导带到 I_3^- 的电子转移过程也非常缓慢。I_3^-/I^- 对染料阳离子的还原机理目前仍不清楚，但通常人们认为还原反应产额和第二个碘离子与 [dye$^+$/I^-]

络合物的相互作用有关。

I_3^-/I^-氧化还原对能适用于大多数 Ru 系络合物染料，但在部分有机染料中却存在不少的问题。例如，都使用基于I_3^-/I^-氧化还原对的电解质，与传统的 Ru 系络合物染料敏化相比，高度极化的有机染料敏化 DSCs 的暗电流较大，从而导致开路电压降低。分析认为：染料分子与I_3^-/I^-氧化还原对形成的$[dye-I_3^-]$络合物，将导致在光阳极半导体/染料界面上形成局部高浓度的I_3^-，而高浓度的I_3^-与染料分子相互作用形成大的暗电流。

除了限制部分染料的有效使用外，I_3^-/I^-也严重限制了 DSCs 的光伏电压，而 DSCs 的光伏电压是影响器件效率的关键指标。典型的 N3 染料敏化 DSCs 的开路电压为 0.75～0.85V，这仅仅约为 N3 染料光学带隙 1.8V 的一半。这意味着一半的能量在电子注入和染料再生时损失。理论上，通过设计适当的染料能级结构，可以将电子注入时的损失能量降低到最小。染料再生时约为 500mV 的I_3^-/I^-的过电位，成为能量损失的主要部分。虽然这些损失的能量可能是染料再生过程的动力学条件所需要的，但是，其中一部分能量可能用于$dye-I_3^-$络合物生成和I_3^-/I^-氧化还原对的重组过程。如果能选择新型的氧化还原对而将染料再生的驱动能量降低至 200mV，则意味着短路电压将增加 300mV。

由于I_3^-/I^-氧化还原对存在上述问题，以及碘本身的强腐蚀性等不足，因而人们一直在寻找其他新的氧化还原对，其努力的方向主要如下：

第一，采用结构类似的分子系统，这包括Br_3^-/Br^-、$(SeCN)_2/SeC^-$、$(SCN)_2/SCN^-$等，其中，Br_3^-/Br^-与I_3^-/I^-非常相似且前者的开路电压比后者高。但是，Br_3^-/Br^-对染料分子的再生过程太缓慢，使得基于Br_3^-/Br^-氧化还原对的 DSCs 的光电流密度偏低，从而导致电池效率降低。例如，对于 N719 染料，使用Br_3^-/Br^-氧化还原对电解质时的短路电流和电池效率都只有I_3^-/I^-的 20%左右；而对于基态电位更正的染料（如曙红 Y），虽然Br_3^-/Br^-的短路电流与I_3^-/I^-相当，开路电压比I_3^-/I^-高出约 360mV，但仍不能明显提高电池的转换效率。尽管拟卤素氧化还原对（SeCN）$_2$/SeC$^-$和（SCN）$_2$/SCN$^-$分别具有比I_3^-/I^-电位正 190mV 和 430mV，但其对染料分子的再生速率太小，导致注入到光阳极半导体导带的电子被处于氧化态的染料分子复合，最后观察不到开路电压的明显提高。

第二，采用过渡金属络合物，其中，多吡啶钴络合物最有代表性。多吡啶钴络合物氧化还原对最大的优势在于其缓慢的电子交换过程。理论上，这将显著抑制电子截获过程。但是，钴基氧化还原对（Co(II)/(III)）为电位稍负于I_3^-/I^-的单电子氧化还原对，其结果是无法实现提高 DSCs 的开路电压；并且，钴基氧化还原对的扩散系数至少比I_3^-/I^-慢了一个数量级，这在高光照强度下将带来严重的传质限制问题。因此，迄今为止，基于过渡金属的氧化还原对的综合性能仍然不及I_3^-/I^-体系。

（2）溶剂

对液态电解质，好的溶剂应该满足以下几个要求：① 化学稳定性好，以有利于 DSCs 的长期稳定性；② 低黏度，有利于溶质的快速扩散；③ 对氧化还原对和常见添加剂具有很好的溶解性，但又不对染料和光阳极半导体具有明显的溶解作用（由于很多金属络合物容易水解，水和质子溶剂都不合适）；④ 对 DSCs 组件的密封材料具有长期稳定性。满足这些要求的溶剂主要有两类：极性有机溶剂和离子液体。常见溶剂的性能如表 6-4 所示，表中，水作为对比物质列出。其中，乙腈是使用最为广泛的溶剂，也是最高效率 DSCs 所使用的溶剂，而 3-甲氧基丙腈（3-methoxypropionitrile：MPN）具有很好的长期稳定性和良好的综合性能。

表 6-4 液态电解质常见溶剂的性能参数

solvent	mp/bm (℃)[b]	ε_r^c	vscosity (mPa s)[d]	$D_{I_3^-}$[e] (cm^2s^{-1})	comment
water	0/100	80	0.89	1.1×10^{-5}	
ethanol	– 114/78	24	1.07		
acetonitrile	– 44/82	36.6	0.34	1.1×10^{-5}	Used in record cells
propionitrile	– 92/97	28	0.41		
valeronitrile	– 96/140	20	0.71		
glutaronitrile	– 26/286	37	5.3		
methoxyacetonitrile	/119			7.6×10^{-6}	
3-methoxypropionitrile	– 57/165	36	1.1	$4-5\times10^{-6}$	Most used in stability studies
γ -butyrolactone	– 44/204	42	1.7	3.9×10^{-6}	
propylene carbonate	– 49/242	65	2.5	$(2-3)\times10^{-6}$	
PMImI[f]	– 55/		880[g]	1.9×10^{-7}	

[a]Water is also shown for comparison [b] Melting point/boiling point at 1 atm. [c] Relative dielectric constant. [d] Viscosity at 25℃ of the pure solvent (mpa s=cP). [e] Apparent diffusion coefficient for triiodide in a DSC electrolyte. $D_{I_3^-}$ will depend on electrolyte composition. [f] 1-Methyl-3-propylimidazolium iodide (ionic liquid). [g] With 0.5 M I_2 added.

（3）添加剂

添加剂对提高 DSCs 光电化学性能具有重要的作用。一般认为，添加剂具有调整氧化还原对的电位、导致光阳极半导体能级移动、影响染料表面吸附过程等作用。大多数添加剂中都含有 4-叔丁基吡啶（4-tert-butylpyridine：TBP），其化学式为 $C_9H_{13}N$。Gra¨tzel 等人最早于 1993 年将 TBP 用于 LiI 基电解质的 DSCs，以提高电池的开路电压。后来的研究表明：TBP 能有效提高 TiO_2 的导带边并影响 TiO_2 与氧化态染料分子间的电子复合过程，从而提高注入到 TiO_2 导带的电子寿命。同时，TBP 还能同时连接 TiO_2 和染料分子，提高电子注入效率。虽然 TBP 与 Li^+对 TiO_2 电子结构的影响是相反的，但二者常常一起作为 DSCs 电解质的添加剂使用，以提高 DSCs 的光伏性能。

2. 准固态电解质

液态电解质的溶剂一般具有黏度低、易挥发等特点，这就对 DSCs 器件的密封材料和密封工艺提出了很高的要求：① 密封材料必须对溶剂具有长期的化学稳定性并具有在复杂工作环境下的长期稳定性；② 密封工艺也必须具有严格的可靠性，否则溶剂的流失将导致电池效率降低甚至失效。因此，为了避免液体电解质带来的 DSCs 性能稳定性和使用寿命的问题，人们正致力于准固态/固态电解质材料的开发并将其用做空穴传输层，尤其致力于开发全固态的 DSCs 器件。

将液态电解质凝胶化或形成聚合物，可以形成准固态的电解质。准固态电解质中仍然包括了氧化还原对 I_3^-/I^-，电荷传输主要是通过分子扩散来完成。容易理解的是，在准固态电解质中，氧化还原对组份的扩散速率相对较低，但试验发现使用准固态电解质的 DSCs 转换效率仅仅比液态电解质稍低。例如，向 3-甲氧基丙腈溶剂中加入 5wt%的聚偏二氟乙烯-六氟丙烯（PVDF-HFP）并使其凝胶化，能够得到准固态电解质，将其用于 DSCs 后的效率高达 6%，而且 DSCs 的热稳定性得到提高。大多数凝胶化电解质都是复杂的复合材料，其中，聚环氧乙烷[Poly（ethylene oxide）：PEO]等聚合物是凝胶化电解质近年来常用的基体材料，而 SiO_2、TiO_2 等其他纳米颗粒被用做增强相。如果引入低聚物，则可以提高 PEO 基电解质的电导率，而低聚物的分子量将影响准固态电解质的电导率和光电化学性能，因此需要选择最佳聚合度。此外，基于聚（环氧乙烷二甲醚）[poly（ethylene oxide dimethyl ether）：PEODME]基体的复合材料因具有较高的离子电导率，所以也是良好的准固态电解质材料。以 PEODME 为基体，通过添加各种金属氧化物、碳材料、离子导体材料、空穴传输材料等增强相，可以制备出一系列的无机/有机纳米复合材料，用做准固态电解质。

为了进一步提高基于复合材料的准固态电解质的电导率，将复合材料从二元发展到三元等更多组份是一个发展趋势。例如，以聚合物、低聚物、纳米填充相组成的三元复合材料作为电解质，将使准固态 DSCs 性能得到进一步提高。虽然提高电导率是准固态电解质的主要发展方向，但高电导率不一定能带来高的转换效率。电解质中氧化还原对组份的迁移速率以及光阳极半导体/染料/电解质界面电化学反应的动力学因素，也是影响 DSCs 最终转换效率的重要因素。

3. 固态电解质

固态电解质包括有机空穴传输材料和无机空穴传输材料，具有与前两类电解质完全不同的工作原理。固态电解质中，一般不包括氧化还原对，正电荷（空穴）的传输是借助于邻近分子间跳跃机制（hopping mechanism）来实现的。空穴传输材料中一般还添加具有一定离子导电性的盐，通过局部电荷补偿来辅助空穴传输过程。空穴传输材料的固态电解质用于 DSCs 时面临的一个共同问题是孔洞填充。空穴传输材料在多孔光阳极中的填充关键，是保证所有染料分子在与光阳极半导体联接的同时，又与空穴传输材料联接，以保证空穴传输路径不中断。

有机空穴传输材料大致可以分为两类：导电聚合物和分子空穴传输材料。没有经过掺杂处理的导电聚合物电导率很低，属于绝缘体。经过氧化掺杂（使主链失去电子）或还原掺杂（使主链得到电子），在原来的能隙中产生新的极化子、双极化子或孤子能级，聚合物电导率能达到 10～10000S/cm^2，而成为半导体或导体。尽管通过掺杂等手段可以使导电聚合物具有较高的电导率，但导电聚合物用做 DSCs 空穴传输材料时，器件的效率一般较低。半导体光阳极表面孔洞形貌和孔径大小非常复杂，在固态 DSCs 组装时，导电聚合物应该与吸附染料后的光阳极形成紧密结合，以利于染料与导电聚合物之间的电荷传输。因此，导电聚合物的孔洞填充率就成为影响 DSCs 效率的主要原因。一般可以通过原位电化学聚合来改善导电聚合物在光阳极表面的孔洞填充率。

三芳胺化合物是固态 DSCs 中最常用的分子空穴传输材料。其中，三芳胺化合物之一 2,2',7,7'-四溴-9,9'-螺二芴（spiro-MeOTAD）（结构式如图 6-58 所示）最早于 1998 年被合成，分子中的螺环（spiro）中心使该分子具有较高的热稳定性。但未掺杂 spiro-MeOTAD 的空穴电导率很低，这使其用于固态 DSCs 时效率很低。与其他固体电解质相似，分子空穴传输材料一般也需要添加 Li 盐、4-叔丁基吡啶等阳离子添加剂，以提高 DSCs 的效率。阳离子添加剂与染料分子、空穴传输材料相互作用，可以有效降低注入到光阳极半导体导带的电子被截获的几率。三芳胺等分子空穴传输材料的孔洞填充率以及分子空穴传输材料与光阳极表面间的界面结合情况等，也是影响固态 DSCs 光电流的重要因素之一。

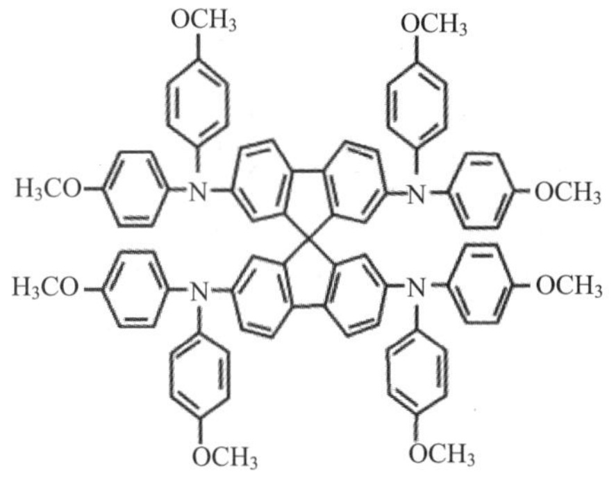

图 6-58 spiro-MeOTAD 的分子结构

常用的 p 型无机半导体 CuI、CuSCN 等都可用做固态电解质。例如，从乙腈溶液中沉积的 CuI 用做空穴传输材料，组装后 DSCs 的效率可以达到 3%。但是，光辐照下的性能衰减是 CuI 应用中面临的一个重要问题。虽然 CuSCN 具有与 CuI 类似的空穴传输能力，但前者面临电子截获的几率太大，而使其 DSCs 效率处于很低水平。

思考简答题

1. 与硅基太阳能电池相比，染料敏化太阳能电池有哪些优、缺点？
2. 简述染料敏化太阳能电池的结构与工作原理。
3. 对染料敏化太阳能电池而言，理想的光阳极应该具有哪些特点？
4. TiO_2 常见的两种晶型中，哪种晶型更适于用做染料敏化太阳能电池的光阳极？请阐明理由。
5. 典型的介孔 TiO_2 电极一般由哪些部分构成？各自的主要作用是什么？
6. 对染料敏化太阳能电池而言，染料敏化剂具有哪些特征？

参考文献

[1] 彼得•乌夫尔. 太阳能电池——从原理到新概念/(德). 陈红雨，匡代彬，郭长娟译. 北京：化学工业出版社，2009.

[2] 陈凯. 清洁能源发展研究. 上海：上海财经大学出版社，2009.

[3] 钱伯章. 可再生能源发展综述. 北京：科学出版社，2010.

[4] 滨川圭弘. 太阳能光伏电池及其应用/(日). 张红梅，崔晓华译. 北京：科学出版社，2008.

[5] 施钰川. 太阳能原理与技术. 西安：西安交通大学出版社，2009.

[6] 杨德仁. 太阳电池材料. 北京：化学工业出版社，2009.

[7] 崔容强. 并网型太阳能光伏发电系统. 北京：化学工业出版社，2007.

[8] 熊绍珍，朱美芳. 太阳能电池基础与应用. 北京：科学出版社，2009.

[9] 兰肇华. 生物燃料发展及其影响研究. 博士论文：武汉理工大学，2009 年.

[10] 曹卫兵. 可再生能源产业技术评价与选择研究. 博士论文：北京交通大学，2011 年.

[11] 刘恩科，朱秉生，罗晋生. 半导体物理学. 北京：国防工业出版社，2010.

[13] 马汀•格林. 太阳能电池——工作原理、技术和系统应用/(澳). 狄大卫，曹昭阳 等译. 上海：上海交通大学出版社，2010.

[14] 马克沃特，卡斯特纳. 太阳电池——材料、制备工艺及检测/(英)、(西). 梁骏吾等译. 北京：机械工业出版社，2009.